新能源与建筑一体化技术丛书

低碳城市的区域建筑能源规划

Community Energy Planning for Built Environment in Low Carbon Cities

龙惟定 白玮 范蕊 等著

中国建筑工业出版社

图书在版编目（CIP）数据

低碳城市的区域建筑能源规划 / 龙惟定等著. —北京：中国建筑工业出版社，2010.12

新能源与建筑一体化技术丛书

ISBN 978 - 7 - 112 - 12604 - 0

Ⅰ. ①低…　Ⅱ. ①龙…　Ⅲ. ①节能—城市规划—研究—中国　Ⅳ. ①TU984.2

中国版本图书馆 CIP 数据核字（2010）第 205303 号

新能源与建筑一体化技术丛书

低碳城市的区域建筑能源规划

Community Energy Planning for Built Environment in Low Carbon Cities

龙惟定　白玮　范蕊　等著

*

中国建筑工业出版社出版、发行（北京西郊百万庄）

各地新华书店、建筑书店经销

华鲁印联（北京）科贸有限公司制版

廊坊市海涛印刷有限公司印刷

*

开本：787×1092毫米　1/16　印张：22¾　字数：554 千字

2011 年 3 月第一版　2015 年 9 月第二次印刷

定价：88.00 元

ISBN 978 - 7 - 112 - 12604 - 0

　　　　（19883）

本书从阐述建设低碳城市与低碳经济的关系出发，论述了以综合资源规划为基础的区域建筑能源规划原则与目标的设定，对可利用资源进行了分析，并进一步介绍了基于碳约束的区域建筑可利用能源资源的优化方法和区域建筑能源需求的预测。本书还具体介绍了利用新能源的区域能源系统方式，如分布式能源的热电联产系统、地源热泵，以及多能源互补与优化配置的方法。书中还提出了低品位未利用能源的能源总线系统以及能源互联网系统等新概念和新技术，并最后归结到区域建筑能源系统的各相关评价方法。本书最后以中国 2010 年上海世博会的能源方式和能源系统作为区域建筑能源规划的实例加以剖析，并提出思考与展望。全书体系清晰，概念完整。

　　本书不是教材，也不是设计手册。书中部分内容是当今园区建设中可以直接应用的，特别是负荷估算、资源评估、分布式能源技术、地源热泵技术和能源总线技术等都是热点。也有一部分内容略有超前，如智能微网、能源互联网等技术，还是处于研究中的城市能源"愿景"。因此，本书可供政府建设主管部门和能源管理部门、咨询机构、评估机构、区域开发单位、设计院所、城市规划院所、高校和研究机构，以及项目管理单位、能源管理公司等部门参考；也可供城市规划、建筑、建筑技术、热能动力、暖通空调等专业的工程技术人员、咨询评估人员、高校师生等参考。

＊　　　　　　　　＊　　　　　　　　＊

责任编辑：张文胜　姚荣华
责任设计：陈　旭
责任校对：马　赛　赵　颖

本书编委会

主　　编：龙惟定

副 主 编：白　玮　范　蕊

参编人员：龙惟定　白　玮　范　蕊

梁　浩　张改景　苑　翔

樊　瑛　张　洁　马宏权

［比利时］韦安娅（Anastasia Velnidis）

本书的出版得到科技部国家科技支撑计划项目：崇明低碳经济发展关键技术研究与集成应用示范（课题编号：2009BAC62B02）和低碳社区建设关键技术集成应用示范研究（课题编号：2009BAC62B03）的支持，并得到美国能源基金会（Energy Foundation）资助。

出版说明

能源是我国经济社会发展的基础。"十二五"期间我国经济结构战略性调整将迈出更大步伐，迈向更宽广的领域。作为重要基础的能源产业在其中无疑会扮演举足轻重的角色。而当前能源需求快速增长和节能减排指标的迅速提高不仅是经济社会发展的双重压力，更是新能源发展的巨大动力。建筑能源消耗在全社会能源消耗中占有很大比重，新能源与建筑的结合是建设领域实施节能减排战略的重要手段，是落实科学发展观的具体体现，也是实现建设领域可持续发展的必由之路。

"十二五"期间，国家将加大对新能源领域的支持力度。为贯彻落实国家"十二五"能源发展规划和"新兴能源产业发展规划"，实现建设领域"十二五"节能减排目标，并对今后的建设领域节能减排工作提供技术支持，特组织编写了"新能源与建筑一体化技术丛书"。本丛书由业内众多知名专家编写，内容既涵盖了低碳城市的区域建筑能源规划等宏观技术，又包括太阳能、风能、地热能、水能等新能源与建筑一体化的单项技术，体现了新能源与建筑一体化的最新研究成果和实践经验。

本套丛书注重理论与实践的结合，突出实用性，强调可读性。书中首先介绍新能源技术，以便读者更好地理解、掌握相关理论知识；然后详细论述新能源技术与建筑物的结合，并用典型的工程实例加以说明，以便读者借鉴相关工程经验，快速掌握新能源技术与建筑物相结合的实用技术。

本套丛书包括：《低碳城市的区域建筑能源规划》、《地表水源热泵理论及应用》、《光伏建筑一体化设计与施工》、《风-光互补发电与建筑一体化技术》、《蓄冷设备与系统设计》、《太阳能空调技术》、《太阳能热利用与建筑一体化》以及《地源热泵与建筑一体化技术》。

本套丛书可供能源领域、建筑领域的工程技术研究人员、设计工程师、施工技术人员等参考，也可作为高等学校能源专业、土木建筑专业的教材。

中国建筑工业出版社

2011 年 2 月

序 一

能源是现代文明社会发展的重要物质基础之一，世界各国对此都十分重视。

我国正处于工业化中期和城市化快速增长时期，人口大量向城市集中。城市的能源供应安全、各种能源资源的综合高效利用以及环境保护，正日益受到各级政府和社会人士的关注，做好区域能源规划，是其中重要对策之一。

同济大学龙惟定教授和他领导的科研团队，早已关注区域能源规划这件事，并开展了研究，在规划方法和手段方面取得了重要成果。最近，他们将成果撰写成专著，由中国建筑工业出版社正式出版。这种将自己的研究成果成书，与大家分享的做法，特别值得称道和赞扬。

希望我们共同努力，把区域能源规划工作做好，将我国的节能和低碳事业推上一个新的高度。

吴元炜

2010 年 8 月 18 日

序　二

　　城市化和城市规划是现今各国都十分关注的话题，甚至有人称 21 世纪是城市的世纪。我国对城市化和城市规划的关注程度亦越来越高。然而与此同时，从 21 世纪开始，地球温暖化、拯救地球和人类自身的呼声也越发震撼人心。在环境危机和百年一遇的全球经济危机的双重作用下，促使人们反思人类工业文明发展的历史道路，尤其是近百年的经济发展道路，应该寻求一条人与自然和谐共存的新途径。这种危机恰恰给予人们一次新的技术革命的发展机遇，从而使人类跨进一个新的低碳时代，其实质就是低碳经济与绿色文明的新时代，也就是以高效利用能源、开发绿色能源、崇尚绿色 GDP 为特征的时代。它必将有力地影响到城市化与建筑业的发展。在新世纪的城市建设中必须引入低碳城市的发展模式，尤其是在区域建筑能源规划中运用综合资源规划等原则。

　　本书从阐述建设低碳城市与低碳经济的关系出发，论述了以综合资源规划为基础的区域建筑能源规划原则与目标的设定，对可利用资源进行了分析，并进一步介绍了基于碳约束的区域建筑可利用能源资源的优化方法和区域建筑能源需求的预测。本书还具体介绍了利用新能源的区域能源系统方式，如分布式能源的热电联产系统、地源热泵以及多能源互补与优化配置的方法。书中还提出了低品位未利用能源的能源总线系统以及能源互联网系统等新概念和新技术，并最后归结到区域建筑能源系统的各相关评价方法。本书最后以 2010 年上海世博会的能源方式和能源系统作为区域建筑能源规划的实例加以剖析，并提出思考与展望。全书体系清晰，概念完整。

　　本书作者龙惟定教授及其团队长期从事建筑与空调节能技术研究，致力于促进我国建设领域中节能环保和绿色低碳技术的发展，并从单体建筑扩展到城市规划领域，在这方面已经积累了相当多的成果。本书就是他们根据国外这一领域的最新研究成果以及他们在国内研究实践中所取得的成就的总结，现在作为极有参考价值的研究成果奉献给同行，必将对我国发展和推进低碳城市的建设发挥积极的作用。

2010 年 9 月

前　言

2010 年，有几个事件注定了这一年是不平凡的一年。

第一，以 2010 年上海世博会为标志，中国进入快速城市化阶段。我国有 183 座城市提出"建设国际化都市"的目标，更有 100 多座城市竞相申报争夺低碳城市试点。全国几乎所有城市，无论是直辖市、省级市，还是地级市、县级市，几乎都有自己的上百万乃至上千万平方米建筑面积的区域开发项目。中共中央组织部在上海举办了学习班，培训城市的市长和市委书记怎样建设低碳城市。毛泽东在中共中央从西柏坡进入北京的前夕，形容这是我们党"进京赶考"。而在 2010 年这个节点上，有人形容是执政者进"城"赶考。我们的很多人，包括官员，学者，也包括我们自己在内，对如何面对快速城市化、如何建设和管理低碳城市，其实还处在懵懂之中。我们都需要学习，学无止境。

第二，2010 年第二季度，根据公布的统计数字，日本二季度 GDP 为 12883 亿美元，而中国同期 GDP 为 13369 亿美元。中国 2010 年的 GDP 总量超过日本的趋势已经不可改变。中国成为仅次于美国的世界第二大经济体。

第三，我们面对更加严酷的能源形势。2010 年上半年我国单位国内生产总值（GDP）能耗同比上升了 0.09%，使得全国人大通过的"十一五"的约束性目标（即单位 GDP 能耗在五年内要降低 20%、二氧化硫排放减少 10%、化学需氧量减少 10%）的实现充满了不确定性。与此同时，国际能源署（IEA）发表报告称，2009 年中国的能源消费超过美国达 4% 之多，成为全世界第一大能源消费国。而根据中国国家统计局统计，2009 年中国能源消费总量是 31 亿吨标准煤，国际能源署的数字折合 32.2 亿吨标准煤，多出了 1.2 亿吨，而美国的能源消费总量折合 31.1 亿吨标准煤。因此，在能源消费方面，中国也至少是仅次于美国的"第二大"。

第四，2010 年中国遭受了极端气候造成的自然灾害，人员和财产都受到重大损失。在中国南方五省，大旱让 5000 多万人受灾，近 2000 万人和 1105.5 万头牲畜饮水困难，农作物受灾面积 434.86 万公顷，其中绝收面积 94 万公顷，因灾直接经济损失 190.2 亿元；2010 年的汛期中，全国有 26 个省份遭受洪涝灾害，全国受灾人口超过 1 亿人。特别是甘肃舟曲的泥石流，造成 1364 人失去生命，失踪 401 人，全国降半旗致哀。世界气象组织指出，这些自然灾害与全球气候变化有关。由于全球变暖，未来将有更多、更严重的极端天气事件。不管能源消耗和温室气体排放的"老大"是谁，气候变化却是实实在在地影响着人类；不管造成气候变化的责任在谁，那些生态脆弱地区的死难同胞却在承担后果。而又有谁能准确计算出人为因素在这些"天灾"中起了多大作用？人类不断地向自然界索取，甚至是榨取，自然界总有支持不住而崩溃的一天。

在这种背景下，发展绿色经济、建设低碳城市，成为中国的不二选择，也是我们所要面对的挑战。在低碳城市发展中，如何才能少一点浮躁和浮夸，多一点理智和睿智，如何始终遵循科学发展观，是亟待解决的课题。

笔者的研究团队从 2005 年开始，先后承担了来自科技部和上海市科学技术委员会的多项与世博、崇明低碳示范有关的研究课题。尤其是有关世博园区能源系统的研究，使我们积累了经验，也汲取了教训，更深切地认识到，建筑能源规划在低碳城市建设过程中的不可或缺。因此也就萌生了开展系列研究，建立区域建筑能源规划方法论的念头。

本书不是教材，也不是设计手册。书中部分内容是当今园区建设中可以直接应用的，特别是负荷估算、资源评估、分布式能源技术、地源热泵技术和能源总线技术等都是热点。也有一部分内容略有超前，如智能微网、能源互联网等技术，还是处于研究中的城市能源"愿景"。我们觉得，区域建筑能源规划是一门跨学科、跨界的学问，如果规划者只会照搬以往单项建筑设计的方法，或者只是追逐"热门"、人云亦云，再或认为应用了某一项技术就能轻而易举地实现"低碳"，这都是对区域建筑能源规划的误读。规划者必须有更开阔的视野和更宽广的思路。

历时 3~4 年，经过我们的团队以及多位博士、硕士研究生努力，终于交出了现在这份答卷，算是给区域建筑能源规划的理论基础添了一块砖。整个写作过程对我们自己也是一次学习和提高的机会。这期间我们克服了社会上的浮躁之气。规划这件事有很多利益相关者，有时候面对一些似是而非、哗众取宠、好高骛远、夸夸其谈，而决策者又十分受用的新概念、新名词，要保持冷静的头脑和科学的判断真是挺难的。不敢说我们的研究都是正确的，但可以担保我们的研究都是实事求是的，没有刻意夸大什么，也没有着力贬低什么。我们的各项研究课题得到政府部门（如科技部、住房和城乡建设部、上海市科委）的资助，也得到非营利机构（如美国能源基金会、世界自然基金会）的资助。本书的出版，得到美国能源基金会的直接帮助。

本书各章节作者分别是：第一章：龙惟定、梁浩；第二章：［比利时］韦安娅（Anastasia Velnidis）、张洁、梁浩、龙惟定；第三章：白玮；第四章：张改景、范蕊；第五章：张改景；第六章：苑翔；第七章：范蕊、龙惟定；第八章：王培培、范蕊；第九章：梁浩；第十章：樊瑛、张洁；第十一章：马宏权；第十二章：龙惟定、马宏权、梁浩。

全书由龙惟定、范蕊统稿，龙惟定对各章做了详尽的校阅、修改和补充。内容集成了多位博士、硕士的研究成果。对本书有贡献的还有（排名不分先后）：张蓓红、周辉、冯小平、张文宇、张思柱、吴筠、马素贞、邓波、宋应乾、刘猛、蒋小强等。

希望本书能对我国城市化进程中的低碳城市建设提供理论和技术上的支持。

区域建筑能源规划是一个全新的领域，本书在该领域的开拓与探索中刚迈出了第一步。诚挚地期盼读者们能对本书的内容提出批评和建议，并通过自己的实践充实和丰富区域建筑能源规划理论。

目　录

第 1 章 低碳经济与低碳城市

1.1 气候变化与温室气体排放

1.1.1 气候变化研究的历史沿革

2009 年哥本哈根联合国气候变化大会（COP 15）前后，对全球气候变化（Climate Change）和全球变暖（Global Warming）的议论多了起来。怀疑者认为这根本就是一场"秀"，认为光靠人类活动的一己之力不足以引起大气温度升高；"阴谋论"者认为气候变化不过是发达国家的政客和某些跨国企业为了自身利益而制造出来的危言耸听的谎言；悲观者认为气候变暖之势不可逆转，世界将到末日，时间就在 2012 年的某日；而支持者认为，应该科学理性地面对气候变化，人类活动即便不是气候变化的全部原因，至少也是重要原因之一，人类需要反思工业革命以来的发展方式。本书作者就是持后一种观点的。

其实对气候变化的探索和争论并非从今日始。1896 年，著名瑞典化学家斯万特·阿雷纽斯（Svante Arrhenius）第一个提出了关于温室效应的假说，指出大气中 CO_2 浓度的增加会导致温度升高。然而，他的观点并非当时科学界的主流。多数科学家认为，温室效应要影响到全球气候，起码要等到上万年以后。

在 20 世纪 30 年代，人们发现美国和北大西洋地区气候在变暖，而且在此前的半个世纪中变暖的趋势非常明显。但多数科学家仍然认为，这只不过是某些自然规律造成的周期性的气候变化，原因不明。只有一位英国的动力工程师 Guy Stewart Callendar（1898～1964）坚持认为气温会持续升高。并指出由于蒸汽机的燃烧过程而产生的 CO_2 是气候变暖的原因。但 Callendar 认为气候变暖可以延缓地球冰河期的到来。因此，几乎所有人都认为，气候变暖是一件好事，不管是什么原因引起全球变暖，如果气温在未来几个世纪持续升高，那就更好了。

在 20 世纪 50 年代，Callendar 的说法吸引了一些科学家来研究测试技术和改进计算方法。同时也引起了与冷战有关的军事机构的关注，政府研究经费拨款大幅增加。新的研究显示，大气中的 CO_2 确实是气候变暖的主要因素。1961 年，通过认真细致的测量表明，大气中 CO_2 气体的浓度正在年复一年地上升。

由于计算机的改进，科学家们可以建立更精确的模型。1967 年，计算表明，在 21 世纪中地球的平均气温可能上升数度。当时觉得下一个世纪似乎还很遥远。然而，科学家尽管认为没有改变政策的必要，却正式提出需要开展更大规模的研究工作。

在 20 世纪 70 年代初，环保主义的兴起引起了人们对人类活动对地球的影响特别是气候变化的关注。与温室效应观点不同的是，一些科学家指出，人类活动把灰尘和烟雾粒子散发到大气层中，反而可以阻止阳光和降低大气温度。而且，北半球天气的统计分析表明，降温的趋势从 20 世纪 40 年代就已经开始。这些相互矛盾的研究成果搞得人们如坠云雾。科学家们唯一一致的意见就是要开展进一步研究。

在 20 世纪 70 年代有一个意外的发现，大气中某些其他气体（例如，氯氟烃）的浓度水平上升，会导致严重的全球变暖。其中一些气体也会使大气的保护层——臭氧层遭到破坏。这些气体原本并不存在于大气层，如氯氟烃（氟利昂）是人工合成的，被当作制冷剂、发泡剂和清洗剂广泛用于人类活动的各个领域。在对氟利昂实行控制之前，全世界向大气中排放的氟利昂已达到了 2000 万吨。氯氟烃既是一种温室气体，也是一种破坏臭氧层的气体。这些发现更激起了人们对大气层脆弱性的担忧。

1988 年夏天，科学家们关于气候变化的研究第一次得到公众的广泛关注。因为那一年是有气象记录以来最热的年份，而 1988 年以后的大多数年份，气温持续升高。1988 年，由世界气象组织（WMO）和联合国环境规划署（UNEP）成立了政府间气候变化专门委员会（The Intergovernmental Panel on Climate Change，IPCC）。这是一个政府间的科学机构，承担评估由人类活动引起的气候变化的风险的研究任务。IPCC 并不做自己的原创性研究，也不做观测和监测，它的一项主要活动是定期对气候变化的认知现状进行评估。它只是依据全世界同行的研究成果和文献综述来对气候变化进行评估。它也是一个开放的研究组织，由 WMO 和 UNEP 的成员国派出的科学家组成。IPCC 的目标是开展 3 个方面的评估：

（1）人类活动引起的气候变化；

（2）人类活动引起的气候变化的影响；

（3）适应和减缓的方案。

IPCC 主要从事 4 个方面的研究工作：

（1）气候变化评估报告；

（2）特别报告，如针对臭氧层、土地利用、知识转移等主题；

（3）方法论报告，如国家温室气体排放清单编制方法；

（4）技术论文。

其中影响最大的是评估报告。IPCC 于 1990 年发表了第一份评估报告，在 1992 年又发表补充报告。第二次评估报告于 1995 年发表；第三次评估报告于 2001 年发表；第四次评估报告于 2007 年发表。每个评估报告都有三册，对应于 IPCC 的第一、第二和第三工作组。

IPCC 下设的三个工作组和一个专题组是：

第一工作组，负责评估气候系统和气候变化的科学问题；

第二工作组，负责评估社会经济体系和自然系统对气候变化的脆弱性、气候变化的正反两方面后果和适应气候变化的选择方案；

第三工作组，负责评估限制温室气体排放并减缓气候变化的选择方案；

国家温室气体清单专题组，负责 IPCC《国家温室气体清单》计划。通过其有关《国家温室气体清单》方法的工作为《联合国气候变化框架公约》（UNFCCC）提供支持。

在近 20 年的时间里，IPCC 发表了四次评估报告。先后有近 3000 位来自世界各国的专家参与了工作。这四次报告对气候变化、影响和对策的科学认识逐步深化，但仍有许多不确定性，需要进行深入的研究。贯穿四次报告的主线是提高了"最近 50 年的气候变化是由人类活动产生的"结论的可信度。

第一次（1990 年）报告认为，地球表面温度的升高可能主要归因于自然变化的因素；

第二次（1995年）报告指出，有明显的证据可以证明人类活动对气候的影响；

第三次（2001年）报告用新的、更强的证据表明，过去50年观测到的大部分变暖"可能"（66%以上）归因于人类活动；

第四次（2007年）报告指出，在过去的100年（1906~2005年）中，全球平均地表气温升高0.74℃。报告进一步认为，人类活动"很可能"（90%以上）是导致气候变暖的主要原因。

IPCC第四次报告的主要观点是：

（1）气候系统变暖是毋庸置疑的（Warming in the climate system is unequivocal…）。从全球平均气温和海温的升高，大范围积雪和冰的融化，以及全球平均海平面上升的观测中可以看出气候系统变暖是明显的。

（2）自工业化时代以来，由于人类活动已引起全球温室气体排放增加，其中在1970~2004年间增加了70%。

（3）具有很高可信度的是，自1750年以来，人类活动的净影响已成为全球变暖的原因之一。

2008年4月，IPCC决定起草第五次报告，预计在2014年发布。第五次报告的重心将从"气候变化是事实"转向"提供需要的信息，为利益相关者做出正确的决策服务"。

1.1.2 温室气体排放与气候变化

所谓温室气体，按照联合国气候变化框架公约的定义，主要指二氧化碳（CO_2）、甲烷（CH_4）、氧化亚氮（N_2O）、全氟碳（Perfluorocarbons，PFCs）、氟代烃（Hydrofluorocarbons，HFCs）和六氟化硫（SF_6）等6种气体。

各种气体都具有一定的辐射吸收能力。上述6种温室气体对太阳的短波辐射是透明的，而对地面的长波辐射却是不透明的。这就意味着携带热量的太阳辐射可以通过大气层长驱直入，到达地球表面，而地表的热量却难以向地球外逃逸。大气中由燃料燃烧排放的CO_2等气体起到了给地球"保温"的作用，从而导致全球气温升高。这种现象被称为"温室效应"、"全球变暖"、"地球温暖化"，并由此引起全球气候变化。根据IPCC的分析，来自CO_2、CH_4和N_2O的长波辐射强度分别是1.66W/m²、0.48W/m²和0.16W/m²。这使得全球的平均地面温度在1906~2005年的100年中升高了0.74℃。从1850~1899年到2001~2005年总的温度增加为0.76℃±0.19℃。近50年的变暖率（0.13℃±0.03℃/10年）急剧加速，几乎是近100年的两倍（见图1-1）。

为了评价各种温室气体对全球温暖化影响的相对能力大小，可以用"全球变暖潜势（global warming potential，GWP）"的指标参数（见表1-1）：

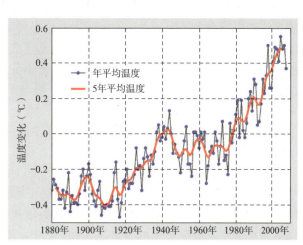

图1-1 有气象记录以来的全球平均气温变化

（资料来源：http://www.wikipedia.org/）

温室气体	化学分子式	大气中寿命（年）	全球变暖潜势（GWP）		
			20 年值	100 年值	500 年值
二氧化碳	CO_2	50～200	1	1	1
甲烷	CH_4	12	72	25	7.6
氧化亚氮	N_2O	114	289	298	153
CFC-11	CCl_3F	45	6730	4750	1620
CFC-12	CCl_2F_2	100	11000	10900	5200
HCFC-22	$CHClF_2$	12	5160	1810	549
HCFC-123	$CHCl_2CF_3$	1.3	273	77	24
HCFC-124	$CHClFCF_3$	5.8	2070	609	185
HCFC-141b	CH_3CCl_2F	9.3	2250	725	220
HCFC-142b	CH_3CClF_2	17.9	5490	2310	705
HFC-134a	CH_2FCF_3	14	3830	1430	435
Halon-1301	$CBrF_3$	65	8480	7140	2760
六氟化硫	SF_6	3200	16300	22800	32600
PFC-14	CF_4	50000	5210	7390	11200
PFC-116	C_2F_6	10000	8630	12200	18200

$$GWP = \frac{给定时间段内某温室气体的累积辐射强迫}{同一时间段内 CO_2 的累积辐射强迫}$$

所谓辐射强迫（radiative forcing）是指由于大气中某种因素改变所引起的对流层从顶向下的净辐射通量的变化（W/m^2）。

所谓温室气体，是指能透过短波辐射而阻挡长波辐射的气体。太阳的短波辐射可以透过大气射入地面，而地面变暖后放出的长波辐射却被大气中的 CO_2 等气体所吸收，从而产生大气变暖的效应。因此，大气中的 CO_2 就像一层厚厚的玻璃，使地球变成了一个大暖房。如果没有大气层的保护，地球表面的平均温度将会是 -23℃，而现在地球表面平均温度为 15℃。就是说，温室效应给人类创造了生存繁衍的基本条件。但是，当地球大气层内的温室气体浓度增加后，在得到的热量不变的情况下，地球向外发散的长波辐射就会被温室气体吸收，并反射回地面，使得地球的散热能力减弱，地球表面温度就越来越高。

从对增加温室效应的贡献来看，最重要的气体是 CO_2，其贡献率大约为 66%。而 CH_4 和 CFCs 分别起到 16% 和 12% 的作用。CO_2 比较稳定，它在大气中的留存时间可达 10 年以上。在过去很长一段时间中，空气中的 CO_2 含量基本上保持恒定。这是由于大气中的 CO_2 始终处于"边增长、边消耗"的动态平衡状态。大气中的 CO_2 有 80% 来自人和动、植物的呼吸，20% 来自燃料的燃烧。而散布在大气中的 CO_2 有 75% 被海洋、湖泊、河流等地表水以及空中降水吸收并溶解于水中，还有 5% 的 CO_2 通过植物的光合作用转化为有机物质贮藏起来。这就是多年来 CO_2 占空气成分 0.03%（体积分数）始终保持不变的原因。但是近几十年来，由于人口急剧增加、工业迅猛发展、能源消耗攀升，煤炭、石油、天然气燃烧产生的 CO_2，远远超过了过去的水平。而在另一方面，由于对森林乱砍滥伐，大量农田被侵占，植被被破坏，减少了吸收和储存 CO_2 的条件。再加上地表水面积缩小，降水量降低，减少了吸收和溶解 CO_2 的条件，破坏了大气中 CO_2 浓度的动态平衡，使得大气中的 CO_2 含量逐年增加。据估算，化石燃料燃烧所排放的 CO_2 占排放总量的70%。就是说，CO_2 的排放主要有 3 个来源：一是自然现象，二是土地利用，三是能源消耗。自然现象中，碳源和碳汇是平衡的，CO_2 逃逸到大气中，又被捕捉回土地里，CO_2 这个"恶魔"逃不出大自然这个"如来佛"的掌心。但人类使用能源、大量化石燃料的燃烧，大大增加了碳源；人类掠夺式的土地利用，破坏森林植被，将碳汇变成碳源，破坏了"天平"的两端，平衡被打破了。

空气中 CO_2 含量的增长，意味着太阳辐射可以通过大气层长驱直入，到达地球表面，而地表热量却难以向地球外逃逸。大气中由燃料燃烧排放的 CO_2 等气体起到了给地球"保温"的作用，从而导致全球气温升高。这种现象被称为"温室效应（greenhouse effect）"、"全球变暖（global warming）"、"地球温暖化"，并由此引起全球气候变化（climate change）。《联合国气候变化框架公约（UNFCCC）》中，将"气候变化"定义为："经过相当一段时间的观察，在自然气候变化之外由人类活动直接或间接地改变全球大气组成所导致的气候改变。"就是说，此处的"变暖"、"变化"都是指人类活动的结果。

从图 1-2 可以看出，工业革命之后的 150 年间，是大气中 CO_2 浓度上升最快的时期。但是也有科学家质疑，如果从 80 万年的尺度看，尽管最近百年大气中 CO_2 浓度是最高的，但地球表面温度却并不是最高的时期（见图 1-3），并认为温室效应并不是引起气候变化的唯一原因。除了人为活动之外，应该还有其他自然的力量（如太阳活动）引起全球变暖。

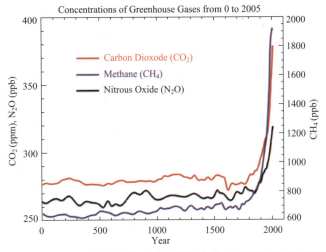

图 1-2　近 150 年是两千年来大气温室气体浓度增长最快的时期

（资料来源：http://www.wikipedia.org/）

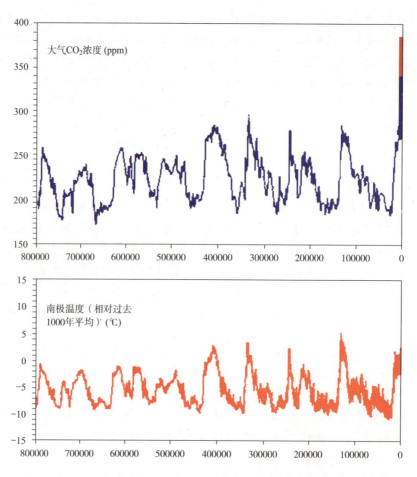

图 1-3　现在的大气中 CO_2 浓度为历史最高，但地表平均温度并非最高

（资料来源：http://www.wikipedia.org/）

1.1.3　全球气候变化的影响

不管人们对气候变暖的成因有多少争议，地球变暖却是一个不争的事实。随着地球变暖，自然碳汇处于被破坏的巨大危险之中。例如北极冰原储有地球 1/3 的土壤固定有机碳，它的破坏将导致大量的碳以 CO_2 的形式释放到大气中。而由于海冰的融化，封存在海底的甲烷也会以气体形式释放到大气中（见图 1-4）。

由于全球变暖，一个世纪以来全球海平面已经升高了近 15～20cm，其中 2～5cm 是由于冰川融化引起的，另 2～7cm 是由于海水温度升高而膨胀所引起的，余下的则是由于两极冰盖的融化造成的。如果温室气体照现在的强度排放，到 2100 年，海平面将升高达 15～100cm（见图 1-5），那时我国东部沿海受影响的人口将达 3000 万。

随着气候变化，全球极端气候事件频率会增加。例如，2009 年末到 2010 年初，北半球普遍出现严寒天气；中国近年频繁出现冬季南方大范围雨雪和严寒天气、北方大面积干旱；太平洋飓风频现等，表明与全球变暖关系密切的一些极端事件，如厄尔尼诺现象、干旱、洪涝、高温酷暑、雪崩、风暴潮、沙尘暴、森林火灾等的发生频率和强度都在增加，由极端气候引起的灾害也在加剧。世界气象组织的官员表示，这种短期的气候异常基本上

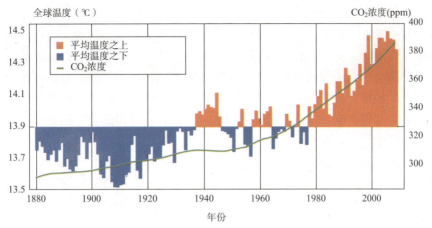

图 1-4　全球 CO_2 浓度升高和气温升高

（资料来源：World Bank；Focus A，*The science of climate change*，World Development Report 2010）

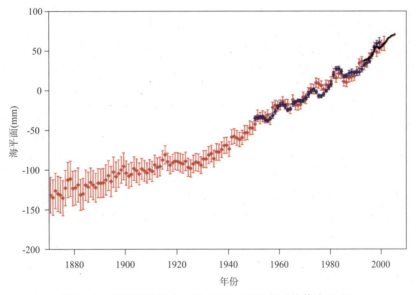

图 1-5　海平面的变化（以 1961~1990 年平均值为基准）

（资料来源：IPCC Working Group I，Climate change 2007：the science basis）

是由自然因素造成的。而全球变暖趋势的驱动力是温室气体的增加，在此因素不变的情况下，全球变暖的总趋势不会有大变化。

大气中 CO_2 浓度的升高有利于农作物的光合作用，在一定程度上可以提高作物产量；但海平面上升引起的农田盐碱化、极端气候事件频发及气候变暖引起的病虫害高发等将抵消有利因素，从而引起农业产能的不确定性。总体而言，气候变化对农业的影响有正有负，负面影响大于正面影响。而世界粮食问题，在一定程度上是与气候变化等量齐观的威胁到人类生存的重大问题。

气候变化还威胁到人类的健康，气候变暖促进了昆虫和病菌的繁殖，加快了疾病的传播。由于气候变暖导致热带的边界扩大，使原来热带地区传染病的发病区域扩大到温带。

气候变暖所带来的夏季高温和冬季低温，使心脏病和高血压病的发病人数不断增加，特别是老年人的死亡率也因此增加。夏季高温甚至使交通事故增加，因为人们在高温天气下容易疲劳驾驶，像爆胎、汽车自燃等重大交通事故也会屡屡发生。在人口密集的大城市，由于大量使用空调而引起的城市热岛环流，使得空气污染物不易扩散，造成严重的污染。尤其是汽车尾气的积聚，极易引起光化学烟雾，对居民造成强烈的致癌作用。极端气候会使洪水更为频繁，这将影响饮用水安全并削弱大自然的自我清洁能力。地处印度洋和太平洋沿岸的一些发展中国家，以及撒哈拉沙漠腹地的最不发达的非洲国家，受到气候变化的负面影响也最严重。据世界卫生组织（WHO）估计，全球每年由于全球温暖化而导致的患病人数高达 500 万，还有 15 万人死亡。到 2030 年，这些数字将至少翻一番。

全球变暖还会打乱植物生长的生物节律，使之与候鸟迁徙周期、动物繁殖周期不同步，从而导致大量动植物死亡，严重破坏生物多样性。

IPCC 对 1970 年以来的全球资料的评估显示，由人为因素造成的气候变暖可能已对许多自然生态系统产生了可辨别的影响。而根据 IPCC 的预测，在 21 世纪内，估计将会出现一些灾难性的现象：

（1）部分地区面临洪涝灾害，而部分地区遭受缺水压力；

（2）部分动植物种可能面临增大的灭绝风险，破坏生物多样性；

（3）在中高纬度地区气候变暖有利于农作物生长，而在低纬度地区会因为干旱而引起饥荒；

（4）由于海平面上升和海温升高，每年将有数百万人遭受风暴和海岸洪水的侵害；

（5）某些疾病的传播规律和传播媒介发生改变，直接威胁更多人口的健康。

IPCC 的评估报告清楚地表明，如果全球平均温度在 1990 年水平上升高不足 1～3℃，预计某些影响会给某些地区和行业带来效益，但在其他一些地区和行业则会增加成本。然而，对一些低纬度地区和极地地区，预计将会遭受到净损失。如果温度升高超过约 2～3℃，很可能所有区域都将会遭受净效益的降低或者净损失的增高。发展中国家预期会承受大部分损失。如果变暖 4℃，全球平均损失可达到国内生产总值的 1%～5%。2005 年社会碳成本的平均估算值为每吨碳 43 美元（即每吨 CO_2 12 美元）。

1.1.4 国际社会应对气候变化的努力

2009 年 11 月，世界气象组织（WMO）在日内瓦发布的 2008 年度《温室气体公报》显示，2008 年大气中 CO_2 浓度达到 385.2ppm、CH_4 浓度达 1797ppb、N_2O 浓度达 321.8ppb，分别比工业革命前增加了 38%、157% 和 19%，几种主要温室气体浓度均突破有历史纪录以来最高点，也是地球历史上 65 万年以来的最高值。

从 1751 年到 2004 年，全球累积排放 1.16 万吨 CO_2，其中第二次工业革命之后（1850 年后）的排放就占了 99.6%，而 1950 年以来的排放量则占了 80.75%。其中发达国家占据了主要的份额。应该说，发达国家对全球气候变化负有主要责任（见图 1-6）。

早在一百多年前恩格斯就曾指出："人类不能陶醉于对自然的胜利，每次胜利之后，都是自然的报复"。

远古时代，人类所掌握的技术手段十分有限，因此自然生态没有被破坏。天然能源再生的速度远远高于人类消耗的速度。人类在自然界面前显得很渺小，因而只能对大自然顶

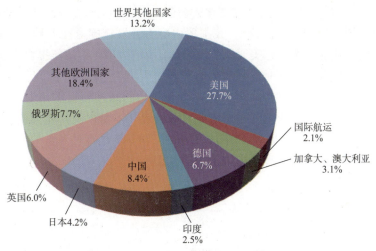

图 1-6　1750~2006 年累积 CO_2 排放份额

（资料来源：World Resources Institute, Blog Action Day 2009: Climate Factoids, http://earthtrends.wri.org/）

礼膜拜。在长期的农业社会里，人类仅有的一些改造自然的壮举（如中国古代的都江堰工程）也只限于保护自己、趋利避害。

到 17 世纪工业革命之后，人与自然的关系发生了根本性的变化。人类掌握了以不可再生的能源为基础的现代动力机械，开始向自然界攫取资源。人类将沉睡于地下上亿年的煤、石油和天然气等化石燃料开采出来，获得了高于人力数万倍的"超人"能量，创造了古代人类不可企及的奇迹，积累了巨大的财富，享受到了古代帝王都不敢想象的现代文明。人类成了地球的主宰。人类以不可再生的能源为武器，试图征服自然、改变自然规律。在人类开发利用化石燃料的同时，也打开了"潘多拉魔盒"，将封存在地下上亿年的碳重新释放到大气中，自然界开始越来越频繁地向人类施以报复。

国际社会对全球温暖化和气候变化表示了极大的关注。1992 年在巴西里约热内卢召开了联合国环境与发展大会，通过了应对气候变化和温室气体减排为主旨的《联合国气候变化框架公约》（1994 年生效），成立了联合国气候变化框架公约委员会（UNFCC）。1997 年 12 月，UNFCC 第 3 次缔约方大会在日本京都召开。149 个国家和地区的代表通过了防止全球变暖的《京都议定书》。《京都议定书》规定，到 2010 年，所有发达国家 CO_2 等 6 种温室气体的排放量，要比 1990 年减少 5.2%。具体来说，各发达国家从 2008 年到 2012 年必须完成的削减目标是：与 1990 年相比，欧盟削减 8%、美国削减 7%、日本削减 6%、加拿大削减 6%、东欧各国削减 5%~8%；新西兰、俄罗斯和乌克兰可将排放量稳定在 1990 年的水平上；允许爱尔兰、澳大利亚和挪威的排放量比 1990 年分别增加 10%、8% 和 1%；中国于 1998 年 5 月签署并于 2002 年 8 月核准了京都议定书。但是，到 2004 年，世界上最大的温室气体排放国美国的排放量反而比 1990 年上升了 15.8%。2001 年，美国总统布什以对美国经济发展带来过重负担为由，宣布美国退出《京都议定书》。

2007 年 12 月 15 日，为期两周的联合国气候变化大会在印尼巴厘岛最终艰难地通过了《巴厘岛路线图》。《巴厘岛路线图》规定，在 2009 年前应对气候变化问题新的安排举行谈判，达成一份新协议。新协议将在《京都议定书》第一期承诺 2012 年到期后生效。

2009 年 12 月 19 日，联合国气候变化大会第 15 次缔约方大会在丹麦哥本哈根通过了不具法律约束力的《哥本哈根协议》，其主要内容为：发达国家在今后 3 年内每年为发展中国家应对气候变化提供 100 亿美元资金支持，不迟于 2020 年每年提供 1000 亿美元；发达国家的减排目标接受"可测量、可报告、可核查"（以下简称"三可"），发展中国家的自愿减排行动不受"三可"约束，但由国际资金支持的减排项目需接受"三可"；设立哥本哈根绿色气候基金，以支持发展中国家应对和减缓气候变化及其能力建设；支持全球升温不应超过 2℃ 的科学共识（见表 1-2），并且在 2015 年之前对《哥本哈根协议》的执行情况进行评估时，讨论全球升温不超过 1.5℃ 的目标。

超过 2℃ 的概率   表 1-2

指标	排放量（CO_2 当量）	超过 2℃ 的概率	
		范围（%）	代表值（%）
2000~2049 年累积 CO_2 总排放量	886Gt	8~37	20
	1000Gt	10~42	25
	1158Gt	16~51	33
	1437Gt	29~70	50
2000~2049 年累积温室气体排放量	1356Gt	8~37	20
	1500Gt	10~43	26
	1678Gt	15~51	33
	2000Gt	29~70	50
2050 年温室气体排放量	10Gt/a	6~32	16
	18Gt/a（1990 年的一半）	12~45	29
	20Gt/a（2000 年的一半）	15~49	32
	36Gt/a	39~82	64
2020 年温室气体排放量	30Gt/a	8~38	21
	35Gt/a	13~46	29
	40Gt/a	19~56	37
	50Gt/a	53~87	74

（资料来源：Malte Meinshausen etc.，Greenhouse-gas emission targets for limiting global warming to 2℃，*Nature*，Vol. 458，30，April 2009）

尽管哥本哈根大会分歧严重，但有两点是与会者的共同愿景：一是全球温升不超过 2℃；二是为此目标全人类都要采取行动。在哥本哈根大会之前，欧洲多位学者在《自然》杂志上发表论文，对温室气体减排和全球温升的前景做了预测。

所谓"温升 2℃"，是指到 21 世纪末，地球表面平均温度在工业革命前（1850 年）的基础上升高不超过 2℃。从表 1-2 中可以看出，即使人类在 2050 年将温室气体排放量降低到 2000 年的一半，地球温升还是会有 33% 的概率超过 2℃。而如果在 2020 年就将温室气体排放量控制在 35Gt，温升超过 2℃ 的概率只有 21%。从表 1-3 中可以看出，要将地球温升控制在 2℃，大气中温室气体浓度应在 450ppm 左右。由于大气中温室气体浓度累积的惯性滞后效应，人类越早减排、减排力度越大越有利。

全球温升与温室气体浓度
表 1-3

温升（℃）	所有温室气体浓度 （ppm CO₂ eq.）	CO₂浓度 （ppm CO₂）	2050 年排放量与 2000 年的比较（%）
2.0～2.4	445～490	350～400	－85～－50
2.4～2.8	490～535	400～440	－60～－30
2.8～3.2	535～590	440～485	－30～＋5
3.2～4.0	590～710	485～570	＋10～＋60

（资料来源：IPCC 评估报告 2007（AR4））

当前国际上研究气候变化的主流报告主要有 3 个：

（1）英国政府主导的《斯特恩报告》（The Economics of Climate Change：The Stern Review）。英国经济学家、伦敦经济学院斯特恩（Nicholas Stern）教授领导的研究团队于 2006 年发表的 The Stern Review Report on the Economics of Climate Change，从经济学角度对 2℃上限进行全面的阐释，论证全球参与立即采取减排行动的紧迫性。如果能将大气中温室气体浓度控制在 500～550ppm，则减排成本可以控制在全球 GDP 的 1% 左右；而如果不采取行动，气候变化将对全球的经济和社会造成巨大的影响，其损失将相当于全球 GDP 的 5%～20%。斯特恩报告为全球减排开出 3 个"药方"，即通过税收、贸易或法规进行碳定价；发展低碳技术，鼓励创新；提高能源效率，鼓励行为节能。

（2）美国前副总统戈尔的《难以忽视的真相》（An Inconvenient Truth）。与其他关于气候变化的研究不同，戈尔的《难以忽视的真相》没有那么多的学术性和严肃性。近年来，致力于环保事业的戈尔周游世界，在数百座城市做关于全球气候变化的科普演讲，以大量令人信服的事实证明全球的气候正在由于人类的活动而明显变暖，给人类带来严重后果。2006 年，戈尔在好莱坞的帮助下拍摄了电影《难以忽视的真相》则更像一部惊悚灾难大片。该片用非常形象生动的手法记录了全球气候变化的事实。指出，人类若再不采取真正有效的行动，只需再过 10 年，被破坏的生态和环境就将不可逆转，人类将付出十倍、百倍甚至千倍的代价。《难以忽视的真相》的另一特点是将应对气候变化上升到道德层面。戈尔严厉抨击了美国共和党及其领导人布什在减排问题上的消极立场，批评某些利益集团为了维护自身利益而否认气候变化的存在。戈尔指出，全球变暖是数千名科学家的研究成果，必须承认这个事实真相，如何看待全球气候变化不是一个政治问题而是对人类道德的挑战。戈尔指出，人们对待全球变暖危机的思维方式，就像"温水煮青蛙"，如果一直无动于衷，则是特别危险的。

（3）联合国气候变化问题政府间专门工作委员会（IPCC）第四次评估报告。2007 年的诺贝尔和平奖由联合国政府间气候变化专门委员会和美国前副总统戈尔分享。

这 3 份报告和其他国际组织出版和发表的报告都得出共同的基本结论，即气候变化是不容置疑的事实；采取措施减缓气候变化比不采取措施代价小；早采取措施比晚采取措施代价更小。国际上针对气候变化所采取的一系列行动都是依据科学家们的研究结论。

按照经济学原理，为了以最小的成本实现控制最大的温室气体减排量，人类应该在成本最低的地方实现温室气体减排。《京都议定书》确立了联合履约 JI（Joint Implementation）、国际排放贸易 IET（International Emission Trading）和清洁发展机制 CDM

(Clean Development Mechanism）三种灵活机制，以使《气候变化框架公约》中的附件 I 国家（即发达国家）达到各自所应承担的减排义务。通过 CDM 机制，发达国家和发展中国家可以进行温室气体减排项目合作。发达国家通过向发展中国家投入资金和提供先进技术，帮助发展中国家实施温室气体减排项目，从而获得由项目产生的经核证的减排量 CERs（Certified Emission Reductions），并用这一减排量冲抵其自身的温室气体减排目标。发展中国家因为并不承担减排的指标，可以通过"销售"减排指标 CERs 获得可观收入，同时引进发达国家的先进技术，促进本国经济、社会和环境的可持续发展。最终，发达国家和发展中国家通过温室气体减排项目的合作，实现"双赢"和减排的目的。

2008 年，《京都议定书》减排目标正式生效，全球范围内温室气体排放权交易量急剧上升，全年共交易 CO_2 当量约 48 亿吨，成交额达到了 1260 亿美元。但由于全球金融危机的影响，排放权交易的市价下滑。在欧盟排放权交易市场（ETS）上，每吨 CO_2 当量的价格由 30 欧元跌落至 10 欧元。世界银行研究表明，中国将可以提供世界 CDM 所需项目的一半以上。

为了促进技术转移，联合国又提出"规划方案下的清洁发展机制（PCDM)"。它是将规划方案下开展的项目活动开发成 CDM 项目。PCDM 是对既有的 CDM 机制的改进，即在某一规划方案下，通过添加不限数量的相关 CDM 规划活动，与没有此规划方案活动时相比所产生额外的温室气体减排或增加温室气体汇的效益。CDM 规划活动（CDM programmed activity，CPA）是在指定区域实施的一个或者一系列相关的减排或者增汇措施。

PCDM 机制对于发展低碳城市是极为有利的。因为迄今为止，还没有一个注册成功的建筑类 CDM 项目，也没有经过批准的建筑类常规方法学。因为在建筑领域实施 CDM 有两大瓶颈：一是很难建立建筑的基准线，二是碳交易的销售所得（CER）归谁所有，是业主、发展商、物业管理，还是用户？通过 PCDM，可以找到解决这些问题的途径。这需要积极探索如何在 PCDM 制度下做城市开发、区域能源规划和建筑设计，以及如何通过 PCDM 机制改革城市能源管理。

1.2 低碳经济与低碳城市

1.2.1 中国必须走低碳经济之路

2003 年的英国能源白皮书《我们能源的未来：创建低碳经济》中首次提出了"低碳经济"的概念。所谓低碳经济，指的是在发展中向大气排放最少的温室气体，甚至达到"零排放"，同时获得整个社会最大的产出。

对于世界经济和社会发展而言，可持续发展是必由之路。"可持续发展（Sustainable development）"的概念最先是 1972 年在瑞典斯德哥尔摩举行的联合国人类环境研讨会上正式提出的。1989 年举行的联合国环境规划署第 15 届理事会上，通过了《关于可持续发展的声明》，指出："可持续的发展，系指满足当前需要而又不削弱子孙后代满足其需要之能力的发展，而且绝不包含侵犯国家主权的含义。联合国环境规划署理事会认为，要达到可持续的发展，涉及国内合作和跨越国界的合作"。声明还指出："可持续发展意味着走向国家和国际的公平，包括按照发展中国家的国家发展计划的轻重缓急及发展目的，向发展中国家提供援助。此外，可持续发展意味着要有一种支援性的国际经济环境，从而导致各国特别是发展中国家的持续经济增长与发展，这对于环境的良好管理也是具有很大的重要性的。可持续发展还意味着维护、合理使用并且提高自然资源基础，这种基础支撑着生态抗压力及经济的增长。再者，可持续的发展还意味着在发展计划和政策中纳入对环境的关注与考虑，而不代表在援助或发展资助方面的一种新形式的附加条件。"

如果用一句话概括，那就是"既要考虑当前发展的需要，又要考虑未来发展的需要，不要以牺牲后代人的利益为代价来满足当代人的利益"。因此，低碳经济就是在应对全球气候变化的新形势下可持续发展的具体体现。

对于发达国家而言，工业化初期的大规模消耗和排放，已经积累了巨大的财富。它们已经过了高速发展的阶段，需要找寻新的经济增长点和赢利模式。低碳经济有两个重要支柱：一是新能源技术；二是碳金融，即碳交易中产生的利益。这两个支柱的关键技术都掌握在美英等主要发达国家手中。面对中国等快速崛起的发展中国家，发达国家试图用低碳经济建立起保护其自身利益和国际主导地位的第三个壁垒，即环境壁垒。前两个壁垒分别是贸易壁垒和技术壁垒。

对于中国这样的发展中大国，低碳经济是不得不走的发展道路。根据国际能源署（IEA）的报告，2007 年中国由能源消耗所引起的碳排放总量已经超过美国，达到世界第一；中国的人均碳排放量和单位 GDP 碳排放量也都高于世界平均水平；中国的能源消费总量仅次于美国，居世界第二位（见图 1-7）。这就触及了两条临界线：一条是总量临界线，中国迟早要取代美国，成为世界第一大能源消费国和第一大温室气体排放国。如果我们不采取任何实质性的节能减排措施，就将在国际环境和政治讲坛上成为众矢之的。发达国家往往对自己历史上所造成的环境问题和背负的环境资源"欠债"显出足够的耐心和宽容，却有可能联手对付中国。另一条是道义临界线，根据我国一直倡导的人人享有同等生存权和发展权的人权观，CO_2 排放量的世界人均水平是一条道义临界线。当我国人均排放量超过了世界平均水平，将会侵害到低收入发展中国家的利益。因此，根据我国提出的

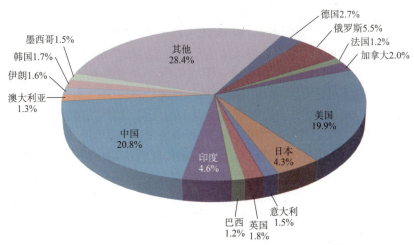

图 1-7　2007 年世界主要国家能源消耗的 CO_2 排放份额

（资料来源：IEA）

"共同但有区别的责任原则"，中国理应在力所能及的范围内，采取更为积极的措施，为应对全球气候变化做出贡献。

中国走低碳经济道路，绝非为了应付国际压力。2009年，中国国内生产总值（GDP）达到335353亿元，按现行汇率计算，约合4.92万亿美元，已经成为世界第二大经济体。改革开放30年间，中国的GDP增长了57.8倍，年均增长率为9.77%，创造了世界的奇迹。但是中国的发展面临以下瓶颈：

（1）中国正处于快速城市化发展阶段。截至2009年末，中国城镇化率达到46.6%，拥有6.07亿城镇人口，形成建制城市655座，其中百万人口以上特大城市118座，200万人口以上的超大城市39座。其中至2009年末，上海市常住人口总数已达1921.32万人；北京市常住人口达1755万人；广州市常住人口达到1004.58万；深圳市的实际总人口达1400万。根据预测，2020年中国城镇化率将达到60%，从现在起到2020年的10年间，将有3亿多的农村居民转移到城市，相当于整个美国的人口。而到2025年，估计我国将有10亿人口生活在城市中，超过90%的GDP将来自于城市。中国也将出现数个2000万人口以上的超级大城市，形成11个人口超过6000万的城市群。城市集聚了资本、商品、科技、信息、人才等生产要素，城市居民可以享受到高质量的生活。城市成为地区、国家，乃至国际的政治、经济、文化、信息中心，是体现先进生产力和先进文化的重要载体。但同时，城市也给我国资源、环境和社会带来巨大压力。而城市也是我国最主要的温室气体排放源。我国城市化中实施的严格的户籍制度，实际上使一部分人失去享有宜居环境的正当权利，成为统计中的分母，处于"被节能"、"被低碳"状态。人均低排放掩盖了少数人的超高排放。这种二元经济结构对城市资源消耗和碳排放都是一种潜在的威胁。

（2）中国的经济结构不适应低碳经济发展。改革开放30年来，中国经济取得高速发展，国力增强。但中国经济也存在着过分依赖资源、资本、环境的投入；过分倚重低价劳动力资源和土地资源；过分依靠出口贸易，而发挥自主创新能力和人力资本的作用不够。中国GDP占全世界的6%，而一次能源消耗却占到20%，说明我们还是一种"高碳"产业结构。在一定程度上，高速的GDP增长是以消耗资源、牺牲环境为代价的。为了追求高投入高产出、拉动GDP，加快了钢铁、水泥、化工等高能耗、高投资型工业发展；快速城市化催生了房地产泡沫；而高投资反过来又刺激了房地产业的膨胀。这使得几乎每座城市都有自己的重化工业，也使得几乎每一座城市都有大量空置、闲置的高档住宅，不是用来住人，而是用来作为牟取暴利的投资品。房地产泡沫使得大量作为"碳汇"的土地变成"碳源"。而在另一方面，我国有1/4以上的人均GDP的增长是靠所谓"人口红利"获得的。低廉的劳动力成本，使中国制造的中低端产品，下至鞋袜、上至电脑配件和手机，迅速占领世界市场。但由于人力资本被严重低估，GDP增长与人均收入增长形成巨大的"剪刀差"，使得中国内需严重不足，2008年中国居民消费率（居民消费占GDP的比重）仅为35.3%，只有美国的一半（70.1%），甚至远低于同为发展中国家的印度（54.7%）。

中国的出口导向型经济带来的后果是每年出口的高能耗产品的能源消耗占国内能耗总量的1/5，污染物进口量也在不断增加，是一种"高碳型"外贸。例如，作为可再生能源之首的太阳能光伏发电设备，目前中国的光伏产业链中，已投产的有10多家多晶硅企业、

60 多家硅片企业、60 多家电池企业、330 多家组件企业。2008 年我国的光伏产能超过德国，位居世界第一，太阳能电池产量已经占到世界总产量的 39%。但中国作为全球产能最大的太阳能电池供给市场，超过 95% 的光伏产品出口到国外。这实际上是将减排送给别人，将能耗、污染和碳排放留在中国。由于中国以煤为主的能源结构，使得在中国生产任何产品，其碳排放量都处于高位。表 1-4 是几个国家每度电的 CO_2 当量排放量。

几个国家每度电的 CO_2 排放量（kg/kWh）   表 1-4

德国	日本	美国	中国
0.497	0.418	0.625	0.86

表 1-5 计算了一块在中国生产的光伏电池板，在同样的日照条件下，分别在中国和德国的不同减排量。可以清楚地看出，这块光伏板用在中国，即使扣除其寿命周期中的隐含碳，它的减排效果也要优于德国。但如果把这块光伏板出口到德国，人家得到的是净减排量，我们留下的是净排放量，当然还有 GDP。牺牲自己不说，还要招致发达国家的指责。因此，国家不应该鼓励光伏出口，而应该鼓励在国内的使用。

某标称功率 18.3kW 的光伏系统的碳减排效率（寿命周期 20a）   表 1-5

当地太阳能年辐射量 [kWh/（m² • a）]	发电量 （kWh/a）	单位发电量的隐含碳 （CO_2）(kg/kWh)	在中国光伏发电的净 CO_2 减排量 (kg/kWh)	在德国光伏发电的净 CO_2 减排量 (kg/kWh)
1440	15600	0.287	0.573	0.497

另一个后果是中国大量出口商品都具有"两头在外"的特点。即设计、创意和品牌是国外的，销售渠道被国外掌控，中国企业只做加工。消耗了资源、污染了环境，赚的只是一点辛苦钱。例如，某知名国际品牌的光电鼠标，在中国苏州生产，目前每年生产 2000 万个，这 2000 万个鼠标又全部卖到美国去。这种鼠标在美国市场上平均售价为 40 美元，中国的加工企业只能得到 3 美元。这意味着苏州的征地费、地方政府的利税、企业的利润、工人的工资以及能源消耗费，都在这 3 美元里。再如，全世界 75% 的电脑硬件在中国生产。但主机、机箱、显示器等整套生产过程的加工费只有 50 元人民币。这些都造成了中国的单位 GDP 能耗和单位 GDP 碳排放居高不下。

（3）中国的能源结构是高碳型的。图 1-8 是 2008 年我国一次能源消费的份额。

中国以燃煤为主的能源体系，支撑了世界上最重要的经济体系的发展，推动了全球贸易的增长。但这种能源结构也使中国付出了沉重代价，造成中国能源效率低，环境承载压力大，碳排放居高不下，社会成本高昂的现实。我国主要的煤炭储藏在北方，因此给运输系统带来极大压力。运煤过程中的能耗和污

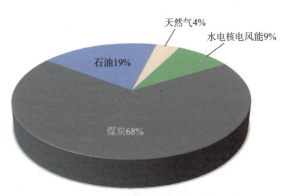

图 1-8　2008 年中国一次能源消费结构

染进一步加大了环境和碳排放压力。改造以煤为主的能源结构,已经成为我国发展低碳经济和实现可持续发展必须面对的重大挑战。

但是,对我国以煤为主的能源结构要有一个正确、客观的认识。新中国成立之初,以美国为首的西方国家对中国实行经济封锁,将石油作为战略能源物资对我国实行禁运。因此,对于富煤、贫油、少气的中国,煤炭成为发展经济的唯一选择。20世纪60年代,我国发现了大庆油田等一批大油田。但当时正值国家遭遇空前的自然灾害,而前苏联又取消对中国的援助、撤退专家,因而,中国只能用这些宝贵的石油出口去换取经济发展所急需的外汇。而在同一时间,世界许多国家都完成了从煤炭到石油的能源结构调整。

中国的江河水能理论蕴藏量为 6.91 亿 kW,可开发的水能资源约 3.82 亿 kW,年发电量 1.9 万亿度,占世界可开发水能资源的 1/5,水电资源量占世界首位。但水能资源的 93% 分布在中西部,主要江河处于环境生态敏感地区。开发水电和保护生态是两难的选择。

中国青藏高原、甘肃北部、宁夏北部和新疆南部等西部地区,全年日照时数为 3200～3300h,太阳辐射量在 670～837×10⁴kJ/(cm²·a)。相当于 225～285kg 标准煤,特别是西藏地区的太阳辐射总量最高达 921kJ/(cm²·a),仅次于撒哈拉大沙漠,居世界第二位。但这些太阳能资源最丰富的地区却远离东部经济发达地区。

中国 10m 高度层的风能资源总储量为 32.26 亿 kW,其中实际可开发利用的风能资源储量为 2.53 亿 kW。东南沿海及其附近岛屿,新疆北部、内蒙古、甘肃北部、黑龙江、吉林东部、河北北部和辽东半岛,以及青藏高原北部是风能资源丰富地区。特别是东南沿海地区,有效风能密度大于或等于 200W/m² 的等值线平行于海岸线,沿海岛屿有效风能密度在 300W/m² 以上,全年中风速大于或等于 3m/s 的时数约为 7000～8000h,大于或等于 6m/s 的时数为 4000h。又靠近负荷中心和经济中心城市,将是着力发展风力发电的地区。

中国生物质能源利用的特色是以沼气利用技术为核心,已经为近 8000 万农村人口提供了优质生活燃料。我国生物质能资源主要有农作物秸秆、薪柴、禽畜粪便、工业有机废水废渣、城市垃圾、蔗渣,以及水生生物和油料作物。目前,我国生物质资源可转换为能源的潜力约 5 亿吨标准煤。

所谓生物质能(Biomass Energy),是太阳能以化学能形式贮存在生物质中的能量形式,即以生物质为载体的能量。它直接或间接地来源于绿色植物的光合作用,可转化为常规的固态、液态和气态燃料,是唯一的一种可再生的碳源。由于在生物质能使用过程中排放的 CO_2 的量等于它在生长过程中通过光合作用摄入的 CO_2 量,因此可以认为生物质能使用对大气的 CO_2 净排放量近似于零,是一种"零碳"能源或"碳中和"能源。

生物质能源的应用也存在一些问题:

1)秸秆等季节性农村生物质废弃物的收集、储存和运输还有很多困难。长途运输本身就要耗能。

2)由于生物质具有碳中和(carbon neutral)的循环利用特性,得到多个专业的青睐,比如用作肥料还田。因此,需要对生物质利用的技术路线进行优化分析。一种资源会受到多种用途的"争抢"。

3）生物燃料，包括生物柴油和燃料乙醇，其基本原料是大豆和玉米。由于世界上生产乙醇汽油对玉米的需求强劲增长，导致玉米价格持续走高，引起以玉米为粮食和饲料的发展中国家的极大愤慨，认为这是以"饿死穷人"的代价去"喂饱汽车"。为了应对日益严重的全球粮食危机，联合国在 2008 年 6 月召开了粮食峰会，呼吁增加粮食产量、确保粮食安全。

4）目前的沼气生产技术中还存在着产气不稳定、产气量低、原料利用率低、受气温影响大、需要大量水实现湿法发酵等问题，使得沼气利用受到局限。

5）由于我国城市垃圾中塑料袋（白色污染）多，垃圾分类刚起步，因此在垃圾焚烧发电过程中会产生二噁英污染。从技术上说，现在的垃圾发电设备完全可以保证二噁英排放得到严格、安全的控制，但居民担心的是管理水平的低下和低浓度污染的长期累积效应。因此，建设垃圾电厂必须建立最严格的类似核电站那样的管理标准。

中国的地热资源可分为 3 种类型：1）高温（>150℃）对流型地热资源；2）中温（90~150℃）和低温（<90℃）对流型地热资源；3）中低温传导型地热资源，往往与油气资源共生。这三类地热资源分布在我国不同地区，并与当地的地质构造密切相关。高温地热资源主要用于发电，而中低温地热资源主要用于非电直接利用，例如供热和供热水。我国以中低温地热资源为主，在距地表 2000m 以浅范围内，约有相当于 137 亿吨标准煤的地热资源量，近年来地热直接利用以平均每年 10% 的速率增长。

近年来中国政府和专业界在积极推广"浅层地热能（Shallow geothermal energy）"的应用，并把它作为可再生能源加以扶持。其实，所谓"浅层地热能"只不过是热泵技术的一种应用方式。地源热泵的概念，最早源自 1912 年一位瑞士科学家的专利。20 世纪 30 年代，地源热泵技术就在美国得到应用。地源热泵通过外部能源驱动（如电动机或燃气发动机）做功，带动压缩机，冬季将低品位（一般在 50℃ 以下）的大地土壤储存的热量提升温度，用来供热或制备热水。夏季则通过逆循环过程，将室内热量转移到地下。其作用就像水泵提升水位。因此，它并不"生产"能源或"再生"能源，而是利用低品位能源，节约高品位能源（电）。在本质上，地源热泵利用的是夏储冬用的土壤蓄热，就像蓄电池，要有外部能量充电，才能放电利用。土壤本身并不会"生产"能量，它与来自地球内部熔岩并作为可再生能源的地热能不一样。既然是"蓄电池"，它就不可能"取之不尽、用之不竭"。它的蓄热能力除了与土壤热特性有关外，还与使用强度有关。就像手机电池，可以待机（不使用）上百小时，也可以在数小时之内消耗殆尽。因此，某地的地源热泵的可利用资源，不但与土壤热物理特性和地质构造有关，还与热泵的运行使用条件有关。地源热泵能否实现节能也与负荷特性和系统配置有关。

（4）中国有着巨大的城市人居环境能耗需求潜力。从表 1-6 可以清楚地看出，美国、欧盟和日本等发达国家（地区）都是服务业（第三产业）高度发展的地区，其城市化率均在 80% 以上，其建筑能耗比例高与服务业发展有很大关系。中国尚处于工业化前期，服务业比重比世界平均水平低了二十多个百分点，甚至比人均 GDP 相仿的中低收入国家的平均值还低 5 个百分点。

从宏观经济角度看，建筑能耗的比例越大，说明第三产业在国民经济中占有较大比重，生产有较大的附加价值，也说明人们的生活水平较高，经济发展是合理的和健康的。在这个意义上，建筑能耗是国家经济发展的晴雨表，它是经济结构和人们生活水平的标志。随着经济结构调整和人们生活质量的提高，我国建筑能耗在全国总能耗中比例的增加是必然的趋势。

各国各领域能耗　　　　　　　　　　　　　　　　表 1-6

国　　家	能耗比例（%）			三次产业在 GDP 中的比例（%）			城市化率（%）
	产业	建筑	交通	农业	工业	服务业	
美国（2007）	32.2	39.5	28.3	1	22	77	81
欧盟（2006）	27.5	41.1	31.4	5.0	24.9	70.1	80
日本（2007）	45.6	31.2	23.2	1	31	68	80
中国（2007）	58.3	24.5	17.2	11.3	48.6	40.1	45

（资料来源：中国统计年鉴、世界银行、美国能源部、日本省能中心、欧盟）

考察一个国家的建筑能耗情况，不能脱离当地的气候条件和经济发展水平。从表 1-7 可以看出，我国城市的采暖度日数比同纬度甚至高纬度的发达国家城市高，而 7 月的平均温度比同纬度乃至低纬度的发达国家城市高。但大量调研说明，中国城市无论公共建筑还是住宅建筑，其平均能耗都要低于发达国家。表 1-8 说明我国居民生活耗电量远低于发达国家。

中国几个城市的气候与发达国家部分同（高）纬度城市的气候比较　　表 1-7

城市	，纬度	采暖度日数	1 月平均气温	7 月平均气温
柏林（Berlin）	52	2540	−0.4℃	17.9℃
汉堡（Hamburg）	53～55	3073	0.5℃	16.8℃
纽伦堡（Nürnberg）	49～51	3010	−0.8℃	18.3℃
慕尼黑（Munich）	47～49	3061	−2.2℃	17.3℃
纽约（New York）	40.77	2614	0℃	24℃
西雅图（Seattle）	47.53	2471	5℃	19℃
罗马（Rome）	42	1570	1.9℃（Min）	31.2℃（Max）
伦敦（London）	51	2558	4℃	17℃
温哥华（Vancouver）	49.18	2820	3℃	17℃
哈尔滨（Harbin）	45	5032	−19.2℃	22.8℃
北京（Beijing）	40	2699	−4.3℃	25.9℃
东京（Tokyo）	35.7	1579	5.2℃	25.2℃
旧金山（San Francisco）	37.6	1675	9℃	17℃
亚特兰大（Atlanta）	33.7	1662	5.0℃	26.0℃
洛杉矶（Los Angeles）	34	1274	14.6℃	23.5℃
戴维斯（Davis）	38.7	1527	7.3℃	24.0℃
休斯敦（Huston）	29.7	1371	10℃	28℃
上海（Shanghai）	31	1691	3.7℃	27.8℃
南京（Nanjing）	32	1967	3.0℃	28.0℃
杭州（Hangzhou）	30.2	1647	4.0℃	28.6℃

人均生活用电量（kWh）							表1-8
中国 （2007年）	美国 （2006年）	日本 （2006年）	德国 （2006年）	芝加哥 （2006年）	香港 （2008年）	北京 （2007年）	上海 （2008年）
274.9	4508	2188	1718	6338	1401	663.8	776

（资料来源：中国电力工业的发展与展望，http://www.zstimes.com/；统计年鉴）

需要指出的是，美国、德国（包括我国北京）冬季采暖主要依靠燃油、燃气锅炉或区域集中供热，而上海住宅冬季采暖主要依靠电力驱动的热泵空调。截至2008年，我国城镇集中供热建筑面积为34.9亿m^2，仅为当年全国城镇建筑面积的16.3%，即使在严寒、寒冷地区，城镇集中供热面积也不到40%。因此，可以预见，我国城市建筑能耗增长需求很大，尤其是住宅能耗将呈刚性增长的趋势。严寒和寒冷地区城市会进一步增加城市集中供热的比例；夏热冬冷地区会出现较为迫切的冬季供热需求；夏热冬冷和夏热冬暖地区空调的拥有率会进一步提高、使用时间会延长；农村住宅有更为迫切的改善室内环境品质、提高生活质量的需求。这种增长是经济水平和生活水平发展到一定程度下的必然，是刚性的需求。我们要考虑如何用尽可能少的能耗，去满足人们日益增长的需求。但同时，需求的增长和减少碳排放的要求这一对矛盾也对我们提出了严峻的挑战。

由上述可见，中国要实现经济和社会的可持续发展，必须发展低碳经济。向低碳经济转型是大势所趋。但转型过程决不像某些人想象的那么轻而易举。第一，我国在2009年12月哥本哈根气候变化大会上庄严承诺，到2020年单位国内生产总值CO_2排放比2005年下降40%~45%。这就意味着，从2005年至2020年的15年间，我国的累积CO_2减排量将达到540亿吨CO_2当量，相当于2007年全球排放量的一倍。如此大规模的减排，需要全国上下付出艰苦卓绝的努力。第二，减排是一项浩大的系统工程，如果单纯追求某一领域或某一技术的低碳排放，有可能会引发整个系统的高碳排放。这涉及低碳经济发展的技术评价问题，需要一系列技术指标，不客观的指标可能造成误导。第三，低碳经济的推进涉及许多产业、部门和利益集团，如果没有很好的运行机制和配套政策，很可能造成人为不公平的利益转移，进而引发社会矛盾。第四，低碳经济的发展需要强有力的科技支撑。我国尽管已成为世界第二大经济体，但科技创新能力还不够，大多数低碳经济的核心技术掌握在发达国家特别是美国手中。要实现我国的产业和社会转型，必须依靠我国自身的技术力量来推动，否则我国的发展将是不可持续的。

1.2.2 低碳城市

有很多研究表明，城市是引起全球气候变化的源头之一。IPCC的第4次报告指出，"非自然的驱动力，例如土地利用、土地侵蚀、城市化和污染，直接影响到生态系统，并通过所造成的后果间接影响到气候"。

根据国际能源署（IEA）的估计，2006年全球城市能耗达79亿吨油当量，占全球总能耗的2/3，这一比例到2030年将上升到3/4。因此，未来与能源有关的CO_2排放量的增长将主要来自城市。到2030年，由能耗产生的CO_2排放中将有76%来自城市。

根据我国的一份研究报告，2006年我国地级以上城市的CO_2排放量占全国总量的55%，其中仅"100强"城市（GDP最高的100座城市）就占全国总量的41%。

在快速城市化过程中，主要的碳排放源来自土地利用和能源利用。在土地利用中，城市建设的高速发展，使大量原来作为碳汇的植被被破坏；原先能够作为碳中和的农田被占后不能复原；大量城市垃圾做埋地处理后会产生甲烷。在能源利用中，城市能源消耗又分成工业、建筑和交通三部分。一般而言，现代服务业越发达的城市，建筑能耗在总能耗中的比例越高；经济越发达的城市，交通能耗的占比也越高。当然，城市中人们生活和消费所产生的碳排放也是不容忽视的。

什么是"低碳城市"？到目前为止，世界各国都没有给出确切的定义。我国有学者提出，所谓"低碳城市"，是指城市在经济高速发展的前提下，保持能源消耗和 CO_2 排放处于较低的水平。但是，当前所有有关低碳城市的概念，还都处于"务虚"的阶段，并没有明确的量化标准。世界上已经有不少低碳甚至"零碳"的示范项目，给人的印象是低碳城市只是富人的游戏，是发达国家度过其排放高峰期之后的一种自我救赎。

低碳城市必须有明确的、可测度的评价指标。没有具体的碳排放指标，所谓"低碳"只是空谈。笔者认为，我国低碳城市必须同时满足下述条件：

（1）人均 CO_2 排放量（t/p）低于全国同类城市排放量平均水平（2006 年数据见表 1-9）；

（2）地均 CO_2 排放量（10^4 t/km^2）低于全国同类城市平均水平（2006 年数据见表 1-9）；

（3）单位 GDP CO_2 排放量（t/万元）低于全国 100 强城市平均水平（2006 年为 0.2037）；

（4）该城市的人类发展指数（HDI）高于 0.8。

中国科学院可持续发展战略研究组将我国城市分成资源开发型、工业主导型、综合型和旅游型 4 类。表 1-9 是中国科学院研究组给出的 4 类城市的 CO_2 排放数据。

我国 4 类城市 CO_2 排放指标 　　　　　　　　　　　　　　　　　　　表 1-9

	资源开发型城市	工业主导型城市	综合型城市	旅游型城市	世界平均水平（2006）	经合组织国家（OECD）
市辖区人均 CO_2 排放量（t/p）	16.22	15.31	15.01	7.74	4.28	10.93
市辖区地均 CO_2 排放量（10^4 t/km^2）	1.61	1.57	1.93	0.69	—	—
市辖区单位 GDP CO_2 排放量（t/万元）	4.17	1.91	2.54	1.65	0.902	0.536

在我国目前经济发展阶段，要实现上述低碳目标也是一件很困难的事情。城市碳排放与城市经济发展水平、产业结构、能源结构等诸多因素相关，我国的城市由能源消耗所产生的碳排放水平在国际上也处于相对高位。由于能源统计上的差别，国外城市的碳排放中均未包括航空和海运的能耗（见表 1-10）。

世界主要城市的人均碳排放（CO₂ 当量）　　　　　表 1 - 10

年份	城市	人均年排放量 [t/ (p·a)]	年份	城市	人均年排放量 [t/ (p·a)]
2005	德国法兰克福	11.8	2005	法国巴黎	4.1
2005	德国汉堡	8.0	2005	西班牙马德里	6.1
2007	加拿大多伦多	9.3	2005	瑞士日内瓦	7.4
2007	中国上海	11.7	2006	中国天津	11.0
2008	美国纽约	6.4	2006	日本东京	4.7
2006	中国北京	9.7	2005	瑞典斯德哥尔摩	3.4
2003	英国伦敦	9.4	2005	美国洛杉矶	12.3
2005	希腊雅典	9.0	2005	挪威奥斯陆	3.2
2005	丹麦哥本哈根	2.1	2005	美国西雅图	7.1
2008	加拿大温哥华	4.6	2003	加拿大蒙特利尔	7.2
2005	德国斯图加特	15.3	2005	比利时布鲁塞尔	7.3
2008	美国波特兰	11.9	2005	美国芝加哥	12.7

（资料来源：Kennedy, C. A., Ramaswami, A., Carney, S., and Dhakal, S., Greenhouse Gas Emission Baselines for Global Cities and Metropolitan Regions, http://www.urs2009.net/；加拿大温哥华市政府网站：http://vancouver.ca/）

　　图 1-9 中比较了上海与伦敦、纽约、东京三城市各部门能源消耗所产生的碳排放。伦敦、东京和纽约都是国际金融中心，是服务业极为发达的城市。因此，其商用（主要体现在商业建筑与公共建筑）的碳排放和住宅碳排放占比达到 50% 以上。

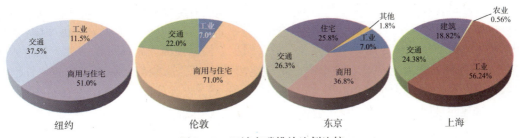

图 1-9　四城市碳排放比例比较

　　在服务业发达的城市，能源消耗所排放的 CO₂ 总量在各部门之间的排序由高到低依次为建筑（包括商用和住宅）、交通和工业。在我国城市（尤其是像上海这样没有集中供热的城市）中，各部门能耗和由耗能产生的碳排放量由高到低的排序依次是工业、交通和建筑，正好与发达国家的排序相反。我国正处于工业化中期，几乎所有城市的 GDP 来源，一是靠投资拉动，即土地流转和房地产开发；二是靠传统制造业，即重化工业以及出口消费品制造业的发展。因此，在能源消费结构中工业能耗占据主导地位。近年来我国城市家庭用汽车拥有量激增。截至 2009 年 9 月，全国城镇平均每百户家庭拥有 10.5 辆汽车，最高的北京市达到 29 辆。北京的机动车保有量已突破 400 万辆，并以每天 1500 辆以上的速度增长。2009 年，我国汽车产销量均超越美国，成为全球第一。而与此同时，大城市中车辆拥堵情况日益严重，多数大城市中早晚高峰的平均车速不到 20km/h。如果平均车速从 50 km/h 下降到 30 km/h，碳排放量将相应增加 10%。因此，在我国城市中，交通耗能的碳排放占据能源消耗碳排放的第二位是不奇怪的。通过合理规划和发展公共交通可以降低交通能耗的人均值，但交通能耗总量还是会随着城市化进程而不断升高。

产业结构调整，当然是我国发展低碳城市的首要任务。尽管我国城市中建筑能耗及其碳排放量的比例不高，但在我国发展低碳城市过程中，需要特别重视建筑节能。因为我国的建筑能耗将随着产业结构的调整而迅速增长，有几个趋势值得注意：

(1) 现代服务业，即楼宇经济。例如，上海静安区在 7.62km² 土地面积上聚集了 200 多幢商务楼宇，该区地方税收和地方财政收入的 90% 以上都来自现代服务业。北京市的资产总量中有 96.1% 是服务业资产，80% 的财政收入来自服务业。北京市 75.4% 的就业岗位由服务业提供，72.9% 的外资投向服务业。金融、贸易、商业和咨询等服务业，几乎没有工艺能耗，生产过程主要依托智能化楼宇，对于室内环境品质的要求越来越高，其主要能耗形式就是建筑能耗。服务型企业的生产和工作效率以及高额产出在很大程度上有赖于"建成环境（built environment）"和室内环境质量（IEQ），单位能耗创造的 GDP 很高。

(2) 现代制造业和 ICT（信息通信技术）产业兼具高投资型和知识密集型产业的特征，是我国工业转型的方向。其生产过程中大部分工艺设备的能耗低于传统制造业，但对室内环境有很高的要求。例如，互联网和数据处理中心集中了大量服务器，形成所谓"服务器场（Server farm）"。服务器的高发热量和工作温度要求使得它需要常年 24℃ 的恒温环境，其工作场所的空调冷负荷高达 1kW/m²，是一般办公楼的 10 倍。再如，半导体工厂中近 70% 以上的电力用于环境保障（空调和换气），其生产过程有极高的净化要求，空调冷负荷高达 500W/m² 以上。所以，所谓高科技企业实际也是高能耗企业，只是它将生产工艺能耗转移为建筑环境能耗。

(3) 经济全球化和现代服务业的发展，使得从业者有更强的提高生活质量的需求。我国经济实力和经济地位的增长必然导致劳动者收入的增加，可以预计今后我国 GDP 增长和人均可支配收入增长之间的"剪刀差"将会缩小。根据预测，我国将在一二十年内达到 15 亿人口高峰，之后会趋稳，城市中会出现老龄化高峰。这些都意味着传统的"日出而作，日落而息"的生活方式会有很大改变，白天居家、夜晚休闲、SOHO、休日出游等，都会增加建筑能耗，都会将传统工业能耗转移到建筑领域。

根据麦肯锡管理咨询公司的分析，建筑领域减排可以结合建筑节能，是最容易实现而且是负成本的措施。在麦肯锡公司完成的研究报告"温室气体减排的成本曲线"一文中，减碳措施的负成本从大到小分别是：

1) 半导体照明；

2) 家用电子产品；

3) 商用建筑保温隔热；

4) 家用电器；

5) 提高电机能效；

6) 住宅采暖通风与空调；

7) 农田养分管理；

8) 耕地和残留物管理；

9) 住宅隔热保温；

10) 全混合动力汽车；

11）粉煤灰替代炉渣熟料；

12）废弃物回收利用；

13）垃圾填埋，沼气发电；

14）其他工业能效提高；

15）水稻管理；

16）第一代生物燃料；

17）小型水力发电。

可以看出，其中一半以上的措施都属建筑节能技术或与建筑有关，说明通过建筑节能实现减碳是有收益的。因此，在城市碳减排措施中应优先发展建筑节能，建筑节能也是城市碳减排的基础之一。

1.3 低碳城市的发展模式与评价指标

1.3.1 低碳城市的发展模式

当前在国际上，低碳城市的发展模式大致有三种类型：

第一类是发达国家的典型，如瑞典的马尔默（Malmo）。马尔默是瑞典第三大城市，面积为 153km²，人口约 26.7 万。全市 36％以上的人都受过研究生以上的教育。20 世纪，马尔默是瑞典主要的工业和港口城市，机电制造工业发达，其西港区是造船业、汽车制造业等工业的聚集地。进入 21 世纪后，实现了彻底的产业结构调整，随着造船工业的衰落，其传统制造业转移，现在马尔默的经济结构以 IT 工业、贸易和服务业为主。马尔默市的许多公司都大量投资于知识密集型、增值性强的产品的生产，低能耗、高附加值。使马尔默成为世界知名的绿色城市和低碳城市。原来造船厂所在的西港区，通过旧城改造和旧建筑再利用，成为"明日之城"——滨海的大型居住区。小区 85％的供热需求通过地源热泵来满足，其余则由辅助太阳能光热系统补充；其电力供应完全依靠 2MW 的风力发电系统来实现；小区建筑容积率较高，主要是多层公寓式住宅。"明日之城"的建筑节能标准高于瑞典的国家标准，它严格规定建筑的全年能耗在 105kWh/m² 以内（瑞典节能标准是175kWh/m²）。此外，还利用垃圾发电、污水和有机废弃物制沼气、屋顶绿化、雨水回收、生物多样性保护等多种措施，使马尔默成为"深绿色"城市。研究表明，通过采用合理的规划设计理念、集成的技术和产品，"明日之城"的能源需求减少 20％～31％，人均对土地和基础设施的占用减少 45％～59％，人均节水 10％，建材总需求量减少 10％，废弃物量减少 20％。马尔默旖旎的海滨风光和清洁的环境，使它变身为一座旅游城市。马尔默的特点是经济转型和宜居城市。

马尔默旧城改造和建设低碳生态住区的经验非常值得我们学习，但马尔默的低碳城市发展模式很难完全照搬到我国。因为像瑞典这样的发达国家已经完成了工业化和城市化，是一种低增长、高福利的经济结构。像马尔默的造船工业，很显然是向我国这样的低劳动力成本国家转移。传统制造业留下的劳动力，因为教育程度高，只需稍经培训，很容易转入现代服务业实现再就业。而反观我国，制造业还是各地 GDP 和税收的主要来源。我国的国情决定了我国很难像美国等发达国家那样实现产业结构的根本转变，即彻底地从低端制造业转变成为先进制造业和现代服务业。我国东部发达城市的产业转移去向多数将是我国中西部欠发达地区，污染、排放、能耗其实都留在我国大地上。我国百万人口以上的特大城市有 118 座，也不可能全都成为金融贸易中心。如果低端制造业全部转移，我们的劳动力素质也很难胜任中高端服务业的工作。例如，印度因为其英语的优势，一度成为很多跨国企业的呼叫中心（call center）；但我国要建立这种实质上的劳动力密集型服务业企业就会遇到很大的语言障碍。我国教育的一大失误就是没有建立起职业教育体系，"千军万马"都要挤上大学的独木桥。一旦产业升级或转型，很难找到合适的员工。因此，今后很长时期内，无论什么城市还少不了低端制造业和低端服务业，还要靠这些产业来吸纳农民工，作为城市化的蓄水池。

第二类是富裕国家的典型，如阿联酋的马斯达（Masdar）。马斯达生态城建于阿联酋阿布扎比的沙漠中，计划耗资 220 亿美元，是一座建筑面积 600 万 m^2，能容纳 5 万人口的、在沙漠中平地拔起的新城。其主要建筑是居住建筑、政府办公楼、大学、博物馆以及各种教育、娱乐设施等，除了服务业没有任何传统意义上的工业。根据世界自然基金会（WWF）的报告，阿联酋的人均碳排放是世界上最高的国家之一，他们试图将马斯达建成沙漠中的一叶绿洲，以改变阿联酋的国际形象，并在后石油经济时代占领低碳经济的高地。马斯达集成了国际上最先进的清洁能源和可再生能源技术，采用了太阳能光伏发电、太阳能海水淡化、太阳能光热制冷、太阳能聚光发电等先进技术。在城市设计和建筑设计中大量采用被动式节能减排技术，如根据风向和遮阳的要求确定建筑朝向；利用传统阿拉伯建筑的风塔形成自然通风、排出室内热空气；高密度开发、减小建筑间距、街道限宽为10 英尺（约 3m），通过街道树木遮荫和建筑庭院为城市降温；在城区上空覆盖用特殊材料制成的滤网降低沙漠炽热的太阳辐射，改善步行环境。马斯达还利用"城墙"这种当地传统设施，将整个城市封闭起来，使城市免受沙漠风暴的侵袭。利用当地材料和可重复使用的材料；通过真空系统和电动卡车将废弃物进行堆肥再利用；由海水转化而来的淡水反复回收利用。马斯达的一个最大特点是城内没有汽车，取而代之的是完善的电动公共交通系统，从城内任何地点到公交站点走路都不超过 200m。这些先进技术的应用，目标是使马斯达成为碳中和（carbon neutral）和零排放的城市。马斯达的特点是高技术和高投入。

马斯达采用的先进技术值得学习，但马斯达的低碳城市模式不可能在我国实现。首先，这种沙漠孤舟只计算当地的能耗和碳排放而不考虑与之相关的整个供应链上的能耗和碳排放。整个建设只注重技术的先进性而不计成本，据称 25 年内节约的能源只有 20 亿美元（按现在的油价计算）。成本和金钱也是能耗、也有碳排放。阿联酋按购买力评价（PPP）计算的单位 GDP 碳排放为 $1.15kg\ CO_2$ 当量/美元，是世界平均水平的 2.5 倍，是我国的 1.9 倍，是美国的 2.3 倍。马斯达的业主们并不指望从节能中得到回报，而是看好"低碳"概念炒起来的巨大的房地产泡沫。在 2009 年金融危机中，包括马斯达在内的阿联酋房地产市场由于迪拜危机而遭受重创。这对我国某些试图将"低碳城市"概念异化为新一轮房地产炒作的人们不啻是一剂清醒剂。

第三类是发展中国家的典型。又可以分为两种情况，第一种情况如非洲的尼日利亚，既是一个产油国，也是世界上发展最快的国家之一。2004 年人均 GDP 仅为 549 美元，近年来经济高速增长，2009 年人均 GDP 增长为 1142 美元，5 年里翻了一番。尼日利亚最发达的大城市拉各斯，其城市圈内有 1400 万人口，人均碳排放还不到 1t。它主要发展了从发达国家转移过来的"肮脏"的服务业（尼日利亚承担了全世界70％废旧电脑显示器的处理，造成严重污染），拉各斯曾被评为世界上最不宜居城市的第三位。如果说废旧电子产品的处理也算是一种服务业的话，那么这种服务业除了碳排放之外，其他污染没有一项是低的。但这个世界上既然有人制造了垃圾，就一定要有人去处理这些垃圾。发达国家通过全球化的分工，牢牢占据产业链的高端，而将发展中国家死死地按在高排放和高污染的产业链低端，最后还要将发展中国家赚得的辛苦钱和血汗钱，通过国际金融体系控制在自己手中。拉各斯与许多发展中国家城市一样，高增长、高污染，资源出口、污染进口，走的是一条不可持续的发展道路。第二种情况如上海市的崇明岛。上海的崇明岛（含长兴、横沙两附属岛）是世界最大的河口冲积岛，也是仅次于台湾岛、海南岛的中国第三大岛，面积1411km²。长期以来，由于交通的不便使崇明岛成为紧邻高度城市化地区的欠发达地区。崇明岛的生态几乎维持着20世纪70年代的原貌，这样的自然生态在全国甚至全世界都很难找到。而这个世界级的生态岛居然离中国第一大都市上海如此之近。2006年，崇明人均碳排放量仅为1.4t，不到我国综合型城市人均碳排放量的1/10。由于崇明岛工业经济不发达，2008年，总人口中75.5％从事农业，人均GDP只有上海市的1/4。因此，其森林、农田、湿地等生态资源都保存得很好，人均碳汇资源就有1.2t。国际知名的设计咨询公司SOM和ARUP曾分别完成十分出色的全岛规划和东滩规划，充分体现了生态环保理念，在国际上引起很大反响。2009年末，崇明通向上海市的桥隧通车。许多房地产商看好这里的生态环境，想建设高端住宅，打环境牌、赚高额利润，这就与原规划中的紧凑型、集约型社区和公共交通主导的低碳规划理念相抵触。仅有高端度假别墅还是不能吸引人气，于是又有人提出建高尔夫球场等高端娱乐设施，甚至有人建议发展博彩业，吸引更多有钱人。这种开发理念完全偏离了低碳城市的发展模式，低密度住宅、高尔夫球场都具有高碳属性；而赌场则会破坏社会生态，与我国的国家性质不符。因此，对崇明开发的认识还要继续深化。2010年1月，上海市政府发布的《崇明生态岛建设纲要（2010－2020年）》明确提出了通过低碳化发展和生态型发展将崇明建设成现代化的生态岛。崇明的发展不能走过去"先污染、后治理"的老路，也不能走不发展和逆城市化的道路，更不能走"富人烧钱买低碳、穷人没钱被低碳"的"伪"低碳化道路，尤其不能将低碳城市发展异化为房地产开发的炒作，要想好想清楚了再建设。

从上述发展中国家的这两个案例可以看出，贫穷、欠发达、低城市化是可以维持很好的低碳环境的，但低碳不应等同于不发展，保留落后状态绝不应该是低碳城市所追求的目标。发展低碳城市在国际上也刚起步，发达国家和富裕国家的发展模式，并不适合我国国情，我们需要探索低碳城市新的发展道路。

1.3.2 低碳城市的评价

既然称为"低碳城市"，首先就得有可测度的、可报告的和可核查的碳排放量评价指标。以下是一种基于城市能源结构和终端能源消费结构的城市碳排放量计算方法。

根据城市能源结构，定义碳排放量的公式为：

$$C = \sum_{i}^{n} C_i = \sum_{i}^{n} \frac{C_i}{E_i} \times \frac{E_i}{E} \times \frac{E}{GDP} \times \frac{GDP}{P} \times P \qquad (1-1)$$

式中　C——城市碳排放量；

C_i——第 i 种能源的碳排放量；

E——城市一次能源的消费总量；

E_i——第 i 种能源的消费量；

GDP——国内生产总值；

P——人口。

其中，$\dfrac{E_i}{E}$ 可反映城市的能源结构，$\dfrac{E}{GDP}$ 可反映城市的能源效率，$\dfrac{GDP}{P}$ 可反映城市的经济发展程度。也就是说，要控制碳排放，有关城市系统需要综合处理好能源结构、各类能源碳排放强度、能源效率、经济发展和城市人口之间的关系。

根据城市终端能源消费结构，定义碳排放量的公式为：

$$C= \sum_{j}^{4} C_j = \sum_{j}^{4} \frac{C_j}{E_j} \times \frac{E_j}{E} \times \frac{E}{GDP} \times \frac{GDP}{P} \times P \qquad (1-2)$$

式中　C——碳排放量；

C_j——第 j 种终端能源消费部门（农业、工业、交通和建筑 4 个部门）的碳排放量；

E——城市一次能源的消费总量；

E_j——第 j 种终端能源消费部门的能耗量；

GDP——国内生产总值；

P——人口。

其中，$\dfrac{E_j}{E}$ 可反映城市的终端能源消费结构，$\dfrac{E}{GDP}$ 可反映城市的能源效率，$\dfrac{GDP}{P}$ 可反映城市的经济发展程度。也就是说，要控制碳排放，有关城市系统需要综合处理好城市终端能源消费结构、各类能源碳排放强度、能源效率、经济发展和城市人口之间的关系。

以下以上海市为例，按照基于城市能源结构的原则计算碳排放量。上海市 2007 年的能源消费总量为 9393.84 万吨标准煤，其能源结构为：煤占 43.3%，石油占 41.7%，天然气占 3.7%，市外来电及其他占 11.3%。根据各种能源的碳排放系数可计算得到上海市 2007 年的碳排放总量为 21606.2 万吨 CO_2 当量。各部门的 CO_2 碳排放量为：工业 12689 万 t，交通 5501 万 t，建筑 4247 万 t，农业 126 万 t。由此得到的上海市 2007 年的碳排放量为 22563 万 t CO_2 当量。两者之间有 4.4% 的误差。

上海市 2007 年常住人口为 1837 万人，GDP 为 12188.85 亿元，人均 GDP 为 66367 元。万元 GDP 能耗为 0.77t 标准煤。可知人均碳排放 12.28t CO_2 当量，万元 GDP 碳排放 1.85t CO_2 当量。

城市碳排放量中最容易测度和计算的是城市运转过程中能源消耗的碳排放量，比如工业能耗产生的碳排放量和建筑能耗产生的碳排放量。而交通能耗就有些复杂，比如一架美国的国际航班飞机，在首都机场加了油，起飞后转眼就出了国境，美国的飞机加中国的油，其能源消费统计在北京，其耗能主体是美国。因此，有些有大型空港的城市，例如伦敦，就没有把世界第一大的希斯罗机场的碳排放量计算到城市碳排放之中。另外，能源消费中还有"隐含碳"的问题，比如可再生能源利用（太阳能、风能），对用户端而言是无碳的，而对整个寿命周期而言已经在生产过程中"预支"了能耗和碳排放量。而根据产能设备产地能源结构的不同，隐含碳相差甚大。

城市中最不容易测度和计算的是建筑材料的隐含碳。不仅有材料生产（开采）过程的隐含碳，还要考虑运输过程的碳排放、施工过程的碳排放等，即建筑生命周期中的碳排放。在当今条件下，要掌握建筑全寿命周期的信息并列出材料排放清单是一件几近不可能的事情。只有在将来当所谓"物联网"即 IPv6 网络协议普及，每一件物品都有一个自己的 IP 地址时，才有可能列出清单。因此，现在的处理都是将城市基础设施和建筑的营造过程与使用过程区别开来，将建筑物当作一件产品，将其营造中的碳排放分别计入相应行业的碳排放。而对于城市，则只计入建筑物运营过程中（主要是使用能源）的碳排放。

除了碳排放的时间隐含碳（寿命周期碳排放）之外，城市能源系统还有空间隐含碳的问题。图 1-10 中，能源（以电力为例）的生产—输配—终端消费都在一个城市范围内，毫无疑问，整个能源系统的碳排放都计算在这座城市头上。

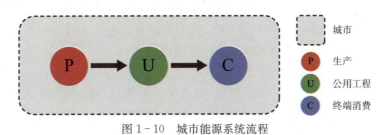

图 1-10 城市能源系统流程

（资料来源：A. Cuchí；J. Mourão；A. Pagés，A framework to take account of CO_2 on urban planning，45th ISOCARP Congress 2009）

但是，现代城市（园区）能源系统很复杂，在图 1-11 中，就有几种不同的流程组合：

（1）生产 P 在城内，输配 U 在城外，用户 C 在城内。常见于园区可再生能源发电上网，终端用户从大电网上取电。

（2）生产 P 和输配 U 都在城内，用户 C 在城外。常见于我国资源性城市。

（3）生产 P 和输配 U 都在城外，用户 C 在城内。常见于城市街区、园区、功能区。

（4）生产 P 在城外，输配 U 和用户 C 在城内。常见于我国的大都市。

（5）生产 P 和用户 C 都在城外，输配 U 在城内。

（6）生产 P、输配 U 和用户 C 都在城外。这后两种形式，对于我们讨论低碳城市没有什么意义。

顾名思义，对低碳城市的评价，最主要的就是城市碳排放量水平，人

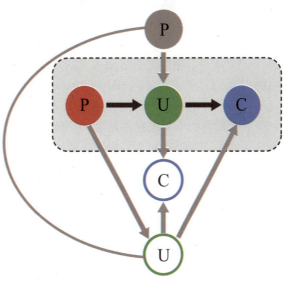

图 1-11 城市能源系统流程的几种空间分布

（资料来源：同图 1-10）

均也好、地均也好、单位 GDP 也好，显然碳排放量都是越低越好。但不同类型城市的排放量有很大的差异。在 P—U—C 三个环节上，P 提供产品、U 提供服务，在市场经济条件下一切都是围绕 C。因此，P 和 U 过程中的隐含碳，最终都归于终端消费 C。正是有了 C 的需求，才会消耗能源、排放温室气体，生产产品和提供服务。在全球化分工中，我国已成为制造业大国，有 210 种以上的工业产品产量为世界第一，家电、皮革、家具、羽绒制品、陶瓷、自行车、皮鞋、方便面、服装等产品占国际市场份额的一半以上。正是由于我国提供了大量的日用消费品和低端工业品，才使得美国等发达国家能够腾出手来，发展高新技术产业和现代服务业；也正是由于我国购买大量美国国债，推动美国消费，才维持了美元的强势和欧美金融业的发展。因此，我国高碳排放是国际产业分工造成的，也是美国等发达国家过度消费和超前消费造成的。碳排放的责任应该由消费端承担。这应该成为城市碳排放评价的基本原则。

对一座城市而言，其运转过程中引入的碳流主要来自能源的直接排放和输入产品及服务的隐含碳；其输出的碳流主要是生产能源的直接排放和输出产品及服务的隐含碳。如果输入碳流大于输出碳流，该城市就是净碳排放城市。

那么，应当如何计算城市的净碳排放呢？

在经济统计方法中有一种"支出法"。以支出法计算国内生产总值是从最终使用的角度反映一个国家或一个城市在一定时期内生产活动最终成果的一种方法。最终使用包括最终消费、资本形成总额及净出口三部分。

如果以支出法的眼光考察 GDP，就会有：

$$GDP = C + G + I + (X - M)$$

式中　C——本地居民消费；

　　　G——本地政府消费；

　　　I——本地固定资本形成与存货增加；

　　　X——贸易输入；

　　　M——贸易输出。

$C + G + I$ 可以看作本地消费和投资拉动的 GDP，而（$X - M$）则是通过贸易拉动的 GDP。就是说，城市经济活动中投资、消费、贸易这"三驾马车"正是造成城市碳排放的主要原因。C、G、I、M 这四项的单位 GDP 碳排放量可近似用本地万元 GDP 碳排放量来表示。而贸易输入 X 的碳排放量则要按照隐含碳排放的基本原理，根据城市输入的产品和服务所来自的不同国家和地区的不同单位产值碳排放来计算。进口来自低收入国家的，所造成的碳排放相对较高（根据世界银行的统计，低收入国家的单位产值能耗高达 9.42t 标准油/万美元）；进口来自高收入国家的，所造成的碳排放相对较低（根据世界银行的统计资料，高收入国家的单位产值能耗为 1.61t 标准油/万美元）；而进口来自中等收入国家的，则碳排放量居中（能耗为 5.42t 标准油/万美元）。

因此，城市碳排放分成三部分：第一部分是本地直接消费碳排放，用 Q_1 表示：

$$Q_1 = E \times (C + I + G)$$

式中　E——本地单位 GDP 碳排放系数。

第二部分是城市输入产品和服务所带来的隐含碳排放，用 Q_2 表示：

$$Q_2 = \overline{E} \times M$$

式中 $\bar{E}$ ——根据输入的产品和服务所来自的不同国家和地区的份额，结合各个国家和地区的单位 GDP 能耗，折算得到的产品和服务输入带来的隐含碳排放。

第三部分是由于产品和服务的输出而造成的本地隐含碳输出，用 Q_3 表示：

$$Q_3 = E \times X$$

最终的城市人均碳排放 $CE = (Q_1 + Q_2 - Q_3)/P$，其中 P 为城市的常住人口数。根据这个方法计算得到纽约、伦敦、东京和上海的基于碳输入和碳输出的人均碳排放量，如图 1-12 所示。

图 1-12 基于碳输入和碳输出与基于能源
消耗的 4 城市人均碳排放量（t/p）

从图 1-12 可以看出，上海在 4 个城市中，以人均能源消耗计算得到的人均碳排放量最高。但上海在基于碳输入和碳输出的人均碳排放量几乎小了 50%，说明我国的以制造业为主和以出口为导向的经济结构，为世界提供了廉价产品，而把能耗和碳排放留给自己。而我国引进的主要是来自发达国家的高端产品和服务，相对碳排放很低。这种状况是全球化分工造成的。发达国家在气候变化问题上一味指责中国，而不肯哪怕稍稍改变一点自己的生活方式，不从资本主义制度的根本上去找原因，只能于事无补。如果有一天我国停止向世界供应低端消费品，世界将陷入一片混乱。

但评价一座城市的可持续性，决不仅是碳排放一个指标。当一座城市尽管碳排放量低，但居民生活质量也很低；或者，一座城市除了碳排放量低之外，其他环境污染指标都很高；再或，这座城市对气候变化的适应性很差，尽管自己的碳排放量很低，却要承受别人高碳排放的后果（除地震外的各种极端气候灾害都与气候变化有关）。这都不是我们追求的目标。因此，低碳城市除了有碳减排评价指标外，还应该有人文指标。

国际上有两类人文指标，一种是主观性指标，例如所谓"幸福指数（Happiness Index）"。英国"新经济基金"组织公布的 2009 年度《幸福星球报告》，将哥斯达黎加列为全球最幸福的国家，理由是该国没有军队却有很多自然保护区。但是幸福是人们对生活满意程度的一种主观感受，因人而异。美食家认为享用美味佳肴是一种幸福，素食主义者却将此当成灾难。除非有大样本的调查，否则这类主观性指标都是很不靠谱的。但幸福指数也说明了一个事实，即使经济持续快速增长也并不能保证国民幸福感的持续增加，GDP 不是生活的全部。

另一种是客观性指标，其中最著名的是人类发展指数 HDI（Human Development Index），是由联合国开发计划署（UNDP）提出的，用以衡量联合国各成员国经济社会发展水平的指标。HDI 从 3 个基本方面评价：（1）健康长寿的生活，用出生时预期寿命表示；（2）知识传播，用成人识字率以及小学、中学和大学综合毛入学率表示；（3）体面的生活水平，人均 GDP（用购买力平价 PPP 表示）。如果某国或地区的人类发展指数高于 0.80，则是高人类发展水平；指数在 0.50～0.79 之间，是中等人类发展水平；低于 0.50，则是低人类发展水平。在 2009 年的世界排名（用 2007 年数据统计）中，中国香港以 HDI＝0.944 列在第 24 位，属"极高"范畴；中国 HDI＝0.772，位列第 92 位，属于"中等"范畴。表 1-11 是我国 2 个特别行政区和 4 个直辖市的 HDI，都是城市级别的区域。

我国特别行政区城市和直辖市的 HDI   表 1-11

中国 一级行政区与地区	人类发展指数 （2008 年数据）	预期寿命指数	教育指数	人均国民生产总值指数 （购买力平价）
极高人类发展指数				
香港特别行政区	0.944 （2007 年数据）	0.953	0.879	1.000
澳门特别行政区	0.944 （2007 年数据）	0.950	0.882	1.000
上海市	0.908	0.886	0.960	0.879
高人类发展指数				
北京市	0.891	0.852	0.968	0.854
天津市	0.875	0.832	0.962	0.833
中人类发展指数				
重庆市	0.783	0.779	0.924	0.645

（资料来源：维基百科，中国行政区人类发展指数表，http://zh.wikipedia.org/zh-cn/）

对城市的人文评价有许多，其中比较著名的是美国知名咨询公司美世（Mercer）的全球城市生活质量调查报告。2010 年，美世的报告覆盖世界上 221 个城市，内容包括城市生活中 10 个领域中的 39 个因素，这 10 个领域是：

（1）政治和社会环境（政治稳定、犯罪、执法等）；

（2）经济环境（货币兑换条例、银行服务等）；

（3）社会文化环境（审查制度、限制人身自由等）；

（4）健康和卫生（医疗用品和服务、传染病、污水、废物处理、空气污染等）；

（5）学校和教育（学校标准、国际学校的提供等）；

（6）公共服务和运输（电力、供水、公共交通、交通堵塞等）；

（7）娱乐（餐厅、剧院、电影院、体育和休闲等）；

（8）消费品（食品供应/日常消费项目、汽车等）；

（9）房屋（住房、家用电器、家具、维修服务等）；

（10）自然环境（气候、自然灾害记录）。

2010 年，全球最宜居城市是奥地利的维也纳。欧洲城市的综合指数非常高，瑞士的苏黎世和日内瓦分别占据了第 2 和第 3 的位置；德国的杜塞尔多夫、法兰克福和慕尼黑则分别位列第 6 位和并列第 7 位。中国的香港（71）、台北（85）和上海（98）跻身前 100 名，而中国内地城市能进入宜居城市前 150 名的有：北京（114）、广州（125）、成都

（130）、深圳（134）、南京（135）、青岛（138）和沈阳（149）。

构建低碳城市评价指标体系是低碳城市建设和发展的前提和基础，也是综合反映低碳城市建设和发展水平的依据，它既是对低碳城市建设和发展现实状况必要的、全面的总结，又为真实地掌握低碳城市建设和发展轨迹提供有价值的参考数据，使利益相关者能现实地、客观地、动态地掌握建设对象的现状，从而作出推动低碳城市建设和发展的正确决策。

一个好的低碳城市评价体系，应该是结合低碳城市的内涵，从4个维度对低碳城市进行评价：碳足迹维度（资源环境维度）、城市发展模式维度、经济发展维度、人文社会维度。

第一，碳足迹维度。即城市的净碳排放量。衡量的是城市这一开放体系的碳排放总量扣除城市由于内外贸易而输出的隐含碳，加上由此而输入的碳足迹。这一净碳排放量综合代表了城市中土地利用、能源、物料、水和废弃物等所造成的碳排放，以及因此而造成的环境影响。

第二，城市发展模式维度。紧凑型集约型城市发展模式应该成为我国低碳城市发展的选择。城市的空间发展模式、土地利用、城市能源、环境、交通等基础设施是影响城市低碳发展的重要因素。

第三，经济发展维度。低碳经济是城市低碳发展的核心。应从比较优势和全要素生产效率视角来研究城市低碳经济发展。低碳城市产业结构的选取要建立在比较优势标准和碳排放效率标准的基础之上，也就是说既符合比较优势标准又符合碳排放效率标准的产业才是适合城市发展的低碳产业。可以用碳排放弹性系数，即GDP增长率与碳排放增长率之比作为经济考核指标。

第四，人文社会发展维度。低碳城市发展是一项社会经济变革，必须有相关利益主体的积极参与，企业的社会责任、市民的理念和意识、社会组织培育、参与社会治理等是重要的评价向量。同时，低碳城市的全社会应该倡导低碳消费、低碳饮食、低碳健康的生活理念，弘扬中华民族崇尚节俭的美德和简约的生活方式。

参考文献

［1］政府间气候变化专门委员会（IPCC）第四次评估报告第一工作组的报告．气候变化2007，自然科学基础，http：∥www.ipcc.ch/.

［2］政府间气候变化专门委员会（IPCC）第四次评估报告第二工作组的报告．气候变化2007，影响、适应和脆弱性，http：∥www.ipcc.ch/.

［3］政府间气候变化专门委员会（IPCC）第四次评估报告第三工作组的报告．气候变化2007，减缓气候变化，http：∥www.ipcc.ch/.

［4］政府间气候变化专门委员会（IPCC）第四次评估报告综合报告撰写组．气候变化2007，综合报告，http：∥www.ipcc.ch/.

［5］《气候变化国家评估报告》编写委员会．气候变化国家评估报告．北京：科学出版社，2007.

［6］丁一汇，任国玉．中国气候变化科学概论．北京：气象出版社，2008.

［7］中国科学院可持续发展战略研究组．2009中国可持续发展战略报告．北京：科学出版社，2009.

［8］中国城市科学研究会．中国低碳生态城市发展战略．北京：中国城市出版社，2009.

［9］世界银行．气候变化适应型城市入门指南．北京：中国金融出版社，2009.

［10］国家发改委能源研究所课题组. 中国 2050 年低碳发展之路——能源需求暨碳排放情景分析. 北京：科学出版社，2009.

［11］2050 中国能源和碳排放研究课题组. 2050 中国能源和碳排放报告. 北京：科学出版社，2009.

［12］联合国人居署. 和谐城市——世界城市状况报告（2008/2009）. 北京：中国建筑工业出版社，2008.

［13］国际能源机构. 能源技术展望——面向 2050 年的情景与战略. 北京：清华大学出版社，2009.

［14］李风亭，郭茹，蒋大和，Mahesh Pradhan. 上海市应对气候变化碳减排研究. 北京：科学出版社，2009.

［15］崔民选. 中国能源发展报告（2009）. 北京：社会科学文献出版社，2009.

［16］潘世伟. 上海资源环境发展报告（2010）. 北京：社会科学文献出版社，2010.

［17］丁一汇，林而达，何建坤. 中国气候变化——科学、影响、适应及对策研究. 北京：中国环境科学出版社，2009.

［18］方创琳等. 中国城市化进程及资源环境保障报告. 北京：科学出版社，2009.

［19］牛文元，刘怡君. 中国新型城市化报告 2009. 北京：科学出版社，2009.

［20］倪鹏飞，彼得·卡尔·克拉索. 全球城市竞争力报告（2009～2010）. 北京：社会科学文献出版社，2010.

［21］NEF（the new economics foundation），THE HAPPY PLANET INDEX 2.0，www. neweconomics. org.

［22］龙惟定，白玮，范蕊. 低碳经济与建筑节能发展. 建设科技，2008，24.

［23］龙惟定. 中国建筑节能现状分析. 建设科技，2008，10.

［24］龙惟定. 低碳城市公共建筑能源管理. 建设科技，2010，8.

［25］龙惟定，张改景，梁浩，苑翔，范蕊，白玮. 低碳建筑的评价指标初探. 暖通空调，2010，40（3）.

［26］龙惟定，白玮，梁浩，范蕊，张改景. 低碳城市的城市形态和能源愿景. 建筑科学，2010，26（2）.

［27］苑翔，龙惟定，张改景. 用"人均建筑能耗占用空间"评价建筑能耗水平. 暖通空调，2009，39（9）.

［28］龙惟定，白玮，梁浩，范蕊. 建筑节能与低碳建筑. 建筑经济，2010，2.

第2章　基于综合资源规划原理的区域能源规划

2.1　城市规划基本原理

2.1.1　城市规划定义

城市规划是以全盘视角，对城市空间组织进行分析和设计的科学。欧洲委员会将城市和区域规划定为一项程序，由利益相关者从功能、环境和生活质量等方面综合考虑，共同协作进行。

因此，规划和设计的建成环境应尽可能实现：

（1）为公众提供生活和工作的空间，使其具有赏心悦目的视觉效果和原创性，满足安全、健康、高质量的要求，培养居民的归属感、自豪感和认同感，加强社会公平性、包容性和个性。

（2）为城市的动态发展、和谐、包容和公平等提供条件，并促进城市更新。

（3）土地作为宝贵的资源要尽可能高效利用，尽可能重新利用市区里已开发的土地和空置建筑，而不是盲目地开发市郊绿地。

（4）公共服务需具备足够的密度和强度，比如公共交通，需在保持居民生活质量的前提下提高效率。

（5）鼓励开发多功能区域并充分利用其近距离的优势，缩小居住区、购物区和工作区的距离。

（6）规划中应包含高品质的基础设施，并详细规划为公共交通、街道、人行道和自行车道等提供的服务。

（7）建设现代化的、能源有效利用的住宅建筑，实现低能耗和节制交通需求。

（8）尊重和增强历史遗产和文化传承。

一些研究者将可持续城市定义为自给自足和独立自主的城市。自给自足的发展即促进满足基本需求能力的发展。可持续城市应是具有经济活力的城市，以全球可持续发展为目标，改善环境、因地制宜。可持续城市通过缩短交通距离使城市紧凑化，是和谐宜居的城市。

2.1.2　宜居城市典范：温哥华

在加拿大温哥华，可持续城市的规划综合社会、文化、经济和生态因素，形成了一个统一的体系（见图2-1）。并设定了其发展目标：所有居民都可以平等地进入绿地、公共服务设施和基础设施，并可以分享交通和各种公共活动。温哥华的可持续规划还包括了规划区内的就业机会、经济适用住房，以及降低犯罪率和贫困等因素。

图 2-1　位于加拿大西海岸的温哥华市成功地协调了城市和
郊区容积率和绿地面积的问题

　　1990 年，经过与 4000 多居民协商，大温哥华区通过了"创建我们的未来"的行动计划，这个行动计划要实施 4 大战略：

　　（1）保护绿地和农田（205000hm² 绿地面积，54000hm² 农田，26 处公园和绿色廊道）。

　　（2）满足社区的多功能性，并且使所有居民均能步行到达区域内的基础设施和公共设施。

　　（3）实现紧凑型大都市的理念。所谓"城市发展区"用地面积占 46%，预计 2020 年容纳的人口和就业机会达 70%，其中有 8 个区域作集中的住宅和商业区发展。然而，原有的大型购物中心却还在这些区域之外，降低了步行或自行车到达的可能性。

　　（4）交通管理优先考虑了步行的可能性，并且采取了很多措施来改善人行道和降低住区的汽车车速。增加自行车道的措施和实行拼车计划可使居民减少私家车的使用。公共交通、公共货运和轿车的拼车能得到更多的快速道路，从而提高干线交通速度。但减少私家车使用的主要障碍是说服人们住在市区而非购物中心所在的郊区。

　　2001 年，对行动计划的实施进行了评估，尽管评估得到的与四大目标相关的指标都很正面，但远远不足以用来体现可持续发展的途径。

2.2　精明增长理论和新城市主义

　　近 20 年来，欧洲的城市规划师、工程师和建筑师积累了很多经验，找到另一条建设城市的路径。

　　在欧洲，人们向往绿色和安静的郊区环境，使得城市中心逐渐衰落。精明增长理论和新城市主义旨在吸引人们重回城市，重整城市的密度，并在城市中营造舒适宜居的环境。

　　20 世纪 80 年代，还没有低碳建筑和低碳材料的概念，城市规划中也没有考虑到环境问题，甚至为私家车的发展提供有利条件。现在的"生态社区"的概念，与当时的理念恰恰相反。近年来，环境问题的日益严峻和可再生能源的发展将创建更美好的人居环境这一课题提上了议程。

人类生活方式所涉及的居住、交通、食物和废弃物均会排放 CO_2 和污染物。而生态社区则着眼于紧凑的交通网络、发展循环系统和推进汽车共享策略。新建和既有建筑改造使用低隐含能耗的材料（包括材料的制造和输送环节的能耗），尽可能利用太阳能及采取雨水回收利用措施等。

生态社区需要三方参与，即政府（市政当局）、投资建设方（建筑师和开发商等）以及居民。三方必须就低碳问题进行协商，使社区中有完善的交通设施、功能齐全的公共设施等。三方分别代表各自的利益，政府旨在获得选民的支持，开发商希望促进销售并有实实在在的需求，而居民意在创造自己在生态社区中理想的生活。

2.2.1 生态社区理念的几个主题

1. 风险管理

在生态社区开发中有如下三种类型的风险：

（1）工业风险和技术事故；

（2）自然灾害：洪水、地震、火灾、雪崩、台风和气旋等；

（3）健康风险：化学污染和大气污染，流行病等。

2. 土地的经济管理

（1）优化城市空间密度

一个地区的均衡发展，必须考虑到以下五个因素：

1）绿地和城市周边自然地区的管理；

2）农田的保护和优化；

3）直接连接城市公共区域的森林绿地的保护；

4）工业废弃土地的重整；

5）历史建筑和文化景观的保护。

城市可持续发展的一条原则是鼓励社区中贫富阶层的混居。贫富混居是减少城市扩张的需要。城市的扩张和蔓延导致土地缺乏，在很大程度上制约了发达国家在 20 世纪中经济的发展。

（2）建立多中心城市

城市应建成单一中心还是多个中心？按照可持续城市规划的理念，大城市应向多中心和多级结构发展，创建多功能社区和自治社区，减少交通出行，营造高品质的社会生活环境，从而使居民建立归属感。

如德国的慕尼黑市，在其《紧凑型绿色城市规划》中，将城市发展重点定位在围绕公共交通网络组织建立城市次中心上。

丹麦的哥本哈根根据其著名的"指形规划"理念（见图 2-2），从 1947 年起，其城市发展规划围绕火车站和沿着铁路线，形成了以快速交通为导向（TOD）的发展模式。

（3）保护农业用地

城市的扩张和蔓延导致农业用地被侵占，制定保护农田和绿地的策略来缓解城市周边压力是十分必要的。

在荷兰，城市规划者将几座中心城市组合成一个环状多中心的城市群地区，称为"兰

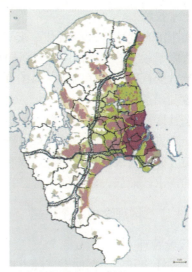

图2-2　哥本哈根的"指形规划"（自1947年起的城市发展结构）

斯塔德"，并将该城市群的中心地区规划为农业区（见图2-3）。

　　兰斯塔德（Randstad）是荷兰的一个城市群地区，它包括荷兰最大的4座城市（阿姆斯特丹、鹿特丹、海牙和乌得勒支）及其周围地区，将近一半的荷兰人（750万）生活在该地区，是欧洲最大的城市群之一（见图2-4）。兰斯塔德的城市群大致呈环形或链形，兰斯塔德也因此而得名（在荷兰语中，rand意为"边缘"，stad意为城镇），被这些城市所包围的农业区域称为"绿色心脏"。

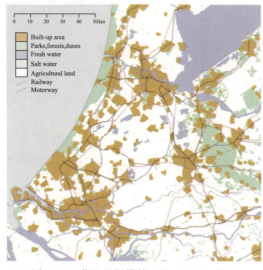
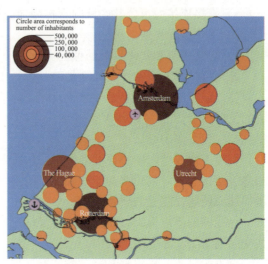

图2-3　荷兰兰斯塔德（Randstad）地区　　　　　图2-4　兰斯塔德地区的城市和人口分布

　　如今，许多欧洲城市都开辟了绿色生态廊道来保护或恢复生态系统。如比利时的首都布鲁塞尔25年来在大多数社区中建立了绿色廊道来保护生态系统。这些绿色廊道以自行车道和人行道为主导，目前正试图把这些绿化轴线融入到市中心区（中央商务区）中（见图2-5）。

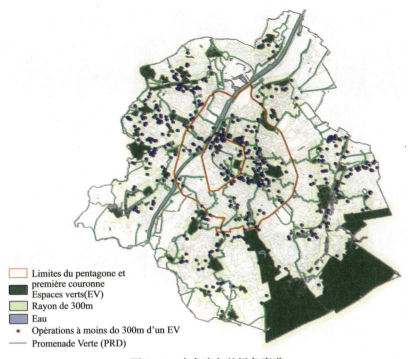

Limites du pentagone et
première couronne
Espaces verts(EV)
Rayon de 300m
Eau
Opérations à moins do 300m d'un EV
Promenade Verte (PRD)

图 2-5　布鲁塞尔的绿色廊道

（4）鼓励和推动高密度住宅

从 20 世纪开始，在北美，随后在欧洲，人们大规模迁往郊区独立住宅居住。

如今，面对郊区蔓延所导致的一系列问题，重新规划城市密度变成一项挑战。在中国，一度为了缓解城市人口压力而降低市中心人口密度，近年来随着城市化进程的加快，在主要城市周围为所谓"成功人士"建起成群的低密度独立式住宅。

近十年以来，北欧通过限制或禁止私人住宅的建造，建成了一系列高密度低碳社区，从而营造了有吸引力的高品质的城市生活氛围（弗赖堡、马尔默、贝丁顿等）。

（5）重建工业废弃土地

重建工业废弃用地经常代价昂贵，因为场地通常已被污染。然而，这些土地往往代表了这座城市，其经济潜力不能忽视。这些地块的开发也能限制城市蔓延，提高环境品质。

位于德国慕尼黑以东梅斯塔特的里姆（Messestadt Riem）地区，占地约 56hm²。原为慕尼黑的老机场，20 世纪 90 年代废弃。作为慕尼黑市最大的城市改造项目，通过城市规划与景观设计的国际竞赛，确定将 1/3 的土地建设会展中心与商务办公区，可提供 13 万个就业岗位；另外 1/3 用地为居住区，可容纳 16 万居民居住；剩下的 1/3 的土地建成一座城市景观公园（里默 Riemer 公园），使这一地区成为经济和环境协调发展的范例（见图 2-6）。该项目获得 2006 年德国城市规划奖，还获得 2008 年第七届欧洲城市与区域规划奖。

3. 城市交通

城市交通运输是城市结构基本组成要素之一。它保障了居民购物、获得服务、就业、娱乐等需求以及货物的运输，繁荣了地方经济。然而，交通会排放大量温室气体。因此，

图 2-6　慕尼黑旧机场重建——梅斯塔特的里姆（德国）

对于发展中国家而言，通过合理高效的交通规划以减少人们的出行和减少各种城市功能之间的距离是十分重要的。

（1）降低私家车的使用频率

以下是城市中限制私家车发展的几点可能措施：

1）减少居住区和办公区的停车空间；

2）制定停车限制机制以限制城市中心区私家车的流通（如伦敦收取机动车进城费）；

3）发展有预见性的和有吸引力的公共交通；

4）规划人行道和自行车道。

公共交通效率的发挥需要铁路车站和联运换乘的配合，形成整合一体的交通体系。为了提高公共交通的比例，增强公共交通的效能，需要从公共交通网络、频率、准时、运行速度、安全和舒适等几个角度提高服务质量。

（2）确保交通安全

在城市里，交通事故时有发生。但是，往往在项目开发过程并不重视道路安全问题。因此，道路安全问题必须结合在项目开发之中，并辅以提高居民安全意识的策略。

（3）发展低碳交通

在丹麦的哥本哈根，约有 26％的居民使用自行车出行，而在荷兰的阿姆斯特丹，这一比例达到 28％。在规划中需要研究自行车道的设置，并在建筑物附近和车站周边提供安全的自行车存放位置。

4. 公共空间的设计

公共空间的质量现在被看成是城市发展的重要组成部分。公共空间是聚会、娱乐和交易等活动场所，必须确保安全性和适用性。与此相关的一个发展原则是"以行人为导向的发展（POD）"，它重点强调了在城市建设中步行空间的规划。

5. 能源

欧盟承诺，到 2050 年要将其碳排放降低到现在的 1/4。这意味着从 2010 年开始，必须推行新的低碳建筑，其建筑能耗需维持在 $50kWh/(m^2 \cdot a)$ 的水平。而从 2020 年开始，建筑生产的能量要大于消耗的能量。

因此，规划中需遵循以下几个步骤：

(1) 尽可能设计成紧凑型建筑以降低热损失；

(2) 加强围护结构保温隔热；

(3) 强制性采用双层或三层玻璃；

(4) 优先使用冷凝锅炉；

(5) 鼓励采用地源热泵、太阳能热水器等。

对于办公建筑来说，考虑夏季的热舒适和通风十分重要。建筑的外形、朝向、材料利用等也十分重要。既有办公建筑的平均能耗大约是 $240kWh/(m^2 \cdot a)$，而 2020 年的目标是达到 $150kWh/(m^2 \cdot a)$。

在项目开发中，必须完成能源分析和能源规划，尤其是试图建立新的供冷供热模式（热电联产、生物质锅炉、地源热泵等）的项目更需要详尽的能源规划。

一个合理的城市规划必须考虑居民在少于 20min 的步行距离内到公共设施、服务网点和商店的可达性，并有可靠和高效的公共交通。

6. 噪声

噪声是损害居民生活质量的主要问题之一，也是选择居住地块时主要的环境评价指标。在欧洲，可接受的噪声水平为 35dB。噪声的主要来源包括交通（道路、飞机和火车等）和邻里噪声。降低噪声的方法包括加隔声板、隔声屋顶等。

7. 空气质量

空气质量是公共健康的基础。

交通污染对居民健康的影响很严重，是慢性支气管炎、哮喘等许多疾病以及过早死亡的根源。因此，降低城市交通流量、建立空气质量的标准是很重要的。

在家庭、办公室以及对公众开放场所的室内空气品质是今天可持续城市规划所关注的一部分。增加通风量被当成一种解决方式，但它会增加能耗（除非采用带热回收的机械通风）。室内净化技术还包括植物吸收、活性炭吸收和健康材料的使用等。

8. 水资源管理

如今，水资源的全面管理和水资源预测是规划的基本部分。欧盟颁布的指令提供了水资源管理政策框架的范例。

现在不再像以前那样通过污水管道将雨水尽快排入附近河流，而是将雨水贮存在雨水槽中。过去将土地做成防渗地面也是不合适的，收集雨水可以用来灌溉绿地、冲洗道路，用来清洗器具和建筑，甚至可以部分用作生活用水。采用集中澄清池等技术可以得到符合规范的雨水。

在北欧，绿化屋顶和绿化外墙是一项发展很快的技术。它可以有效减少排入污水系统的雨水量，同时可以平衡微气候、有利于建立健康景观和宜居城市，同时也改善了冬季和夏季围护结构的隔热性，降低了噪声。

同时，水资源还需要保护。在法国，一个人每天消耗 150L 水；在北美洲，一个人每天消耗 600L 水；而一个非洲的农民每天仅消耗 5L 水。高密度和紧凑型城市的目标会导致用水需求的增长，增加了水资源供应不足的风险。

几项常用的建筑节水措施包括：

（1）减少热水供应时间；

（2）降低水流压力；

（3）降低卫生间用水量；

（4）居民行为节水。

9. 文化传承

很多城市意识到保护当地建筑、城市和景观的历史传统的重要性。建筑和景观的传统可以提升社区的附加价值和吸引力。

控制性城市规划在涉及历史建筑的更新改造项目时必须把建筑的拆旧建新作为该规划区的重点加以仔细研究。自然遗迹必须加以保护，它对改善生活质量和弥补城市化负面影响的作用应该得到提升。

10. 材料的选择

有很多关于材料选择的辩论，比如各种材料的环境影响和健康影响。材料的选择一般与下列因素相关：

（1）回收利用和可循环利用的材料；

（2）降低建筑能耗的材料；

（3）长寿命材料；

（4）当地生产的材料，能降低运输能耗；

（5）健康的天然材料。

11. 生活垃圾

建筑产生大量的垃圾，但垃圾分类却很难有效实施。对所有城市来说，建立一个高效可靠的垃圾处理系统将垃圾整合分离，都是十分重要的。

2.2.2　可持续城市和社区实例

1. 德国弗赖堡的改建（Germany：Freiburg-im-Brisgau）

德国弗赖堡的沃邦（Vauban）社区是二战后法国盟军驻扎的军事基地，柏林墙推倒后，盟军撤退，由弗赖堡市接手管理这片区域。这个社区很突出的生态特性引起人们关注，并且称为欧洲环境治理的代表之一。2005 年，当局决定将位于电车终点及铁路附近的最后一块 38hm² 的土地城市化，现在已经成为拥有 5000 居民的可持续城区（见图 2-7）。

当地居民具有很强的环保意识，想在建筑师的帮助下自发地建立一个理想社区，他们决定建立称为"建设集团（Baugruppe）"的未来业主协会，亲自参与到项目中，并在建筑公司的指导之下行使一些管理职能。使最终的造价比预算节省了 15%～25%，使得每套公寓平均售价为每平方米（使用面积）2000 欧元。

沃邦社区的特点是：

（1）建筑能耗的平均值只有德国全国平均值的 30%，达到 65kWh/(m² · a)；

（2）65% 的电力来自太阳能光伏发电，几乎所有的公共建筑屋顶上都安装了大片的太阳能光伏板，多数居民住宅屋顶上，也装有太阳能光伏板；

（3）建成高效率的热电联产集中供热系统，80% 的燃料是木材，20% 的天然气，可以

图 2-7 德国弗赖堡的沃邦理想社区

降低碳排放近 60%；

（4）沃邦社区是"无车小区"，实行"零容忍停车政策（zero-tolerance parking poli-cy）"，社区内禁停机动车辆，大部分居民放弃使用机动车，私家车一律停在小区外的两座停车场，除了要付出不菲的停车位租用费之外，用车还要走一大段路。与此同时，所有的学校、托儿所、儿童游乐区和商店都设置在步行距离内。对外交通大部分靠自行车或公共交通。值得一提的是"无车小区"的建立就是由业主协会自行讨论出来的政策；

（5）沃邦城区内的古树大多得以保存。绿化屋顶可以使雨水得到充分循环使用。

弗赖堡沃邦社区的案例参加了 2010 年中国上海世博会，在城市最佳实践区的城市联合展馆中展出。

2. 丹麦哥本哈根

Vesterbrö 是丹麦首都哥本哈根的 15 个行政区之一，面积 3.76km²，有居民 35455人，人口密度为 9440 人/km²。紧邻哥本哈根的市中心，是哥本哈根的内城。20 世纪 60年代，哥本哈根主要向市中心以外发展，衰败的市中心区得不到很好的维护。关于Vesterbrö 地区重建的讨论始于 1972 年，整个项目历时近 30 年，于 2001 年结束。这一项目使始建于 1880 年的老建筑焕发了青春，成为旧城改造的典范（见图 2-8）。

改造项目包括：

（1）根据建筑朝向，在建筑的屋顶和立面安装太阳能光伏电池板；

（2）除了完成围护结构保温和更换新型窗户外，还增大了较大厨房的外立面；

（3）安装低辐射率的 low-e 玻璃；

（4）安装可控的带热回收的机械通风装置、雨水收集设备以及能耗分户计量。

旧城改造提高了居民的生活质量，建成超过 5000m² 的庭院，包括公园、自行车停车场、垃圾收集站和社区公共活动中心等。

图 2-8　丹麦哥本哈根的 Vesterbrö 地区

3. 英国贝丁顿零碳生态社区（BedZED）

BedZED 即贝丁顿"零能耗"开发（Zero Energy Development），是一个位于伦敦南部贝丁顿的高效节能生态住宅区。场地原址是工业废弃土地。场址交通便利，距离火车站、公交和有轨电车线路等都很近。该小区包括 1/3 的社会化住房、1/3 用贷款购买的公寓和 1/3 按市价出售的住宅和办公用房。

建筑尽可能采用本地材料，回收当地拆除的古老建筑的木结构和金属结构并修复再利用。

供热和生活热水的能耗相对较低，为 48kWh/(m² · a)。需特别提出的是其外墙保温隔热技术，是在双层砖中间填充 30cm 厚的矿棉；外窗采用三层玻璃，房屋朝南，以最大限度地吸收太阳能。该社区没有集中采暖系统，依靠良好的围护结构保温特性、结构蓄热和被动式太阳房设计采暖。当室温低于 17℃时，设在厨房的热水加热器自动启动。

社区有一个以木材废弃物为燃料的热电联产系统，满足整个小区的能源供应。

所有住户都使用欧盟能耗最低、能效等级最高级别的家电产品。为了让更多的人可以在家工作，社区中配备各种办公空间，并设置了高科技网络设施。

每个建筑单元都配有自然通风烟囱，实际上是风力驱动的通风帽，用于保持室内通风，同时还具有热回收的功能。色彩鲜亮的通风帽也成为 BedZED 社区的一个独特标志（见图 2-9）。

社区有一套独立的污水废水循环系统，将净化之后的水进入水槽用于冲厕。

屋面光伏电池板年发电 97000kWh，可供 40 辆电动汽车充电。整个社区采取降低汽车影响的策略，数以百计的公寓和办公场所需要 160 个停车场地，但实际只提供了 100 个，余下的空间作为绿地。用户在使用共享停车场时需根据车型付费。

图 2-9 英国贝丁顿零碳生态社区（BedZED）

伦敦贝丁顿零碳生态社区的模型，在上海世博会城市最佳实践区中作为"零碳馆"展出。

4. 瑞典马尔默市

1990 年，有 27 万居民的瑞典马尔默市遇到经济危机，造船厂关闭，6000 人失业。马尔默当局对城市进行的改造并不是采用通常的"补助濒临破产企业"的办法，而是调整产业结构，把城市进行美化，并且赋予生机；开办大学，对居民进行从事未来职业的培训。此后，马尔默市决定重新启动港口区的发展，建成名为"明日之城（The city of tomorrow)"的生态社区。这个生态社区的一期工程在 2001 年启动，在 25hm² 的造船厂废弃场地上建立起一个有 3000 户住宅的生态社区（见图 2-10 和图 2-11）。有 1000 多户住宅单元 100%依靠可再生能源，主要采取以下技术措施：

图 2-10　瑞典马尔默"明日之城"社区

图 2-11　马尔默"明日之城"鸟瞰

（1）在一栋楼的屋顶安装有 120m² 的太阳能光伏电池系统，年发电量估计为 1.2 万 kWh；还分别在 8 栋楼的屋顶安装 1400m² 的太阳能光热板，可满足小区 15％的供热需求。

（2）距小区 3km 外的一个 2MW 风力发电站，是瑞典最大的风力发电站，年生产能力可达 630 万 kWh。

（3）用地源热泵系统，抽取 90m 深度地下蓄水层的水，在冬天提供采暖，在夏天提供空调。

（4）小区大多数建筑安装了温度传感器，根据室内外温度变化自动调整锅炉或热泵的供热效率。

（5）"明日之城"严格限定每户的总能源消耗不得超过 105kWh/(m² · a)(2000 年瑞典住宅平均能耗水平为 175kWh/(m² · a))。

（6）整个小区采用电子卡技术，对能耗、水耗、垃圾、停车位等实行全过程的管理、控制和监测。

（7）小区的电网、热网都连接到市政电网和热网，保证了小区可再生能源在使用低谷时可将多余电量输送给城市公共电网，在使用高峰时可从公共电网获得补充。这种方法使得"明日之城"示范区实现了小区能源全年的自给自足和供求平衡。

（8）"明日之城"建筑以多层为主（3～6 层），容积率高于本地区其他住宅小区。

（9）雨水经过屋顶绿化系统过滤，再为绿化系统补充灌溉用水，其余雨水经过路面两侧明渠排水道汇集，经简单过滤处理后排入大海。

（10）社区鼓励使用自行车和公共汽车，这个区域有两条公交线与市中心商业区相连，每隔 7min 开行一辆公交车，每隔 300m 设公交车站。社区实行共享电动车制度，由挪威制造的电动汽车提供共享服务。

（11）社区设有两个污水处理厂，其中一个将收集的污水进行发酵处理而生产沼气，经净化后可以达到天然气的品位；另一个对污水中的磷等富营养化学物质进行回收再利用，用来制造化肥。

马尔默"明日之城"的开发理念也影响了欧洲其他生态社区的建设。但由于这个社区居民的平均收入高于马尔默城市的平均水平，也引起了舆论的争议，生态社区是不是只有少数有钱人才能享用？因此，当局也在探讨试图将这个社区变成一个贫富混居的社会混合型社区。

据了解，瑞典的房价在每平方米使用面积 20000～35000 元（人民币）之间。这在中国的一线城市中，已属很平常的价格水平。但马尔默"明日之城"住宅的规划理念、性价比和环境/价格比，却是中国很多"豪宅"所远远不能企及的。

2.2.3　对低碳城市发展的启示

自 2007 年以来，已有超过半数的世界人口居住在城市。然而，就全球城市化趋势而言，这个进程仍在起步阶段，我们必须将土地资源优化合理地利用以保护我们的环境。

2010～2020 年间，中国预计有 3 亿人口变成城市居民。城市新纪元的到来，将带来一系列的挑战，但同时也是促进发展、走向高效的环境友好型生活的机遇。

经济状况决定了今天的城市发展和竞争能力。此刻，应该将城市看成是自然生态系统，同时授权民众，提升民众关于发展的危机意识。

低碳城市以低的碳排放量、城市空间紧凑集中为特点，并与现存的生态系统和社会系统和谐统一。

2.3　低碳城市与区域建筑能源规划

2.3.1　理想化的低碳城市

在快速城市化过程中，主要的碳源来自于土地利用和能源利用。

土地利用/覆盖变化（LUCC，Land Use/Cover Change）是除了工业化之外，人类对自然生态系统的最大影响因素。而快速城市化和城市面积的扩张加剧了陆地生态系统从自然植被向城市用地的转化，新开发的土地使大量原来作为碳汇的植被被破坏，原来能够作为碳中和的农田被占后不能复原；旧城改造的土地、大量拆除的旧建筑和由此产生的建筑垃圾也会产生碳排放。我国建设用地的碳排放强度达到 204.6t CO_2 当量/hm^2。我国拥有世界最庞大的人口，人口密度是 138 人/km^2，在世界上排在第 11 位。但几乎有一半土地是非宜居的。但目前我国城市人均用地面积达到 $133m^2$，远远高于发达国家人均 $82.4m^2$ 和发展中国家人均 $83.3m^2$ 的水平；我国城市的平均容积率为 0.33，而我国香港的容积率是 2.0。以上海为例，市区面积 $2643.06km^2$，郊县面积 $3697.44km^2$，尽管常住人口达 19213200 人，因此市区人口密度不到 7000 人/km^2，远比不上东京的 14151 人/km^2 和纽约的 10452 人/km^2。但上海的拥挤、交通堵塞和空气污染却都显得比东京、纽约等城市更为严重。主要原因在于：

（1）空间利用不合理。但凡某个企业圈了一块地（严格说我国的土地只有 70 年使用权，土地的本质还是国有的，也就是全民的），它一定会将土地真的"圈"起来，无关人员免进，土地利用率很低。因此，在这些大城市里，公共活动空间很少，所有人都被赶到马路上。而纽约实行"私地公用"政策，即允许发展商提高容积率，但条件是允许公众共享建筑周边的绿化和空地。而日本则是充分利用了地下空间，香港则是利用地下通道和高架步道将所有建筑连通。

（2）公共交通不发达。如伦敦、巴黎、纽约、东京等都市圈人口 1000 万以上的特大城市，人均轨道交通运营里程接近甚至超过 10cm，基本达到每万人 1km 轨道交通的水平。

而国内地铁运营里程最长的上海，到 2010 年止，轨道交通总里程数为 420km，人均仅 2cm。而且由于公共交通的拥挤、不舒适、换乘的不方便，使得私家车发展成为无法遏制的潮流。以上海为例，从 2007 年至 2008 年，常住人口增长 1.63%，人均公共车辆拥有量增长 1.87%，略高于人口增长，而私人轿车拥有量却增长了 19%。

（3）由于房地产泡沫，市中心区大量住房空置，使得城市中心"空心化"。根据一份调查，中国 660 多个城市现有连续 6 个月以上电表读数为零的空置房达 6540 万套。房价的高企，使得购房者不得不向远郊区转移，迫使城市"摊大饼"式扩张，不断侵占耕地，将碳汇变成碳源。同时进一步增加私家车的需求。

城市能源消耗分成工业、建筑和交通三部分。一般而言，现代服务业越发达的城市，建筑能耗在总能耗中的比例越高；经济越发达的城市，交通能耗的占比也越高。中国正处于工业化中期。城市的 GDP 来源，一是投资拉动，即土地流转和房地产开发；二是传统制造业，即重化工业以及出口消费品制造业的发展。因此，在能源消费结构中工业能耗占据主导。

发达国家第三产业的就业比重已高达 70% 左右，中等收入国家在 50%～60% 之间，而我国只有 32.4%，比低收入国家平均水平还要低，因此我国的第二产业仍是支撑各城市就业的主要支柱（见图 2-12）。

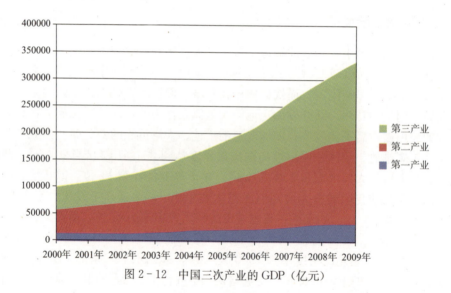

图 2-12　中国三次产业的 GDP（亿元）

但我国工业能效低、能耗高。2009 年我国产钢 5.68 亿 t，是世界第一钢铁大国。但我国钢铁工业能耗与国际先进水平相比，差距在 11% 左右。由于产能过剩，钢材积压严重，据报道，2009 年库存积压就有 6000 万 t，以平均吨钢能耗 619.43kg 标煤计算，可以供在北京气象条件下 28 亿 m² 住宅建筑整个冬季的供热，相当于近 8 个北京市的住宅建筑总量。

我国东部城市的主要能源是电力。在电力能源结构中，以燃煤为主的火力发电占 80% 以上。我国发电能耗从 2000 年的 392g 标准煤/kWh 持续下降到 2009 年的 342g 标准煤/kWh（见图 2-13）。上海外高桥第三发电公司的两台 100 万 kW 超临界机组的煤耗达到 282g 标准煤/kWh，是世界领先水平。我国发电能耗距世界平均先进水平（320g 标准煤/kWh）差距已不大。由于燃煤发电的高碳禀赋，电力完全依靠节能来实现低碳是极为困难的。目前解决燃煤电厂降低碳排放的技术是改造电厂，进一步提高能源效率（煤气化燃气/蒸汽联合循环技术 IGCC），以及应用碳捕集与碳储存（CCS）技术，但这一技术会使发电成本增加 40％～60％。

图 2-13　我国火力发电供电煤耗的降低（g 标准煤/kWh）

因此，我国城市中不能回避制造业碳排放问题。以重化工业为主导的城市，必须将工业减排放在重中之重的位置，可以有以下几条解决途径：

（1）调整产业结构，发展现代服务业和先进制造业；

（2）提高工业生产效率，降低人均碳排放量；

（3）改变工业能源系统的结构，降低单位能耗的碳排放量；

（4）关停一部分落后产能；

（5）产业转型，生产附加值高、能耗较低的产品，降低单位 GDP 的碳排放量；

（6）企业技术改造，采用高效先进工艺（例如制造业采用先进电机，发电行业采用燃气/蒸汽联合循环系统等）；

（7）采用碳捕集和碳封存（CCS）技术。

在我国实施低碳城市计划，降低城市碳排放，首先需要调整产业结构。但是，我国的国情决定了我国很难像美国等发达国家那样实现产业结构的根本转变，即彻底地从低端制造业转变成为先进制造业和现代服务业。正是由于中国等"金砖四国"和"基础四国"的崛起，使得欧美日等发达国家将低附加值的劳动力密集型产业和低端消费品制造业几乎全部转移到这些发展中国家（主要是中国），发达国家从而可以腾出手来，利用它们所拥有的高素质劳动力资源和资本积累，发展信息、通信、航天等现代制造业，同时又通过发达的金融业使发展中国家的血汗钱重新成为它们的剩余价值。我国东部发达城市的产业转移去向多数将是我国西部欠发达地区，污染、排放、能耗其实都留在中国大地上。拉动经济主要有 3 个驱动力，即投资、外贸和消费。我国所有城市的居民消费水平都很低，东部发达城市也不例外。因此，东部城市一旦失去对拉动当地 GDP 有举足轻重作用的重化工业和低端产品出口，其经济就无异于严重失血。

其次，我国以煤为主的能源结构在较长时期内不会改变。我国东部经济发达地区恰恰又是可利用的可再生能源资源比较匮乏的地区。有的资源，利用代价很高，例如风力发电、光伏发电和垃圾发电，其成本完全无法与燃煤发电抗衡。

尽管我国建筑能耗总体还处于很低的水平，但我国建筑能耗有以下特点：

(1) 严寒和寒冷地区集中采暖能耗占建筑能耗的将近一半。"牵牛要牵牛鼻子"，抓住供热节能，能够真正实现 50% 节能目标，那就拿下了我国建筑节能的"半壁江山"。而且只要把燃煤锅炉改造成天然气锅炉，就可以降低 60% 的碳排放量。在技术上，供热节能并不难实现，关键是体制和机制。在建筑领域，可以实现能耗和碳排放"零增长"的目标。

(2) 可再生能源的热利用，以及诸多低品位热能（如土壤、地下水、地表水、污水等与空气之间的温差能）由于能量温度低、强度低，很难在工业领域和工艺过程中得到应用，而恰恰在民用建筑的热应用中，可以借助热泵，实现对位和对口应用。

(3) 根据清华大学的一项研究，我国公共建筑能耗出现"二元化"特征，即有相当多的大型公共建筑能耗高，但也有相当多的中小型公共建筑能耗很低（见图 2-14）。因此，对大型公建进行节能改造，以及对中小型公共建筑采用少耗能或不耗能的技术进行环境改造，都能实现可观的节能效果。

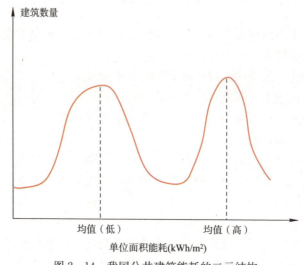

图 2-14　我国公共建筑能耗的二元结构

(4) 就像在第一章中曾述及的，根据麦肯锡公司的一项研究，通过建筑节能降低碳排放，因为节能可以降低能源费用，所以是一种低成本或负成本（有收益）的减碳措施。如果通过合同能源管理（CEM）机制和规划方案下的清洁发展机制（PCDM），建筑节能可以成为一种有利可图的商业发展模式。

根据国际能源署（IEA）的研究，在 2050 年全世界减碳量 32Gt 的情景下，终端利用效率提高对减碳的贡献率为 45%，发电的贡献率为 34%，其他部分（包括燃料转换过程的 CCS、工业 CCS、建筑和工业应用混合燃料，以及交通生物燃料等）占 21%。而在终端利用率提高中，占比最大的是建筑节能（18%）。因此，建筑节能是低碳城市发展中的优先技术。

世界自然基金会（WWF）在其《中国生态足迹报告》中为中国发展提出的"CIR-CLE"原则可以作为我国低碳城市的发展准则，即：

（1）紧凑型城市（Compact）：在我国高速城市化进程中，应采取城市集约化发展策略，即空间形态的紧凑化和城市土地功能的紧凑化，遏制城市膨胀，保留和保护碳汇。

（2）个人行动倡导负责任的消费（Individual）：即在衣食住行等各个消费层面提倡节约、环保、节能和低碳。

（3）资源消耗的减量化（Reduce）：提高资源、能源的利用效率，减少转换和输运环节、就地提高资源富集程度。

（4）减少碳足迹（Carbon）：节能和提高能源转化效率，用可再生能源和未利用能源（untapped energy）替代常规化石能源，提高现有电厂的发电效率和应用碳捕集和碳储存（CCS）技术。

（5）保持土地的生态和碳汇功能（Land）：保持和修复城市的自然生态，建设都市森林，发展都市农业。

（6）提高资源效率和发展循环经济（Efficiency）：即将城市产生的废弃物资源化和再利用。

这 6 项原则决定了低碳城市城市形态的主要特征是"紧凑型城市"，即高层（High rise）、高密度（High density）、高容积率（High plot ratio）和高绿化率（High greening rate）的 4"H（高）"城市。

（1）高层。我国《民用建筑设计通则》（GB 50352 - 2005）将住宅建筑依层数划分为：一层至三层为低层住宅，四层至六层为多层住宅，七层至九层为中高层住宅，十层及十层以上为高层住宅。除住宅建筑之外的民用建筑高度不大于 24m 者为单层和多层建筑，大于 24m 者为高层建筑（不包括建筑高度大于 24m 的单层公共建筑）；建筑高度大于 100m 的民用建筑为超高层建筑。高层建筑的最大优点就是集约化利用城市的有限土地。它将多种功能集中到同一空间范围内，用户"足不出楼"甚至"足不出户"便可实现多方面需求，以垂直交通取代了水平交通，从而降低对城市道路交通的需求。当然，高层建筑有许多缺点，尤其是超高层建筑，可以列举出的问题有"一箩筐"。但在我国城市如此庞大的人口条件下，重点发展高层建筑是无奈也是必然的选择。高层建筑对城市环境影响甚大。高层建筑的体量越大，影响越大；高层建筑群越密集，影响也越大。高层建筑所形成的城市"峡谷"和城市高峰，会对采光、日照、自然通风、热岛效应、阴影以及污染物扩散造成很大影响，造成城市局部环境和微气候的变异。所以，对于有高层建筑的区域，在能源规划中，必须对区域做气候分析和气候设计，从环境视角，对建筑高度、平面布局等做调整和优化。

（2）高密度。我国城市人均住宅建筑面积和农村人均住房面积分别为 26m²，而根据一些资料，人均住房使用面积日本东京为 15.8m²，而北京人均住房使用面积为 20.75m²。而"人均"这个概念，其实还掩盖了我国城市中大量的空置房、众多的大面积豪宅以及作为资本运作的不住人的已售房。因此，我国城市中只要空间合理，完全可以提高城市密度，在有限空间中容纳更多人口。

提高城市人口密度将有利于减少私人汽车的使用、降低交通能耗。从图 2-15 可以看出，人口密度比较高的东京、新加坡等城市，人均交通能耗只有人口密度比较低的休斯敦、凤凰城等美国城市的 1/7～1/8。但进一步提高人口密度，对于降低能耗的作用有限。

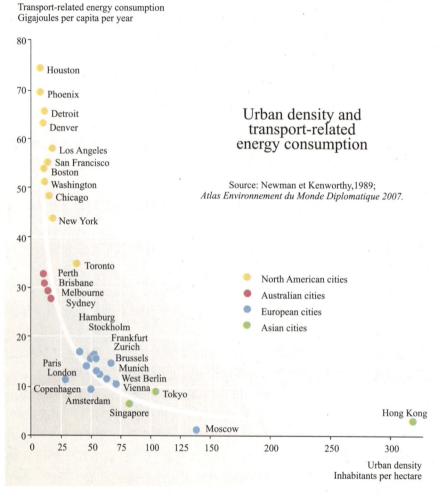

图 2-15　城市密度与交通能耗的关系
（资料来源：联合国环境署（UNEP）网站，http://maps.grida.no/）

（3）高容积率。容积率是建筑面积与占地面积之比。在服务业发达的城市中，提高容积率意味着资本和财富的集约，单位土地面积产出更高，同时也有利于资源的整合和资源配置的优化。我国目前的大城市中城市建设容积率约为 0.75，中心城市的平均容积率约为 1；而我国现有的所有城市建成区的平均容积率仅为 0.5 左右，低于国外多数城市的容积率。诚然，提高容积率会带来环境的负面影响，但这些都是可以通过技术解决的。对城市的决策者和规划者而言，这是一个考验其智慧的课题。

（4）高绿化率。这第四"高"似乎与前三"高"相矛盾，但其实还是有很多解决办法。第一，保护原有绿地和湿地；第二，采用墙面绿化和屋顶绿化技术，将原来安装空调室外机和冷却塔的位置用来绿化；第三，选择碳汇植物物种；第四，尽量不用外来物种，以免对当地生态造成破坏；第五，按照生态学、生物多样性和人文景观相结合的原则发展城市绿化。

"四高"城市并不意味着拥挤和逼仄，而是表现为在有限的城市空间上布置高密度的产业和人口，单位用地面积有较高的产出，城市功能区和单体建筑物紧凑布局，其根本目的是提高城市资源配置效率。使居民在公交和步行距离内满足通勤、生活和保健的基本需求。同时保留耕地、林地和湿地等自然资源，腾出更多土地营造森林和绿地，形成城市氧吧，扩大城市碳汇。

因此，可以总结出低碳城市形态的 3 个特点：

（1）空间布局是多中心、组团化、网络型。实践证明，以前按照一个城市中心、环路模式的城市规划理念是不可持续的，城市空间格局上不再是传统的单中心、放射型发展模式。

（2）城市内部功能的自我完善和紧凑式发展。

（3）城市与自然和谐、人与自然和谐、人与人和谐，城市让生活更美好。

理想的低碳城市形态由一个个"细胞城市"（Cell city，或称"单元城市"），即一个个园区组成。这些细胞园区的尺度有一定的模数，例如 500m×500m，这一模数是根据步行最大距离确定的（见图 2-16）。每个细胞园区有自己的"绿肺"，即 30% 以上的绿化率；容积率在 2.5～3.0 之间；园区的建筑物既有住宅，也有功能建筑，实现区域功能的集约化；所有汽车进入地下车库，园区内只有步行、自行车和电动车的通行；园区周边有农田，发展都市农业，为居民提供绿色的当地食品；城市高速道路围绕园区，每一园区一定有一个轨道交通站点。低碳细胞城市中可再生能源在能源供应中有较高比例，所有建筑都将优于建筑节能标准，甚至实现"净"零能耗（即扣除可再生能源产能外，每年每平方米建筑所消耗的化石能源，包括化石能源发出的电力，在 15kWh 热当量以下）。

图 2-16 理想细胞城市（单元城市）园区效果图

（资料来源：转引自李克欣：单元城市的基本概念）

51

2.3.2 低碳城市的区域建筑能源规划

2.3.2.1 什么是低碳城市的区域建筑能源规划

城市能源分为广义和狭义两种形式，前者指城市消费的所有能源，包括工业用能和交通用能；后者指直接与建成环境（built environment）有关的能源，主要是指供给建筑群的低压电力、供热和供冷。本书所研究的是后者（狭义的城市能源，或建筑能源），主要针对园区、细胞（单元）城市和小城镇，国外又称为社区能源系统（community energy）。

本书中的"区域"是指园区、社区、街区、成片开发区、小城镇，其占地面积在数平方公里以下、建筑面积在百万平方米以下。不是城市级别，更到不了城际（例如长三角、环渤海等）的规模。更大规模的区域可划分成若干个建筑面积百万平方米以下的小区域。

本书中的"建筑"，指满足建筑使用功能的"建成环境（Built Environment，BE）"。其能耗需求不包括工艺过程和交通（但可以作为区域基础设施与建成环境统筹考虑），也不包括建筑全寿命周期的能耗需求。

本书中的"能源"主要指一次能源的转换过程（如热电联产、区域锅炉房、燃料电池、太阳能利用等）以及经转换后的二次能源供应（如电力、供热、供冷）和终端消费；研究对象是能源系统而不是能源生产设备。在能源的生产—转换—消费（P—U—C）环节中，区域建筑能源规划主要涉及转换和消费（U 和 C）环节（见表 2-1）。

不同层面能源规划的任务 表 2-1

	生产（P）	转换（U）	消费（C）
城市 City	发电、热电联产，大规模光伏光热系统，大规模风力发电（Wind farm），生物质热电联产	高压直流输电，智能电网	需求侧管理，虚拟电厂能耗计量与监测平台，
园区 Community	分布式能源	热电冷联供，区域供冷供热，智能微电网，热泵技术集成应用低品位能源	虚拟能源电动车充电，能耗分户计量与监测，能源管理
终端 End Use	光伏、光热、建筑光伏一体化（BIPV）	高效率用能设备，燃料电池，微型、小型热电冷联产，热泵技术	建筑能源管理，系统调适（Commissioning），围护结构节能，行为节能

本书中的"低碳"，是指所规划区域建筑耗能的 CO_2 排放当量，比同样规模但使用常规能源的建筑排放量有明显降低（20％以上）。目前，还没有建立起建筑能耗的碳排放基准线，还只能采取这种相对比较的办法。

本书中的"规划"是指在遵循国家城市规划法律法规的前提下，区域能源系统应与当地国土规划、区域发展规划、城市总体规划、江河流域规划、土地利用总体规划以及城市能源供应（电力、燃气、燃油、供水）规划相协调，根据"四节一环保"（节能、节水、节材、节地和环境保护）和降低碳排放的原则，以及综合资源规划（IRP）的原理，对所开发区域的建成环境能源系统进行策划、计划、规划的关键技术。

低碳城市的区域建筑能源规划应综合权衡区域的地理位置、环境特征和功能定位，分析当地可利用的资源禀赋，注重前瞻性和可操作性，充分考虑发展的需要。

2.3.2.2 为什么低碳城市需要建筑能源规划

我国现行城市规划体制中，城市能源供应主要是水、电、气供应。在严寒和寒冷地区的城市中，有时还要加上城市热网供热。除了个别地区外，我国城市一次能源大部分依赖以煤为主的化石燃料（高碳能源）。除严寒和寒冷地区外，对区域和建筑物的二次能源供应（冷、热和热水）不在规划范畴内。在计划经济时代"发展经济、保障供给"的指导思想下，水、电、气等各种能源由垄断经营的能源公司各自独立规划，需要多少就建设多少。不过也有因当地资源紧缺，也会限制发展。在市场经济时代，城市能源变成双轨制，一方面不允许民营企业和外企进入，另一方面各能源公司争取市场份额，例如电力公司进入城市供热市场、燃气公司进入空调市场，造成负荷的重复计算和高估冒算，造成能源的不合理利用和浪费，形成"供应—消费—紧缺—扩大供应—刺激消费—再次紧缺—再扩大供应"的恶性循环。重生产、轻服务；重效益、轻节能。另一方面，可再生能源和未利用能源的利用是分散的，或者是用户的个体行为，没有进入总体规划。用户采用新能源并没有直接效益，往往是为博取某项称号或某项荣誉，以扩大广告效用；或者是为当地政府制造业绩以换取土地批租或容积率方面的优惠，因此不可能实现可再生能源和未利用能源的规模化和集成化应用，新能源只是成为一种点缀或供人观赏的"花瓶"。而建筑物的节能仅满足于在设计阶段达到作为"门槛"的节能设计标准，节能量只是理论上的预估值和模拟值，并不关心是否能得到实际节能量。往往区域一经建成，便面临节能减排的改造任务。

根据"新城市主义"和"精明增长"等全新的规划理念，低碳城市（区域）的构建必然是紧凑型城市、集约型区域，有相对比较高的人口密度、建筑容积率和建筑密度。在高密度城市（区域）中，按照常规的建筑用能方式，即全分散的、点状分布的用能方式，例如住宅采用房间空调器和户式太阳能热水器，会带来如下问题：①多点排放、全面污染；②形成局部城市热岛的"穹顶"效应；③能量密度比较低的可再生能源在高层建筑中应用与输配方面的困难；④没有负荷参差率，加大了负荷需求；⑤即使采用了高效节能产品，单栋建筑所能得到的节能减碳量甚微，只有集成才能形成资源。因此，在规划阶段，应根据紧凑型城市的特点，对建筑能源系统进行合理配置。在区域或成片建筑开发之初，就在规划中考虑建筑能源。建筑能源规划是建筑节能的基础，也是建筑节能管理中的重要环节。通过建筑能源规划可以实现：

（1）可再生能源和未利用能源具有低能量密度和产能不连续的特点，通过区域层面的统筹协调，充分利用同时系数和负荷参差率，使可再生能源和未利用能源的供能均衡化。

例如，所谓"零能耗"或"零碳"建筑，就是通过节能和利用可再生能源，使单位面积化石燃料的平均年一次能耗降低到 15kWh 以下，相当于 1.84kg 标准煤，约 5.5kWh 电。而根据调查，上海住宅平均年用电量约 30kWh/m²，这就意味着如果试图在上海建设零碳住宅，其 80% 以上的电力要来自可再生能源。每户平均需要约 160m² 的 PV 光伏发电。上海有 500 万个家庭，需要光伏面积约 800km²，是上海市总面积的 12% 以上。因此，要想在紧凑型城市中以一家一户或单栋建筑的形式推广应用可再生能源，是不可能实现的。而在区域范围内，利用末端使用的时间差以及不同功能建筑负荷的参差率，可以实现规模化应用可再生能源。

（2）在区域范围内使碳减排达到规模化，可以实施"规划方案下的清洁发展机制

（PCDM）"，从而将建筑节能纳入清洁发展机制之中。

清洁发展机制（CDM）是《京都议定书》中引入的三个灵活履约机制之一，其核心是允许发达国家通过向发展中国家的减排项目（即 CDM 项目）提供资金和技术支持，从而减少温室气体排放，来代替其本身承担的减排量。进而在国际上形成了规模日益扩大的碳交易市场。但由于在建筑节能领域，如何计算、监测减碳量的方法，以及如何确定各类不同建筑在不同气候条件下碳排放基准线等问题，一直未能解决。尤其是建筑设计时的预估节能量与实际运行中建筑物的实际节能量之间存在较大的落差。因此，建筑节能的CDM 项目基本上是空白。截至 2008 年 10 月，全球 4000 个 CDM 项目中，仅有 10 个是属于建筑节能领域的。许多潜力大、社会效益好、小型、分散并能与终端用户直接相关的建筑节能项目被排除在 CDM 机制之外。为此，联合国有关机构设计出了 PCDM 机制，就是通过对一个区域进行整体规划，在该区域实施一个或者一系列相互关联的减排和增汇措施，实现大面积的建筑节能，并将所有项目整合成一个 CDM 项目。

这一模式对于正处于快速城市化、各地都有大规模社区开发项目的中国是特别合适的。主要体现在：①将能源规划和减碳规划融入城市规划；②由于 CDM 机制中"可测量、可报告、可核查"原则，有利于得到实际的减碳量；③有利于将建筑节能与降低碳排放结合起来；④有利于"积少成多、集腋成裘"，将单个项目的少量减排量集中起来，并能创造碳价值。

（3）根据综合资源规划（IRP）方法，将区域内建筑通过节能和提高能源利用率从而节约下来的能源资源化，作为一种虚拟能源和无碳的替代能源，从而降低区域开发中的碳排放强度。

2.4 综合资源规划理论的发展

2.4.1 综合资源规划理论的产生和发展

20 世纪 80 年代，即在石油危机和中东战争之后，美国学者提出了电力部门的需求侧管理（Demand Side Management，DSM）理论，其中心思想是通过用户端的节能和提高能效，降低电力负荷和电力消耗量，从而减少供应侧新建电厂的容量，节省投资，节约能源。

需求侧管理的实施引起对传统能源规划方法的反思。传统能源规划方法是通过不断扩大供应侧的能力来满足日益增长的需求，在供应侧垄断，根据不准确的信息和供应侧单方利益进行能源规划，不断扩大供应，增加收益；在需求侧管制，不允许用户自行采用分布式能源等节能设施，由于没有直接的经济利益，用户端节能积极性不高。最典型的例子是我国严寒、寒冷地区城市供热，按建筑面积收费。因此，在供应侧采取每项节能措施（如热电联产）都相当于在营收不变的前提下降低成本，转化为供应方实实在在的效益；而在用户端，由于"包烧"制，用与不用一个样，用多用少一个样，因此用户宁可浪费也不愿意少用。

联合国环境计划署（UNEP）基于需求侧管理理论提出综合资源规划方法（Integrated Resource Planning，IRP），其核心是改变过去单纯以增加资源供给来满足日益增长的需求，将提高需求侧的能源利用率从而节约的资源统一作为一种替代资源（见图2-17）。可以举一个简单的例子来说明需求侧管理的经济和社会效益：一只15W的节能灯的亮度与一只75W的白炽灯相同。假定节能灯的市场价为25元，白炽灯的市场价只有1元。用一只节能灯来替换白炽灯，花24元钱可以节电60W，用户的节能投资是0.4元/W。花0.4元钱可以减少供电1W。而供电1W要花多大代价呢？我国目前建设一座30万kW的火力发电厂约需要25亿人民币，也就是说，多发1W的电力就要多投资8元多钱。节约与生产的投入比为1：20。如果在区域建筑能源规划中要求所有建筑全部使用节能灯，并且通过让利和优惠的办法对用户购买节能灯进行鼓励和补贴，是一种"多赢"的策略。既节省了能源投资，又降低了能源消耗，还有利于环保和减排，同时也能使消费者得到实惠。

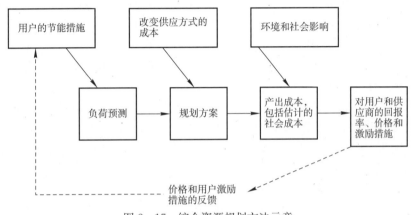

图2-17　综合资源规划方法示意

2.4.2　综合资源规划方法的主要特点及在区域能源规划领域的应用

需求侧管理和综合资源规划具有三大特点：

（1）集约资源。改变传统的资源观念，将需求侧的节能作为一种资源与供应侧资源一起进入规划，以使资源利用效率最大化。

（2）多重效益。改变了传统的追求供应侧效益的单向规划模式，以成本效益和社会效益为评价标准，不仅考虑供应侧效益，还要考虑需求侧效益，协调供、需双方的贡献和利益，实现供需双赢，最终使社会受益。

（3）重在实施。将需求侧节能的实施作为一个重要的规划领域。需求侧应有实实在在的节能措施，采取实用的节能技术。规划不是空谈和高调，规划必须落地。

在需求侧管理中有四个重要的思想：

（1）能源服务的思想。按照传统思维模式，用能需求增加了便扩大能源生产，能源供应跟不上了便限制用能。能源供应者和用户始终处于对立地位。而综合资源规划和需求侧管理是市场化条件下的产物。因此，能源管理决不是单从数量上限制用户，而是应向用户提供恰当的能源品种、合理的能源价格，鼓励需求侧用户采用高效的用能设备、节能技术、先进工艺和管理方式。能源供应成为一种"服务"，节能也是服务的一部分。

（2）系统优化的思想。能源规划应从能源政策、能源价格、供需平衡、成本费用、技术水平、环境影响等多方面进行投入产出分析，选择社会成本最低、能源效率较高、能满足需求的规划方案。

（3）采用先进节能技术的思想。将有限的资金投入需求侧节能所产生的效益要远远高于投资能源生产的效益。实践表明，节能与生产等量的能源，其投入之比为 1∶5～1∶10。因此，从最小社会成本的角度来看，采用经济上合理、技术上可行的节能技术提高终端能源利用效率是能源规划的关键所在。

（4）动态节能的思想。节能技术是有时效性的。随着技术进步、体制转换和社会发展，原来有效的节能技术可能会落后甚至被淘汰。因此，能源规划要能够预见未来的发展，适应需求的改变。

IRP 方法与传统能源规划方法的区别：

（1）IRP 方法的资源是广义的，不仅包括传统供应侧的电厂和热电站，还包括：

1）末端采取比国家标准更严格的节能措施所减少的需求和预计能够节约下来的能源；

2）当地可以规模化利用的可再生能源；

3）当地可以利用的余热和废热、自然界的低品位能源、可以循环利用和梯级利用的能源，即所谓"未利用能（untapped energy）"。

（2）IRP 方法中的区域能源的投资方可以是能源供应公司，也可以是建筑业主、用户和任何第三方，即 IRP 实际意味着区域建筑能源市场的开放。

（3）正因为 IRP 方法涉及多方利益，因此区域能源规划不再只是能源公司的事，而应该成为整体区域规划（master planning）中的一部分。

（4）传统能源规划是以能源供应公司利益最大化为目标，而 IRP 方法既要考虑经济效益的"多赢"，又要考虑环境效益、社会效益和国家能源战略的需要。涉及能源费用等关系到用户利益的事务，应进行"听证"。

举例来说，一个 50 万 m² 建筑面积的区域，假定其照明功率密度是 $15W/m^2$，按照传统的能源规划方法，该区域仅照明的电力需求就是 7500kW，一般而言也不考虑同时使用系数，全部要由供应侧满足。但如果该区域将照明节能标准作为规划中考虑的依据，将功率密度降低为 $7W/m^2$，则电力需求就降低为 3500kW。如果再考虑 0.8 的同时使用系数，电力需求就降低为 2800 kW。相当于建了一个 4700kW 的虚拟电厂或虚拟发电机，全年电耗也可以降低 50%（见图 2-18）。

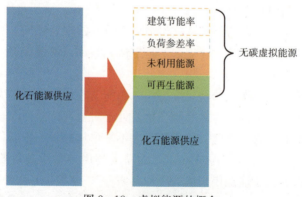

图 2-18　虚拟能源的概念

这个例子也说明，只有在区域层面，才可能将各单体建筑的能量流整合成合理的流线，变成一种资源（见图 2-19）。

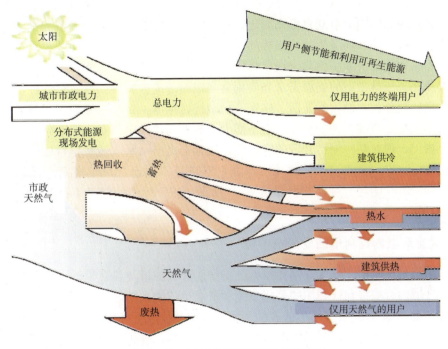

图 2-19　区域建筑能源规划的能流图

2.5　低碳城市的区域建筑能源规划方法论

2.5.1　设定区域节能减排的战略目标

有两种类型的目标：第一类是达到某一标准，例如我国的《行业类生态工业园区标准》；或达到某一评价水平，例如美国的 LEED ND（Neighborhood Development）中的某一等级。第二类是实质性目标，即碳减排的实物量和节能实物量。

第一类目标比较容易操作，尤其是美国的 LEED 评价，已经规定了达到某一等级的各项技术措施和技术指标，相当于技术导则。美国正在将 LEED NC（新建建筑）转化为技术标准（ASHRAE Std. 189）。但美国标准毕竟与我国国情不能完全相符，而我国的一些标准在操作性上比较薄弱，"务虚"较多，能覆盖的项目类型也不全。我国的绿色建筑评价标准，目前仅对单体建筑。因此，在这方面还需要开展大量工作。

第二类目标应该成为区域能源规划的主流。但要设立实物量目标就必须有能耗和碳排放量的基准线，而这是建筑领域迄今还没有解决的课题。因此，目前采用不那么严谨的用相对值的办法，例如，区域建筑能耗低于当地平均值（处于建筑能耗统计数据的低端四分位），或低于同类建筑（例如同星级的酒店）。

一个典型案例是 2000 年德国汉诺威世博会的世博村 Kronsberg 的规划，将其节能减排目标设定为：

（1）采暖能耗 50kWh/$(m^2 \cdot a)$，比德国 1995 年标准节能 40%；

（2）住宅电力消耗从 32kWh/$(m^2 \cdot a)$ 减少到 30kWh/$(m^2 \cdot a)$；

（3）CO_2 排放量从 50.9kg/$(m^2 \cdot a)$ 降低到 27.8kg/$(m^2 \cdot a)$，降低 45%。

整个区域规划应围绕节能目标来制定。在确定目标之前，要经过缜密的论证，研究目标的技术经济可行性和环境影响。目标的制定，决不能是"拍脑袋"的结果，更不能为满足政绩而不惜代价或玩数字游戏。设定目标，一般用情景分析的方法，设定区域发展的若干情景以及在某一情景下的能源需求和应用常规能源的碳排放量。然后对各种情景下的能耗和排放做比较分析，设定基准值，确定节能减排目标值。目标一经确定，就要坚决贯彻执行，决不能随心所欲，朝令夕改，更不能为少数人利益而用节能减排目标做交易。

需要指出，现在某些项目开发的宣传中，经常会提出一些节能减排目标的口号。作为宣传节能目标、推广节能理念，这无可厚非，但口号不能违背科学规律，目标要恰如其分。如所谓"零"能耗、所谓"恒温恒氧"、所谓"正"生态，都是不科学的。以这样的口号作为目标，实际上等于没有目标。

2.5.2 确定区域内可利用的能源资源量

（1）来自城市电网、燃气管网和热网的传统能源资源量及其禀赋。

（2）区域内可获得和可利用的可再生能源资源量，如太阳能、风能、地热能和生物质能。所谓"可获得"，是指可再生能源的利用在经济和技术上可行，并能形成规模化应用。

（3）区域内可利用的未利用能源。即低品位的排热、废热和温差能。如土壤恒温层的换热、江河湖海的温差能、地铁排热、工厂废热、垃圾焚烧、污水温差能等。

（4）日照和自然通风等可采取被动式设计手法获得的天然资源。一般需要用动态手法、用计算机模拟手段确定。

（5）由于采取了比节能设计标准更严格的建筑节能措施而预计减少的能耗。

（6）由于负荷错峰和负荷参差率而降低的需求以及由于设备满负荷高效运行的小时数增加而减少的能耗。

在确定资源量时，特别要强调资源的可利用性。如太阳能光伏电池，不能按年日照小时数来估计发电量，而必须按全年满负荷当量小时数来计算。如上海，年日照小时数在 2000h 左右，属资源一般区域，但当量满负荷小时数只有 980h，满打满算，1 个 1W 的光伏电池，每年只能累计发 1kWh 的电力。再如风能，要根据当地 3～25m/s 有效风速出现的时数估算风能密度，进而计算风能资源总储量和技术开发量。而生物质能因为涉及品种的多样化，其资源估算就更为复杂。

对目前常用的地源热泵技术，本质上是利用土壤进行季节性蓄热，因此地源热泵的资源量应按"蓄多少、用多少"的原则，通过冬夏热平衡来确定。

"可利用"的另一方面是研究可再生能源利用与规划、建筑以及其他应用领域的协调。如光伏和光热利用要占用建筑屋面或覆盖大片地面。大体上 1m^2 光伏电池在满负荷时可以满足 2m^2 办公楼建筑面积的用电需求，就是说，铺满光伏板的屋面可以给下面两层楼供电，对于高层建筑以及试图做屋面绿化的建筑，光伏发电就成了"杯水车薪"。再如地埋管土壤源热泵，1m 管长可提供 60W 的冷热量，80m 深的埋管，大致可满足 60m^2 建筑面积的空调负荷。而每一竖埋管，占地 5m^2。也就是说，用地埋管型土壤源热泵，需要额外多占用建筑面积 1/12 的土地面积和 400m³ 的地下空间。此外，如果考虑用生物质能秸秆燃烧发电，就要看当地是否有"秸秆还田"作肥料的需求，不要与现代农业抢资源。

2.5.3 建筑能源（冷、热、热水）的负荷预测

在区域层面上，决不能沿用传统设计中的负荷指标估算法。负荷指标估算十有八九会高估负荷，我国建筑设计中一般高估冷热负荷在 30% 以上。这种高估如果在区域层面会被进一步放大，我国有些区域系统（包括区域供热和区域供冷），供回水温差只有 2℃。但在另一方面，在规划阶段也不可能对区域内每一栋楼全部做动态能耗模拟，一则工作量巨大，二则在规划阶段缺乏建筑细节的资料，甚至不知道建筑物的功能。

因此，需要用情景分析（scenario analysis）方法，选取区域内典型的建筑功能类型、设定典型的气象条件、建筑物使用时间表、内部负荷强度、设备效率的不同情景组合，用建筑能量分析软件得出情景负荷；确定系统的峰荷、腰荷和基荷；确定区域的典型负荷曲线；分析各情景负荷的出现概率（同时系数）和风险（各种影响因素出现异常而引起的小概率负荷下的运行工况）；确定负荷分布，合理分配负荷，掌握系统的冗余率和不保证率，与能源系统的运行率相匹配。

这一环节是区域能源规划的关键，必须改变传统暖通空调设计的思路，在区域冷热负荷计算上要本着"宁紧勿松"的原则。

在完成上述三项步骤的同时，要根据节能减排目标和区域的可利用资源条件，制定出项目实施大纲（Terms of Reference，TOR），确定初步的能源方案。重点在用哪些资源、各种资源在区域能源供应中的占比、各种能源资源在节能减排中的贡献率、用何种系统，以及由此带来的对区域总体规划、建筑设计和未来区域运营模式的影响。

2.5.4 选择合适的能源系统和技术路线，实现能源优化配置和利用

在节能减排的多元大背景下，选择能源系统需要多元评价，不能以"能效至上"，更不能"经济压倒一切"。对任何一项技术，应该根据建筑能源规划的设定目标，扬其所长、避其所短。例如，电力驱动空调无论能效还是㶲效都高于以直燃型溴化锂吸收式机组为代表的燃气空调。但由于我国以燃煤发电为主，每发 1 度电大约排放 0.86kg CO_2 当量。而每燃烧 1m³ 天然气大约排放 0.79kg CO_2 当量，可知用 COP 为 3.0 的电制冷生产一个单位冷量所排放的 CO_2 大约是用天然气的直燃机空调的 4 倍；只有当电制冷的 COP 达到 13.0，单位冷量的 CO_2 排放量才能与直燃机持平。但在另一方面，如果用天然气发电（燃气蒸汽联合循环），仍然用 COP 为 3.0 的电制冷生产冷量，此时直燃机的 CO_2 排放量反过来是电制冷的 1.6 倍了。技术评价的雷达图如图 2-20 所示。

因此，对某项技术的评价，也要用多元的方法。

（1）选择适用的多元指标。一般应包括经济性指标（投资、运行管理费、投资回报、能源价格等）、技术性指标（最适用的技术就是最好的技术，最先进的技术不一定是最适用的技术）、碳排放指标（根据当地可利用的资源，例如如果当地有 NGCC、核电、水电或 IGCC 等发电资源，就没有必要在区域范围搞热电联供）、能效指标（是系统能效而不是某单一设备能效，系统能效包括设备能效、输送能效和末端使用能效以及损失，系统能效必须按全年工况进行动态评价）、环境影响指标（次生污染物排放、热污染、热岛效应、

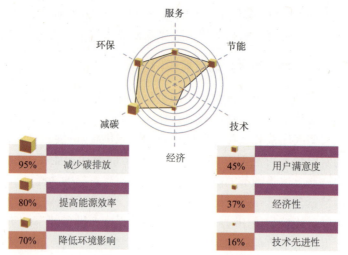

95%	减少碳排放			45%	用户满意度	
80%	提高能源效率			37%	经济性	
70%	降低环境影响			16%	技术先进性	

图 2-20　技术评价的雷达图

城市生态、景观、噪声等），以及服务指标（即用户满意度评价，包括计量收费的合理性、人性化管理措施等）。

（2）确定各指标的权重。要根据当时、当地的情况灵活决定，不是一成不变的。例如，在低碳城市建设中，肯定要将减碳赋予更高的权重。

（3）风险评估。尤其在经济性方面，要充分估计能源价格的提高。传统化石能源价格肯定是"水涨船高"。理论上说，新能源应该随着技术进步和市场扩大而降价，但要考虑某些资源未来的稀缺性。如生物质能秸秆，也可能随着需求扩大和其他行业（如农业）的争夺而使价格走高。此外，政策变化的因素也不得不考虑，比如完全寄望于某些财政补贴政策是不可持续的。

常用区域建筑能源供应有以下几种方式：

（1）集中供电，全分散供冷供热；

（2）区域供热（DH），分散空调（按房间）；

（3）区域供热（DH），集中空调（按建筑）；

（4）区域供冷供热（DHC）；

（5）区域供冷，集中供热（热源来自市政热网）；

（6）区域供冷供热供电（DCHP）；

（7）半分散区域供冷供热（集中供应热源和热汇水，分散水源热泵），又称能源总线方式；

（8）分布式能源、楼宇热电冷联供，通过微网（microgrid）技术实现区域互联，又称能源互联网方式。

选择系统的最主要依据是区域负荷特性和区域功能特点。近年来区域供冷系统在欧洲、美国和日本发展迅速，这与这些发达国家和地区的能源体制改革（deregulation）和重视清洁发展机制（温室气体减排）有关。但我国对区域供冷系统究竟是否节能却存在争议。区域供冷供热（或区域供冷）是现代高密度城市基础设施的选择之一，由于利用了负荷的参差性，可以实现减排，因此在中国也有其存在的必要性，不应被全盘否定。而且，区域供冷系统是否节能，并非系统固有问题，完全在于设计是否合理。当然，也不应该不顾条件全面铺开。如果选用区域供冷系统，必须考虑以下因素：应做详尽的负荷预测，分析各类负荷的出现概率（同时系数）和风险（小概率负荷下的运行工况）；而不是简单地将各单体建筑负荷叠加。这种套用负荷指标方法的后果相当于将各单体建筑的制冷机设置到 1～2km 以外，凭空增加了输送能耗。因此，选用区域供冷系统的建筑群应有较大的负荷密度和负荷参差率，以保证在大多数时间机组处于高负荷率、管网处于大温差输送工况。

目前我国城市房地产市场处于极不正常状态，住宅的居住功能减弱而资本化属性增强，即住宅不是用来住人的而是用来投资的。对新建城市商品房住宅小区可以归结成三个"一半"，即新建小区有一半住宅由于房地产商捂盘惜售等原因而没有出售；在售出的住宅中又有一半是无人居住而是用来炒房的；在居住的住宅中还有一半是业主有多套房并不常住的，或者是出租的。如果住宅小区用区域（集中）空调，其最大负荷率就只有 16％～17％，再加上真正住人的、一家人都住在一套住宅中的业主往往经济上并不宽裕，空调同时使用系数很小，负荷率就会降到 10％以下。此时的区域供冷变成一个大"分体"空调，能源利用极不合理。因此，在我国目前城市住宅形势下，不适于采用区域供冷（其实也不适于采用区域供热，我国供热体制改革举步维艰也正是源于此）。

如果区域内或附近有可利用的低品位能量资源，例如江河水或海水，在经济上可行、对环境无严重影响的前提下，应优先采用作为区域供冷供热的冷热源。相比用冷却塔的区域供冷而言，其能效提高 15％左右。当然也可以采用能源总线方式，直接输送冷却水到末端分散热泵机组，一方面减少输送损失，降低管道保温要求；另一方面末端用水源变制冷剂流量多联机系统，提高能效，减少中间换热环节。

在我国当前体制下，分布式能源（热电联产）的电力可以并网但不能上网，天然气价格与电力价格严重背离。因此，非电力系统投资的 DCHP，如果按以热定电原则配置系统，往往经济性很差，没有投资回报。即便个别地区允许上网，也有许多限制，如上网不收购或竞价上网（收购价与燃煤发电相同），而且还必须服从电力调度，在电力负荷高峰时段（此时也是 DCHP 自己的用电高峰）允许低价上网调峰，在电力负荷低谷时段则不允许上网。因此，非电力系统投资的 DCHP 在系统配置时只能以电定热，按腰荷甚至是基荷选择发电设备，尽可能延长发电时间，以提高用户端经济效益。而产出的热量只能作为区域热（冷）需求的补充。这种做法无异于建设了一个又一个的小发电站，整体能源效率是降低的。另一种做法是以某一幢或两幢单体建筑的热需求决定系统配置，发出的电力在园区范围内（变电站下游）并网消化掉。这种方式比较适合大学校园等电力负荷参差率比较大的场合。

可再生能源发电（光伏发电和风力发电）很适合在区域层面应用，可以把这部分电力在区域范围内完全用掉，而免去上网的麻烦。在区域层面上，可再生能源与建筑一体化的问题通过统一规划也比较容易解决。但对生物质的燃烧产能必须慎重，特别是垃圾发电，因为我国城市垃圾分类工作目前做得很差，容易产生二次污染问题。

在区域一级，由于负荷的复杂性和多变性，设置蓄能装置是必要的，不仅可实现"削峰填谷"，更能"以丰补歉"。

2.5.5 区域能源系统的能源利用和环境影响评价

首先从能源利用合理性的角度，分析区域能源系统：

(1) 量的平衡：是否按真实需求决定供应规模。

(2) 质的平衡："能"尽其用，按能级对口利用能源，实现梯级应用。

(3) 能量"存"与"取"的平衡：特别是以土壤或地下水作为蓄热载体时。

(4) 价值的平衡：投资回报和 PCDM 的利用。

其次用碳足迹（carbon footprint）评价方法，计算特定区域内能源的生产和消费及废弃物排放所造成的碳排放负荷（即在整个区域内由于能源消耗所产生的 CO_2 和其他温室气体排放），如图 2-21 所示。

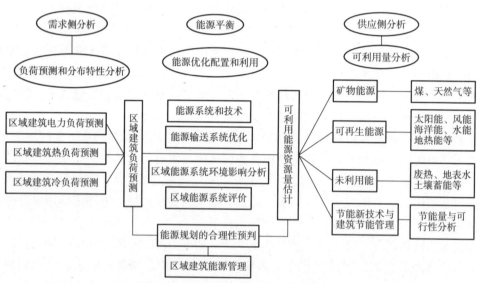

图 2-21 区域建筑能源规划内容示意图

2.6 区域建筑能源规划的基本原则

区域建筑能源规划是在快速城市化的进程中实现低碳发展、构建低碳经济、降低资源消耗的关键技术，它理应在城市规划中占据重要的位置。

基于 IRP 方法的区域建筑能源规划是以需求侧节能和能源需求的降低为基础。不能把区域建筑能源规划理解为某项技术的应用规划（例如，热电冷联供技术或地源热泵技术），更不能认为只要用了某项技术，这个社区就可以成为低碳社区。因此，区域建筑能源规划的第一条原则是层次化原则（见图 2-22），它的基本层次是把节能和降低需求作为低碳社区最主要的减碳措施。这表明，新建社区如果仅仅遵循国家节能设计标准，或仅仅采用一两项新能源技术，是远远不够的。它的第二个层次是利用余热和废热，尤其是在工业园区中，甲工厂排出的废热，可能就是乙工厂的热源，可以实现热能的梯级利用；区域冷热电联供本质上也是发电余热的利用。显然，这两个基础层次还是基于化石能源的。我国的国情决定了在短时期内我们不可能彻底改变能源结构，必须立足于提高能效和降低化石能源的消耗。

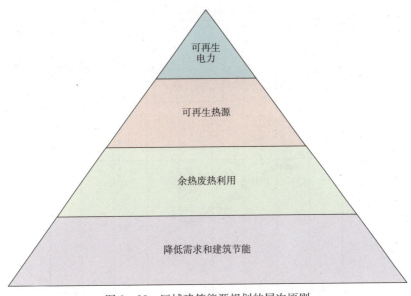

图 2-22　区域建筑能源规划的层次原则

　　区域建筑能源规划的第三个层次是利用可再生和低品位的热源，如浅层地表蓄热能、地表水、污水、低温的工业余热、地铁和电缆沟排热、太阳能热水等。这些热源的共同特点是品位低，因此必须依靠热泵技术提升其能级。热泵技术在低碳城市能源系统中起着至关重要的作用。

　　区域建筑能源规划的最后一个层次是利用可再生电力，即光伏发电、风力发电和小规模的太阳能热发电。目前这些技术的成本还相当高，还不可能在社区层面实现大规模应用。但随着光伏发电效率的提高、应用量的增加，其成本会逐渐下降。在满负荷日照小时数在 1000h 左右的地区（我国东部大部分城市），当光伏价格达到 20 元/W（即 3 美元/W）时是成本的临界点（见图 2-23）。

　　区域建筑能源规划的第二条原则是以人为本的原则，即能源规划的目的是满足合理需求，建筑能源规划更是要满足人（居住者、使用者）的合理需求。"需求"这个词，在英文里有 "demand" 和 "need" 两重含义。人的 demand 是无止境的，demand 分合理的和不合理的两类；人的 "need" 却是满足人的生理心理健康的最基本的需求，比如过去常说的"温饱"。"以人为本"就是要满足多数人的最基本的需求，即满足 "need"。新中国成立 60 年，我们解决了人民"饱"的问题，但还没有完全解决"温"的问题，人们有暖和的衣服穿了，可以御寒了，但一部分人还得不到适宜的、健康的室内热环境。需要指出，"demand" 的程度和 "need" 的底线是随着社会进步和经济发展而变化的，比如十多年前，房间空调器还属于奢侈消费品，300 户家庭才有 1 台，那时希望夏天能有凉爽的居家室内环境还是一种"奢望"；到现在全国城市已经户均 1 台，大城市已经接近户均 2 台，空调已成为城市住宅的基本需求，在围护结构、配电等方面必须适应居民的这种需求，每一个城市的电力规划中都不得不考虑空调带来的巨大的高峰负荷。"demand" 已经变成 "need"。建筑能源规划应将为多数人提供最基本的、能够维持健康的生活环境（例如，冬天室内温度至少在 12℃以上，夏季室内温度至多在 32℃以下）作为规划

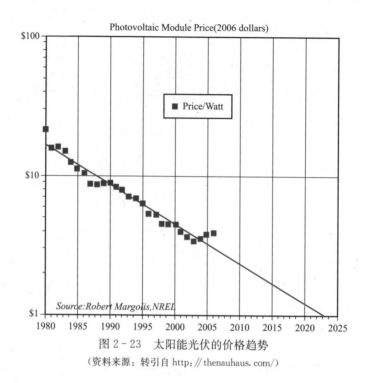

图 2-23 太阳能光伏的价格趋势

（资料来源：转引自 http://thenauhaus.com/）

的主要目的。

气候变化对城市的影响，以及城市对气候变化的适应，其对民生的影响在一定程度上比减排更直接。你可以认为"低碳"只是一个"传说"，你的城市可以不低碳，你可以对低碳理念不屑一顾，但你却不可能躲开气候变化的影响。低碳城市应该由主动减排和被动适应（resilient city）两部分组成。

在区域建筑能源规划中，首先要研究气候变化对建筑环境和建筑能耗的影响。尽管全球变暖是一个大趋势，但具体到一座城市，就会有热夏暖冬、热夏寒冬、凉夏暖冬、凉夏寒冬等多种气候组合，而且可能会交替出现，给建筑能耗带来很大的不可预知性。另外，气候变化和城市热岛效应的共同影响，也会给建筑设备系统的能效和负荷分布带来不确定性，需要通过"城市气候设计"来提出解决方案。其次要研究极端性气候对民生和建筑能耗的影响。例如我国频繁出现的雪灾和低温气候，以及夏季的极端高温气候，需要有相应的环境应对措施。在区域建筑能源规划中，这些应对措施都应该进入规划、做出预案。

区域建筑能源规划的第三条原则是减量化原则，即低碳城市的单位碳排放量必定低于某一基准值。在这一点上，低碳城市的理念有别于建筑节能。建筑节能是前瞻情景性的增量节能，低碳建筑是在历史基准线基础上的存量减排（见图 2-24）。

所谓"节能 50%"或"节能 65%"是设计中的计算依据，即假定不采取节能措施，对建筑物做能耗模拟分析，得出参考情景的"虚拟"能耗；然后针对采取了节能措施后的节能情景再做能耗模拟分析，得出模拟情景下的"预测"能耗，二者的差值与虚拟能耗之比便是节能比例。按照节能设计标准，这一比例应达到 50%（或 65%），即比预期"少增加"而不是比过去"少消耗"。

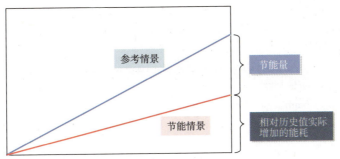

图 2-24　建筑节能是前瞻情景性的增量节能

而碳减排的计量必须有一个约定的基准线,这一基准线是历史上某一时间节点(例如2005 年)的实际排放量,未来的减排目标必须低于基准线(见图 2-25)。因此,这一减排量必须是实际量,必须是可测量、可报告和可核查的,是在存量基础上的实质性减少,不能仅仅用模拟值。

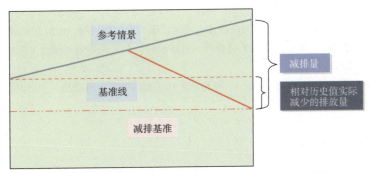

图 2-25　低碳建筑是在历史基准线基础上的存量减排

区域建筑能源规划的第四条原则是市场化原则。应用不同的市场机制会产生不同的规划和不同的系统配置。现在还是有一些人存有计划经济理念,将用户视为弱势群体,以为不管服务好坏、价格高低,只要一纸红头文件,用户就没有选择。而在系统配置上,高估冒算、贪大求全,想方设法将系统运行的亏损转嫁给用户。另一方面,用户习惯了计划经济体制下的"包烧制",在使用上大手大脚,还要要求享受"包烧制"下的价格优惠。在市场化机制下,不同的投资人、不同的产权关系,系统配置也会有所不同。在区域建筑能源规划中,必须用"双赢"或"多赢"的指导思想做规划。

参考文献

[1] 龙惟定,白玮,张改景等. 区域建筑能源规划是建筑节能的基础. 建筑科技,2008,06:61-63.
[2] 龙惟定. 建筑节能与建筑能效管理. 北京:中国建筑工业出版社,2005.
[3] 龙惟定. 建筑节能管理的重要环节——区域建筑能源规划. 暖通空调. 2008,38(3):31-38.
[4] 邱大雄主编. 能源规划与环境分析. 北京:清华大学出版社,1995.
[5] 科多尼主编. 综合能源规划手册. 吕应中译. 北京:能源出版社,1990.
[6] [美] 彼得. 迈尔. 能源规划概论. 邱大雄等译. 北京:能源出版社,1984.
[7] Swisher J N. Tools and methods for integrated resource planning. UNEP Collaborating Centre on Ener-

gy and Environment，Ris∅ National Laboratory，Denmark，1997.

［8］Church K. Community energy planning，a guide for communities. Vol 1 Int roduction. Natural Resources Canada，2007.

［9］Church K. Community energy planning，a guide for communities. Vol 2 The community energy lan. Natural Resources Canada，2007.

［10］Caliofornia Energy Commission. Energy2 aware planning guide. US，1993.

［11］Catherine Charlot-Valdieu et Philippe Outrequin，L'urbanisme durable，Concevoir un éco-quartier，Edition：Le Moniteur.

［12］Philippe Bovet，Ecoquartiers en Europe，Edition：Terre Vivante^v.

［13］Réussir un projet d'urbanisme durable，Edition：Le Moniteur.

［14］中国社会科学院．宏观经济蓝皮书 2010，转引自 http：// politics. people. com. cn/GB/1026/11369349. html.

［15］肖贺，魏庆芃．公共建筑能耗二元结构变迁．建设科技，2010，8.

［16］IEA. 能源技术展望——面向 2050 年的情景与战略．北京：清华大学出版社，2009.

［17］陈朝阳．触目惊心的"6540 万套空置房"．21 世纪网，http：// www. 21cbh. com/HTML/2010 - 3 - 18/169224. html.

［18］何祚庥．大力发展"第三代"光伏发电技术，应对"碳关税"的挑战．http：// www. sciencenet. cn/.

［19］［英］麦克·占克斯，［英］尼克拉·丹普西．可持续城市的未来形式与设计．韩林飞，王一译．北京：机械工业出版社，2010.

［20］［美］理查德·瑞吉斯特．生态城市——重建与自然平衡的城市．王如松，于占杰译．北京：社会科学文献出版社，2010.

第 3 章　区域能源规划的目标设定

区域能源规划中，首先要设定规划目标，是低能耗、零能耗还是低碳排放、或者是零碳排放。低能耗不一定意味着低排放，而低碳排放也不一定意味着系统高能效。不同的规划目标，会导致不同的建筑技术策略与能源方案。事实上，所谓低能耗或低排放建筑都是一个相对概念，关键是比较的基准，建筑能耗与排放基准线必须是科学、公正的，在一定地域范围和时间范围内具有代表性。目前，我国在建筑能耗基准线和建筑碳排放基准线、建筑碳排放测算等方面都缺乏基本的方法学研究，更加没有明确的法规标准可供区域规划者参考。因此，本章将就区域能源规划时如何设定建筑能耗目标与基准线、碳排放基准线与测算等问题做初步探讨。

3.1　区域气候分析

3.1.1　基本概念

区域气候分析是基于城市气候的独特性的。城市气候（urban climate）是城市化进程中由于人类的社会生产活动而引起区域气候因子变化的一种特殊的局地气候，具有鲜明的、不同于乡村区域的气候特点。由于城市下垫面改变、工业交通排放、建筑密集、人口聚集等，改变了空气的温度、湿度、风、降水、大气透明度和环境辐射热量。

在进行区域规划和建筑设计过程中，首先应进行气候分析，其目的在于了解区域与建筑群气候特点，分析气候要素和人居环境的关系，利用自然气候资源控制人居环境（如如何实现最良好的自然通风等），最终实现最大程度上的节约能源和保护环境。因此，区域气候分析与评价是为建筑节能服务，应着重分析建筑与气候的关系，包括：

（1）区域尺度气候特征的改变对建筑能耗的影响；

（2）建筑周围气候与表面微环境对建筑能耗的影响；

（3）建筑与建筑群布局对建筑人居环境的影响。

在分析的最终阶段，有针对性地选择合理的、适宜的被动式建筑节能技术，既优化了区域气候，又节约能源，改善室内舒适性和空气品质。

区域气候分析的目的是实现气候控制。所谓气候控制，是指室外气候与室内的热舒适环境都存在偏离，缩小这种环境差异的调控手段，如图 3-1 和图 3-2 所示。

3.1.2　基本步骤

区域气候分析包括 3 个步骤：

第一步：区域尺度的气候预测；

第二步：资源可用性分析与评价；

图 3-1 气候控制

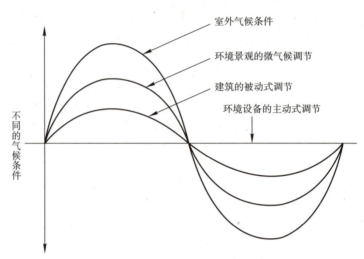

图 3-2 气候控制与室外气候之间的关系

第三步：建筑表面微环境气候分析。

3.1.2.1 区域尺度的气候预测

主要指区域热岛效应预测，特别是结合区域发展规模变化、人口迁移、产业结构改变、排热（建筑、交通）等因素，建立热岛效应与建筑负荷、能耗之间的动态影响模型。

1. 热岛效应的概念与形成

热岛效应是由于城市下垫面特性的改变（大量人工构筑物，含水量减少，蓄热能力增强），使城市平均气温比郊区高，在气象学等温图上，城市宛如一个温暖的岛屿，从而形成城市热岛效应。

城市中大量使用人工构筑物，如人工铺装地面，而绿地、水面等自然因素相对较少，改变了下垫面的热特性。由于地表含水量的减少，使得热量更多地以显热形式进入空气中，造成气温上升。此外，水泥地面、柏油路面相对绿地而言，能吸收较多的太阳辐射，并具有较强的蓄热能力，同样会造成城区气温较高。例如在夏季，草坪温度为 32℃时，水泥地表温度可达 57℃，而柏油马路地表温度可高达 60℃以上（见图 3-3）。

热岛效应产生的主要原因是城市排放的热量（工业生产和居民生活，建筑、交通排热）比郊区多，而且城市高楼林立，通风不畅，造成热量的堆积。此外，城市中碳源多、碳汇少，温室气体在城市上空积聚，也使得城市气温偏高。

按照我国《绿色建筑评价标准》（GBT50378-2006）规定，室外日平均热岛强度（城市内一个区域的气温与郊区气象测点温度的差值）不得高于 1.5℃。

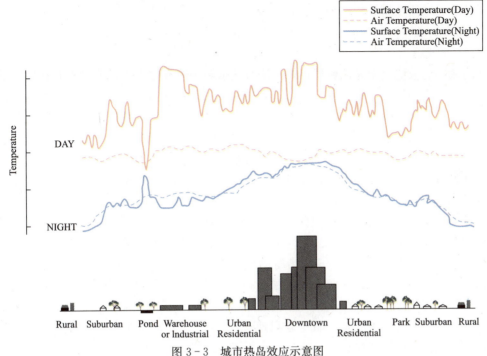

图 3-3　城市热岛效应示意图

(资料来源：http：//www.epa.gov/heatisland/about/index.htm)

2. 热岛效应计算模型

热岛效应计算模型有很多，包括统计模型、能量平衡模型、数值模型、解析模型、物理模型等。Oke 曾提出热岛强度和城市人口之间的统计关系：

$$\Delta T = \frac{P^{0.27}}{4.04u^{0.56}} \tag{3-1}$$

式中　P——人口数量；

　　　u——风速，m/s。

Ludwig 提出城市热岛强度与城市规模、大气环境温度递减率的数学关系：

当城市人口小于 50 万时，$\triangle T = 1.3 - 6.78\gamma$；

当城市人口在 50 万～200 万时，$\triangle T = 1.7 - 7.24\gamma$；

当城市人口超过 200 万时，$\triangle T = 2.6 - 14.8\gamma$。

式中　γ——大气环境温度梯度，℃/mbar。

我国学者也曾提出热岛效应强度与城市化之间的统计关系：

$$\Delta T = \beta_1 X_{1t} + \beta_2 X_{2t} + \beta_3 X_{3t} + \beta_4 X_{4t} + \beta_5 X_{5t} + \beta_6 X_{6t} + \beta_7 X_{7t} + \varepsilon_t \tag{3-2}$$

式中　X_{1t}——建成区面积；

　　　X_{2t}——耗电量；

　　　X_{3t}——城市道路总面积；

　　　X_{4t}——人均住房面积；

　　　X_{5t}——城市人口数量；

　　　X_{6t}——固定资产；

X_{7t}——新增资产；

$\beta_i(i=1，2，3，4，5，6，7)$——回归系数；

ε_t——残差。

热岛效应的数值模型是用数值计算方法直接求解物质守恒方程，或者求解在各种近似条件下简化形式的物质守恒方程。它可以通过复杂的时间和空间计算，不但能求出城市热岛产生、发展和变化过程，还能求出城市温度场、风场以及污染浓度场的分布情况。数值模型通常采用的欧拉系统，适用于非定常、非均匀流场、大范围、大量排放、大量线性和非线性的化学反应、干湿沉积和其他迁移与清除过程、生物效应等，但数值模型的难度大、计算时间长、科学性强，受其他科学发展的影响大。数值模型通常使用有限差分网格在计算机上求解。

数值模型是求解一组非线性方程组，它对计算工具要求特别高，花费的时间特别长。在城市规划、物理实验时要快速或定性了解城市热岛发生和发展的情况，此时可以将非线性微分方程组进行简化，得出城市热岛的解析模型。聚集区热时间常数模型（Cluster Thermal Time Constant，CTTC）用于预测和评价建筑、城市设计特征、街道走向及人为散热等因素对城市覆盖层内热环境影响的解析模型。CTTC 模型建立的 3 点假设为：（1）研究的地区天空晴朗，风速较低，日平均风速＜2m/s；（2）建筑所在地表有相同的空间特性；（3）建筑屋顶或其他热材质吸收的热量不影响城市地区的空气温度。STTC（Surface Thermal Time Constant，称为地表热时间常数）表示地表的热惰性，由地表导热性、密度及比热容决定。CTTC 和 STTC 数学解析模型为：

（1）空气温度的计算值 $\theta_{a,cal}$

$$\theta_{a,cal}=\theta_{bas}+\Delta\theta_{sol}-\Delta\theta_{NLWR}+\Delta\theta_{AHR} \tag{3-3}$$

式中 $\theta_{a,cal}$——空气温度的计算值，K；

θ_{bas}——背景温度，即区域性的基础温度，为一个常量，K；

$\Delta\theta_{sol}$——太阳辐射引起的空气温升，K；

$\Delta\theta_{NLWR}$——地表净长波辐射引起的空气温降，K；

$\Delta\theta_{AHR}$——人为散热引起的空气温升，K。

（2）背景温度 θ_{bas}

θ_{bas} 可以通过 2 种方法来确定：1）用参考地点的日平均温度 $\theta_{a,ave}$ 代替；2）用背景计算温度 $\theta_{bas,cal}$ 代替。背景计算温度计算公式为：

$$\theta_{bas,cal}=\theta_{a,mes,min}-\Delta\theta_{sol,min}+\Delta\theta_{NLWR,min}+e_{min} \tag{3-4}$$

式中 $\theta_{bas,cal}$——背景计算温度，K；

$\theta_{a,mes,min}$——空气最低温度实测值，K；

$\Delta\theta_{sol,min}$——太阳辐射引起的空气最低温升，K；

$\Delta\theta_{NLWR,min}$——地表净长波辐射引起的空气最低温降，K；

e_{min}——用空气最低温度实测值代替计算值产生的误差，K。

（3）太阳辐射引起的空气温升 $\Delta\theta_{sol}$

$$\Delta\theta_{sol}=\frac{\alpha}{h}\cdot\int_{t_0}^{t_{end}}\frac{\partial I_t}{\partial t}\left[1-\exp\left(-\frac{t_{t_{end}}-t}{C}\right)\right]dt \tag{3-5}$$

$$I_t = I_{str} \cdot (1-x)$$

$$h = \varepsilon \cdot K_r + K_c$$

$$K_c = 5.8 + 4.1 \times v_w$$

式中　α——下垫面对太阳辐射的吸收率，沥青为 0.8~0.95，土壤为 0.6~0.95；

　　　h——城市覆盖层下表面平均表面传热系数，$W/(m^2 \cdot K)$；

　　　t_0——日出时间，h；

　　　t_{end}——计算截止时间，h；

　　　I_t——t 时间段内到达地面单位面积上的太阳平均直射辐射强度，W/m^2；

　　　t——$t_0 \sim t_{end}$ 的任意时间段，h；

　　　C——聚集区热时间常量，h；

　　　I_{str}——无阻挡太阳平均直射辐射强度，W/m^2；

　　　x——遮挡系数；

　　　ε——低温表面的发射率，取 0.9；

　　　K_r——辐射传热系数，$W/(m^2 \cdot K)$；

　　　K_c——对流传热系数，$W/(m^2 \cdot K)$；

　　　v_w——下垫面附近的风速，m/s。

（4）聚集区热时间常量 C

聚集区热时间常量表征了建筑聚集的峡谷地带的热惰性，表示传输单位热量时由聚集区峡谷所存储的能量，其倒数可以作为建筑聚集区峡谷地带空气温度的衰减因子。聚集区热时间常量的计算公式为：

$$C = \left(1 - \frac{A_L}{A_S}\right) \cdot C_S + \frac{A_O}{A_S} \cdot C_W \tag{3-6}$$

式中　A_L——建筑物的水平投影面积，m^2；

　　　A_S——城市下垫面表面积，m^2；

　　　C_S——聚集区下垫面热时间常量，干燥的地表为 8h；

　　　A_O——建筑外墙面积，m^2；

　　　C_W——聚集区建筑外墙热时间常量，空心砖为 6h，实心砖或石头为 8h。

（5）地表净长波辐射引起的空气温降 $\Delta\theta_{NLWR}$

$$\Delta\theta_{NLWR} = \sigma \cdot \theta_{a,cal}^4 \cdot \frac{d_s}{h} \cdot (1-b_r) \cdot \left(1 - \frac{A_L}{A_S}\right) + \sigma \cdot \theta_{a,cal}^4 \cdot \frac{d_r}{h_r} \cdot (1-b_r) \cdot \frac{A_L}{A_S} \tag{3-7}$$

$$d_s = \cos\left(\arctan\frac{2h_{hei}}{b_{wid}}\right)$$

$$b_r = 0.605 + 0.408 \times \sqrt{p_s}$$

式中　σ——斯忒藩-波耳兹曼常量，$5.67 \times 10^{-8} W/(m^2 \cdot K^4)$；

　　　d_s——街道视野开阔度；

　　　b_r——布仑特数；

　　　d_r——屋顶的视野开阔度；

　　　h_r——屋顶的平均表面传热系数，$W/(m^2 \cdot K)$；

　　　h_{hei}——街道两侧建筑物的平均高度，m；

b_{wid}——街道宽度，m；

p_s——水蒸气压力，Pa。

（6）太阳辐射引起的地表温升计算值 $\Delta\theta_{s,cal}$

将下垫面看作一个无限大平板，由太阳辐射引起的地表温升的计算公式为：

$$\Delta\theta_{s,cal} \approx \frac{L \cdot \alpha \cdot \Delta I}{L \cdot \psi_1 + \lambda_s} + \frac{3\psi_2 \cdot \alpha \cdot \Delta I \cdot S}{L\rho_s c_s h} \cdot \left[1 - \exp\left(-\frac{t}{C}\right)\right] - \tag{3-8}$$

$$\frac{3\psi_2 \alpha \Delta I(S-C)}{L\rho_s c_s h} \cdot \left[\exp\left(-\frac{t}{C}\right) - \exp\left(-\frac{t}{S}\right)\right]$$

$$\psi_1 = h + 4\sigma \cdot \varepsilon \cdot \theta_{s,ave}^3 \cdot d_s$$

$$\psi_2 = h + 4\sigma \cdot b_r \cdot \theta_{s,ave}^3 \cdot d_s$$

式中　$\Delta\theta_{s,cal}$——太阳辐射引起的地表温升计算值，K；

L——无限大平板的特征尺寸，m；

ΔI——到达地面的太阳直射辐射强度的时间步长变化，W/m²；

ψ_1、ψ_2——系数；

λ_s——下垫面热导率，W/(m·K)；

S——地表热时间常量，h；

ρ_s——下垫面密度，kg/m³；

c_s——下垫面比热容，kJ/(kg·K)；

$\theta_{s,ave}$——参考地点的地表平均温度，K；

$\theta_{a,ave}$——参考地点的空气平均温度，K。

其中，部分参数的计算公式为：

$$x = \min\left\{1 - d_s, \left|\frac{h_{hei}}{b_{wid}}\cos\beta_{alt}\sin(\beta - \beta_{dir})\right|\right\} \tag{3-9}$$

$$\sin\beta_{alt} = \sin\Phi\sin\varphi + \cos\Phi\cos\varphi\cos\gamma$$

$$\cos\beta_{dir} = \frac{\sin\beta_{alt}\sin\Phi - \sin\varphi}{\cos\beta_{alt}\cos\Phi}$$

$$\gamma = 15(t_{arb} - 12)$$

式中　β——建筑物的朝向与正南方向的夹角，$-90° \leqslant \beta \leqslant 90°$，向西为正，向东为负；

β_{alt}——太阳高度角，(°)；

Φ——局部地理纬度，(°)；

φ——太阳赤纬角，(°)；

γ——太阳时角，(°)；

β_{dir}——太阳方向角，(°)；

t_{arb}——任意时刻。

$$C_{con} = \frac{L^2\rho_s c_s}{3\gamma_s}$$

$$S_{con} = \frac{L^2\rho_s c_s}{3L\psi_1 + 3\lambda_s}$$

式中　C_{con}——聚集区热时间常数具体值，h；

S_{con}——地表热时间常数具体值，h。

CTTC 与 STTC 模型的优点在于能预测当某些参数（比如城市植被覆盖率、视野开阔度、风速等）发生变化时，热岛强度的变化趋势，从而有助于合理规划区域建筑群、改善区域微环境。

3. 热岛效应的预测

通过计算模型得到热岛效应计算结果后，还需要对由于区域产业变化、人口迁移以及各种人为排热造成的热岛温升进行预测，如交通、建筑等。这类预测通常可以利用情景分析的方法，设定未来中短期内区域建筑、交通等人为排热的几类情景，计算不同情景下中短期区域热岛效应强度，及对建筑能耗的影响。

4. 城市热岛效应对建筑负荷与能耗的影响

相当多的研究已经证明，由于热岛效应导致城市建筑群区域热积累增加，相对风速减小，结果造成建筑在夏季空调负荷增加。但同样由于热岛效应，冬季的采暖负荷和能耗会减小。因此，从全年来讲，热岛效应对建筑能耗的影响，必须对每一个个案进行具体的分析才能得知。

3.1.2.2　资源可用性分析与评价

在区域能源规划中，对建筑能源利用有影响的气候要素主要是日照、风速、温度和湿度。日照影响建筑内部照明能耗，同时也影响建筑围护结构表面太阳辐射量；风速一方面影响建筑围护结构的传热系数，另一方面则决定了建筑采用自然通风或免费供冷的可能性。

（1）日照分析，包括全年平均日照时数、建筑表面日照分析等。

日照分析中，首先要确定周边建筑对目标建筑的日照影响，计算受遮挡建筑窗户的日照时间，指导建筑设计方案在规划布局、建筑高度、建筑形体上满足有关建筑日照的规定要求（见表 3-1）。

《城市居住区规划设计规范》（GBJ50180）中关于住宅建筑日照标准的规定　　　表 3-1

建筑气候区划	Ⅰ、Ⅱ、Ⅲ、Ⅶ气候区			Ⅳ气候区	Ⅴ、Ⅵ气候区
	大城市	中小城市	大城市	中小城市	
日照标准日	大寒日			冬至日	
日照时数	≥2	≥3	≥3	≥1	≥1
有效日照时间带	8～16			9～15	
日照时间计算起点	低层窗台面				

（2）自然通风分析，包括全年自然通风可利用小时数、全年自然通风可利用小时段，由此计算得到自然通风节能量。

自然通风分析中，全年自然通风可利用小时数和可利用小时段都必须按照人处于自然通风状态下的室内舒适度准则筛选。

美国采暖、制冷与空调工程师协会标准（ASHRAE 90.1-1989）认为，人的热舒适满意程度和空气温度、辐射温度、空气流速、衣着、活动量等多种因素有关，所以没有用单一量定义舒适度，而是考虑了所有环境变量情况下，利用空调工程常用的温湿图，对于空调房间静坐的成年人，定义了有 80% 的人感觉满意的热舒适区。但 ASHRAE 标准用于评价非空调房间时，会带来一些问题。这是因为非空调房间可接受的舒适区域和空调房间存在很大不同，此外湿热地区的湿度和空气流速对人的舒适的影响，以及由于该地区人们对气候的适应能力和对高风速的忍耐性都要高，使得 ASHRAE 舒适标准不能直接用来评价非空调房间的室内气候。根据文献研究，夏热冬冷地区自然通风类建筑全年的可接受的室内温度范围是 15.35~27.13℃，可接受的相对湿度范围为 30%~70%，此时的 PPD≤10%。国内学者根据国外学者的研究成果，绘制的自然通风与热舒适区的关系如图 3-4 所示。研究表明，在夏季，静坐、着轻薄服装的人（1.3met，0.4clo.），当相对湿度保持在 50%RH 时，对于 1.5m/s 的风速，舒适温度为 29℃；风速为 2.0m/s 时，舒适气温可以提高到 30℃；当空气流动速度提高到 6m/s 时，舒适温度可上升到 34℃。

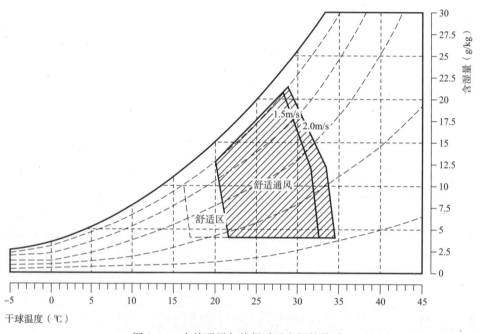

图 3-4　自然通风与热舒适区之间的关系

美国麻省理工学院（MIT）曾针对我国不同地区自然通风的可利用性进行了研究，结果发现，在北京利用自然通风能够达到室内舒适标准的时间为 1750h（全年的 20%）；如果自然通风风速提高到 2m/s，则舒适时间可以增加到 2427h（全年的 27.7%）；在上海，自然通风的舒适时间只有 1381h（全年的 15.8%）；风速提高，舒适时间增加到 2175h（全年的 24.8%）。

根据笔者的研究，按照夏热冬冷地区自然通风热舒适性标准，通过计算机模拟，上海崇明地区自然通风可利用小时数大约 1345h。

在进行区域能源规划时，应进行区域建筑群间自然通风的计算机模拟，明确建筑在不同高度上的外围温度场、风速场的分布与特性，明确建筑围护结构传热性能，同时优化建筑内部设计，形成适于自然通风的建筑设计，建立混合通风的控制逻辑，充分利用免费供冷、夜间通风、蓄冷等降低建筑负荷减小系统容量配置。

在自然通风分析时，宜根据当地的风玫瑰图，通过模型实验或者数值模拟的方法对规划区域内的风环境进行典型气象条件下的预测、分析和评价，并根据实验或模拟结果对设计进行调整和优化。模型实验方法是用等比例缩小的模型在风洞中进行实验测试，实验周期较长、费用较高，结果准确；数值模拟是在计算机上通过专业气流模拟软件进行模拟计

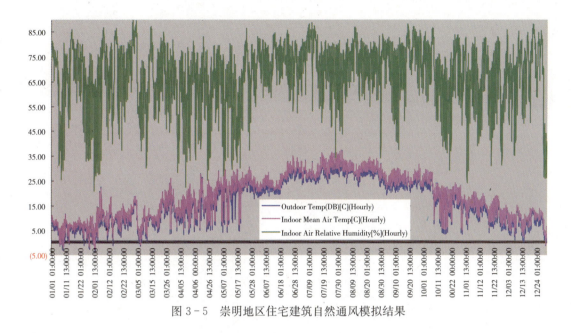

图 3-5　崇明地区住宅建筑自然通风模拟结果

算，计算周期较短，费用低廉，但需由有经验的专业人士进行模拟，以提高模拟准确性。

3.1.2.3　建筑表面微环境气候分析

建筑表面微环境分析包括建筑表面太阳辐射量分析，建筑周围风场分析和建筑表面热湿环境分析。建筑周围微环境取决于当地气候和建筑群布局，极大程度上影响建筑群内部环境舒适性和建筑能耗。

（1）建筑表面太阳辐射

根据前述的建筑日照分析可知，不同时间不同高度的建筑表面受遮挡情况和接受太阳辐射的情况，由此可计算建筑不同部位围护结构的太阳辐射量，并以具有针对性地选择围护结构材料与设计遮阳策略。如在太阳常年照射到的部位可安装光伏幕墙，既减少了建筑内部太阳辐射得热，又可利用光伏幕墙发电减少建筑对公共电力的需求。而在常年受遮挡部位，则利用各种透光、光反射部件改善室内照明。

（2）建筑周围风场分析

合理的风环境可以避免建筑群内部局部大气污染物聚积，提供良好的新风质量；将良好的空气引入建筑群内部，降低热岛效应与建筑能耗；避免峡谷风、风旋、风洞和风漏斗等不良风效应（见图3-6和图3-7）。当建筑周边存在风洞效应或风漏斗效应时，由于风速增加，会使建筑围护结构传热系数加大，建筑的得热量或失热量增加；而当建筑处于峡谷区时，由于街道峡谷中的交通排热与其他散热均不易排出，也会造成建筑空调负荷增加。

在不同的自然对流流场下，空气温度也会发生相应变化。表3-2是南京地区某街道实测到的不同风速下的室外空气温度。风速降低时，由于对流换热量减少，导致由于太阳辐射、地表辐射及各类人为散热导致的热量不易排出而使局部空气温度升高。以风速为1.0m/s为基准，风速增加50%可使空气温度最大温降达0.39℃；风速减小50%可使空气温度上升1.10℃。

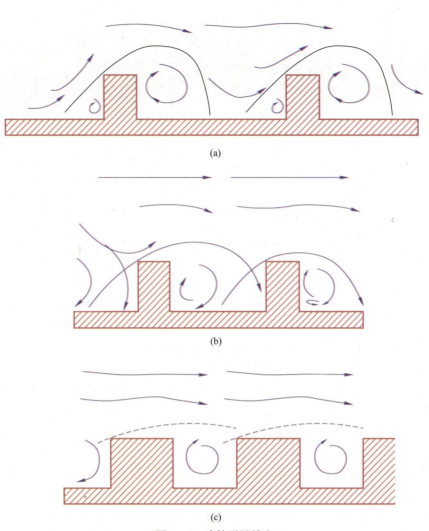

(a)

(b)

(c)

图 3-6　建筑群风效应
（a）孤立粗糙流；（b）尾流干扰流；（c）滑动流

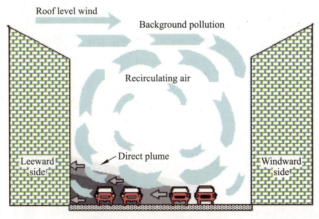

图 3-7　街道峡谷中的旋流

风速（m/s）	6：00	8：00	10：00	12：00	14：00	16：00	18：00	20：00
0.5	0.00	0.92	2.94	4.59	6.51	7.54	7.09	5.81
1.0	0.00	0.89	2.53	4.10	5.52	6.52	5.99	4.82
1.5	0.00	0.83	2.38	3.85	5.19	6.13	5.64	4.54

（3）建筑表面热湿环境分析

建筑物实际建成后，表面温度、湿度与风速分布由于建筑高度不同，会造成建筑围护结构实际传热性能的不同。图3-8显示自然对流状态下，不同室外风速导致中空玻璃与Low-E中空玻璃 K 值的改变。当风速从5m/s增加到15m/s时，白玻中空的 K 值增加了0.16W/(m²·K)，Low-E中空的 K 值增加了0.1W/(m²·K)。高层建筑玻璃外表面的风速将会随着高度的增加而增大，从而使得玻璃外表面的换热能力加强。因此，对于高层建筑，应考虑高空风速变大对建筑实际能耗的影响。

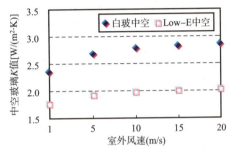

图3-8　室外风速对中空玻璃节能特性的影响

通过建筑表面微环境与风场模拟计算，明确建筑在不同高度上的外围温度场、风速场的分布与特性，明确建筑围护结构的真实传热情况，并选择相关的建筑节能技术策略。

3.1.3　小结

总的来讲，区域气候分析的目的，除了获得适宜的区域风环境与热湿环境外，更有利于建筑节能，同时降低建筑的投资成本和运行成本。通过针对性地选择适宜的建筑技术策略，如在增加建筑内部日光照明的同时，针对性改善局部建筑构件阻挡太阳辐射的能力，减少由于太阳辐射造成空调负荷的增加；尽可能利用自然通风进行免费冷却；明确建筑建成后表面真实热环境对建筑能耗的影响等，最终降低建筑能源需求，对优化区域建筑能源系统可谓一举多得。

3.2　建筑能耗的基准线设定

区域能源规划中，设定建筑能耗基准线实际上是设定建筑能耗的入门门槛。一直以来，建筑能耗的基准线很难确定，这是由于建筑用能过程不具有标准化和程序化的特点。相对来讲，工业领域的能耗就更容易测量与验证。由于工业领域社会平均生产成本基本固定，如果工艺相同，每一个工艺流程基本固定，能耗、排放也基本明确。即使是不同地区的两个工艺相同的工程，其实施成本与其社会平均生产成本的比例也基本相同。但在建筑领域，即使两个设备系统、功能都完全相同的建筑，由于所处气候环境不同，室内人员的使用习惯、行为特点不相同，其能耗也会相差很大。气候、建筑功能、物业管理水平、室内人员用能行为等，甚至市场上能源价格、能源政策等都有可能影响到建筑的能耗水平。

从这个意义上讲，给建筑制定一个能耗基准线，必须首先统一方法学。

3.2.1 国外的建筑能耗基准

目前，一些国家（如美国、英国、德国）都制定了建筑能耗的基准值，这些基准值都是来自于建筑能耗调查统计数据，根据调查结果制定基准值，并每隔几年根据新的调查结果进行更新。

美国 ASHRAE 学会在 ASHRAE 90-1975 中第一次提出了美国建筑能耗的基准，在 ASHRAE 90-1989 中又分别给出了住宅建筑和非住宅建筑能耗的基准值。美国能源部每 4 年执行一次全国范围内的能耗调查，包括商业建筑能耗调查（Commercial Building Energy Consumption Survey，CBECS）和住宅建筑能耗调查（Residential Building Energy Consumption Survey，RECS），根据调查结果对能耗基准值进行更新，并予以公布。

英国皇家楼宇设备工程师学会（CIBSE）自 1997 年开始，在其 CIBSE Guide F 里加入了根据能耗调查统计得到的各类建筑单位面积能耗与单位面积碳排放的基准性指标（benchmark），最新的基准性指标 TM 46 是 2008 年公布的，包含了 29 类建筑的能耗与碳排放基准（见表 3-3～表 3-5）。

美国商业建筑能耗调查（CBECS）与英国 TM 46 能耗调查公布的不同建筑类型建筑能耗基准

表 3-3

建筑类型	美国建筑用能强度		英国基准值（TM 46）	
	电（kWh/m²）	化石燃料（kWh/m²）	电（kWh/m²）	化石燃料（kWh/m²）
教育类	151	89	—	—
学校	—	—	40	150
大学	239	140	80	240
食品销售类	610	99	—	—
杂货商店/食品市场	—	—	400	105
便利店	684	76	310	0
食品服务类	653	454	—	—
餐厅/食堂	505	448	90	370
快餐店	1078	607	—	—
医院	—	—	90	420
医院住院部	337	380	—	—
医院长期护理部	211	180	65	420
医院门诊部	166	64	—	—
诊所	201	64	70	200
住宿	167	107	—	—
宿舍	—	—	60	300
旅店、汽车旅馆	—	—	105	330
商场	240	98	—	—
办公楼	—	—	95	120
银行、金融机构	—	—	140	0

建筑类型	美国建筑用能强度		英国基准值（TM 46）	
	电（kWh/m²）	化石燃料（kWh/m²）	电（kWh/m²）	化石燃料（kWh/m²）
公共场所	119	90	—	—
娱乐、文化场所	189	111	150	420
图书馆	194	135	70	200
休闲购物中心	113	92	150	420
社交聚会场所	94	71	70	200
公共安全与秩序	162	122	—	—
消防/警署	138	108	70	390
服务类（汽车修理、邮政服务）	153	90	35	180
仓储/航运/非冷藏仓库	44	35	35	160
冷库	—	—	145	80
宗教场所、教堂	75	70	20	105
零售店，汽车销售店	173	85	165	0
其他	184	144	—	—

美国与英国住宅建筑与非住宅建筑能耗基准数据库　　　　　表 3-4

标准	国家基准值数据库	
	BERR	DOE
住宅	UK（2007）	USA（2005）
总户数	2614.2 万	11110 万
单位面积能耗	228kWh/(m² · a)	138kWh/(m² · a)
每户能耗	19851kWh/(house · a)	27815kWh/(house · a)
非住宅建筑	UK（2005）	USA（2003）
单位面积能耗	262.1kWh/(m² · a)	287.2kWh/(m² · a)

英国建筑标准 ADL（Approved Document L）与环境意识建造者协会

（Association of Environment Conscious Builders）AECB 标准　　　表 3-5

Standard	Gas, oil or LPG [kWh/(m² · a)]	Electricity [kWh/(m² · a)]	CO₂ emission [kWh/(m² · a)]
英国住宅平均值	239	37	73
英国建筑标准 Building Regulation ADL 1 2006	146	37	57
AECB 标准银奖	58	22	23
AECB 标准金奖	23	15	4

　　在欧洲建筑能效指令（Energy Performance Building Directive，EPBD）的要求下，欧洲各国纷纷颁布了清晰的建筑性能要求，通常包括对建筑围护结构部件的规定性指标和建筑能耗基准，同时也在此基础上对低能耗建筑和被动式建筑做出了相应规定。德国在 20世纪 90 年代就制定了被动式住宅标准（PassivHaus Standard），如今该标准被欧洲多数国家采用（见表 3-6）。该标准要求建筑采暖负荷不得大于 15kWh/(m² · a)（视气候情况，

可介于 10～20 kWh/(m² · a)），建筑总一次能耗不得大于 120kWh/(m² · a)。此外，在其建筑能效标识指标中，也详细定义了 9 个等级（A～I）所对应的建筑能耗强度，其中 D 级指标值是年一次能源消耗 200kWh，换算约等于 24.5kg 标准煤，为节能建筑的基准能耗。

德国建筑能效标识指标分级 表 3-6

能耗等级	kWh/(m² · a)	kg 标准煤/(m² · a)	能耗等级	kWh/(m² · a)	kg 标准煤/(m² · a)
等级 A	0～80	0～9.8	等级 F	251～300	～36.9
等级 B	81～110	9.8～13.5	等级 G	301～350	～43
等级 C	111～150	13.6～18.4	等级 H	351～400	～49.1
等级 D	151～200	18.5～24.6	等级 I	>400	>49.1
等级 E	201～250	24.7～30.7			

奥地利规定低能耗建筑的采暖能耗必须低于 40～60 kWh/m²（建筑面积）；瑞士用两种能效标识，Minergie（建筑能耗低于 42kWh/m²，从 2009 年内 1 月 1 日起低于 38kWh/m²）和 MinergieP（30kWh/m²）对低能耗建筑性能等级进行定义；捷克在 2007 年颁布的 148 号法令（Decree No. 148/2007）中详细规定 8 类指定建筑的能耗，并分成了 A～G 的 7 个等级，其中 C 级为建筑的基准能耗，B 级为节能建筑等级，A 级则为高能效建筑等级。对于住宅建筑来讲，A～C 级的能耗标准依次为低于 51kWh/(m² · a)，51～97kWh/(m² · a)，98～142kWh/(m² · a)；丹麦规定对于住宅建筑，其基准能耗用 70+2200/A kWh/(m² · a)（A 为总采暖面积）计算，对于非住宅建筑，则用 90+2200/A kWh/(m² · a) 计算。该基准能耗仅包括采暖、通风、空调、热水和照明能耗。并在此基础上确定低能耗建筑的标准，分别为建筑能耗基准的 75%（2 级）和 50%（1 级）；法国 2007 年 5 月颁布部长令，规定建筑性能标准和能耗基准，其中，新建的低能耗建筑能耗不得高于 50kWh/m²（一次能源，包括采暖、通风、空调、热水和照明）。瑞典在其建筑节能标准 BBR 09 中提出的规定性指标和基准能耗见表 3-7。

瑞典 BBR09 中对建筑性能的规定 表 3-7

	住宅（非电采暖）			办公楼（非电采暖）		
气候分区	Ⅰ	Ⅱ	Ⅲ	Ⅰ	Ⅱ	Ⅲ
建筑基准能耗	150	130	110	140	120	100
平均传热系数 [W/(m² · K)]	0.50	0.50	0.50	0.70	0.70	0.70

3.2.2　建筑能耗基准线设定方法

参考国外设定建筑能耗基准值与清洁发展机制中设定基准排放情景的方法学，在此提出确定建筑能耗基准值的几种方法学框架。

3.2.2.1　通过统计值获得建筑能耗基准

首先，根据每年建筑能耗统计结果，计算各分类建筑各类能源的全年单位建筑面积能耗量。

（1）居住建筑和中小型公共建筑的各分类建筑各类能源的全年单位建筑面积能耗量统

计值应按下列公式计算：

$$e_{i,\text{b-type-sub}} = \overline{e_{i,\text{b-type-sub}}^{*}} \qquad (3-10)$$

$$\overline{e_{i,\text{b-type-sub}}^{*}} = \dfrac{\displaystyle\sum_{k=1}^{n_{\text{b-type-sub}}} E_{i,\text{b-type-sub},k}^{*}}{F_{\text{b-type-sub}}^{*}} \qquad (3-11)$$

$$F_{\text{b-type-sub}}^{*} = \sum_{k=1}^{n_{\text{b-type-sub}}} F_{\text{b-type-sub},k}^{*} \qquad (3-12)$$

式中　$e_{i,\text{b-type-sub}}$——居住建筑或中小型公共建筑的各分类建筑第 i 类能源的全年单位建筑面积能耗量；

$\overline{e_{i,\text{b-type-sub}}^{*}}$——居住建筑或中小型公共建筑的各分类建筑的样本建筑第 i 类能源的平均全年单位建筑面积能耗量；

$E_{i,\text{b-type-sub},k}^{*}$——居住建筑或中小型公共建筑的各分类建筑中第 k 个样本建筑第 i 类能源的年累计消耗量；

$F_{\text{b-type-sub}}^{*}$——居住建筑或中小型公共建筑的各分类建筑的样本建筑总建筑面积；

$F_{\text{b-type-sub},k}^{*}$——居住建筑或中小型公共建筑的各分类建筑中第 k 个样本建筑的建筑面积；

$n_{\text{b-type-sub}}$——居住建筑或中小型公共建筑的各分类建筑的样本量；

下标 type——民用建筑类型，type 为 rb 时表示居住建筑，为 gb 时表示中小型公共建筑，为 lb 时表示大型公共建筑；

下标 sub——各分类建筑类型，sub 为 low 时表示低层居住建筑，为 multi 时表示多层居住建筑，为 high 时表示中高层和高层居住建筑，为 office 时表示办公建筑，为 shop 时表示商场建筑，为 hotel 时表示宾馆饭店建筑，为 other 时表示其他类型公共建筑。

（2）大型公共建筑的各分类建筑各类能源的全年单位建筑面积能耗量统计值按下列公式计算：

$$e_{i,\text{b-lb-sub}} = \dfrac{E_{i,\text{b-lb-sub}}}{F_{\text{b-lb-sub}}} \qquad (3-13)$$

式中　$e_{i,\text{b-lb-sub}}$——大型公共建筑的各分类建筑第 i 类能源的全年单位建筑面积能耗量；

$E_{i,\text{b-lb-sub}}$——大型公共建筑的各分类建筑中第 i 类能源的年累计消耗量；

$F_{\text{b-lb-sub}}$——大型公共建筑的各分类建筑的总建筑面积。

其次，对统计数据进行基本的频数分析，将各类建筑分类按单位能耗从低到高的顺序排列，分别找出最小值、下四分位数、中位数、上四分位数和最大值。这 5 个数值可反映一个城市或地区的建筑用能水平，位于上四分位的为能耗偏大的建筑，位于下四分位的建筑为能效较高的建筑（见图 3-9）。因此，可以中位数或上四分位数为建筑能耗基准值，同时也应属于强制性基准，是入门级（entry level）。

（3）以统计值确定的建筑能耗基准，必须每隔几年用新的统计数据进行更新。此种方法适用于具有大量的建筑能耗统计样本，并为某一地区设定建筑能耗基准线。

1）利用建筑能耗统计数据，作建筑能耗与建筑面积的回归分析。根据当地各类建筑的统计数据，分类别地进行建筑全年能耗与建筑面积的回归分析，得到能耗的简易线性关系。

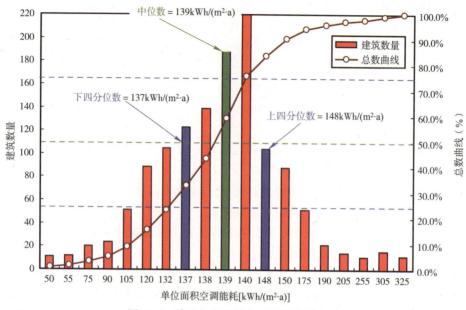

图 3-9　建筑能耗统计中四分位数的表示

冬季设定温度、夏季设定温度、锅炉效率、冷机效率等均为影响建筑能耗的重要参数，但在建筑能耗的统计中，此类参数通常难以获得，而建筑面积作为建筑能耗的比照参数，容易获得，简便易行，因此可通过回归分析，建立建筑能耗与建筑面积的简单线性关系。

使用第（1）和第（2）种方法时需注意气候因素的修正和选择性修正问题。选择性修正适用于当入门标准被认为不适用于所评定的建筑时的情况，如人员密度过高或存在特殊能耗时，可选择性地对基准值进行修正。气候因素的修正见下一节。

此外，在用统计值确定建筑能耗基准时，由于各地发电效率、煤耗不同，需要将各类终端能耗换算成一次能耗，再进行统计分析。换算时，电量以实际的 kWh 计入，其他燃料的换算系数可参考见表 3-8。

各类能源的换算系数　　　　　　　　　　　　　　　　　　　　　表 3-8

能源种类	换算系数		能源种类	换算系数	
原油	11.62	kWh/kg	焦炉煤气	4.82	kWh/m³
汽油	11.96	kWh/kg	发生炉煤气	1.45	kWh/m³
煤油	11.96	kWh/kg	水煤气	2.90	kWh/m³
柴油	11.85	kWh/kg	原煤	5.81	kWh/kg
燃料油	11.62	kWh/kg	洗精煤	7.32	kWh/kg
天然气	10.81	kWh/kg	洗中煤	2.32	kWh/kg
液化石油气	13.94	kWh/kg	煤泥	2.90	kWh/kg
液化天然气	14.30	kWh/kg	焦炭	7.90	kWh/kg

2) 设定建筑能耗基准情景，包括代表当地基本情况的建筑能效基准值等关键参数，如果设定建筑能耗基准情景条件为：

①全部使用电网电力，无自发电；

②电制冷与锅炉采暖，制冷能效比为 2.7；采暖锅炉效率为 78%；

③通过调研得到当量满负荷小时数。

则建筑制冷与采暖系统的基准能耗 $[kWh/(m^2 \cdot a)]$ 为：

$$E_{i,c/h,BL} = \frac{\left(\dfrac{q_{ref,cool}F_{cool}}{EER_{BL}}H_{cool} + \dfrac{q_{ref,heat}F_{heat}}{\eta_{BL}}H_{heat}\right)}{F} \tag{3-14}$$

式中　$E_{i,c/h,BL}$——第 i 类建筑制冷与采暖的基准能耗；

$q_{ref,cool}$，$q_{ref,heat}$——分别代表供冷和采暖时的负荷设计参考值；

F_{cool}，F_{heat}——分别代表供冷面积和采暖面积；

H_{cool}，H_{heat}——分别代表供冷与采暖时的当量满负荷运行小时数；

EER_{BL}，η_{BL}——分别代表第 i 类建筑电制冷的基准能效比和采暖锅炉的基准效率。

至于建筑内照明与室内设备的基准能耗，由于这类能耗全年都较稳定，可以用其设计参考功率乘以标准运行时间来计算其基准能耗。两个参数都可以通过简单调研获得。照明与室内设备的基准能耗用下式计算：

$$E_{i,l/d,BL} = p_{ref}H_S \tag{3-15}$$

式中　$E_{i,l/d,BL}$——第 i 类建筑照明或室内设备的基准能耗；

p_{ref}——照明或室内设备设计参考功率；

H_S——标准运行小时数，对于办公楼，可设为 8h，对于商场，可设为 12h；

总的建筑基准能耗即为上述各类能耗之和。

在以这种方法进行建筑能耗基准的计算时，应对建筑进行必要的分类：单户或几户家庭住宅；公寓类建筑；办公楼；学校；医院；旅馆和餐厅；体育建筑；批发和零售商店；其他。

此种情况适用于进行区域设计规划时，对整个区域内的建筑根据功能与用途，分类设定建筑能耗基准，最终该区域内的建筑基准能耗应为各类基准能耗的平均值，即

$$\overline{E}_{BL} = \frac{\sum E_{i,BL}}{n} \tag{3-16}$$

在设定建筑能效基准值时，也涉及建筑能耗基准线设置中的一个关键问题，即比较基准的选择。例如对于供冷供热系统而言，若选择比较的基准是燃煤锅炉和空气源热泵，则可设定采暖效率为 65%，制冷能效比为 2.7；但若比较希望提高区域建筑节能的入门门槛，如用能设备最起码符合国家能效标准规定的二级节能标准，甚至要高于一级能效标准，则应提高能效基准值的设置。

3.2.3　建筑能耗基准的气候修正

气候对建筑能耗的影响很大，而我国又是世界上热量带最多的国家，从南到北相继跨越 7 个热量带，即使处于同一热量带的不同地区，气候也有可能差异很大，即所谓"十里不同天"。因此，对建筑能耗基准做气候修正相当重要。

与国外同纬度地区相比，我国大部分地区夏季偏热，冬季偏冷（见图 3-10）。冬季，东北地区气温偏低 14～18℃，黄河中下游偏低 10～14℃，长江南岸偏低 8～10℃，东南沿海偏低 5℃左右；夏季，大部分地区温度偏高 1.5～3℃左右。因此，我国同世界上其他同纬度国家相比，通常具有更高的采暖度日数和供冷度日数。

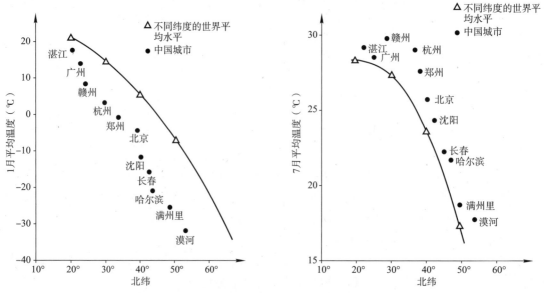

图 3-10　我国与世界上同纬度其他国家的平均温度比较

我国学者提出相对度日数概念对建筑能耗基准进行修正。定义 DDR 为当地的相对供热供冷度日数，则相对供热度日数为：

$$DDR_h = HDD_{BL} / HDD_L \qquad (3-17)$$

式中　HDD_{BL}——某区域以 18℃ 为基准的基准供热度日数；

HDD_L——当地供热度日数。

相对供冷度日数为：

$$DDR_C = CDD_{BL} / CDD_L \qquad (3-18)$$

式中　CDD_{BL}——某区域以 26℃ 为基准的基准供冷度日数；

CDD_L——当地供冷度日数。

从而得到：

$$DDR = DDR_h \times DDR_C \qquad (3-19)$$

假设建筑能耗和室外温度之间的关系为线性关系，则：

$$E_{local} = \frac{E_{BL}}{\sqrt{DDR}} \qquad (3-20)$$

式中　E_{BL}——某区域建筑基准能耗；

E_{local}——当地建筑基准能耗。

若 E_{BL} 为全国建筑基准能耗，则可以选择北京的供热度日数和上海的供冷度日数分别作为基准供热度日数和基准供冷度日数，这是因为北京和上海分别地处我国寒冷地区和夏热冬冷地区比较适中的地理位置，相应的度日数也比较适中，使 DDR 值可能大于 1 也可能小于 1。

北京的供热度日数为2699；上海的供冷度日数为2073。

3.3 建筑能耗目标设定

有了建筑能耗基准后，还有必要设定区域规划中的建筑能耗目标。设定建筑能耗基准仅仅是对区域建筑能耗的最低要求，体现开发商与规划者最基本的社会责任感；建筑能耗目标则是区域能源规划时规划理念与理想诉求的表达，通常有以下几类设定目标：

3.3.1 建筑节能率目标

目标参考值有下述几类：

（1）总节能率：根据我国建筑节能"三步走"的战略（35%、50%和65%），区域规划中建筑节能的具体目标可在国家65%节能标准的基础上，根据实际情况，设定更高的节能率。

在设定节能率时，一定要将所比较的基准情景定义清晰，否则就是无源之水，无本之木。还应充分考虑到可再生能源比例、联产系统、被动式技术等应用情况，切不可为追求数字的华丽而盲目设定高目标，最终节能率只存在于虚拟的计算机模拟之中。

（2）建筑设备系统能源利用效率指标，如能耗系数 CEC（coefficient of energy consumption）：能耗系数 CEC 又分成空调系统（CEC/AC）、通风换气（CEC/V）、照明（CEC/L）、热水供应（CEC/HW）和电梯（CEC/EV）5个部分。

空调系统能耗系数 CEC（Coefficient of Energy Consumption for air conditioning）是空调设备系统的能量利用效率的判断基准。空调系统的 CEC 系数定义为空调系统全年总耗能量与假想空调负荷全年累计值之比，因此可知 CEC 值越小，空调设备的能量利用效率越高。

$$CEC/AC = \frac{空调系统全年一次能耗量（MJ/年）}{全年假想空调负荷（MJ/年）}$$

$$= \frac{\sum（冷热源能耗量）+\sum（风机水泵能耗量）}{\sum（采暖负荷）+\sum（供冷负荷）+\sum（新风负荷）} \qquad (3-21)$$

通风换气能源消费系数 CEC/V（Coefficient of Energy Consumption for Ventilation）：

$$CEC/V = \frac{全年换气一次能耗量（MJ/年）}{全年假想换气耗能量（MJ/年）} \qquad (3-22)$$

换气能耗量是送风机、排风机和换气所需要的其他设备全年所消耗的电量，假想换气耗能量可用下式计算：

$$E = Q \times T \times 3.7 \times 10^{-4} \qquad (3-23)$$

式中　E——假想换气消耗能量，kWh；

　　　Q——设计换气量，m^3/h；

　　　T——全年运行时间，h；

　　　3.7×10^{-4}——风机动力的换算。

照明能耗系数（CEC/L，Coefficient of Energy Consumption for Lighting）为：

$$CEC/L = \frac{全年照明能耗量（MJ/年）}{全年假想照明能耗量（MJ/年）} \qquad (3-24)$$

全年照明耗能量 E_T 可以用下式计算：

$$E_T = W_T \times A \times T \times F / 1000 \qquad (3-25)$$

式中　E_T——各房间和各通道的照明消耗电量，kWh；

　　　W_T——各房间和各通道的照明消耗电力，W/m^2；

　　　A——各房间和各通道的面积，m^2；

　　　T——各房间和各通道的全年照明点灯时间，h；

　　　F——根据不同控制方法得到的系数。

　　假想照明能耗量，可以按所有房间和通道计算合计能耗量：

$$E_S = W_S \times A \times T \times Q_1 \times Q_2 / 1000 \qquad (3-26)$$

式中　E_S——各房间和各通道的假想照明耗电量，kWh；

　　　W_S——各房间和各通道的标准照明用电，W/m^2；

　　　A——各房间和各通道的地板面积，m^2；

　　　T——各房间和各通道的全年点灯时间，h；

　　　Q_1——对应于不同照明设备种类的系数；

　　　Q_2——对应于不同用途和照明设备的照度系数。

　　热水供应能源消费系数 CEC/HW（Coefficient of Energy Consumption for Hot Water supply）可用下式计算：

$$CEC/HW = \frac{全年热水供应系统能耗量（MJ/年）}{全年假想供热水负荷（MJ/年）} \qquad (3-27)$$

　　分子中热水供应系统的能耗包括锅炉等热源设备、循环水泵和其他相关设备的能耗量。而假想供热水负荷可用下式计算：

$$L = 4.2V \times (T_1 - T_2) \qquad (3-28)$$

式中　L——假想供热水负荷，kJ；

　　　V——使用热水量，L；

　　　T_1——热水温度，℃；

　　　T_2——不同地区的给水温度，℃。

　　升降机的能源消费系数 CEC/EV（Coefficient of Energy Consumption for Elevator）用下式计算：

$$CEC/EV = \frac{全年升降机耗能量（MJ/年）}{全年假想升降机耗能量（MJ/年）} \qquad (3-29)$$

　　升降机的全年耗能量可以用下式计算：

$$E_T = L \times V \times F_T \times T / 860 \qquad (3-30)$$

式中　E_T——升降机的耗电量，kWh；

　　　L——载重量，kg；

　　　V——额定速度，m/min；

　　　F_T——速度控制方式系数；

　　　T——全年运行时间，h。

　　假想升降梯消耗电力量可以用下式计算：

$$E_S = L \times V \times F_S \times T / 860 \qquad (3-31)$$

式中　E_S——假想升降梯消耗电力量，kWh；

L——载重量，kg；

V——额定速度，m/min；

F_S——速度控制方式系数，1/40；

T——全年运行时间，h。

详细算法见《建筑节能与建筑能效管理》一书（龙惟定，中国建筑工业出版社）。日本节能法中的能源消费系数如表 3-9 所示。

日本节能法中的能源消费系数 表 3-9

	旅馆	医院	零售商店	办公楼	学校
CEC/AC	2.5	2.5	1.7	1.5	1.5
CEC/V	1.5	1.2	1.2	1.2	0.9
CEC/L	1.2	1.0		1.0	1.0
CEC/HW	1.6	1.8			
CEC/EV				1.0	

注：AC—空调系统；V—通风系统；L—照明系统；HW—热水系统；EV—电梯。

效率指标作为节能目标参考值，即使是不同类的建筑（如宾馆和办公楼），或不同类的园区，也可放在一起进行比较，具有可比性。

（3）分目标参考值：在美国 LEED-ND 标准中，对 DHC 系统规定了管网系统的输配效率不得高于 0.025，也可作为规划区域供冷供热系统时的节能目标参考值。但需注意，尽管我国目前节能目标体系匮乏，缺乏大量用于支撑设计和运行的节能目标参考值，但借鉴外国建筑的节能目标时，一定要按照我国实际情况进行修正，切不可盲目套用。经修正，适用于我国的管网输送额定效率应为 0.02515。

在这类目标的设定过程中，必须依赖计算机模拟技术，对建筑用能系统进行全年的动态能耗分析。

3.3.2 低能耗建筑目标

按照国际惯例，目标参考值多为全年的单位建筑面积能耗 [kWh/(m² · a)]。这类目标清晰可见，实际运行一年后，即可检验是否达到当初的规划目标。表 3-10 列出的欧洲若干国家标准，由于气候差异很大，并不适用于我国的实际情况。

欧洲的几类低能耗建筑或零能耗建筑目标参考值 表 3-10

国家	低能耗建筑标准
奥地利	低能耗建筑标准：40～60kWh/m²（仅采暖能耗）； 被动式住宅：15kWh/m²（采暖能耗）
比利时	低能耗建筑： 　住宅：建筑能耗基准的 60%； 　办公楼、学校：建筑能耗基准的 70%； 极低或零能耗建筑标准： 　住宅：建筑能耗基准的 40%； 　办公楼、学校：建筑能耗基准的 55%

国家	低能耗建筑标准
捷克	低能耗建筑 51~97kWh/m²； 极低能耗建筑＜51kWh/m²； 低能耗住宅 15kWh/m²（采暖能耗）
丹麦	低能耗住宅： 　2 级：52＋1650/A kWh/m² 　1 级：35＋1100/A kWh/m² 　A 为总采暖面积 低能耗办公楼、学校、公共机构等： 　2 级：71＋1650/A kWh/m² 　1 级：48＋1100/A kWh/m²
法国	低能耗建筑： 新建住宅：50kWh/m²（一次能源，包含采暖，空调，通风，卫生热水，照明能耗）； 改建住宅：80kWh/m²（一次能源，包含采暖，空调，通风，卫生热水，照明能耗）
芬兰	低能耗建筑：标准建筑的 60%
德国	低能耗建筑：40kWh/m²（kfW40）与 60kWh/m²（kfW60）； 被动式住宅：kfW40，且采暖能耗小于 15kWh/m²，120kWh/m²（一次能源）
意大利	低能耗建筑：10kWh/m²（采暖能耗）
英国	"可持续住宅标准"（Code for Sustainable Homes，CSH）规定了 6 个等级，每个等级均有对建筑能耗和水耗的最低标准。 等级　　　比 Building Regulation Part L 2006 提高的百分比　　　执行时间 　1　　　　　　　10 　2　　　　　　　18 　3　　　　　　　25　　　　　　　　　　　　　　　　　　2010 年 　4　　　　　　　44　　　　　　　　　　　　　　　　　　2013 年 　5　　　　　　　100（采暖、卫生用水、通风和照明系统零排放）　　2016 年 　6　　　　　　　零碳住宅（全部用能系统零排放）　　　　　　　2016 年 注：*Buidling Regulations：Approved Document L（2006）-Conservation of Fuel and Power*
挪威	被动式建筑：15kWh/m²（采暖负荷）
瑞士	低能耗建筑： Minergie：38kWh/m²（包括采暖、卫生热水和通风能耗）； MinergieP：30kWh/m²（包括采暖、卫生热水和通风能耗）

3.3.3　建筑零能耗（Zero Energy Building，ZEB）目标

由于各国研究者对零能耗建筑（Zero Energy Building，ZEB）的定义很多，区域规划时设定建筑的零能耗目标，更多的是定性的目标描述。

零能耗建筑中的用能必须基于可再生能源或非碳能源（carbon free energy），同时，也具备各种不同的供应侧可再生能源技术，具有现场产能系统，且可利用电网电力或储能系统实现能量平衡。

表 3-11 列出了 ZEB 适用的供应侧技术与其选择时的优先性排序。

ZEB 适用的供应侧技术与可选性排序　　　　　　　　　表 3 - 11

可选性排序	ZEB 供应侧技术	示　例
0	减少建筑能源需求技术	日光照明，高效的 HVAC 设备，自然通风，蒸发冷却等
现场供应侧技术（On-Site Supply technologies）		
1	建筑内部可再生能源技术	PV，太阳能热水，建筑内的风能应用
2	建筑周边的可再生能源技术（on-site）	PV，太阳能热水，建筑周边的风能应用技术
场外供应侧技术（off-site supply technologies）		
3	将场外可再生能源送至建筑现场产能	生物质能，乙醇、生物柴油、废热蒸汽、热水等
4	直接购买场外可再生能源	直接购买风能、PV 或其他绿色公共电力

表 3 - 11 中的 3、4 两项技术需要公共基础设施将能源输送至开发的区域内。因此，单纯采用这两项技术实现零能耗的建筑仅可称之为 off-site ZEB，如购买绿色电力满足建筑内全部用电。

除了用能与产能的平衡，建筑零能耗还必须考虑到以下原则：

（1）尽量提高建筑能源利用效率；

（2）尽量减小能源在运输和输配过程中的损失；

（3）尽量使环境影响最小化；

（4）节能与产能技术应用性广，具有推广价值。

因此，根据区域开发项目的目标与开发团队价值观念的不同，建筑零能耗目标的定义可有多种，常见的包括以下几类：

（1）零终端能源消耗（net zero site energy），指区域建筑产能系统的产出不少于区域建筑消耗的终端能源；

（2）零一次能源消耗（net zero source energy），从一次能源的角度进行比较，区域能源系统的产出不少于其消耗的一次能源，其中必须计入区域建筑使用公共能源（电力/热/冷）时的转化与输配损失；

（3）零能源成本（net zero energy costs），指区域开发商用于购买公共电力/热/冷的成本与其向公共电力/热/冷输送多余产能而得到的收益相平衡；

（4）零能源排放（net zero energy emissions），指区域建筑产能系统生产的无排放可再生的能源量不得少于区域建筑所消耗的来自有排放的公共能源系统的能源量。

以上提出的建筑能耗目标设定，在区域规划中应着重考虑其实现的可能性，包括可再生能源的应用比例、热电冷联供系统的配置。同时，特别重要的是，一定要基于经济成本（cost-effective）或成本优化（cost-optimal）的能源系统规划理念，切忌单纯追求节能亮点或新技术应用而不顾经济成本。

为保证目标的可信度、可达性，应适当地进行建筑能耗或区域能源系统的动态模拟。选择模拟对象建筑时，应尽量选择区域内可代表节能平均水平的建筑，该建筑既不能是区域中条件最优的建筑，也不能是最不利的建筑。同时，也应兼顾到未来区域功能、人口的变化和发展，进行多种情景设置和模拟，保证在整个建筑寿命周期内区域建筑能耗目标的可持续性。

3.4　能源消耗的碳排放量目标设定

区域能源规划中，低碳目标与低能耗目标意味着不同的技术策略与能源方案。当进行低碳规划时，需要特别注意以下几点：

(1) 减少对化石能源的依赖；

(2) 尽量使用热电冷联供系统；

(3) 尽量使用分布式的电网，而非公共电力网络；

(4) 增加一次能源系统对环境改变的适应性；

(5) 改善交通等基础设施；

(6) 增加碳汇；

(7) 增加碳中和技术的应用；

(8) 减少温室气体，尤其是 CO_2 的排放。

3.4.1　全球碳排放目标与我国碳排放水平

许多科学家和决策者都意识到，温度升高 2℃ 可以作为推断全球变暖局势已变得非常严重的临界值。因此，必须把全球平均温度的上升幅度抑制在与前工业化时代相比不超过 2℃ 的水平上，将大气中 CO_2 稳定浓度控制在 450～500ppm 范围内，并实现全球排放总量从 400 亿 t CO_2 当量逐步下降到 200 亿 t，最终下降至 100 亿 t CO_2 当量，人均排放量的趋同目标为人均 2t CO_2 当量。

根据麦肯锡公司所作的研究，如果关注成本低于 60 欧元/CO_2 eq ton 的技术性减排措施，那么对应于 700 亿 t CO_2 当量的"一切如常"（business as usual）情景的排放量，2030 年全球温室气体潜在减排量为 380 亿 t CO_2 当量。如果计算来自成本较高的技术措施和消费行为改变的额外潜力，则有 90 亿 t CO_2 当量的减排量的额外增加量。在这种情景下，大气中温室气体浓度达到 480ppm 的峰值水平后，开始逐渐下降，最终长期稳定浓度保持在 400ppm。这样的排放轨迹很可能导致全球平均气温升高的平均值刚好低于 2℃。同时，研究也认为减排机会主要集中于提高能效、低碳能源供给、陆地碳汇（林业和农业）和改变消费行为 4 个领域。

根据 2009 年 12 月的哥本哈根会议决议，全球温室气体减排目标包括：（1）2020 年到达温室气体排放峰值；（2）到 2050 年，将全球温室气体排放量降到 1990 年的水平；（3）2050 年发达国家实现至少 80% 的温室气体减排。在这次会议上，发达国家与发展中国家也都相应的提出各自的减排目标，实现减排义务分担。英国决定到 2020 年的中期目标是减少 34% 的排放，2050 年前将温室气体排放量减少 80%；欧盟承诺在 2020 年之前实现至少 20% 的减排量，并提出如果其他发达国家能够做出相似的承诺，减排目标可提高到 30%。

必须强调的是，2050 年全球 90 亿人口中 80 亿来自发展中国家，发展中国家的减排必须是从国家政策措施逐渐向有约束力的减排目标过渡，制定可信的、稳定长期目标的行动计划。目前，我国 CO_2 总排放量居世界首位，减排量约为发达国家的 1/5，承受着很大的减排压力。哥本哈根气候变化大会之前，我国宣布了到 2020 年中国单位国内生产总值 CO_2 排放比 2005 年下降 40%～45% 的减排目标。

下面的模型显示，从经济角度看，影响碳排放的 4 个要素分别是活动水平（人均 GDP，人口）、经济结构、能源强度和燃料。以计算模型表示其中关系，即为：

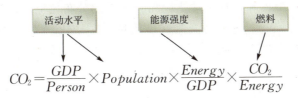

$$CO_2 = \frac{GDP}{Person} \times Population \times \frac{Energy}{GDP} \times \frac{CO_2}{Energy}$$

其中，由于经济结构的变化，必然会导致宏观角度能源强度的改变，如从重工业（高能耗）过渡到以服务业（低能耗）为主时，能源强度必然下降。因此，在上述的计算模型中，经济结构对碳排放的部分影响被包含在能源强度指标中。

我国影响碳排放的最大的因素是人均 GDP 的增长和能源强度。1990～2002 年间，CO_2 排放总量的变化与 GDP 增长是正相关关系，与能源强度是负相关关系，说明在这段时间，我国能源强度下降很大，但其带动 CO_2 下降的作用被 GDP 的高速增长抵消，最终仍旧使 CO_2 排放总量达到 49% 的上升比例。

3.4.2 建筑中的碳排放水平

建筑领域一直是全世界能源消耗和 GHG 排放的主要领域。根据 UNEP（联合国环境规划署）的统计，在世界范围内，建筑领域的能耗大约占到全社会总能耗的 30%～40%。根据 IPCC 第四次评估报告，无论是低速还是高速的经济增长情形下，2030 年建筑领域温室气体的排放都将占到全世界总量的 30% 左右。

建筑中温室气体的排放情况，主要与电气化水平、城市化率、人均建筑面积、气候等因素有关，同时，建筑碳排放的水平与经济发展水平之间具有一定的相关关系（见图 3-11）。通常来讲，由于发达国家建筑能耗高而使得建筑碳排放也更高。2002 年，我国建筑中人均温室气体排放量不到 0.5t CO_2 当量。

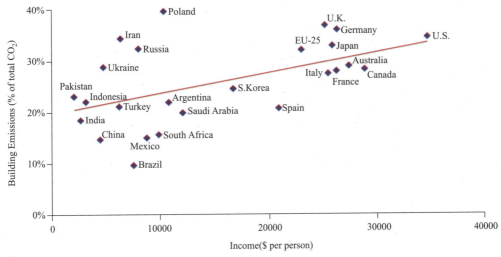

图 3-11　经济发展水平与建筑碳排放之间的相关关系

资料来源：K. A. BAUMERT，T. HERZOG，J. PERSHING，Navigating the Numbers：Greenhouse Gas Data and International Climate Policy. World Resources Institute，Washington，2005。

建筑中的 CO_2 排放按照来源可大致分为 3 类，包括直接燃料燃烧（on-site）的 CO_2 排放、公共电网电力消耗的 CO_2 排放以及区域供热/冷系统的 CO_2 排放。

图 3-12 是英国 2006 年住宅末端能耗和碳排放的分布比例。在英国，电力的碳排放系数为 0.556kg CO_2/kWh，几乎为天然气排放量（0.194kg CO_2/kWh）的 3 倍。因此，以用电为主的末端能源消费碳排放，其所占比重会比能耗比重增加。

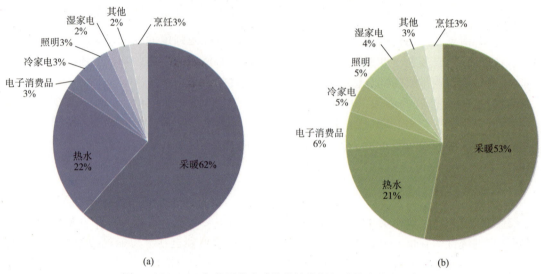

图 3-12　2006 年英国住宅建筑终端能耗与碳排放分布比例
(a) 能耗分布；(b) 碳排放分布

比较美国 2006 年建筑末端能耗与碳排放比例也会发现，以电力为主要能源的照明，在论及碳排放时，其比重上升到可与采暖相匹敌（见图 3-13）。毫无疑问，这也是由于电力与天然气的碳排放系数不同而致。目前在我国，电力的碳排放系数大概是 0.86kg CO_2

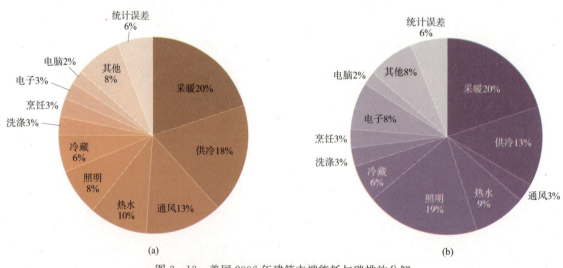

图 3-13　美国 2006 年建筑末端能耗与碳排放分解
(a) 能耗分布；(b) 碳排放分布

当量/kWh，相当于 238.89kg CO_2 当量/GJ，几乎是天然气的碳排放系数（56.1kg CO_2 当量/GJ）的 4 倍以上。因此可知，在进行建筑设计或区域能源规划时，以低能耗为主还是以低排放为主，将会导致不同的建筑和能源技术策略与方案。

世界上发达国家的建筑能耗约占全社会总能耗的 1/3，但建筑领域的 CO_2 排放却不到 20%。2007 年上海建筑领域的 CO_2 排放约占 18.82%，与建筑能耗占全社会总能耗的比例基本相当。其中主要原因是由于上海建筑领域所采用的低碳或无碳的可再生能源技术很少，电力是建筑中供应侧最主要的能源，导致建筑领域内 CO_2 排放份额较高（见图 3-14 和图 3-15）。

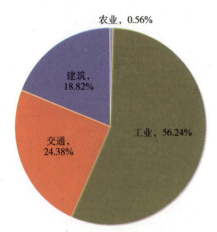

图 3-14　上海 2007 年各产业
CO_2 排放所占份额

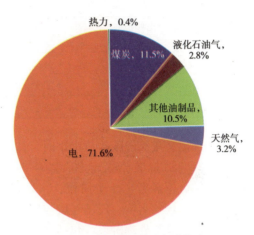

图 3-15　上海 2007 年建筑内
CO_2 排放（按一次能源计）

3.4.3　建筑碳排放基准线

判断建筑的碳排放水平，也需要有基准线，在该基准线上实现减碳或低碳排放。建筑能耗水平并不能完全代表建筑的碳排放水平，建筑碳排放更强调建筑用一次能源和能源的转换效率。建筑的碳排放水平也与大能源系统有关，如公共电力用一次能源和发电效率决定了电力的碳排放水平，也决定了低碳建筑技术的取舍。

一些研究已经证明，建筑材料在生产制造中产生的碳排放，即隐含碳排放（embodied carbon emission）高于其在运行期内产生的碳排放（按建筑寿命 50 年计）（见表 3-12），且建筑一旦建成，即使通过改造优化，减少其运行使用中的碳排放，但很难改变其隐含碳排放，成为一个永久、持续的碳排放源。同样，可再生能源也涉及到零碳还是有碳排放问题。大多数的可再生能源若仅论及运行期，除了生物质能源外，都是无碳能源，如风能、太阳能等。但由于生产和运输过程中的能耗，导致可再生能源都包含着隐含碳排放。

某办公建筑 CO_2 排放计算

表 3-12

建筑改造优化技术	能源利用碳排放 ［kg CO_2 当量/(m^2·a)]	建筑材料碳排放 ［kg CO_2 当量/(m^2·a)]	总计 ［kg CO_2 当量/(m^2·a)]
改造之前	2.6	3.1	5.7
改造之后	1.0	3.2	4.2

建筑改造优化技术	能源利用碳排放 [kg CO₂ 当量/(m² · a)]	建筑材料碳排放 [kg CO₂ 当量/(m² · a)]	总计 [kg CO₂ 当量/(m² · a)]
改造技术			
窗 u-value0.9	2.6	3.1	5.7
外墙加 100mm 保温	2.5	3.1	5.6
屋顶加 300mm 保温	2.5	3.2	5.7
地下室/楼板加 100mm 保温	2.5	3.2	5.7
低能耗照明，减少照明能耗 20%	2.3	3.2	5.5
200m² 太阳能热水器	2.1	3.2	5.3
50m² 太阳能光伏电池	2.1	3.2	5.3
无碳电力（CO₂ free electricity）	1.0	3.2	4.2

因此，在定义建筑的碳排放水平时，从寿命周期的角度分析 CO_2 排放是非常重要的。根据 CEN/TC 350 标准"建筑可持续（Sustainability of Construction works）"中的建议，建筑寿命周期分析需考虑 4 个阶段：（1）生产阶段，包括原材料的供应、运输和制造；（2）建设阶段，包括运输、现场建设与安装；（3）使用阶段，包括运行、维护、修缮、更新；（4）建筑废弃与处理阶段，包括拆除、运输、再利用和废气处理。

事实上，目前关于建筑废弃与处理过程的能耗和 CO_2 排放等数据很少，而建筑建设过程的能耗与 CO_2 排放量都很少（建筑建设过程中的能耗约占建筑寿命周期总能耗的 1% 左右，按建筑 50 年寿命周期计）。因此，大多数建筑寿命周期的 CO_2 排放分析仅包括建筑材料的生产制造和建筑运行两个阶段。

建筑运行期内的 CO_2 排放可以根据建筑一次能源的消耗量乘以各类能源的 CO_2 转换系数得到，但建筑材料生产制造过程的复杂性却会造成计算建筑材料 CO_2 排放时的不确定性。因此，在确定建筑的寿命周期碳排放时，最重要的是必须有经国家权威机构核准的标准碳排放数据库，该数据库必须包含各类建筑材料的生产、运输过程中的碳排放数据或详细的计算方法学。

目前，大多数国家都没有设定建筑碳排放的基准线，英国在这方面的成果在世界上居于领先地位。英国在公布建筑的碳排放基准值和目标时，采用了两种方式：一个是利用统计数据分析得到一些基准指标；另一个是建立参考建筑，通过经核准的标准软件模拟计算而得建筑碳排放水平。

英国皇家楼宇设备工程师学会 CIBSE 自 1997 年开始，在其 CIBSE Guide F 里加入了各种建筑类型单位建筑面积能耗与单位建筑面积碳排放的基准性指标（benchmark），最新的基准性指标是 2008 年公布的 TM 46，包含了 29 类建筑的能耗与碳排放基准。其中，碳排放基准是从能耗基准数值乘以能源的 CO_2 排放强度转化而来的。按照 CIBSE 2008 年的指南，电力与天然气的 CO_2 转换系数分别是 0.550kg CO_2/kWh 和 0.190kg CO_2/kWh。具体的基准性指标见表 3-13。

建筑类型	电耗指标 （kWh/m²）	化石燃料热耗指标 （kWh/m²）	电耗碳排放指标 （kg CO₂/m²）	热耗碳排放指标 （kg CO₂/m²）	总碳排放指标 （kg CO₂/m²）
一般办公	95	120	52.3	22.8	75.1
一般零售	165	0	90.8	0	90.8
大型非食品商店	70	170	38.5	32.3	70.8
小型食品店	310	0	170.5	0	170.5
大型食品店	400	105	220	20	240
餐厅	90	370	49.5	70.3	119.8
酒吧俱乐部	130	350	71.5	66.5	138
酒店	105	330	57.8	62.7	120.5
文化活动	70	200	38.5	38	76.5
娱乐场所	150	420	82.5	79.8	162.3
游泳中心	245	1130	134.8	214.7	349.5
保健中心	160	440	88	83.6	171.6
休闲健身	95	330	52.3	62.7	115
有盖停车场	20	0	11	0	11
使用较少的公共建筑	20	105	11	20	31
学校和季节性公共建筑	40	150	22	28.5	50.5
大学校园	80	240	44	45.6	89.6
诊疗所	70	200	38.5	38	76.5
医院（诊疗和科研）	90	420	49.5	79.8	129.3
常住住宅	65	420	35.8	79.8	115.6
一般宿舍	60	300	33	57	90
急救服务	70	390	38.5	74.1	112.6
图书馆或演出剧场	160	160	88	30.4	118.4
公共等候区	30	120	16.5	22.8	39.3
客运站	75	200	41.3	38	79.3
车间	35	180	19.3	34.2	53.5
仓储设施	35	160	19.3	30.4	49.7
冷藏	145	80	79.8	15.2	950

　　CIBSE 设定上述基准性指标的意图仅是为大多数建筑提供设计时的参考基准，上述指标并非建造高能效、低排放建筑的目标值。英国的实践证明，对于一些应用被动式技术的建筑而言，单位面积碳排放指标甚至可以达到 $20 \sim 28 \mathrm{kg} \ CO_2/(m^2 \cdot a)$。而在中国，由于使用习惯和气候条件不同，这些指标仅能作为数量级上的参考。

　　英国建筑规范 Building Regulation 2000 中的 Part L 详细规定了建筑碳排放的最低要求〔TER，Target CO₂ Emission Rate，$\mathrm{kg} \ CO_2/(m^2 \cdot a)$〕和计算方法。在计算 *TER* 时，建立一个与真实建筑同样形状与尺寸的名义建筑，在相同的气象条件、相同的运行模式情况下，计算其 CO₂ 排放。

对于住宅建筑，TER 可用下式计算：

$$TER_{2010} = (C_H \times FF \times EFA_H + C_L \times EFA_L) \times (1-0.2) \times (1-0.25) \qquad (3-32)$$

式中　C_H 和 C_L——分别为名义建筑的采暖与热水能耗和照明能耗；

　　　FF——燃料系数（Fuel Factor）（见表 3-14）；

　　　EFA——排放系数修正。

供热燃料的燃料系数 FF　　　　表 3-14

供热燃料种类	燃料系数	供热燃料种类	燃料系数
天然气	1.00	电网电力	1.47
液化天然气	1.10	固体矿物质燃料	1.28
石油	1.17	固体混合燃料	1.00

对于非住宅建筑，则用 SBEM（Simplified Building Energy Model）建立标准建筑，在 SBEM technical manual 中规定了详细的计算方法学和对建筑部件性能的要求（见表 3-15）。

2010NCM[*] Modelling Guide 中规定的建筑部件性能要求　　　　表 3-15

墙体 u-value	0.23W/(m² · K)
屋顶 u-value	0.15W/(m² · K)
地板 u-value	0.20W/(m² · K)
窗/门 u-value	1.5W/(m² · K)
设计空气渗透性	5m³/(m² · h)，50Pa

[*] National Calculation Methodology.

$$TER = C_{notional} \times (1 - F_{improvement}) \times (1 - F_{LZCbenchmark}) \qquad (3-33)$$

式中　$C_{notional}$——名义建筑的 CO_2 排放水平；

　　　$F_{improvement}$——改善因子，取决于系统形式。机械通风或制冷系统的改善因子大于自然通风系统；

　　　$F_{LZCbenchmark}$——低/零碳基准系数。

3.4.4　区域能源规划中的碳排放测算

碳排放的测算与碳排放基准线一样，目前在国际上的研究都很少。除了英国，欧盟也在其最新的 EPBD 中规定必须建立统一的计算建筑最低能耗和碳排放的方法学，我国在这方面的工作非常欠缺，任重而道远。本节仅就建筑运行阶段中的碳排放测算，做初步探讨。关于建筑的碳排放，通常采用的碳排放测算指标有碳排放总量、单位建筑面积碳排放量、人均碳排放量、碳生产率（单位 GDP 的碳排放量）、碳减排效率等。

在测算区域能源系统的碳排放时，有以下几类指标与方法：

3.4.4.1　碳排放总量

这类指标用来测算区域或建筑能源系统的绝对碳排放量，可用下式计算：

$$G_t = E_c \times \delta_c + E_o \times \delta_o + E_n \times \delta_n + E_r \times \delta_r \qquad (3-34)$$

式中　G_t——区域或建筑能源系统的碳排放总量；

E_c——煤炭消耗实物量，t；

δ_c——煤炭消耗的碳排放转换系数，t CO_2 当量/t；

E_o——石油消耗实物量，t；

δ_o——石油消耗的碳排放转换系数，t CO_2 当量/t；

E_n——天然气消耗量，t；

δ_n——天然气消耗的碳排放转换系数，t CO_2 当量/t；

E_r——生物质能源消耗量，t；

δ_r——生物质能源消耗的碳排放转换系数，t CO_2 当量/t。

由于燃料的燃烧率、含碳量和碳氧化率等指标的差异，此处采用 IPCC 提供的碳排放转换系数，见表 3-16。

IPCC 推荐各类燃料的碳排放系数   表 3-16

	燃料	缺省热值（TJ/Gg）	缺省碳含量（kgC 当量/GJ）	CO_2 排放系数（kg CO_2 当量/GJ）
煤	无烟煤	26.7	26.8	98.3
	焦煤	28.2	25.8	94.6
	褐煤	11.9	27.6	101
	焦炭	28.2	29.2	107
油	原油	42.3	20.0	73.3
	液化天然气	44.2	17.5	64.2
	煤油	44.1	19.5	71.5
	柴油	43.0	20.2	74.1
	液化石油气	47.3	17.2	63.1
天然气	天然气	48.0	15.3	56.1
生物燃料	木材废弃物	15.6	30.5	112
	其他固体生物燃料	11.6	27.3	100
	生物汽油	27.0	19.3	70.8
	生物柴油	27.0	19.3	70.8
	其他液态生物燃料	27.4	27.1	79.6
	掩埋场沼气	50.4	14.9	54.6
	污泥沼气	50.4	14.9	54.6
	其他生物气体	50.4	14.9	54.6

根据研究，式（3-34）可变换成为以热值（GJ）为基础的计算公式：

$$G_t = K \times E_j \tag{3-35}$$

式中　E_j——总的能源消耗量，GJ。

若煤炭取褐煤，生物质燃料取其他生物气体燃料，则 K 为消耗每 GJ 一次能源的碳排放系数（t CO_2 当量/GJ）：

$$K = \alpha \times 101 + \beta \times 73.3 + \gamma \times 56.1 + \delta \times 54.6 \tag{3-36}$$

式中　α，β，γ，δ——分别是煤炭、石油、天然气和生物质气体占总能源消费的比例。

因此，从 K 值的变化可以看出城市或社区能源结构低碳化的技术路径。要降低 K 值，可以采取以下措施：

(1) 降低煤炭、石油在一次能源消费中的比例（降低 α 和 β 值）；

(2) 改善能源转换技术，降低碳排放；

(3) 增加天然气和生物质燃料比例（提高 γ 和 δ 值）；

(4) 增加无碳可再生能源（风、光、核、水）规模化应用比例。

增加 γ 和 δ 两项，从社区层面来讲，可采用基于天然气的或基于生物质气燃料的热电冷联供，或采用低品位热能的集成应用和太阳能光伏光热系统的集成应用等。

3.4.4.2 单位建筑面积碳排放量

单位建筑面积碳排放量 C_m[kg CO$_2$ 当量/(m^2·a)]＝单位建筑面积能耗 E_m[kJ/(m^2·a)]×建筑碳排放强度 I_c(kg CO$_2$ 当量/kJ)

$$建筑碳排放强度 \ I_C = \frac{单位建筑面积碳排放量（kg \ CO_2 \ 当量/m^2）}{单位建筑面积一次能耗量（kJ/m^2）}$$

可见，单位建筑建筑面积碳排放量 C_m 一方面可以反映建筑能耗的高低，另一方面则能够反映建筑一次能源结构。碳排放强度实际上相当于上文提及过的碳排放系数 K 值，因此碳排放强度也可表达为相同的形式：

若单位建筑面积能耗为 E_m[kJ/(m^2·a)]，α，β，γ，η，δ 分别是煤炭、石油、天然气、公共电力和生物质气占总能源消费的比例。其中电力的碳排放系数按照 1kWh 的终端煤耗 0.310kg 标准煤计算，约为 0.86kg CO$_2$ 当量/kWh（或 238.89kg CO$_2$ 当量/GJ）[①]。

$$C_m = E_m \times (\alpha \times 101 + \beta \times 73.3 + \gamma \times 56.1 + \eta \times 238.89 + \delta \times 54.6)/10^3 \qquad (3-37)$$

即建筑碳排放强度为：

$$I_c = 101 \times \alpha + 73.3 \times \beta + 56.1 \times \gamma + 282.85 \times \eta + 54.6 \times \delta \qquad (3-38)$$

由于公共电力的碳排放系数几乎相当于天然气的 5 倍，相当于直接燃煤的 3 倍，因此在区域层面实现建筑低碳排放的技术路径中，除了上文提及过降低 K 值的几点之外，最重要的是通过增加以天然气、生物质气和无碳可再生能源为基础的分布式能源自发电能力来减少对高碳排放的公共电力的依赖。同时，提高建筑设备能效，减少电力在建筑终端用能中的比例。此外，增加被动式建筑技术，降低建筑能耗也是减少建筑碳排放的根本措施。

3.4.4.3 人均碳排放量

有研究提出建筑碳排放实质上是人的碳排放，人通过使用建筑、消耗能源而排放 CO$_2$，建筑只是人（使用者）耗能的平台。对建筑碳排放的评价要用强度指标，即建筑使用者人均碳排放指标。因此，提出建筑利用中的人均碳排放指标可用下式计算：

$$C = CA \times PA \times DDR \qquad (3-39)$$

式中　C——人均碳排放指标，kg CO$_2$/人；

CA——单位建筑面积能耗碳排放量，kg CO$_2$/m^2；

PA——建筑使用者平均占有的建筑面积，m^2/人；

DDR——当地的相对供热供冷度日数。

---

① 0.310kg/kWh×29270kJ/kg×94.69kg CO$_2$/GJ＝0.86kg CO$_2$ 当量/kWh＝238.89kg CO$_2$ 当量/GJ。

式（3-39）中实际考虑了 4 个因素，建筑能耗、建筑一次能源结构、人均占有的建筑面积和气候修正。

3.4.4.4 碳减排效率

该测算指标可用于建筑设备的碳排放评价，该评价是一个投入产出分析过程，即投入隐含碳、间接碳和直接碳，产出"避免碳排放量"的效率。有关文献中定义评价建筑用能过程碳减排效率为：

$$ECM = 100 \times ACE/(EC + IC + DC)$$

式中　ECM——碳减排效率，Efficiency of Carbon Mitigation，%；

DC——直接碳排放，Direct Carbon emission，kg，指城市能源（煤、天然气、石油）直接驱动用能设备时产生的碳排放；

IC——间接碳排放，Indirect Carbon emission，kg，指用能设备使用有碳能源火力发电的电力，造成间接碳排放；

EC——隐含碳排放，Embodied Carbon emission，kg，指用能设备在使用过程中没有碳排放，但在其设备的寿命周期（生产、制造、运输、安装）中存在碳排放，即为隐含碳排放；

ACE——避免碳排放，Avoided Carbon Emission，kg，是指由于用能设备能源效率提高而使碳排放与原来相比有所减少，由此得到的碳排放量即为避免碳排放。

根据表 3-12 中的例子，可计算该办公楼的改造后的碳减排效率：

$$ECM = 1.6/(1.0 + 3.2) \times 100\% = 38\%.$$

3.5　碳汇（carbon sink）和碳中和（carbon neutral）

3.5.1　碳汇

碳汇是指从空气中清除 CO_2 的过程、活动、机制，是指自然的或人造的、能够无限期地吸收和储存含碳的化合物的场所。主要的自然碳汇包括：海洋碳汇、森林碳汇和湿地碳汇；主要的人工碳汇包括：垃圾填埋场、碳捕获和碳储存设备。实际上，在人类活动产生的 CO_2 中，有将近 60% 被地球上的海洋和植物吸收，这使得地球的气候变化在许多世纪以来被控制在一定程度之内（见图 3-16）。

森林碳汇和湿地碳汇都是依靠植物与藻类的光合作用形成碳汇作用。森林碳汇是指森林植物吸收大气中的 CO_2 并将其固定在植被或土壤中，从而减少该气体在大气中的浓度。森林是陆地生态系统中最大的碳库，在降低大气中温室气体浓度、减缓全球气候变暖中，具有十分重要的独特作用。有关资料表明，森林面积虽然只占陆地总面积的 1/3，但森林植被区的碳储量几乎占到了陆地碳库总量的一半。树木通过光合作用吸收了大气中大量的 CO_2，减缓了温室效应。这就是通常所说的森林的碳汇作用。CO_2 是林木生长的重要营养物质，它把吸收的 CO_2 在光能作用下转变为糖、氧气和有机物，为生物界提供枝叶、茎根、果实、种子，提供最基本的物质和能量。这一转化过程就形成了森林的固碳效果。森林是 CO_2 的吸收器、贮存库和缓冲器。反之，森林一旦遭到破坏，则变成了 CO_2 的排放源。

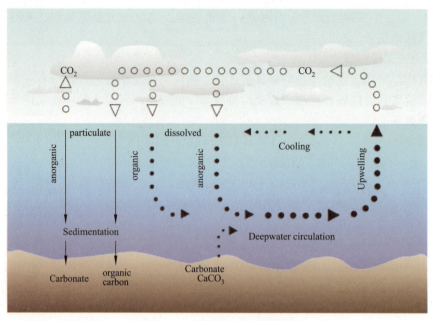

图 3-16　CO_2 生物和物理循环①

　　按《国际湿地公约》的定义，湿地（wetland）指天然或人工、长久或暂时性的沼泽地、湿原、泥炭地或水域地带，带有或静止或流动、或为淡水、半咸水或咸水水体，包括低潮时水深不超过 6m 的水域，是地球上 3 大生态系统（森林、海洋、湿地）之一。据资料统计，全世界共有自然湿地 855.8 万 km^2，占陆地面积的 6.4%。在湿地碳汇方面，湿地具有很高的初级生产力，湿地植物可通过光合作用固定大气中的 CO_2，在全球碳循环中占有重要地位。就湿地对全球温室效应气体（GHG）排放量的贡献而言，CO_2 排放量仅占全球排放的 1% 以下，致使它们成为非常微小的 CO_2 排放源。同时，据研究湿地植物净同化的碳仅仅有 15% 再释放到大气中去，表明湿地生态系统能够作为一个抑制大气 CO_2 升高的碳汇。湿地的类型多种多样，通常分为自然和人工两大类。自然湿地包括沼泽地、泥炭地、湖泊、河流、海滩和盐沼等，人工湿地主要有水稻田、水库、池塘等。

　　湿地不但能吸收 CO_2，还能通过水分蒸发成为水蒸气，然后又以降水的形式降到周围地区，保持当地的湿度和降雨量，调节局部小气候。此外，湿地在蓄水、调节河川径流、补给地下水和维持区域水平衡中发挥着重要作用，是蓄水防洪的天然"海绵"，在时空上可分配不均的降水，通过湿地的吞吐调节，避免水旱灾害。湿地的净化功能使湿地获得了"地球之肾"的美誉，湿地减缓水流的速度，当含有毒物和杂质（农药、生活污水和工业排放物）的流水经过湿地时流速减慢，有利于毒物和杂质的沉淀和排除。一些湿地植物有效地吸收水中的有毒物质，净化水质。

　　因此，在区域规划中可充分利用林木、湿地等增加区域内 CO_2 的吸收。除了森林碳汇、自然湿地碳汇这类先天碳汇条件，人工碳汇方面主要有人工湿地碳汇、人工林碳汇。可利用的人工湿地碳汇主要包括：

---

① http://en.wikipedia.org/wiki/Carbon_sink.

（1）水产池塘；

（2）水塘，包括农用池塘、储水池塘，一般面积小于 $8hm^2$；

（3）灌溉地，包括灌溉渠系和稻田；

（4）农用泛洪湿地，季节性泛滥的农用地，包括集约管理或放牧的草地；

（5）蓄水区，水库、拦河坝、堤坝形成的一般大于 $8hm^2$ 的储水区；

（6）采掘区，积水取土坑、采矿地；

（7）废水处理场所，污水场、处理池、氧化池等；

（8）运河、排水渠、输水渠等。

用于净化作用的人工湿地是由人工建造和控制运行的与沼泽地形类似的地面，可作为良好的碳汇。将污水、污泥有控制地投配到经人工建造的湿地上，污水与污泥在沿一定方向流动的过程中，利用土壤、人工介质、植物、微生物的物理、化学、生物三重协同作用，对污水、污泥进行处理。其作用机理包括吸附、滞留、过滤、氧化还原、沉淀、微生物分解、转化、植物遮蔽、残留物积累、蒸腾水分和养分吸收及各类动物的作用。人工湿地包括地表流（见图 3-17）、潜流式和沟渠型人工湿地。

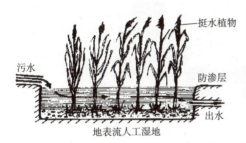

图 3-17　地表流人工湿地

潜流式人工湿地又可分为垂直流潜流式和水平流潜流式人工湿地。利用湿地中不同流态特点净化进水。经过潜流式湿地净化后的河水可达到地表水Ⅲ类标准，再通过排水系统排放。

1. 垂直流潜流式人工湿地

在垂直潜流系统中，污水由表面纵向流至床底，在纵向流的过程中污水依次经过不同的介质层，达到净化的目的。垂直流潜流式湿地具有完整的布水系统和集水系统，其优点是占地面积较其他形式湿地小，处理效率高，整个系统可以完全建在地下，地上可以建成绿地和配合景观规划使用。

2. 水平流潜流式人工湿地

污水由进水口一端沿水平方向流动的过程中依次通过砂石、介质、植物根系，流向出水口一端，以达到净化目的（见图 3-18）。

沟渠型湿地包括植物系统、介质系统、收集系统（见图 3-19），主要对雨水等面源污染进行收集处理，通过过滤、吸附、生化达到净化雨水及污水的目的，是小流域水质治理、保护的有效手段。

人工林造林作为一种人为的土地利用变化和陆地管理活动，能增加陆地碳储量以减少温室气体的排放。保存现有的森林，增加人工造林，是有效控制温室效应且相对廉价的途径。

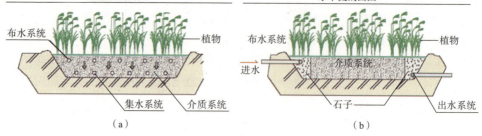

图 3-18 潜流式人工湿地

（a）垂直流潜流式人工湿地；（b）水平流潜流式人工湿地

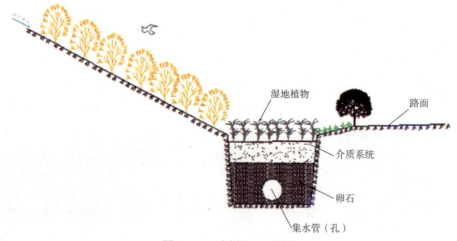

图 3-19 沟渠型人工湿地

3.5.2 碳中和

　　碳中和（Carbon Neutral）也叫碳补偿（Carbon Offset），是现代人为减缓全球变暖所作的努力之一，指中和的（即零）总碳量释放，透过排放多少碳就采取多少抵消措施，来达到平衡。利用这种环保方式，人们计算自己日常活动直接或间接制造的 CO_2 排放量，并计算抵消这些 CO_2 所需的经济成本，然后付款给专门企业或机构，购买碳积分（carbon credits），由他们通过植树或其他环保项目抵消大气中相应的碳足迹（Carbon Footprint）。

　　购买碳补偿的人通常都生活在发达国家，在那里想要大规模减少民用碳排放十分困难，而且花费高昂。很多企业和居民可能觉得，相比自己动手改造住宅或减少汽车尾气排放来说，购买碳补偿更加经济实惠。碳补偿的项目种类繁多，比如植树造林、研发可再生能源、增加温室气体的吸收等等。

　　生物质能源技术，包括基于生物质气的热电联产或秸秆燃料发电等，尽管有碳排放，但是在理论上这部分排出的 CO_2 会被下一茬农作物重新吸收，因此可以认为是"碳中和"技术。

3.6 规划方案下的清洁发展机制（PCDM）

3.6.1 PCDM 的由来与意义

规划方案下清洁发展机制（PCDM）是在清洁发展机制（CDM）的基础上提出的，其目的是要促进低温室气体排放的清洁技术得以更广泛的应用。清洁发展机制（CDM）是国际社会为应对全球气候变暖确定的一个基于市场的灵活机制，其核心内容是允许《京都议定书》附件一缔约方（即发达国家）与非附件一国家（即发展中国家）合作，在发展中国家实施温室气体减排项目。清洁发展机制允许附件一国家在非附件一国家的领土上实施能够减少温室气体排放或者通过碳封存或碳汇作用从大气中消除温室气体的项目，并据此获得"经核证的减排量"，即通常所说的 CERs[1]。清洁发展机制的设立具有双重目的，即促进发展中国家的可持续发展并协助发达国家缔约方实现其在《京都议定书》下量化的温室气体减/限排承诺。

然而，从 CDM 执行情况来看，现有 CDM 项目多集中于大型的工业生产企业，并在局部行业如高全球变暖潜能值温室气体分解、水电、风电等行业形成聚集。但事实上，清洁技术不仅在大型工业生产领域，同样需要在生活、交通、服务以及农业生产领域广泛应用。且目前 CDM 项目技术较为简单，没能真正促进可持续发展，截至 2007 年 6 月 12 日，在 EB 注册的 CERS 中有 76％来自于 HFC-23 项目。而可持续发展意义重大的可再生能源、能效项目比重却很小。同时，那些小型、分散的与终端用户相关的项目因其个体的减排量很小，而被排除在 CDM 之外，但事实上，若将这些个体集中作为集群，则减排潜力巨大，且效益明显。因此，2005 年 12 月，COP/MOP1 决议提出"在某一规划方案之下的一系列活动可以注册为一个 CDM 项目……"，这即是 PCDM（Programmatic CDM）的由来。

PCDM 将在 CDM 情景下作为单个 CDM 项目开发经济效益低、市场开发潜力小的清洁技术，如农村户用小沼气技术，以规划实施的形式，把实施主体由点（实施个体）扩展到面（规划实施的若干个体集群），形成规模效益，促进清洁技术在社会经济各领域的推广和普及。因此，PCDM 项目因参与者众多、可以实施的行业领域更广泛而具有更大的可持续发展意义。

PCDM 项目就目前可能实施的领域来看主要体现在以下两个方面：

（1）小规模可再生能源利用，包括小型风电、小型光伏发电、太阳能热水器、小水电、农村户用沼气等。

（2）提高能效，包括锅炉改造、建筑节能、电机系统、绿色照明等。

如果将大量小型、分散的、与终端用户有关的可再生能源项目开发成 PCDM 项目，则有助于集成应用可再生能源。

---

[1] CERs，经核证的减排量。一个 CERs 单位被定义为 1t CO_2 对于非 CO_2 的温室气体，如 CH_4（甲烷）、N_2O（氧化亚氮）、PFCs（全氟化碳）、HFCs（氢氟化碳）和 SF_6（六氟化硫），可采用由政府间气候变化专门委员会规定的 GWP 值，换算得到。

但尽管建筑领域具有巨大的温室气体减排潜力，CDM 或 PCDM 在建筑领域发展仍然很慢。截至到目前，超过 3000 个 CDM 项目，而与建筑节能有关仅仅为 6 个小规模项目（见表 3-17）。

已注册项目按类型分类表 表 3-17

领　域	已注册项目
(01) 能源工业（可再生/非可再生能源）	1584
(02) 能源分布	0
(03) 能源需求	25
(04) 制造业	124
(05) 化学工业	66
(06) 建筑业	0
(07) 交通	2
(08) 矿产	26
(09) 冶金	7
(10) 从固体、石油和气体燃料中散发的温室气体	136
(11) 从卤代烃和六氟化硫的生产和消费中散发的温室气体	22
(12) 溶剂	0
(13) 废弃物处理	466
(14) 造林和再造林	13
(15) 农业	124

注：资料来源：http://cdm.unfccc.int/Statistics，截至 2010 年 4 月 12 日。

3.6.2　PCDM 方法学

3.6.2.1　方法学的规定

PCDM 中特别强调一种方法学和一种技术的应用。一个 PoA（活动规划，Programme of Activities）之下的所有 CPA（CDM 规划活动，CDM Programme Activity)）必须采用相同的被通过的基准线方法学和监测方法学，并且所有 CPA 应采用同一种设备/装置/土地以及只能使用一种技术或者通过一套内部相关的措施。

到目前为止，PCDM 项目往往集中于简单而单一的技术，便于制定基准线、进行监测和计算减排量。

这对建筑领域来讲，具有一定的实施难度。建筑领域的节能，往往难以通过单一技术实现，通常是多种技术的集成，难以符合 PCDM 一种基准方法学和一种技术的要求。同时，PCDM 要求减排量是可测量、可报告和可验证的，而由于建筑项目实施过程中程序化和标准化的水平很低，也导致建筑耗能量、减排量的核准成为很大的障碍。这在一定程度上要求建筑产业必须实现工业化，实现建造过程标准化和程序化。目前，经核准的建筑领域的 PCDM 方法学主要是绿色照明、单一设备的能源效率提升（水泵、风机、电机等）、锅炉改造等，并不足以支持复杂的建筑节能改造技术体系。

3.6.2.2　额外性的规定

PoA 需要证明其容纳的每个 CPA 均能产生实际的、可测量的温室气体的减排量，并且这种效益是由于实施 PoA 引起的。另外，PoA 还必须针对每个 CPA 就泄漏、额外性、基准线设置、基准线排放量、项目是否符合 PoA 以及重复计算做出规定。

3.6.2.3 计入期的规定

PCDM 的项目活动目标可以预先定义，但具体的项目活动物理位置可以不确定。在 PoA 注册之后可追加新的 CPA。而且，不同的 CPA 可以有不同的计入期、不同的开始日期和结束日期。但对每个 CPA，要求必须单独详细地定义，包括其对应的减排计入期的准确起始和结束时间，并且符合 PoA 的相应要求。

3.6.2.4 监测方法学

PCDM 的减排量的核准是基于抽样，但由于参与方众多，有可能需要更复杂的监测方案和监测手段，工作量大且监测成本高。

3.6.2.5 项目开发的风险

除了有与 CDM 项目相同的政治风险、国际碳市场风险之外，在 PCDM 项目中，由于参与方众多，也就意味着有更多的利益纷争。

3.6.2.6 规模效应带来的风险

一旦 PoA 和一个具体的 CPA 成功登记并签发，无数个 CPA 可以不断地添加，而无需再申报审批，只需 DOE 认证核查，边际成本很低。因而，单位 CERs 的成本取决于 PoA 的规模。但另一方面，如果一个 CPA 有错误，EB 将决定是否立刻将 CPA 从 PoA 中删除。被删除的 CPA 不能用于任何 CDM 活动，DOE 须在 30 天内弥补等量的 CERs。同时，此 PoA 下的新的 CPA 加入以及 CERs 的签发都将被暂停，而且已加入的 CPA 需要由另一 DOE 进行审查，之后 EB 才进一步决定是否删除其他的 CPA。只有所有要求的撤销工作结束后，其他的 CPA 才可以继续加入。

3.6.3 我国在建筑领域实施 PCDM 的困难与机遇

目前，我国已经成为世界上最大的碳交易市场，根据 UNEP 统计，截至 2010 年 4 月，我国已注册的 CDM 项目占项目总数的 37.1%，预测的年均 CERs 占 59.47%。

我国建筑总量巨大，建筑能耗约占全社会总能耗的 25%，而且随着社会经济的发展和人们生活水平的提高，未来建筑能耗必将持续增长。建筑领域的碳排放总量也将在全社会总排放量中占据主要位置。因此，对于我国在建筑领域实施 PCDM 机制，必将大幅度促进我国 CDM 机制，促进建筑领域低排放技术的应用与发展、可再生能源技术的推广与应用。有专家预计，我国通过实施小规模可再生能源利用的 PCDM 项目，到 2020 年，可实现年减排 5.4 亿 t CO_2；实施锅炉、窑炉改造，按照年提高效率 5% 和 2% 的目标，可分别节能 2500 万 t 和 1000 万 t 煤，减排 7000 万 t CO_2；实施建筑节能的 PCDM 项目，可节能 5000 万 t 标准煤，减排 1 亿 t CO_2；实施电机系统改造，可节电 200 亿 kWh，减排 2000 万 t CO_2；实施绿色照明的 PCDM 项目，可节电 290 多亿 kWh，减排 3000 万 t CO_2。

但在 PCDM 机制的成熟与推广方面，由于 PCDM 相关国际制度框架还处于不断建设的过程中，成熟的管理体系和市场运作方式并没有最终确立，对国际规则的理解与适应，还需要一段艰苦努力的过程。此外，尽管 PCDM 极大地延伸了 CDM 的适用领域和范围，但在新的行业领域，尤其是建筑领域，因为方法学（被国际社会认可的项目开发方式）尚不具备，短期内也会成为 PCDM 发展的约束条件。

但困难的另一面同时也是机遇。我国应尽早进行支持 PCDM 方法学的研究，形成适用于我国建筑节能市场特点的基准线方法学和监测方法学，形成被认可的项目开发方式与规程，针对 PCDM 制定和修改管理规则，培养专业技术人才，增强项目开发机构和审核机构的技术水平。

不过有些专家认为，国际温室气体排放权交易市场对 CER 的未来需求，影响着 PCDM 项目开发意愿，PCDM 项目中 CER 的大量出现，会冲击现有市场，从而导致 CER 价格下跌，项目开发无法产生效益或收回投资。2012 年后国际温室气体排放权交易市场因此而无法准确预期。

参考文献

[1] 杨柳. 建筑气候分析与设计策略研究［博士学位论文］. 西安：西安建筑科技大学，2003.

[2] 卢曦. 城市热岛效应的研究模型. 环境技术，2003（5）：43–46.

[3] 孙越霞，卢建津，董文志，张于峰. 基于 CTTC 和 STTC 模型的城市热岛分析. 煤气与热力，2005，25（5）.

[4] 刘晶. 夏热冬冷地区自然通风建筑室内热环境与人体热舒适的研究［硕士学位论文］. 重庆：重庆大学.

[5] 杜晓辉等. 天津高层住宅小区风环境探析. 建筑学报，2005，4.

[6] Rajat Gupta, Smita Chandiwala. A critical and comparative evaluation of approaches and policies to measure, benchmark, reduce and manage CO_2 emissions from energy use in the existing building stock of developed and rapidly-developing countries-case studies of UK, USA, and India.

[7] Kirsten Engelund Thomsen, Kim B. Wittchen. European national strategies to move towards very low energy buildings. SBI (Danish Building Research Institute) 2008, 07.

[8] Boverkets Byggregler, BBR09, BFS 1993：57, http://www.boverket.se/.

[9] 国家机关办公建筑和大型公共建筑能源审计导则（建科［2007］249 号）.

[10] 马素贞. 上海既有办公建筑节能改造效果评估研究［博士学位论文］. 上海：同济大学，2009.

[11] Directive of the european parliament and of the council on the energy performance of buildings, 2002/91/EC, European Union.

[12] 龙惟定，张改景，梁浩. 低碳建筑的评价指标初探. 暖通空调. 2010.

[13] 同济大学. 低碳区域开发中建筑能源规划导则研究. 美国能源基金会，2010.

[14] Department for Communities and Local Government. Code for Sustainable Homes：A step-change in sustainable home building practice. www.communities.gov.uk.

[15] P. Torcellini, S. Pless, and M. Deru. Zero Energy Buildings：A Critical Look at the Definition. ACEEE Summer Study Conference. Pacific Grove, California. August 14–18, 2006. http://www.nrel.gov/docs/fy06osti/39833.pdf.

[16] European Commission. EU ENERGY IN FIGURES 2010.

[17] Kennedy, C. A., Ramaswami, A., Carney, S., and Dhakal, S. Greenhouse Gas Emission Baselines for Global Cities and Metropolitan Regions. 5th Urban Research Symposium：Cities and Climate Change-Responding to an Urgent Agenda, Marseille, 2009.

[18] K. A. BAUMERT, T. HERZOG, J. PERSHING. Navigating the Numbers：Greenhouse Gas Data and International Climate Policy. World Resources Institute. Washington, 2005.

[19] European Commission, Directorate-General for Energy and Transport（DG TREN）. EU ENERGY IN FIGURES 2010. 2010.01.26.

［20］ M. Wallhagen, M. Glaumann, T. Malmqvist. CO_2 emissions from buildings material production and energy use-a case study on an office building in Sweden.

［21］ HM government. The Building Regulations 2000：approved document-Part L1A：Conservation of fuel and power in new dwellings. 2010 edition.

［22］ HM government. The Building Regulations 2000：approved document-Part L1A：Conservation of fuel and power in new buildings other than dwellings. 2010 edition.

［23］ IPCC 2006，2006 IPCC Guidelines for National Greenhouse Gas Inventories，Prepared by the National Greenhouse Gas Inventories Programme，Eggleston H. S. , Buendia L. , Miwa K. , Ngara T. , and Tanabe K. （eds）. Published：IGES，Japan.

［24］ 梁朝晖. 上海市碳排放的历史特征与远期趋势分析. 上海经济研究，2009（7）：79‒87.

［25］ 郝斌，林泽，马秀琴. 建筑节能与清洁发展机制. 北京：中国建筑工业出版社，2010.

［26］ 潘家华，王谋. 规划方案下清洁发展机制实施意义及问题.

第4章 区域建筑能源可利用的资源分析

4.1 可再生能源的可利用资源分析方法

与非可再生能源相比，可再生能源资源的特点是可利用的总量不存在上限，而且定期再生。其次，在能源供应中有多少可再生能源被实际利用取决于其转换成终端能源的工艺技术水平，例如太阳能热利用量，取决于该地区的太阳辐射强度和把它转换成热能的太阳能集热器的技术水平。表4-1列出几种可再生能源量的估计方法。

可再生能源资源量评估方法 表4-1

能源名称	资源量参数	单位	估计资源量方法
太阳能：光热、光电	太阳辐射强度	MJ/（m² · a）	根据太阳能光伏电池、太阳能热水器等技术性能估计年所能获得电量和热量
	全年日照时数	h/a	
风能	风能密度	W/m²	根据风力机技术性能估计年可能发电量
	年可利用小时	h/a	
生物质能：秸秆、薪材、能源作物、工业和农业及城市废料	收集到的物质量	t	根据不同生物质能成型、气化和厌氧消化、发电、液化等技术性能估计年可能的生物开发量或电量

4.1.1 太阳能

4.1.1.1 太阳能在建筑中的应用

太阳能应用是建筑节能设计的主要手段，因为太阳能是一种取之不尽、用之不竭的可再生能源，也是人类可利用的最丰富的能源。一般来讲，每一栋建筑都或多或少地都受到太阳的辐射，经过良好的设计和达到优化利用太阳能的建筑可以很好地实现建筑节能。利用太阳能减少建筑能耗和改善建筑室内环境是建筑技术发展的一个重要方向，图4-1总结和分析了太阳能在建筑中应用的综合策略。

被动式太阳能利用通过建筑朝向和周围环境的合理布置，内部空间和外部形体的巧妙处理，以及建筑材料和结构、构造的恰当选择，使其在冬季能采集、保持、贮存和分配太阳能，从而解决建筑物的采暖问题，在夏季又能遮蔽太阳能辐射，散逸室内热量，从而使建筑物降温，达到冬暖夏凉的目的。主动式太阳能定义为用太阳能代替以往驱动冷暖空调设备的热源，用一些特殊的装置来收集热辐射，并将其转化为有效的热能和电能的形式，从而用于建筑的采暖和制冷。太阳能光电技术就是利用太阳能组件将太阳能转变为电能，目前，光电池和建筑围护结构一体化设计，是光电利用技术的发展方向。

4.1.1.2 区域建筑太阳能光热利用资源潜力分析

在规划阶段对区域建筑光热利用潜力进行评估，首先要给出相关参数的定义，如表4-2所示。

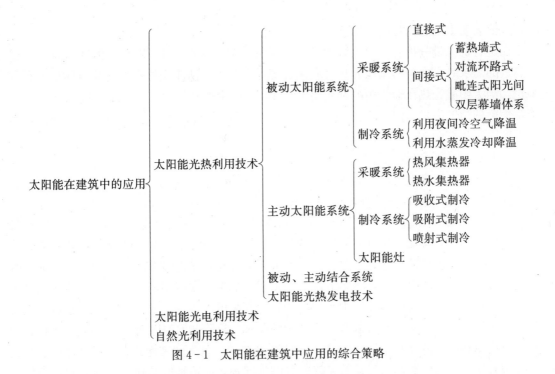

图 4-1　太阳能在建筑中应用的综合策略

区域建筑中太阳能光热可利用潜力分析所涉及到的参数及定义　　表 4-2

参数	定义与注解
容积率 υ	建筑总面积与建筑用地面积的比值
建筑能耗密度 e_i	建筑容积率与建筑单位面积能耗的乘积
屋顶面积可使用率 γ_{sth}	建筑屋顶用于安置太阳能光热利用集热器的有效面积与建筑屋顶面积的比值
太阳能光热密度 R_{sth}	单位建筑占地面积上被太阳能光热利用系统转换成热能的能量，J/（m^2·a）

（1）太阳能光热利用资源量计算公式为：

$$E_{sth} = Q_0 \times (\nu/n) \times \lambda_{sth} \times \gamma_{sth} \times \eta_{sth} \times A \qquad (4-1)$$

式中　　E_{sth}——太阳能光热利用资源量，kJ；

　　　　Q_0——太阳能年辐射量，kJ/（m^2·a）；

　　　　ν——容积率；

　　　　n——建筑平均层数；

　　　　λ_{sth}——屋顶面积可使用率；

　　　　γ_{sth}——太阳能热水集热器面积与水平面的面积之比；

　　　　η_{sth}——太阳能热水器光热效率；

　　　　A——建筑用地面积，m^2。

（2）太阳能光热密度的计算公式为：

$$R_{sth} = \frac{Q_{sth}}{A} \qquad (4-2)$$

式中　　R_{sth}——太阳能光热密度，kJ/m^2。

（3）太阳能光热在建筑中的利用率 β_{sth}，即太阳能光热密度与区域建筑能耗密度的比值，该值表明太阳能光热的利用能力。

在进行资源量分析时，当太阳能光热在建筑中利用率小于 1，即产生的热水量不够建筑热量的需求时，此时太阳能光热可利用资源潜力等于太阳能光热密度与建筑用地面积的乘积。当太阳能光热在建筑中的利用率大于 1，即产生的热量大于建筑的热量需求时，从能量平衡的角度出发，此时太阳能光热利用可利用资源潜力在数值上等于建筑的热量需求，即区域建筑能耗密度与建筑总面积的乘积。

4.1.1.3 区域建筑光伏发电利用资源潜力分析

建筑光电利用方式主要有两种：光伏建筑一体化（Building Integrated Photovoltaic，BIPV）和光伏系统附着在建筑上（Building Attached Photovoltaic，BAPV）。光伏建筑一体化（BIPV）技术即将太阳能发电（光伏）产品集成到建筑上的技术。BIPV 不但具有外围护结构的功能，又能产生电能供建筑使用。BIPV 建筑的屋顶是由高效多晶硅中空光伏组件及支撑结构组成的采光顶。此类建筑的太阳能电池板是建筑外围护结构的一部分，既可以遮风挡雨，又可以发电，不影响建筑的美观。如果将太阳能电池板拆除，此建筑将失去遮风挡雨的功能。BAPV 建筑中采用的是普通太阳电池组件，太阳电池组件通过支架安装在原先建好的屋顶上，有可能会影响建筑的美观。拆除此 BAPV 建筑上的光伏组件，并不会影响原有建筑的基本功能。在建造 BAPV 系统前，首先要考虑建筑的承载能力、光伏系统对原建筑结构的破坏、对建筑风格的影响等问题，并不是所有建筑都适合建造 BAPV 系统。大型 BAPV 工程都应报建，经过有关部门审批。

本章主要探讨 BAPV 这种利用方式。在估算区域建筑光伏发电利用资源潜力之前首先给出相关参数的定义，如表 4-3 所示。

区域建筑中太阳能光伏发电可利用潜力分析所涉及到的参数及定义　　　　表 4-3

项目	定义与说明
建筑容积率 ν	建筑总面积与建筑占地面积的比值
建筑能耗密度 e_i	建筑容积率与建筑单位面积能耗的乘积
屋顶面积可使用率 λ_{PV}	建筑屋顶用于安置太阳能光伏板的有效面积与建筑屋顶面积的比值
太阳能光伏电池板的转换效率 η_{PV}	我国最先进的单晶硅太阳能电池转换效率为 18.8%，多晶硅电池为 17.2%，非晶硅电池为 5%~7%，双结非晶硅电池为 6%~8%，非晶硅/微晶硅叠层电池效率为 8%~10%
太阳能光伏发电效率修正系数 κ	考虑太阳能光电装置在使用过程中，长期运行性能下降、灰尘引起光电板透明度下降、光电电池升温导致功率下降、导电损耗、逆变器效率、光电模板朝向等因素的影响，定义此效率系数；根据《行业发展——光电幕墙及光电屋顶》，此系数取值宜为 0.29~0.52
太阳能光伏发电密度 R_{PV}	太阳能光伏发电密度为单位土地面积上的建筑被太阳能光电转换装置利用并转换成电的能量，kJ/(m² · a)

（1）太阳能光伏发电资源量的计算公式为：

$$E_{PV} = Q_0 \times (\nu/n) \times \lambda_{PV} \times \eta_{PV} \times \kappa \times A \tag{4-3}$$

式中　E_{PV}——太阳能光伏发电资源量，kJ；

　　　Q_0——太阳能年辐射量，kJ/(m² · a)；

　　　λ_{PV}——屋顶面积可使用率；

　　　η_{PV}——太阳能光电转换效率；

κ——太阳能光电效率修正系数；

A——建筑用地面积，m^2。

（2）太阳能光伏发电资源量计算公式为：

$$R_{\text{PV}} = \frac{Q_{\text{PV}}}{A} \qquad (4-4)$$

式中　R_{PV}——太阳能光伏发电密度。

（3）太阳能光伏发电在建筑中的利用率 β_{PV}，即太阳能光伏发电密度与建筑能耗密度的比值，说明太阳能光伏发电量给建筑提供电量的能力。

4.1.2　风能

4.1.2.1　风能在建筑中的应用

风能是由于太阳辐射造成地球各部分受热不均匀，引起各地温差和气压不同，导致空气运动而产生的能量。与常规能源相比，风力发电的最大问题是其不稳定性，解决这个问题可以采取的方式有：（1）与电网相连（电网实际充当了巨大的蓄电池）；（2）采用大型蓄电池；（3）采用"风力—光伏"互补系统；（4）采用"风力—柴油机"互补系统。以我国目前的情况，建筑中可以考虑（2）、（3）、（4）方案。

风力发电系统通常安装在远离城市的郊区，2001年后，英国、瑞士、荷兰等国家先后开展城市和高层建筑风力发电的研究和实践。高层建筑具有风力资源优势，在适宜的条件下，安装风力发电系统具有投资成本低、传输距离短、工作效率高等优点。依据高层建筑风环境的特点，风力机通常安装在风阻较小的屋顶或风力被强化的洞口、夹缝等部位。

建筑上的风能利用一般采用小型或微型风力发电机，这类产品在我国已经有较为成熟的技术，目前主要供没有电网连接的偏远农村使用。而在城镇地区很少用风力发电机，多为道路中的风光互补路灯形式。但在加拿大多伦多，安装在国家展览馆的风力发电机至今已经生产了超过100万kWh时的绿色电能，并且成为该市一座新的地标；在日本，近年来开发出的专用于写字楼、商店和家庭使用的"小型微风风力发电机"正在向社会大力推广，只要有能使树叶摇动的微风（2m/s左右的风速）就能使发电机工作。用于建筑的小型或微型风力发电机，风车高度为3～5m，叶片直径为2～4m，非常适合夜间建筑亮化照明等。建筑风电在利用可再生能源、保护生态环境方面的意义不容置疑，但其经济效益、居住环境影响、设计上的挑战等都是尚未完全解决和必须加以重视的问题。

4.1.2.2　区域建筑风能利用资源潜力分析

（1）风力发电资源量估算。风力发电量可根据场地的风能资源和风力发电机的功率输出曲线，对风力发电机的年发电量进行估算，计算公式为：

$$E_{\text{w}} = \eta_{\text{W}} \times P_{\text{v}} \times T_{\text{v}} \qquad (4-5)$$

式中　E_{w}——风力发电机的年发电量，kWh；

η_{W}——风机发电效率；

υ——风力发电的机的有效风速，即位于风力发电机切入速度和风力发电机切出速度之间的风速，m/s；

P_{v}——在有效风速 υ 下，风力发电机的平均输出功率，kW；

T_{v}——场地有效风速 υ 的年累计小时数，h。

(2）区域风力发电密度的计算公式：

$$R_{\mathrm{W}} = \frac{E_{\mathrm{w}}}{A}$$ （4-6）

式中　R_{W}——风力发电密度，kWh/m^2；

　　　E_{w}——风力年发电量，kWh；

　　　A——建筑用地面积，m^2。

（3）风力发电在建筑中的利用率 β_{w}，即风力发电密度与建筑能耗密度的比值，该值说明风力发电的能力。

4.1.3　生物质能

4.1.3.1　生物质能在建筑中的应用

生物质能是以生物质为载体的能量，生物质能本质上来自于太阳，地球上的绿色植物、藻类和光合细菌，通过光合作用储存化学能。生物质能的有效利用在于其转换技术的提高，生物质直接燃烧是最简单的转换方式，但普通炉灶的热效率仅为15％左右。生物质经微生物发酵处理，可转换成沼气、酒精等优质燃料。在高温和催化剂作用下，可使生物质能转化为可燃气体，用热分解法将木材干馏，可制取气体或液体燃料。目前，生物质能在我国的应用主要是在农村地区，城市中由于收集、储存、运输、环境等问题应用较少，农村地区的主要应用方式为生物质能发酵制沼气。在建筑中的应用还非常少，建筑中生物质能应用的主要方式是大型生物质气化发电，或者建筑中基于生物质能的固体氧化物燃料电池。

4.1.3.2　生物质能资源量评估

从能源角度评价生物质的资源量时，可以把生物质大致分为两类：一类是目前已产生而没有被充分利用的废弃物类生物质，废弃物类生物质是伴随着农、林、畜牧业等的生产和城市生活消费而产生的，由于受到人类活动持续性的影响，其产量通常是比较稳定的。然而，一般认为这类生物质的其中一部分已经被用于能源以外的其他用途，即使没有进行上述利用，要将废弃物类生物质有效地作为能源全部回收也是很困难的。因此，在现有存量的范围内，应当把实际可以作为能源利用的这部分废弃物类生物质看作潜在的能源物质。另一类是目前还没有大量生产、未被利用或利用度较低的，将来可能作为能源利用的能源作物。能源作物不是作为食物而是以能源利用为主要目的进行栽培的植物，如桉树、混合杨树、柳树等大本植物，甘蔗、熨斗兰、高粱等草本植物，以及其他油类作物等可以被看作是能源作物。各种废弃物类生物质资源的能源量的评估宜按以下内容计算。

（1）秸秆和农作物加工剩余物：

$$E_{\mathrm{CR}} = \sum_{i=1}^{n} Q_{\mathrm{CR}_i} \cdot r_{\mathrm{CR}_i} \cdot \eta_{\mathrm{CR}_i} \cdot \lambda_{\mathrm{CR}_i}$$ （4-7）

式中　E_{CR}——农作物残余物能源资源量，kJ；

　　　Q_{CR_i}——第 i 种农作物产量，kg；

　　　r_{CR_i}——第 i 类农作物的谷草比系数，其值见表4-4；

　　　η_{CR_i}——第 i 类农作物残余物的能源折算系数，kJ/kg，其值见表4-4；

　　　λ_{CR_i}——第 i 类农作物残余物作为能源利用的可获得系数，秸秆作为能源利用的可获得系数为50％。

项目	水稻	小麦	玉米	豆类	棉花	薯类	油菜	甘蔗	麻类	其他谷物
r_{CR_i}	1	1.1	3	1.7	3	1	3	0.1	1.7	1.6
η_{CR_i}	12556	14637	15486	15896	15896	14227	15486	12910	14637	1464

（2）畜禽粪便类资源量估算：

$$E_M = \sum_{i=1}^{n} x_{M_i} \cdot M_{M_i} \cdot \eta_{M_i} \cdot \lambda_{M_i} \qquad (4-8)$$

式中　E_M——畜禽粪便的能源资源量，kJ；

　　　x_{M_i}——第 i 类畜禽的个数，只；

　　　M_{M_i}——第 i 类畜禽在整个饲养周期内粪便排放量，kg，其值见表 4-5；

　　　η_{M_i}——第 i 类畜禽粪便的能源转换系数，kJ/kg，其值见表 4-5；

　　　λ_{M_i}——粪便作为能源的可获得率，一般取 33%；

　　　n——畜禽的种类。

畜禽在整个饲养周期内粪便排放总量和各种畜禽粪便的能源转换系数　　表 4-5

项目	M_{mi}（kg）	η_{mi}（kJ/kg）
肉猪	1050	12559
存栏猪	1460	
肉牛	8200	
奶牛	21900	13788
黄牛、水牛	8703	
马	5237	
羊	632	15486
驴骡	3092	
肉禽	4.5	18823
蛋禽	55	

（3）薪柴和林木生物质能实物量计算：

$$E_{FR} = \sum_{i=1}^{n} Q_{FR_i} \cdot r_{FR_i} \cdot \eta_{FR_i} \cdot \lambda_{FR_i} \qquad (4-9)$$

式中　E_{FR}——林木/薪柴的能源资源量，kJ；

　　　Q_{FR_i}——第 i 种林木/薪柴的资源量，kg/单位；

　　　r_{FR_i}——第 i 种林木/薪柴资源的折算系数，其值见表 4-6；

　　　η_{FR_i}——第 i 种林木/薪柴的能源转换系数，林木/薪柴的能源转换系统可取为 16715kJ/m³；

　　　λ_{FR_i}——第 i 种林木/薪柴的能源可利用系数，薪柴的能源可利用系数为 40%。

林木/薪柴资源的折算系数   表4-6

种类	薪炭林	采伐剩余物	森工加工剩余物	抚育间伐量	四旁林	竹材加工剩余物	小杂竹、灌木、果木等
r_{FR_i}	100%	40%	34.4%	100%	100%	34.4%	10%
折重	1170kg/m³	1170kg/m³	900kg/m³	900t/m³	2kg/株	5kg/株	—

（4）城市污水和废水的能源资源量：

$$E_{ww} = Q_{ww} \cdot r_{ww_1} \cdot r_{ww_2} \cdot \eta_{ww_i} \cdot \lambda_{ww_i} \qquad (4-10)$$

式中　E_{ww}——废水产生的能源资源量，kJ；

　　　Q_{ww}——废水总量，m³；

　　　r_{ww_1}——废水中 COD 的平均含量，COD/m³；

　　　r_{ww_2}——单位 COD 产生 CH4 的量，m³/COD；

　　　η_{ww_i}——工业沼气的能源转换系数，其值可取为 25196kJ/m³；

　　　λ_{ww_i}——工业沼气的能源可利用系数，其值可取为 50%。

（5）城市固体垃圾焚烧燃烧发电的资源量评估：城市垃圾是当今世界面临的严重公害，中国历年积存垃圾已超过 60 亿 t，且每年以 8%～10% 的增长率递增。传统的垃圾处理采用填埋的方式，但由于城市垃圾的剧增，堆放和处理的场地日益减少，以及处理不当造成土壤和地下水的严重污染。20 世纪 80 年代后，世界各国垃圾处理技术有了新的发展，填埋及沼气发电、垃圾堆肥、垃圾焚烧发电是较流行的 3 种处理方法。本书特别说明垃圾焚烧法，焚烧法处理城市生活垃圾是一项高温热化学处理技术，是将生活垃圾作为固体燃料送入焚烧炉膛内，在鼓入助燃空气和 850℃ 以上的高温条件下，生活垃圾中的可燃成分与空气中的氧进行剧烈的化学反应，放出热量，用于供热核发电。同时，垃圾经过焚烧处理后可用减容 80%～90%，减重 70%～75%。城市固体垃圾焚烧发电的资源量估算公式为：

$$E_{MSW} = \frac{G_{MSW} \times Q_{LHV} \cdot \eta_{MSW}}{3.6} \qquad (4-11)$$

式中　E_{MSW}——垃圾焚烧发电量，kWh；

　　　G_{MSW}——进焚烧炉的垃圾量，kg；

　　　Q_{LHV}——进焚烧炉的垃圾热值，kJ/kg，在没有具体垃圾热值时可以参考表 4-7 估算出当地的垃圾热值；

　　　η_{MSW}——垃圾焚烧发电转换效率，其取值可以参考表 4-8。

垃圾热值估算方法系数   表4-7

基准值（kJ/kg 垃圾）	6280			
影响因素分类	一类	二类	三类	四类
城市人口数（万人）	>1000	500～999	200～499	<200
城镇居民人均消费水平（元/a）	>15000	12000～14999	8000～11999	<8000
年降水量（mm/a）	>1500	1000～1499	500～999	<500
城市人口数影响系数	1	0.95	0.9	0.85
城镇居民人均消费水平影响系数	1	0.95	0.9	0.85
年降水量影响系数	0.85	0.9	0.95	1

垃圾焚烧炉规模与发电效率的关系				表 4-8
垃圾焚烧炉规模（吨垃圾/d）	>1000	600～999	200～599	<200
发电转换率	0.256	0.244	0.233	0.221

4.1.3.3 生物质能源密度及在建筑中的可利用率

（1）生物质能利用密度是指规划区域内单位建筑占地面积上的生物质能潜在量，其计算公式为：

$$R_b = \frac{\sum_{i=1}^{n} E_i}{A} \tag{4-12}$$

式中 R_b——生物质能密度；

n——生物质能源资源的种类；

E_i——第 i 类生物质资源的能源潜力。

（2）生物质能在建筑中的利用率 β_b，即生物质能利用密度与建筑能耗密度的比值，该值表征生物质能提供建筑用能的能力。

4.2 未利用能源的可利用资源分析方法

4.2.1 浅层土壤蓄热能资源量分析方法

4.2.1.1 浅层土壤蓄热能资源量分析原理

节能也是一种资源，所以把土壤蓄热称为"浅层地热能"也未尝不可。有关文献对"浅层地热能资源技术评价"和"浅层地热能"的资源观点提出质疑。本书为了避免误导和歧义，提出了"浅层土壤蓄热能"（shallow soil thermal storage）。浅层地表蓄热能是指在夏季供冷时，地源热泵系统向地下 30～300m 的恒温地带排放冷凝热，经过整个夏季的冷凝热排放与累积后，此地的恒温带就会形成局部 4～6℃的温升，在冬季供热时，热泵从地下不断吸取这部分储存的低温热量，经热泵升温后向建筑供热，这部分低温热量就是浅层地表蓄热能。对于浅层地表蓄热能来说，主要蓄能模式是夏蓄冬取和冬蓄夏取。因此，在实际土壤源热泵系统中，对于夏季负荷占优地区，要综合考虑土壤经过冬季放热及过渡季散失之后夏季可供取出的冷量来估算资源量；对于冬季负荷占优地区，要综合考虑土壤经过夏季吸热及过渡季散失之后冬季可供取出的热量来估算资源量大小。在上海地区，夏季冷负荷占优，因此浅层地表蓄热能的资源估计要从满足建筑冬季采暖需求为基础，反推夏季的用能，夏季不足部分用其他能源补充。

区域建筑土壤蓄热能资源潜力分析的相关定义和计算公式如下所述：

（1）建筑空地率，是指适合土壤源热泵系统埋管的场地（如建筑绿地、停车场等）与建筑用地面积的比值，一般在城市规划管理技术规定（土地使用建筑管理）中会给出绿地率、汽车停车率等指标，通过这些指标可以估算出建筑空地率。

（2）可埋管土地面积，即规划建筑用地区域内适合安装地埋管换热器的土地面积，单位为 m²，可埋管土地面积＝建筑用地面积×建筑空地率。

（3）夏季或冬季地埋管换热量，是使用土壤源热泵系统夏季可排放到土壤中的热量或冬季可从土壤中提取的热量，单位为 kWh。为了保持土壤源热泵系统的热平衡，在夏季负荷占优的地区，以冬季可从土壤中提取的热量为地埋管换热量；在冬季负荷占优的地区，以夏季可排放到土壤中的热量为地埋管换热量，可以通过模拟获得，或通过岩土热响应试验获得，地埋管换热量可以按式（4-13）进行概算。

$$Q'_{\mathrm{GSHP}}=\frac{A_{\mathrm{GSHP}}}{L_{\mathrm{GSHP}}\times L_{\mathrm{GSHP}}}\times q_{\mathrm{GSHP}}\times H_{\mathrm{GSHP}}\times t_{\mathrm{GSHP}} \tag{4-13}$$

式中 Q'_{GSHP} ——地埋管换热量，kWh；

A_{GSHP} ——可埋管土地面积，m^2；

L_{GSHP} ——竖直埋管钻孔间距，m；

q_{GSHP} ——单位井深换热量概算，W/m；

H_{GSHP} ——埋管深度，m；

t_{GSHP} ——运行小时数，h。

（4）可供建筑的冷量或热量，即通过使用土壤源热泵系统从地下提取或释放入土地中的能量，从而为建筑提供一定的热量或冷量，计算公式如下：

$$Q_{\mathrm{GSHP-c}}=\frac{Q'_{\mathrm{GSHP}}}{1+\dfrac{1}{EER_{\mathrm{GSHP}}}} \tag{4-14}$$

$$Q_{\mathrm{GSHP-h}}=\frac{Q'_{\mathrm{GSHP}}}{1-\dfrac{1}{COP_{\mathrm{GSHP}}}} \tag{4-15}$$

式中 $Q_{\mathrm{GSHP-c}}$ ——土壤源热泵系统可供建筑冷量，kWh；

$Q_{\mathrm{GSHP-h}}$ ——土壤源热泵系统可供建筑热量，kWh；

EER_{GSHP} ——土壤源热泵系统的制冷能效比；

COP_{GSHP} ——土壤源热泵系统的制热能效比。

（5）土壤源热泵系统的全年节能量，使用高效土壤源热泵与提供同样负荷的空气源热泵系统所节省的电量，单位为 kJ，其计算公式为：

$$E_{\mathrm{GSHP}}=E_{\mathrm{GSHP-s}}+E_{\mathrm{GSHP-w}}=Q_{\mathrm{GSHP-c}}\times\left(\frac{1}{EER_{空气源热泵}}-\frac{1}{EER_{\mathrm{GSHP}}}\right)+$$
$$Q_{\mathrm{GSHP-h}}\times\left(\frac{1}{COP_{空气源热泵}}-\frac{1}{COP_{\mathrm{GSHP}}}\right) \tag{4-16}$$

式中 E_{GSHP} ——土壤源热泵系统的全年节能量，kWh；

$E_{\mathrm{GSHP-s}}$ ——土壤源热泵系统夏季节能量，kWh；

$E_{\mathrm{GSHP-w}}$ ——土壤源热泵系统冬季节能量，kWh；

$EER_{空气源热泵}$ ——比较对象空气源热泵系统的制冷能效比；

$COP_{空气源热泵}$ ——比较对象空气源热泵系统的制热能效比。

（6）土壤源热泵系统全年节能量密度的计算公式为：

$$R_{\mathrm{GSHP}}=\frac{E_{\mathrm{GSHP}}}{A} \tag{4-17}$$

式中 R_{GSHP} ——土壤源热泵系统全年节能量密度，$\mathrm{kWh/m}^2$。

（7）土壤源热泵系统的利用率 β_{GSHP}，即土壤源热泵系统全年节能量密度与建筑能耗密度的比值，该值说明土壤源热泵系统的节能潜力。

4.2.1.2 案例分析

（1）基本参数：在长江中下游地区，由于土壤冬夏放、吸热量的不同，使得土壤温度逐年升高，也使得土壤源热泵机组夏季运行时的冷凝温度逐渐升高，从而降低机组的运行效率。因此，根据前述所知，应按照冬季的取热量进行估算盘管个数，则按照 4kW/口井估算得到埋管个数为 25，因此按照 $5m \times 5m$ 方形矩阵格式进行排列管井，管间距为 5m，最外圈管中心距离外边界为 10m。在进行全年运行模拟时，按照冬季供热工况运行 90d、每天工作 10h、停机 14h 的模式；然后过渡季停机 90d；再然后按照夏季工况运行 90d、每天工作 10h、停机 14h 的模式；最后停机 90d，系统基本参数如表 4-9 所示。

模拟运行时系统参数取值　　　　　　　表 4-9

参　数	取　值	参　数	取　值
初始温度（℃）	17.9	地下水密度（kg/m³）	1046
土壤导热系数 [W/(m·K)]	1.54	地下水导热系数 [W/(m·K)]	0.55
土壤比热容 [J/(kg·K)]	2300	地下水比热 [J/(kg·K)]	4200
土壤密度（kg/m³）	1800	地下水流速度（m/a）	0/60
管材	HDPE	管内流体密度（kg/m³）	1046
埋管深度（m）	100	管内流体导热系数 [W/(m·K)]	0.55
管内径（mm）	26	管内流体比热 [J/(kg·K)]	4200
管外径（mm）	32	管内流体速度（m/s）	0.904
冬季土壤放热负荷（kW）	50/100	夏季土壤吸热负荷（kW）	100

（2）冬季工况下土壤放热量及土壤温度场变化：系统首先进入冬季工况运行，按照前文所述运行模式运行 90d 内土壤的逐天放热量变化情况如图 4-2 所示。为了分析问题方便，模拟运行时按照每天热负荷均为 100kW 进行计算，因此图 4-2 中的放热量变化曲线几乎是线性上升的，系统运行第一天内土壤放热量为 3944.92MJ，90d 内土壤的累积放

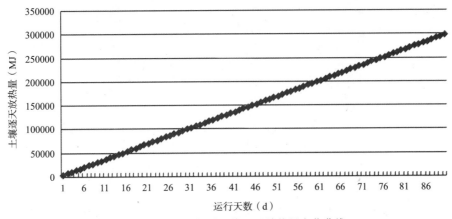

图 4-2　冬季运行时土壤逐天放热量变化曲线

热量为 298219.3MJ，此时由于持续的供热运行，使得土壤的温度持续下降。从图 4 - 3
所示的第 90 天时 100m 深处的土壤温度场可以看出，土壤的最低温度已经降到 12.3℃，
图 4 - 4 所示的 50m 深处土壤最低温度更低，约为 11.5℃，两种深度处土壤最高温度虽仍
然为 17.9℃（原始地温），但高温区仅位于外围管线到外边界的区域内，而整个管群区域
温度都已经高于原始地温，各管间已经发生了热干扰。由此可见，5m 管间距是否合适也
是值得商榷的一个问题。

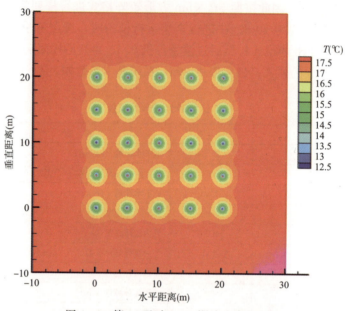

图 4 - 3　第 90 天时 100m 深处土壤温度场

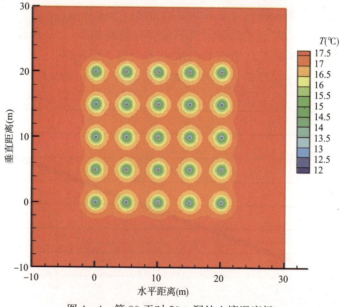

图 4 - 4　第 90 天时 50m 深处土壤温度场

冬季工况运行90天内土壤的平均温度变化曲线如图4-5所示,由图可知,随着供热工况的运行,虽然系统仍然属于间歇运行,即每天停机恢复14h,但整个土壤的平均温度仍然是不断下降的,从第一天的17.13℃逐渐下降到第90天的15.25℃,温度降低了1.88℃,降幅达到10.97%。

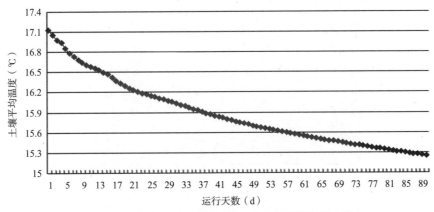

图4-5 冬季工况下连续运行90d土壤平均温度变化

(3)过渡季停机后土壤温度场变化:接下来系统进入90d的停机恢复期,此时土壤的平均温度变化曲线如图4-6所示,在停机恢复期前20d里,土壤温度恢复较快,第一天里,土壤温度升高了0.07℃,第20天时温度升高了0.03℃,从第21天起,一直到最后一天,土壤温度几乎以0.02℃/d再逐渐以0.01℃/d的速率缓慢升高,即土壤平均温度从第一天的15.56℃升高到16.52℃,升高了0.96,升幅为6.18%;而第20天时100m深处土壤温度场如图4-7所示,此时土壤最低温度升高到15.7℃,外围管区域恢复较快;第90天时100m深处土壤温度场如图4-8所示,由该图可知,此时土壤最低温度升高到16.65℃,最外围管线恢复速度最快,中间管段恢复相对较慢,大约距外围管线5m处温度场都有波动,从5m处到最外边界几乎还处于原始地温状态,没有受到中心区域的影响。

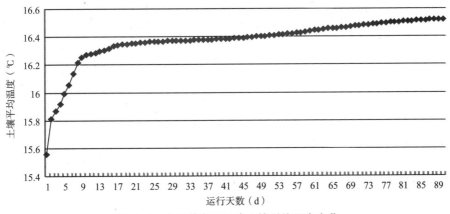

图4-6 停机恢复90d内土壤平均温度变化

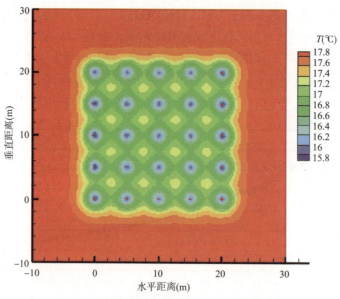

图 4-7 停机 20d 时 100m 深处土壤温度场

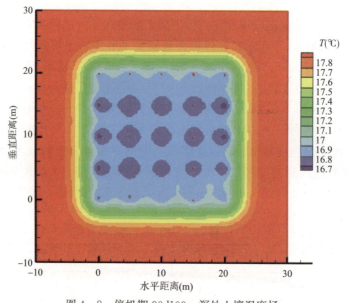

图 4-8 停机期 90d100m 深处土壤温度场

（4）夏季工况下土壤吸热量及土壤温度场变化：根据前述可知，冬季供热工况结束后土壤的累积放热量达到 298219.3MJ，经过 90d 停机恢复期后，虽然土壤区域温度场趋于均匀，且土壤平均温度有所回升，但由于管群区域的外边界选的较远，也即距离外围管线 10m 处，因此经过 90d 的恢复后整个大区域的土壤蓄热量几乎没有变化，则按照 298219.3MJ 的热量来设计夏季管段，若按照前述冬夏采用相同的运行模式，则夏季也按照 100kW 的冷负荷来设计，冷量不足部分采用其他辅助冷源进行补偿。

（5）情景 1，夏季土壤吸热量等于冬季土壤放热量：按照夏、冬季土壤吸、放热量相等来设计时，则夏季工况下系统连续运行 90d 后土壤累积吸热量为 298440.8MJ，与冬季累积放热量相比，二者相差仅占到前者的 0.07%，几乎相当。系统连续运行 90d 内土壤平均温度变化曲线如图 4-9 所示，土壤平均温度从 16.76℃上升到 19.56℃，升高了 2.79℃，且由图 4-10 可知，此时 100m 深处土壤最低温度为 17.3℃，最高温度为 22.7℃。

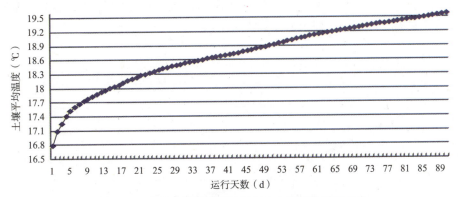

图 4-9　夏季工况下连续运行 90d 土壤平均温度变化

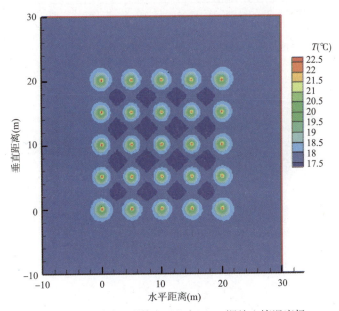

图 4-10　夏季工况第 90 天时 100m 深处土壤温度场

接下来，系统进入 90d 的停机恢复期，90d 停机恢复期内土壤的平均温度变化曲线如图 4-11 所示，第一天恢复后土壤的均温为 19.17℃，第 90 天恢复后土壤的平均温度约为 18.03℃，几乎接近原始地温；而此时 100m 深处土壤温度场（见图 4-12）较为均匀，最低温度为 17.70℃，最高温度为 18.35℃，中心管区几乎已恢复到原始地温，而最外围管中心温度相对较高，恢复较慢，主要是由于系统的全年运行特性使然，经过最初的冬季工况运行及恢复后，最外围管区域的温度场最先恢复，中心区域管段恢复较慢，如图 4-7

和图 4-8 所示。但是正是由于最外围管区域的率先恢复，使得该区域经过夏季吸热后，温度稍高于中心管区域，如图 4-11 所示。因此再经过 90d 停机恢复后，外围管区域的温度场仍未恢复到原始地温，而恢复速度较慢的管群中心区域反倒由于冬季的放热、夏季的吸热而使得温度场几乎回到初始状态。由此可见，对于冬、夏季土壤放、吸热量相等这种设计来说，较大的管群区域反而可以利用中心区域的恢复过慢而提高冬、夏季的机组运行效率，即充分利用中心区域的蓄冷、蓄热作用。这也同前面所述将土壤源热泵技术看成利用冬蓄夏取、夏蓄冬取来进行建筑的冷热供应不谋而合。

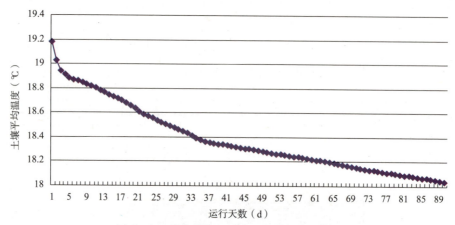

图 4-11　停机恢复 90d 内土壤平均温度变化

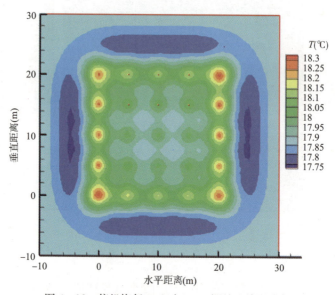

图 4-12　停机恢复 90d 时 100m 深处土壤温度场

（6）情景 2，夏季土壤吸热量等于冬季土壤放热量的 125%：为了与情景 1 比较，选取了按照冬季放热量的 125% 来考虑夏季埋管换热器的换热能力，则夏季及其后恢复期的土壤温变情况如下所述。

若按照夏季土壤吸热量为冬季土壤放热量的 125% 来考虑，则夏季运行 90d 后土壤累积吸热量达到372585.6MJ，与冬季累积放热量相比，二者相差占到后者的24.93%，几乎与设计时考虑的125%相当；夏季运行90d内土壤平均温度变化如图4-13所示，从第一天的16.81℃逐渐升高到第90天的20.19℃，升高了3.37℃；而由图4-14所示的第90天时100m深处土壤温度场也可知，此时土壤最低温度约为17.3℃，与图4-10所示相同，但最高温度上升到24.2℃，而图4-10所示情况下最高温度为22.7℃。由此可见，按照125%来考虑夏季盘管换热能力，使得盘管区域土壤的温度有所上升，尤其是区域最高温度。

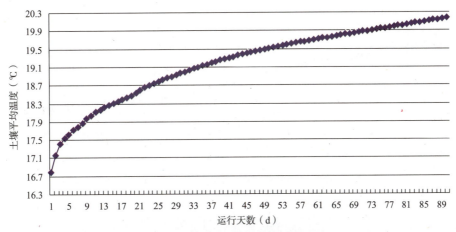

图4-13　夏季工况下连续运行90天土壤平均温度变化（125%）

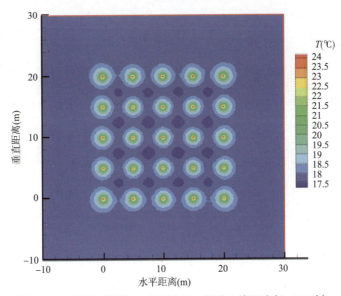

图4-14　夏季工况第90天时100m深处土壤温度场（125%）

经过90d的停机恢复期后，整个盘管区域土壤的平均温度从最初的19.85℃降低到18.32℃，降低了1.53℃，降幅达到7.72%，如图4-15所示。由此可见，若按照夏季土壤吸热量为冬季土壤放热量的125%来考虑，则经过全年运行后，土壤平均温度较初始地温升高了 0.32℃，但值得注意的是：本书所考虑管群周边土壤区域的外边界较远，也即外边界附近的原始地温部分对于综合平均温度的影响起了一定的缓和作用，如果仅考虑盘管周围 5m 区域，则平均温度会有所增加。恢复期第 90 天时 100m 深处土壤温度场如图 4-16 所示，土壤最低温度约为 17.8℃，最高温度为 18.57℃，较前述图 4-12 所示相比有所升高。

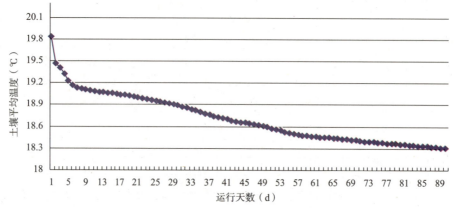

图 4-15　停机恢复 90d 内土壤平均温度变化（125％）

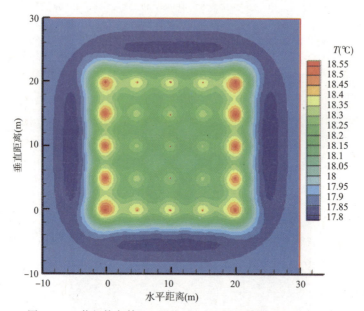

图 4-16　停机恢复第 90 天时 100m 深处土壤温度场（125％）

全年运行后土壤平均温度与原始地温相比升高了 0.32℃，这对于即将到来的冬季运行工况是较为有利的，较高的土壤温度可以提高系统的运行效率，但是对于第二年的夏季工况运行来说，更高的冷凝温度将会降低系统的运行效率，从而使得第二年运行完毕后土壤的平均温度会继续上升，但上升幅度将低于第一年的 0.32℃，以后每年继续如此，直到机组无法运行或者土壤区域达到一个新的平衡，但此时平均温度肯定高于原始低温，即即使仍能满足建筑负荷需求，但机组的效率处于一个相对很低的水平；或者考虑到土壤逐年温升问题而有计划的降低第二年夏季从土壤中获取的冷量，也可能恢复到原始地温，该部分工作将于后续展开。

（7）本节对长江中下游地区某一土壤源热泵系统为案例进行了模拟计算分析，从而为资源量估算提供了思路。从模拟计算结果可知：（1）若按照夏季土壤吸热量等于冬季土壤放热量设计地下埋管换热器并按此考虑运行，则经过全年运行后土壤区域几乎恢复到原始低温，实际运行过程中冬夏土壤放吸热量几乎相等。（2）若按照夏季土壤吸热量等于冬季土壤放热量的 125% 来考虑，则经过全年运行后土壤区域平均温度较原始地温升高了 0.32℃，有利于下一年的冬季运行，不利于夏季运行；但若夏季考虑到不平衡而减少从土壤的取冷则可能恢复到原始地温。总之对于夏季负荷占优地区，要综合考虑土壤经过冬季放热及过渡季散失之后夏季可供取出的冷量来估算资源量，或对于冬季负荷占优地区，要综合考虑土壤经过夏季吸热及过渡季散失之后冬季可供取出的热量来估算资源量大小。

4.2.2 地表水源热利用资源潜力分析方法

地表水源热泵系统的一个冷热源是池塘、湖泊或河流等地表水。在靠近江河湖海等大体量水体的地方利用这些自然水体作为热泵的低温热源是值得考虑的一种空调热泵的形式，地表水源热泵系统可分为开式和闭式系统。由于地表水温度受气候的影响较大，与空气源热泵类似，环境温度越低热泵的供热量越小，性能系数越低，而且热泵的换热对水体生态环境的影响有时也要加以考虑。

区域建筑地表水源热利用潜力分析的相关定义和计算公式如下所述：

（1）可利用地表水源热泵系统的建筑面积，即距离地表水水平距离 3km 范围内的建筑面积适合采用地表水源热泵系统。

（2）夏季或冬季水体换热量，即临近水体的建筑与水体的热交换量，其计算公式为：

$$Q'_{c(h)} = q_w \cdot A_w \cdot t_{c(h)} \cdot \varphi \tag{4-18}$$

式中 $Q'_{c(h)}$——夏或冬季水体换热量，kWh；

q_w——单位水域换热量，W/m²，单位水域换热量与水体温度、水流速度、水量等因素密切相关，具体项目应该具体计算。

A_w——水域面积，m²；

$t_{c(h)}$——制冷或制热小时数，h；

φ——活动水体百分比，活动水体占总水体的比例，当水体完全静止时，活动水体百分比为 0，此时水体的换热量取极小值 0，因为当水体完全静止时，水体只能通过与空气的对流而进行换热，换热效果差；当水体的流速很快时，活动水体百分比趋向于 1，此时水体的换热量非常好。

（3）可供建筑的冷或热量，即通过使用水源热泵从水体提取或释放入水体中的能量，从而为建筑提供一定的热量或冷量，其计算公式如下：

$$Q_{WSHP-c} = \frac{Q'_c}{1 + \dfrac{1}{EER_{WSHP}}} \tag{4-19}$$

$$Q_{\text{WSHP-h}} = \frac{Q'_h}{1 - \dfrac{1}{COP_{\text{WSHP}}}}$$ (4-20)

式中 $Q_{\text{WSHP-c}}$——水源热泵系统可供建筑的冷量，kWh；

Q'_c——夏季水体换热量，kWh；

$Q_{\text{WSHP-h}}$——水源热泵系统可供建筑的热量，kWh；

Q'_h——冬季水体换热量，kWh；

EER_{WSHP}——水源热泵系统的制冷能效比；

COP_{WSHP}——水源热泵系统的制热能效比。

（4）水源热泵系统的全年节能量，即与提供同样负荷空气源热泵系统比较所节能的能量，其计算公式如下：

$$E_{\text{WSHP}} = E_{\text{WSHP-S}} + E_{\text{WSHP-w}} = Q_{\text{WSHP-c}} \times \left(\frac{1}{EER_{\text{空气源热泵}}} - \frac{1}{EER_{\text{WSHP}}} \right) + \quad (4-21)$$

$$Q_{\text{WSHP-h}} \times \left(\frac{1}{COP_{\text{空气源热泵}}} - \frac{1}{COP_{\text{WSHP}}} \right)$$

式中 E_{WSHP}——水源热泵系统全年节能量，kWh；

$E_{\text{WSHP-s}}$——水源热泵系统夏季节能量，kWh；

$E_{\text{WSHP-w}}$——水源热泵系统冬季节能量，kWh。

（5）水源热泵系统全年节能量密度计算公式：

$$R_{\text{WSHP}} = \frac{E_{\text{WSHP}}}{A}$$ (4-22)

式中 R_{WSHP}——水源热泵系统全年节能量密度，单位 kJ/m^2。

（6）水源热泵系统在建筑中的利用率 β_{WSHP}，即水源热泵系统的全年节能量密度与临近水域建筑能耗密度之比，该值反映水源热泵系统在建筑中的节能潜力。

4.2.3 污水源热利用资源潜力分析方法

使用污水源热泵系统仅仅适合那些距离污水处理厂比较近的建筑，否则运行管理费用将相当高，因此分析污水处理厂周边 1km 范围内建筑污水源热泵系统利用是比较具有实际意义的。

污水源热泵的利用应以不影响后期污水处理工艺为原则。污水源热泵的利用潜力估算时应考虑单位小时污水流量、单位污水流量可换热量，其计算公式为：夏或冬季污水水体换热量＝单位小时污水流量×单位流量污水可换热量×制冷或制热小时数。污水源热泵供给建筑的冷热量和全年节能量可按式（4-19）、式（4-20）、式（4-21）来计算，只需用夏或冬季污水水体换热量替换夏/冬季水体换热量就可以了。污水源热泵全年节能量等于夏季节能量和冬季节能量之和。

4.3 需求侧能源资源潜力分析

4.3.1 需求侧能源资源的种类

需求侧能源资源是指通过提高能源利用效率而得到的虚拟资源，区域建筑需求侧资源主要包括以下几项：

（1）既有建筑围护结构热工性能完善所节约的采暖和制冷能耗；

（2）提高采暖通风空调及生活热水供应系统效率所节约的能耗；

（3）完善供配电及照明系统而降低的能耗；

（4）用户改变消费行为所节约的电力和电量等；

（5）新建建筑由于采取了比国家节能设计标准更严格的建筑节能措施而减少的能耗；

（6）采用区域供冷供热系统时，由于负荷错峰和考虑负荷参差率而减少的能耗。

需求方资源的类型比较多，情况也比较复杂，要进行具体分析，通常选择那些在规划期内可能实施的主要部分。本书主要考虑新建建筑，由于其采取了比国家节能设计标准更严格的建筑节能措施而减少的能耗以及采用区域供冷供热系统时由于负荷错峰和考虑负荷参差率而减少的能耗这两个方面。

4.3.1.1　实行比国家标准节能率更高的节能措施而减少的能耗

对实行比国家节能标准更高的节能措施而减少的能耗进行判断时，必须有参考对象，此处的参考对象必须满足现有的相关标准中的强制性指标。对于公共建筑，其参考对象必须满足《公共建筑节能设计标准》（GB 50189－2005）中的强制性指标；对于新建居住建筑，其参考对象必须满足《夏热冬冷地区居住建筑节能设计标准》（JGJ134－2001）中的强制性指标。各参考建筑必须满足的照明功率密度值不得高于现行国家标准《建筑照明设计标准》（GB 50034－2004）规定的目标值。参考建筑中各耗能部件的效率须在满足国家现行标准的要求上，达到节能评价值等级。对于新开发区域，完全应该在区域建筑能源规划中制订比国家标准节能率更高的标准，具体的做法有：

（1）将国家标准中的非强制性条款变为强制性条款，如新建建筑必须达到65％的节能标准，且鼓励实现更高的节能目标；

（2）提高耗能设备的等效等级，即在产品招投标中设置能效门槛，如进入低碳区域的所有冷机达到2级以上标准等。

4.3.1.2　采用区域供冷供热系统时，由于负荷错峰和考虑负荷参差率而减少的能耗

在区域供热供冷系统中，各部分空调使用情况差异较大，也就是说有较大的负荷参差率和同时使用率；其峰值冷热量并不等于各部分的高峰负荷简单地叠加。故正确选定负荷参差率和同时使用率可以大大降低负荷需求，进而减少能耗。同样，根据虚拟电厂的原理，这些减少的能耗亦可被看作一种替代资源而进行很好的评估。

4.3.2　需求侧能源资源潜力分析方法

依靠提高能源利用效率和改善能源利用行为的需求侧资源有几种不同的计算方法，常用的方法有：最大技术资源潜力分析法、成本效益潜力分析法、零效率潜力分析法和行为节能分析法。

4.3.2.1　最大技术资源潜力分析法

最大技术资源潜力是指在区域建筑能源规划阶段，假设所有建筑外围护结构和建筑中的终端设备全部利用最高效率的技术而得到的需求侧资源。最大技术资源潜力的比较对象为零效率资源潜力，如果区域建筑只是按照现行的建筑节能设计标准设计的，没有采用任何更高用能效率的技术，则需求侧资源潜力为零。实际上执行设计标准只是建筑节能的底

线，是最低的入门标准，设计达标是最起码的要求。零效率潜力一般作为建筑能源规划期的效率水平，是节能效果比较的起点。

最大技术资源潜力给出了建筑能源规划中可以得到的最大资源节约量，这对深入进行区域建筑可利用能源资源量的评估非常有帮助，并且对估算整个规划的费用并进行成本核算和提高区域建筑能源规划的可靠性及操作性非常有益。对建筑来讲，最大技术资源潜力有两种情况：一是对规划中的建筑，二是针对既有建筑的节能改造。在此只考虑规划中的建筑。

最大技术资源潜力的计算方法是：以公共建筑为例，将规划期内的建筑参照《公共建筑节能设计标准》（GB50189-2005）中有关"基准建筑"的要求进行设定，确定基准方案的建筑围护结构、热工和暖通空调的基本工况，然后利用 eQuest 或 DOE.2 等软件进行模拟；得出基准建筑的能耗 E_1。同时作为比较，在满足相同的室内环境品质的要求下，假设该公共建筑是具有最优的围护结构、最高效的暖通空调系统和照明系统的"理想建筑"，然后用相关软件模拟该"理想建筑"的能耗 E_2，则该建筑的最大技术资源潜力为：

$$MTP = E_1 - E_2 \qquad (4-23)$$

式中　MTP——最大技术潜力；

　　　E_1——基准建筑的年耗能量；

　　　E_2——采用高效节能技术的理想建筑的年能耗量。

需求侧能源最大技术资源潜力分析是区域建筑能源规划的起点，是建立在对用能现状的仔细调查以及未来能量需求的预测之上，同时对高效率的用能技术有清楚的了解。

4.3.2.2　成本效益资源潜力分析法

高效的节能技术在经济上不一定就合算，或者说不一定适合全部消费者。成本效益资源是对某种节能技术进行成本收益分析后所得到的节能资源。因此，成本效益资源小于等于最大技术潜力资源。

在综合资源规划中，资源的投资方可以是能源供应公司，也可以是建筑业主、用户和任何第三方。在成本效益资源潜力分析中所遵循的一个重要原则是：各方受益原则，让所有参与者在区域建筑能源规划中获利（最少不应受到损失）是关系区域建筑能源规划是否成功的关键。在计算成本效益时，将项目的利益相关实体分为能源供应公司、建筑业主、用户和第三方，成本分析的原则要求各个相关实体不会在实施规划中受到损失。区域建筑能源规划的直接经济目的是使建筑用户在得到同样用能服务水平下减少对矿物能源的应用，从而达到节能和减排的目的。由此引入避免成本的概念，避免成本就是由于实施了区域建筑能源规划而减少对矿物能源的利用而节约的成本。

由于高效的节能技术在经济上不一定合算，所以要对区域建筑能源规划中采用高效节能技术进行成本效益分析。当一项技术在消费者期望的投资回收期内收益大于成本时，该项技术对于用户来说是经济合算的，那么成本效益资源潜力就是最大技术资源潜力。否则，成本效益资源潜力为零。成本效益资源潜力的计算方法为：

$$CEP = SWITCH \ \{MTP, \ 0, \ (b-c)\} \qquad (4-24)$$

式中　CEP——成本效益资源潜力；

　　　MTP——最大技术资源潜力；

　　　b——推广高效技术的收益；

c——推广高效技术的成本。

函数取值：

$$SWITCH=\begin{cases} MTP, & \text{当}\ b-c\geqslant0 \\ 0, & \text{当}\ b-c<0 \end{cases} \qquad (4-25)$$

成本效益资源潜力是最大技术资源潜力的子集，成本效益资源潜力分析有利于资源的优化组合，从而形成最佳的能源规划方案。

4.3.2.3　行为节能资源潜力分析

行为节能定义是在无法改变系统形式、无法对系统进行较大调整的情况下，通过人为设定或采用一定的技术手段和措施，既能满足人们的需求、又能减少不必要的能源浪费或有利于节能的方法。行为节能是一种具有中国特色的节能理念，它把人们有规律的生活和工作，建立成数学模型并做出固定的曲线，然后编制程序输入终端消费者的控制器或控制系统中，让系统按每天的起居规律适时调整温度，真正实现以人为本、按需分配、提高能源利用率。依据房屋使用率的统计资料绘出曲线并得出行为节能公式的数学简化模型为：

$$E=1-\{\sum h\cdot p[1-(t_1-t_2)/t_2]/H\cdot t_2\} \qquad (4-26)$$

式中　E——行为节能率；

t_1、t_2——室内设定温度；

h——运行时间；

H——总运行时间；

p——房屋使用率。

根据式（4-26）可计算行为节能率，它与房屋使用率及室内外温差和运行时间有密切关系，不同的城市、不同的小区、不同的用户，有不同的行为节能率，一般在35%～55%左右。大、中城市及大户型高一些，中小城市及小户型低一些。

尽管人们的行为节能只是简单的行为过程，所节约的能源可能只占很小的份额，但行为节能实际上反映了人们的生活态度和对待自然、对待社会的一份责任感，行为节能是建筑节能中的重要组成，也被视为区域建筑能源的虚拟资源之一。

4.4　区域建筑可利用能源资源的能值分析

4.4.1　能值理论及能值分析方法

4.4.1.1　能值理论与能值分析法基本概念和原理

能值分析理论是由美国系统生态学家 H. T. Odum 提出的，他在对生态学的多年研究中发现，自然因素（如日光、风、土壤、气候、水文等）和社会因素（如基础设施的投资、人的劳动、知识信息的投入等）对系统的影响同样重要，将每种物质或者能量所含的太阳能（emergy）作为统一的指标，就可以把任何复杂系统的所有影响因素（包括自然界）放在一起进行综合考虑，进而得出比较全面的结论。能值（emergy）表示在时间和空间上进入产品的所有能量，它不仅考虑了产品所包含能量的质和量，还体现了能量的历史积累，具有一种"记忆效应"（"energy memory"或"embodied energy"），产品的产地、生产方式，以及生产过程的技术条件、管理效率等，都会影响产品的最终能值大小，总的来说，投入到该产品的能量越多，能值就越大。由于地球上人类所能利用的各种能量均始于太阳，因此通常以太阳能值为基准来衡量各种能量（物质）的能值，单位为太阳能焦耳（solar emjoules，缩写为 sej）。

不同能量具有不同的能级和能值，相互之间可以通过能值转换率（Emergy transformity）来实现某种特定的转换关系。能值转换率是指单位能量或物质相当的太阳能焦耳，实际使用的是太阳能值转换率，即单位能量或物质的太阳能当量，单位为太阳能焦耳/焦耳（克），即 sej/J（g）。能值转换率是衡量能量转化过程、等级和质量的尺度，不同类别的能量可以通过乘以太阳能值转换率转换为同一的太阳能值，从而进行加和比较。

A 能量（物质）的能值（Sej）= 能量 J(物质 g)·A 能值转换率（Sej/J 或 Sej/g）

$$(4-27)$$

能值和能值转换率揭示了能量的能质、等级及其真实价值，一般而言，能值转换率随着能量等级的提高而增加，某种能量的能值转换率越高，表明该能量的能质和能级越高；处于自然生态系统和社会系统较高层次上的产品或生产过程具有较大的能值转换率，复杂的生命、人类劳动、高科技等均属高能值、高转换率的能量，本章用到的能值转换率如表 4-30 所示。

4.4.1.2　能值分析的主要指标体系

能值分析（Emergy analysis），通过太阳能值转换率将不同类别、难以直接比较的能量形式转化成同一的太阳能值来进行比较，把自然生态系统有形的资源供给、无形的系统服务和社会经济系统物质生产与人类消费有机地联系了起来，从而首次将自然资本的价值纳入环境经济系统范畴来反映环境资源的外部性及其对经济过程的贡献，并通过相关的能值指标来评价某一系统的生态效率、发展水平和可持续性程度。同时，能值分析是建立在能量符号语言基础上的，具体参考表 4-31。图 4-17 是一个简化的社会、经济、资源和环境系统的能值分析图解。可再生资源通过环境对社会经济系统产生作用（R），不可再生资源（N）也是社会经济的基本输入之一，社会经济系统在运行过程中同时接收反馈输入（F），最终产生输出（Y）。能值分析的主要指标体系如表 4-10 所示。

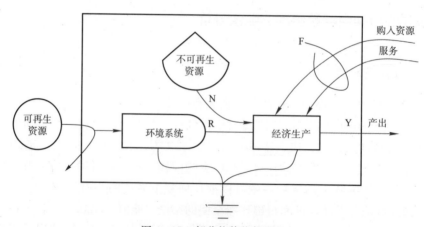

图 4-17　部分能值指标图解

部分能值指标	表 4 - 10
名称（缩写）	公式
产出 Yield（Y）	Y=R+N+F
可再生能值比 Percent Renewable（PR）	R/（R+N+F）
能值产出率 Emergy Yield Ratio（EYR）	Y/F
能值投资率 Emergy Investment Ratio（EIR）	F/(R+N)
环境负荷率 Environment Load Ratio（ELR）	(F+N)/R
能值可持续性指标 Emergy Sustainable Indices（ESI）	EYR/ELR

能值产出率 EYR 是指系统产出能值量与系统生产过程中社会经济系统反馈能值之比，它与传统经济分析中的"产出投入比"类似，是衡量系统生产效率的一种标准，EYR 值越高，表明系统获得一定的经济能值投入，生产出来的产品能值越高，即系统的生产效率越高。

能值投资率 EIR 是衡量开发单位本地区资源而需要的能值投入，也是衡量经济发展程度与环境负荷程度的指标，为了使生产过程更经济，开发中应当同其他竞争者具有相似的比率；当比其他竞争者无偿从环境中获得较多的能量时，这一比值也会较低；然而，太低的能值投资率将不利于吸引域外资金，进而影响本地资源开发；当这一比值较高时，几乎所有的投入都是有偿的，这就使得价格上涨，系统的竞争力较低，这一指标的变化常受政治或社会经济因素的影响。

环境负荷率 ELR 表示系统对环境的负荷大小，该值越高表明系统对环境造成的影响越大。ELR 是经济系统的一个预警指标，若系统长期处于较高的环境负载率，将产生不可逆转的功能退化或丧失情况。从能值分析角度来看，外界大量的能值投入及过度开发当地不可再生资源，是引起环境系统恶化的主要原因。

能值可持续性指标 ESI 为能值产出率与环境负荷率的比值，表明系统的能值产出率越大，环境负荷率越小，那么 ESI 值就越高，该系统的可持续发展能力就越好。若一个系统的能值产出率高而环境负荷率又相对较低时，则它是可持续的，反之是不可持续的，ESI越大说明系统的可持续性能力越强。

4.4.1.3 能值分析的基本方法与步骤

能值分析是以能值为基准，把被研究系统中不同种类的、不可比较的能量以及非能量形式的物质流、资金流等所有流股换算成同一标准的能值来进行数据处理和系统分析。另一方面，作为能值分析结果的反映，评价指标体现了系统分析对环境的重视和对系统可持续性的评估。能值分析的一般步骤为：（1）资料收集，如可以通过 GIS 技术来获得区域空间上的能量流，或通过统计年鉴等书面文献得到与能源相关的资料；（2）绘制能量系统图；（3）编制能值分析表；（4）构建能值综合系统图；（5）建立能值综合指标体系；（6）动态模拟；（7）系统发展评价和策略分析。通过科学的能值计算分析，为环境资源和经济开发评估提供了客观标准，并为环境与经济的转化与发展应采取的公共政策提供科学的依据。

4.4.2 低碳区域建筑规划能源系统的能值分析

根据能值分析的基本思想，提出了能反映区域建筑能源规划系统特点的能值评价指标，将区域建筑能源规划系统中能源利用的生态效用与经济效益放在同样重要的位置考虑。

4.4.2.1 低碳区域建筑能源规划系统的能值分析及能值指标构建

区域建筑能源的规划必须植根于当地的实际能源资源情况，只有二者发展出共生关系，区域建筑能源规划才能发挥应有的指导作用，从而使该区域建筑用能合理的实现。为此，需客观分析区域能源资源的现状。

区域建筑可以得到的能源通常包括电、石油、天然气和煤炭等不可再生能源资源，也包括太阳能、风能、水能、地热、生物质能、海洋能等可再生能源，还有一些所谓的"未利用能源"，即低品位的温差能、排热和废热等能量。根据区域能源规划系统的特点，运用能值分析理论，绘制出区域能源规划系统能值流程图，如图 4-18 所示。

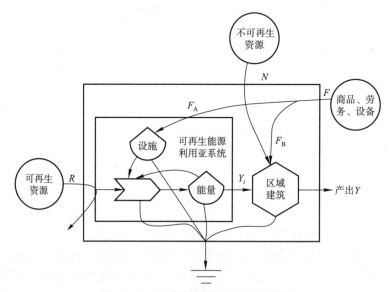

图 4-18　区域能源规划的系统能值图

图 4-18 给出了区域能源规划系统的能值图及可再生能源利用亚系统。Y 为区域建筑能源系统产出的能值，它可以为因节能而带来的经济、社会、环境效益，单位为 sej/a，Y_i 为通过可再生能源亚系统所得到的能量，sej/a；N 为投入系统的不可再生能源，不可再生能源包括石油、天然气、煤炭、柴油、电、蒸汽等一次能源和二次能源，单位为 sej/a；R 为投入系统的可再生能源，包括太阳能、风能、水能、地热能、生物质能、海洋能等，单位为 sej/a；F 为区域建筑能源系统的所需要的投资，F_A 为可再生能源利用亚系统所需要的投资，F_B 为直接用于区域建筑能源系统的投资，投资包括设备、劳务、管理等，$F = F_A + F_B$，sej/a。

区域建筑能源系统的能值指标为：

（1）净能值（Net Emergy，NE）

$$NE = Y - F \qquad (4-28)$$

能源的净能值等于能源生产所产出的能值减去生产过程所花费的能值。

（2）建筑能源系统的净能值产出率（Net Emergy Yield Ratio，$NEYR$）

$$NEYR = \frac{Y}{F} = \frac{R+N+F}{F} \qquad (4-29)$$

建筑能源系统的净能值产出率是衡量区域能源规划系统对经济活动净贡献大小的指标，$NEYR$ 值越高，表明系统获得一定的经济能值投入后，生成出来的能值越高，即系统的生产效率越高。高 EYR 值的系统经济活动竞争力强，是实现系统可持续发展的基础条件。

（3）区域建筑能源系统的能值投资率（Emergy Investment Ratio，EIR）

$$EIR = \frac{F}{R+N} \qquad (4-30)$$

能值投资率是反映区域建筑能源系统对基本能源的利用和对外部投资的利用相比较的情况，所以 EIR 值越大，过程对原料的利用越少，受本地资源储备情况的影响就越小。

（4）区域建筑能源系统的能值环境负荷率（Environment Load Ratio，ELR）

环境系统对区域建筑能源系统的作用表现为提供资源、排放物对环境的影响等，能值环境负荷率为：

$$ELR = \frac{F+N}{R} \qquad (4-31)$$

能值分析方法采用环境负荷率 ELR 值表示过程对环境造成压力的大小，即过程使用的不可再生能源越多，对环境的压力越大。它反映了区域能源规划系统的成本结构。

（5）区域建筑能源系统的能值可持续性指标（Emergy Sustainable Indices，ESI）

区域建筑能源系统要成为可持续系统，就要充分利用可再生能源和不可再生能源，使社会获得净效益，同时环境负荷还要小。美国生态学家 Brown. M. T 和意大利生态学家 Ulgiati. S 提出了能值可持续性指标 ESI，定义为系统能值产出率与环境负载率之比，即：

$$ESI = \frac{EYR}{ELR} = \frac{Y}{F} \Big/ \frac{F+N}{R} \qquad (4-32)$$

ESI 越高，意味着单位环境压力下的社会经济效益越高，区域建筑能源规划系统的可持续性越好。

（6）能值转换率（transformity）

$$T_r = \frac{Y}{E} \qquad (4-33)$$

式（4-33）中，Y 为区域建筑能源系统的总产出能值（sej），E 为区域建筑能源系统中实际投入的能源的总能量（J），能值转换率就每单位某种类别的能量（J）或物质（g）所含能值之量（sej/J 或 sej/g）。T_r 值越高，说明在相同数量的该产品的生产过程中投入了多的太阳能值，即它所包含的累积的太阳能值越多。

4.4.2.2　各种能源的净能值产出率

在区域能源规划中，首先要整理出该区域内可利用的能源资源量的详细清单，并对其进行评估，因地制宜，讲究效益，为区域建筑能源的规划和开发提供依据。评估一种能源对经济的贡献与价值，只计算净能值还不足以说明问题，能源的经济效益关系到该能源的开发利用价值，这要通过估算反馈投入后可能获得的产出价值，即计算该种能源的净能值产出率。如果能源生产过程中所输出能量的能值大于自经济系统反馈投入的能量（技术、物资、劳务等）的能值，即此能源的净能值产出量为正值，净能值产出率大于1，则该资源是可取的。如果产出率小于1，则净能值产出为负值，也就是投入生产的能值大于产出的能值，则选用该能源资源就得不偿失。

Odum 在 1988 年通过大量的计算给出了各种能值的净能值，如图 4-19 所示。其中横坐标表示能量的集中程度，由分散状态到聚集状态；纵坐标表示能源的净能值产出率。净能值产出为正值的能源，在图 4-19 的水平线以上。净能值产出率大于1的能源生产有：天然气（36）、水力发电（20）、地热（13）、进口石油（6）、煤炭（4.8）、核能（2.7）。能产出率小于1的能源为：风能（0.25）、太阳能（0.2），主要是因为这两种能源的分散性，按目前的技术水平需自经济系统投入大量的物资与劳务才能使其转化为人所利用的形式。估算一种能源的净能值产出率可以预测什么时候利用它才有经济价值。能提供最高净能值产出率的那种燃料将在市场竞争中自然而然地成为推动社会发展的主要能源。

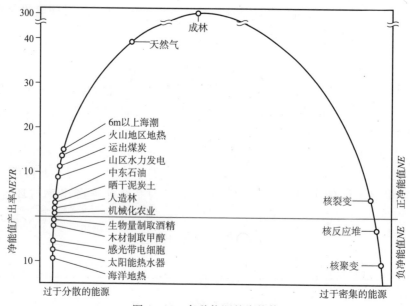

图 4-19　各种能源的净能值

4.4.2.3　能源规划系统能值分析的意义

作为建筑节能的基础，要加强区域建筑能源规划的工作，必须因地制宜，根据当地条件量化、评价区域建筑能源系统的经济成本、环境影响、社会效益和技术水平。这是区域建筑能源规划中一个重要的研究课题，能值分析理论可以有效地实现这一目标，可有效地处理区域建筑能源规划所涉及的人与自然、经济和环境的关系，可以衡量包括人类劳动在内的、来源于自然和经济领域的所有资源的价值，实现区域建筑能源规划系统的可持续发展。

完善的区域建筑能源规划首先应该尽可能高效地使用能源，即谋求能源的净能值产出率（$NEYR$）的最大化，$NEYR$ 越高，就有越多的净能值产出可用以支持经济的发展。如果能源系统的 $NEYR$ 高于其生产投入能值，则有助于区域建筑的可持续发展。能值分析理论可对当地可获得的能源资源进行评估，通过计算某种能源资源的净能值（NE）及净能值转换率（T_r），可以预测能源利用的效益，选取能提供较高净能值产出率（$NEYR$）的能源作为区域建筑利用的主要能源，能值分析理论还能衡量建筑能源系统对区域环境所产生的影响，评价系统的可持续性。

4.4.3 可再生能源利用系统的能值分析

4.4.3.1 太阳能利用系统的能值分析

1. 太阳能光伏发电系统的能值分析

利用有关文献中给出的数据作为基础数据，结合上海地区的太阳能资源情况对光伏发电系统进行能值分析，该光伏发电系统的基本信息为：

（1）PV 板的主要特性：光伏电池板型号：BP solar BP585F；光伏电池板的材料：单晶硅；标称峰值功率 P_{max}：85W；P_{max} 保证功率：80W；最大功率下的电压：18V；最大功率下的电流：4.72A；开路输出电压：22.30V；开路输出电流：5A；晶体电池数：36；尺寸（长×宽×高）：1188.0mm×530.0mm×43.5mm；质量：7.5kg；帧面积：0.63m²；光敏感表面积：0.52m²；寿命周期：20 年。

（2）系统特性：组件数：215；总覆盖面积：136.5m²；安装角度和朝向：30°，朝南；标准功率：在标准测试工况下的功率为 18.3kWp；太阳能光伏发电系统的综合效率：8%（考虑了模块效率损失、逆变器转换损失、运行和维护损失）。

（3）能值分析结果：太阳能光伏发电系统可以将太阳能直接转换成电能，因此光伏发电系统在建筑中有很好的应用前景。太阳能光伏发电系统的能值分析示意图如图 4-20 所示。上海地区的年平均太阳辐射量为 4578.5MJ/(m²·a)，该系统的年发电量约为 $1.3×10^4$kWh/a，则光伏发电系统的能值分析及结果如表 4-11 和表 4-12 所示。由表 4-11 可知，电池组件、安装和维护子系统的能值所占比例最大为 52.52%，其中逆变器的能值所占比例又为最大（27.24%）。同时，运行阶段的维护成本的能值所占比例也很高（23.87%），降低这两部分能值可以较明显地降低系统的总能值；基片生产子系统和太阳电池生产子系统的能值所占比例相差不大，分别为 23.70% 和 23.77%；可再生资源太阳能能值所占比例最低为 0.01%。

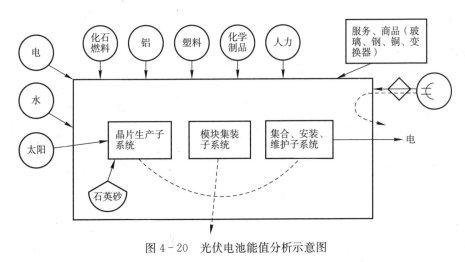

图 4-20 光伏电池能值分析示意图

光伏发电系统的能值分析表 表 4-11

序号	项目	基本数据	单位	能值转换率	单位	能值（sej）	所占百分比
0R	太阳能	6.25×10^{11}	J/a	1	sej/J	6.25×10^{11}	0.01%
Ⅰ．基片生产子系统							
1N	硅砂	3.05×10^{4}	g/a	1.00×10^{9}	sej/g	3.05×10^{13}	0.51%
2F	焦炭	4.19×10^{3}	g/a	4.00×10^{4}	sej/g	1.68×10^{8}	0.00%
3F	木炭	7.74×10^{3}	g/a	1.06×10^{5}	sej/g	8.20×10^{8}	0.00%
4F	石墨	1.40×10^{3}	g/a	3.15×10^{9}	sej/g	4.40×10^{12}	0.07%
5 (0.72R+0.28F)	木材①	1.42×10^{4}	g/a	8.79×10^{8}	sej/g	1.25×10^{13}	0.21%
6F	聚乙烯	6.84	g/a	5.87×10^{9}	sej/g	4.01×10^{10}	0.00%
7F	盐酸	6.44×10^{3}	g/a	3.64×10^{9}	sej/g	2.34×10^{13}	0.39%
8 (0.77R+0.23F)	水②	1.51×10^{4}	g/a	7.30×10^{6}	sej/g	1.10×10^{11}	0.00%
8F	氢氧化钠	62.4	g/a	1.90×10^{9}	sej/g	1.18×10^{11}	0.00%
9F	硫酸	46.2	g/a	3.64×10^{9}	sej/g	1.68×10^{11}	0.00%
10F	三氯化钋	0.645	g/a	1.01×10^{9}	sej/g	6.51×10^{8}	0.00%
11F	氟化氢	11.8	g/a	9.89×10^{8}	sej/g	1.17×10^{10}	0.00%
12F	四氟甲烷	0.753	g/a	1.01×10^{9}	sej/g	7.60×10^{8}	0.00%
13F	银/铝粉	6.45	g/a	1.69×10^{10}	sej/g	1.09×10^{11}	0.00%
14F	天然气	1.31×10^{9}	J/a	4.80×10^{4}	sej/J	6.30×10^{13}	1.05%
15F	电	8.05×10^{9}	J/a	1.59×10^{5}	sej/J	1.28×10^{15}	21.45%
	小结					1.41×10^{15}	23.70%
Ⅱ．太阳电池生产子系统							
16F	铝	2.16×10^{4}	g/a	1.27×10^{10}	sej/g	2.74×10^{14}	4.60%
17F	玻璃	4.35×10^{4}	g/a	1.90×10^{9}	sej/g	8.27×10^{13}	1.39%
18F	EVA	5.78×10^{3}	g/a	5.87×10^{9}	sej/g	3.39×10^{13}	0.57%
19F	tedlar 薄膜	6.60×10^{2}	g/a	6.32×10^{9}	sej/g	4.17×10^{12}	0.07%
20F	钢	1.69×10^{5}	g/a	5.31×10^{9}	sej/g	8.96×10^{14}	15.02%
21F	铜	2.71×10^{2}	g/a	6.77×10^{10}	sej/g	1.83×10^{13}	0.31%
22F	塑料	2.71×10^{2}	g/a	2.52×10^{9}	sej/g	6.83×10^{11}	0.01%
23 (0.6R+0.4F)	人力③	1.46×10^{7}	J/a	7.38×10^{6}	sej/J	1.08×10^{14}	1.81%
	小结					1.42×10^{15}	23.77%
Ⅲ．电池组件、安装和维护子系统							
24F	燃料（柴油）	7.31×10^{7}	J/a	6.60×10^{4}	sej/J	4.82×10^{12}	0.08%
25F	逆变器	5.13×10^{3}	元/a	3.17×10^{11}	sej/元	1.63×10^{15}	27.24%
26F	维护成本	4.49×10^{3}	元/a	3.17×10^{11}	sej/元	1.42×10^{15}	23.87%
27 (0.6R+0.4F)	人力③	5.81×10^{6}	J/a	7.38×10^{6}	sej/J	4.28×10^{13}	0.72%
28F	可行性研究	1.16×10^{2}	元/a	3.17×10^{11}	sej/元	3.68×10^{13}	0.62%
	小结					3.13×10^{15}	52.52%
	总结					5.97×10^{15}	100.00%

注：①太阳能能值＝光伏板面积×年平均太阳辐射量×太阳能值转换率＝136.5m² ×4578.5MJ/(m² • a)×1sej/J＝6.25E+11sej/a；②该案例中的水由77%的可再生性和23%不可再生性组成，因为处理水的过程需要投入不可再生的资源或能源；③人力被看作是由60%的可再生成分和40%的不可再生成分组成。

指标	数值	指标	数值
T_r（sej/J）	1.20×10^5	EIR	44.67
EYR	1.02	ELR	58.60
PR	1.68%	ESI	0.02

2. 太阳能光热利用系统

太阳能光热利用是太阳能主要利用方式之一，太阳能光热利用系统主要包括两部分：集热器和储热箱。图 4 - 21 为太阳能光热利用的能值分析示意图。太阳能光热利用系统主要由 3 部分组成：（1）太阳能集热器生产子系统；（2）储罐生产子系统；（3）装配、安装、维护子系统。前两个子系统主要考虑了太阳能集热器和储热器的生产所需要的电力、燃料、人力、设备部件生产所需要的材料等，第三个子系统主要考虑了太阳能光热利用的设备的后期运输、安装及设备维护所需要的材料和人工成本。有关文献对位于意大利的利古里亚区的太阳能光热利用系统进行了的能值分析，该系统的能值转换率为 1.58×10^4 sej/J，能值产出率 EYR 为 1.19，能值负荷率 ELR 为 5.54，能值投资率 EIR 为 5.54，可再生能源所占的比例为 15%，能值可持续性指标 ESI 为 0.21，太阳能光热利用的成本随着太阳能热水系统的使用年限和所处的地理位置的不同而不同。

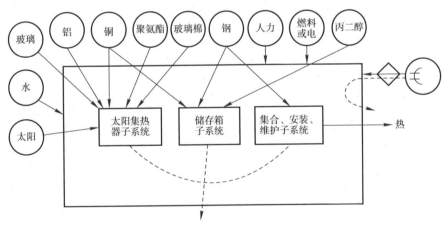

图 4 - 21　太阳能光热利用能值分析示意图

4.4.3.2　风力发电系统的能值分析

风力发电是风能的主要利用方式，风力发电系统的能值分析示意图如图 4 - 22 所示。有关文献对位于意大利的某风力发电系统进行了能值分析，该系统的能值分析结果为：风力发电系统的能值转换率为 6.21×10^4，能值产出率为 7.47，环境负荷率 ELR 为 0.15，可再生能源所占比例为 86.61%，能值可持续性指标 ESI 为 49.8，说明该风力发电系统的可持续性非常好。

4.4.3.3　地热能发电系统

地热发电实际上就是把地下的热能转变为机械能，然后再将机械能转变为电能的能量转变过程或称为地热发电。有关文献分析了加利福尼亚火山区的地热资源，发现其有很高

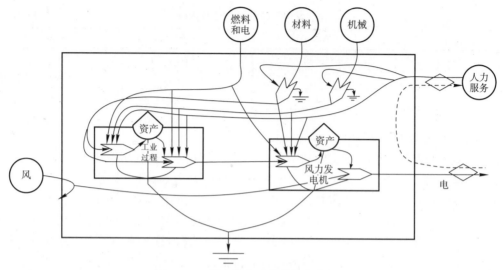

图 4 - 22   风力发电系统的能值分析图

的净能值产出。该文章引起了长期的争论，争论的焦点是用能量和货币还是用能值来衡量资源的可开发性。利用地热发电仅仅局限于火山区，而其他地区绝大多浅层地下温度是不足以产生净能值的。还有文献分析了意大利中部的地热资源，并对地热能发电系统进行了能值分析，其示意图如图 4 - 23 所示，该系统的能值分析结果为：系统能值转换率为 $1.47×10^5$，能值产出率为 4.81，环境负荷率为 0.44，可再生能源所占比例为 69.67%，能值可持续性指标 ESI 为 10.93，该地热发电系统的可持续性比较好。

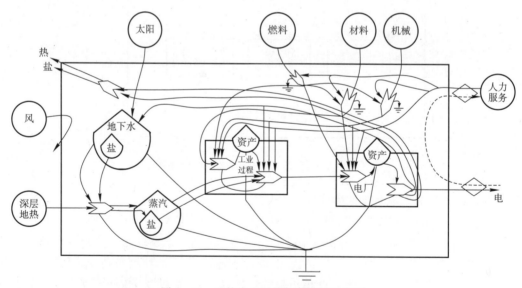

图 4 - 23   地热发电系统能值分析示意图

4.4.3.4   生物质能

1. 生物乙醇生产系统

生物乙醇是以生物质为原料生产的可再生能源，作为一种汽油和柴油的替代燃料，在世界范围内引起广泛的关注。从 2007 年开始，生物乙醇发展的比较迅速。据统计，在 2007 年，全世界生物乙醇的产量为 45 亿 L，而生物柴油约为 5 亿 L。图 4-24 给出了生物乙醇的主要生产步骤。有关文献分析和比较了中国的小麦乙醇生产系统和意大利的玉米乙醇生产系统，并给出了相关的能值指标，如表 4-13 所示。两个系统的能值产出率都略大于 1，说明这两个系统暂时还没较好的净能值产出，要使系统维持良好的运转，政府必须给予一定的支持。同时，这两个系统的可持续性指标都小于 1，说明该系统是消费型系统，表明系统的购入能值在总能值使用量中所占比重较大，且该系统对本地的可再生资源的利用较小。结论就是：当前由小麦或玉米制造生物乙醇是不可持续的。

比较中国的小麦乙醇生产系统和意大利的玉米乙醇生产系统的能值指标　　表 4-13

项目	小麦	玉米
能值交换利率（Sej/J）	2.77×10^5	1.89×10^5
能值产出率 EYR	1.24	1.14
环境负荷率 ELR	4.05	7.84
可再生能源所占比例 PR	19.81%	11.31%
能值可持续性指标 ESI	0.31	0.15

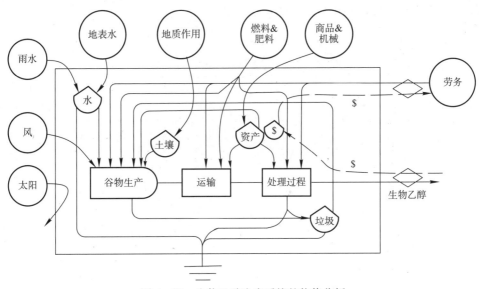

图 4-24　生物乙醇生产系统的能值分析

2. 生物柴油的生产

生物柴油是清洁的可再生能源，它以工程微藻等油料水生植物以及动物油脂、废餐饮油等为原料的液体燃料，是优质的石油柴油代用品。有关文献用能值分析法对生物柴油生产体系进行了研究，并对其生态经济效益进行评估。图 4-25 给出了生物柴油生产体系的能值分析示意生产过程。该系统的能值分析指标为：能值转换率为 8.60×10^5 sej/J，能值产出率 EYR 为 3.68，环境负荷率 ELR 为 3.55，能值投资率 EIR 为 3.57，可再生能值率为 6%，能值可持续性指标为 1.04，说明生物柴油具有很好的发展前景。

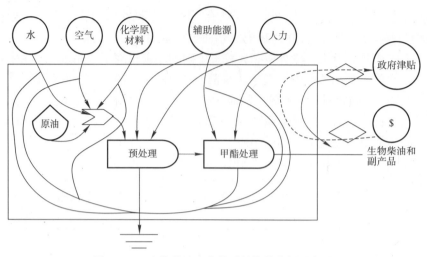

图 4-25 生物柴油生产体系的能值分析示意图

3. 垃圾焚烧发电

垃圾焚烧发电技术在减少垃圾和资源循环利用方面起到很好的作用，该技术主要包括 3 个模块：（1）垃圾收集；（2）特殊的垃圾处理；（3）垃圾焚烧电厂的固体和液体残留物的消除，其能值分析流程如图 4-26 所示。

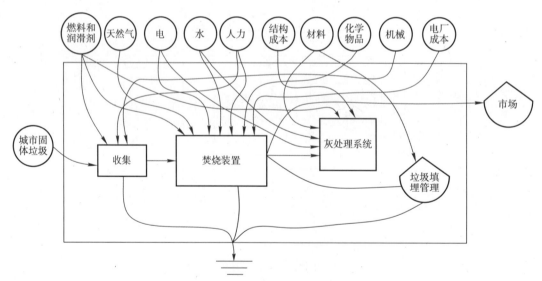

图 4-26 垃圾焚烧发电系统能值分析示意图

有关文献对意大利的一个垃圾焚烧电厂进行了能值分析，该系统的能值产出率 EYR 为 3.2。同时，另有文献也对中国某垃圾焚烧发电技术进行了能值分析，其能值产出率 EYR 为 1，能值投资率为 0.212，是比较低的，这说明垃圾焚烧技术在中国是需要政府资助和新技术支持的。虽然两个参考文献都是用能值分析法来评价垃圾焚烧发电技术，但二者的结果差别比较大，可能是因为产品的能值转化率选择的不同，由于太阳能值和太阳能值转化率的数值依赖于到达特定状态所选择的路径，工业产品和服务的太阳能值转化率往往随着所选择的原材料、生产方式、途径和效率的不同而变化。前者发生在发达国家，后者发生在发展中国家，两国不同的技术经济发展水平造成了不同的评价结果，也可能是因为中国垃圾分类不完善、垃圾热值较低的原因，从而进行垃圾焚烧时可能会引起二次污染，从而造成评价结果被理想。

4. 垃圾填埋及沼气发电系统

当垃圾不能被分离或回收时，垃圾填埋被认为是一种很好的处理技术，不过垃圾已不再简单地被认为是废物，而是可以回收或再利用的潜在资源。垃圾填埋气发电技术主要包括以下 3 个步骤：（1）垃圾收集；（2）特殊处理技术；（3）发电厂残留固体和液体处理，其能值分析示意图如图 4-27 所示。

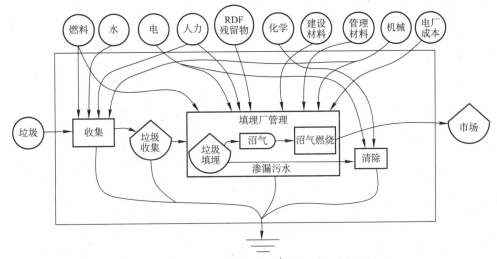

图 4-27　垃圾填埋及沼气发电系统能值分析示意图

有关文献对垃圾填埋气发电技术进行了能值分析，其系统的能值产出率 EYR 为 0.19，表明垃圾填埋气发电系统的能值回报较差。同时，另有文献也对某垃圾填埋气发电技术进行了能值分析，该垃圾填埋及沼气发电系统的 EYR 为 1.36，略为大于 1，但总的来说偏低，就是说垃圾填埋及沼气发电技术暂时还没有净能值产出。后者的能值传出率大于前者，这是因为后者没有考虑到垃圾填埋场的后期清除问题，从而造成后者系统的能值投入量减少。

4.4.4　浅层地表蓄热能的能值分析方法研究

在我国目前得到较快发展的是各类地源热泵系统，其中以地下水为地热来源的热泵应用最多，但自 20 世纪 90 年代中后期，土壤源热泵技术在我国的研究和应用有了迅速的发展，理论和实验研究活跃，工程应用逐年增加。我国的地源热泵主要采用垂直埋管的土壤换热器，埋管的深度通常达 80～100m，因此占地面积大大减小，应用范围也从单独民居的空调向较大型的公共建筑扩展。土壤源地源热泵发展最快，最大单项工程使用建筑面积已达 13 万 m^2。1996 年至今，在北京、山东、河南、辽宁、河北、江苏、浙江、湖北、上海、西藏等地都有地源热泵工程建成。目前全国地源热泵系统的应用面积估计超过 2000

万 m²，且每年在以超过 15％的速度递增，可见土壤源热泵已经成为我国暖通空调行业的主要利用技术。因此，对该系统进行能值分析是非常必要的。

4.4.4.1 土壤源热泵系统的概述

上海地区一幢 4 层办公建筑的总建筑面积为 1859m²，空调使用时间为 8：00～18：00，夏季空调冷负荷为 209.7kW，冬季热负荷为 119.8kW，利用 BIN 法计算得该建筑夏季供冷量为 432.831MJ/（m²·a），冬季供热量为 96.182MJ/（m²·a），那么该办公建筑的夏季的总供冷量为 8.05×10^{11} J/a，冬季的总供热量为 1.79×10^{11} J/a，夏季的总供冷量为冬季的 4.5 倍。该建筑采用土壤源热泵系统，土壤源热泵系统主要考虑设备生产、建造和运行阶段，其能值分析边界如图 4-28 所示。从热平衡角度分析，按照满足冬季负荷来设计土壤源热泵系统的地埋管个数，并根据当地的地质情况，需要钻 34 个孔深为 96.6m、孔径为 100mm 的管井。

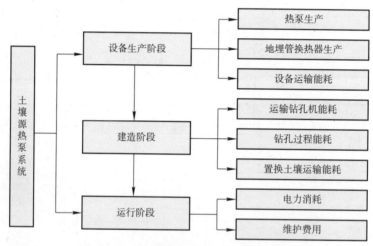

图 4-28　土壤源热泵系统能值分析边界

4.4.4.2 土壤源热泵系统的能值分析

土壤源热泵系统的一个运行周期为一年，冬季通过土壤源热泵系统从浅层土壤中提取热量以满足建筑的采暖需求，夏季通过土壤源热泵系统向浅层土壤排放热量从而实现建筑的供冷需求。将其作为一个系统来考虑，针对土壤源热泵系统的自身特点和建筑能源系统能值分析模型，绘制出该系统的能量流示意图，如图 4-29 所示。

该案例中建筑的夏季冷负荷远远大于冬季热负荷，属于夏季负荷占优的地区，根据第 3 章对浅层土壤蓄热能资源量的分析，其土壤源热泵系统的设计应以满足建筑冬季供热量为主，该土壤源热泵系统供给建筑的热量为 1.79×10^{11} J/a，则根据式（2-15）($COP=4$）可以得到地埋管换热量为 1.35×10^{11} J/a，从土壤源热泵系统的热平衡角度出发，地埋管换热量在冬夏季要保持不变；同时，根据式（2-14）($EER=4.5$）可以得到该土壤源热泵系统提供给建筑的冷量为 1.10×10^{11} J/a，那么该土壤源热泵系统在一年的运行周期内向建筑提供的能量为 2.89×10^{11} J/a。从建筑的能量系统平衡来分析，建筑在一年的运行周期内排出的能量也为 2.89×10^{11} J/a，该部分能量将以浅层土壤蓄热能的形式来服务土壤源热泵系统。

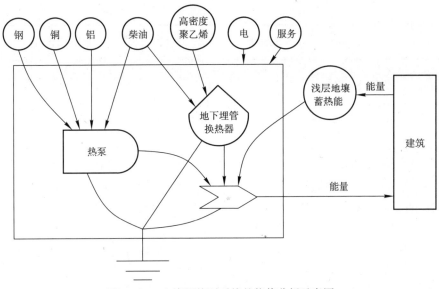

图 4-29　土壤源热泵系统的能值分析示意图

由于相关数据有限，该案例只考虑了能值流图中涉及到的元素，将该土壤源热泵系统获得的基本数据编制成能值分析表，如表 4-14 所示。在实际应用中，应考虑土壤源热泵系统的后期处理、材料回收等问题，但由于资料的缺乏，一时无法计算这些材料的回收对系统造成的影响，这一部分工作需要进一步深入。

为了考虑土壤源热泵系统对生态环境的影响，此处考虑了由于土壤源热泵系统而引起的地表浅层土壤有机物的侵蚀。浅层土壤中有机物所含的能量计算的前提是：假设 1m 深处的土壤中有机物的含量为 3%，并假设 1m 以下的土壤中是不含有机物，其计算公式为：
有机物所含的能量＝（土壤体积，m^3）×（土壤密度，g/m^3）×（土壤有机物含量，%）×（有机物所含的能量，J/g）＝［孔数×1×3.14×（孔径/2）^{2}］×（1800000g/m^3）×（3%）×（20930J/g）＝3.02×10^8J。

土壤源热泵系统的能值分析表　　　　　　　　　　表 4-14

序号	项目	基础数据	单位	能值转换系数[①]（sej/单位）	能值（sej）	所占比例
0R	浅层地表蓄热能	2.89×10^{11}	J/a	6055	1.75×10^{15}	6.67%
1N	土地使用（土地有机物侵蚀）	3.02×10^8	J/a	1.24×10^5	3.74×10^{13}	0.14%
热泵生产阶段						
2F	钢	1.12×10^5	g/a	4.15×10^9	4.65×10^{14}	1.77%
3F	铜	1.11×10^4	g/a	6.77×10^{10}	7.51×10^{14}	2.86%
4F	铝	3.53×10^2	g/a	1.27×10^{10}	4.48×10^{12}	0.02%
地埋管生产系统						
5F	高密度聚乙烯	6.46×10^4	g	5.87×10^9	3.79×10^{14}	1.44%

序号	项目	基础数据	单位	能值转换系数①（sej/单位）	能值（sej）	所占比例
			施工、安装、运行阶段			
6F	柴油	1.76×10^{10}	J/a	6.60×10^{4}	1.16×10^{15}	4.43%
7F	煤电	1.17×10^{11}	J/a	1.59×10^{5}	1.86×10^{16}	70.89%
8F	安装、钻井、劳务费	9751	元/a	3.17×10^{11}	3.09×10^{15}	11.78%
	总计				2.62×10^{16}	100.00%

注：①能值转换系数参考表4-30。

由表4-14可知，土壤源热泵系统的总能值为2.62×10^{16} sej/a，土壤源热泵系统运行阶段的电耗的能值贡献率最大为70.89%，这说明该值的变动会对土壤源热泵系统的总能值产生较大的影响；其次是土壤源热泵系统的安装、钻井和劳务费的能值贡献率为11.78%，该值的变化也会对系统的总能值产生一定的影响；热泵生产阶段铝的使用而带来的能值贡献率最低，为0.02%。

4.4.4.3　土壤源热泵系统能值分析结果

通过以上分析可以得到该土壤源热泵系统的相关能值指标，如表4-15所示。

土壤源热泵系统的能值指标　　　　　　　　表4-15

指标	数值	指标	数值
T_r（sej/J）	9.08×10^{4}	EIR	13.68
EYR	1.07	ELR	14.00
PR	6.67%	EIS	0.08

4.4.4.4　讨论与分析

1. 运行阶段用电性质对土壤源热泵系统总能值的影响分析

由表4-14可知，土壤源热泵系统运行阶段的电耗对系统的总能值的影响较大，如果将运行阶段的煤电改为水电的话，则该系统的总能值为1.70×10^{16} sej/a，比运行阶段为煤电的土壤源热泵系统总能值减少了35%，运行阶段水电对系统总能值的贡献率降低，其他元素比例有所增加，各元素的能值贡献率如图4-30和图4-31所示。

图4-30　运行阶段为煤电时各元素能值贡献率

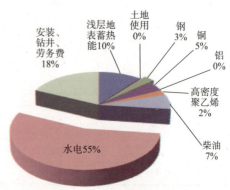

图4-31　运行阶段为水电时各元素的能值贡献率

将运行阶段为煤电和水电的土壤源热泵系统的能值指标进行比较，如表 4-16 所示。由该表可知，当运行阶段的煤电改为水电时，此土壤源热泵系统的能值产出率、可再生能值率和能值可持续性指标都升高，同时，土壤源热泵系统的能值投资率和环境负荷率降低。总之，当土壤源热泵系统运行阶段采用水电时可以提高系统的可持续性能力。

土壤源热泵系统的能值指标比较

表 4-16

指标	数值（煤电）	数值（水电）	变化情况
T_r（sej/J）	9.08×10^4	5.88×10^4	↓
EYR	1.07	1.12	↑
PR	6.67%	10.29%	↑
EIR	13.68	8.51	↓
ELR	14.00	8.71	↓
ESI	0.08	0.13	↑

注：↓表示降低；↑表示增加。

2. 土壤源热泵系统与空气源热泵系统的能值分析比较

在满足同样建筑负荷需求的情况下，对空气源热泵系统进行了能值分析，其分析结果见表 4-17。空气源热泵系统的产出能量也为 2.89×10^{11} J/a，根据建筑年能量守恒，空气向该系统提供的能量也为 2.89×10^{11} J/a。

空气源热泵系统的能值分析

表 4-17

序号	项目	基础数据	单位	能值转换系数[①]（sej/单位）	能值（sej）	所占比例
0R	空气	2.89×10^{11}	J/a	1.50×10^3	4.34×10^{14}	1.60%
空气源热泵系统						
1F	钢	1.77×10^5	g/a	4.15×10^9	7.35×10^{14}	2.72%
2F	铜	1.77×10^4	g/a	6.77×10^{10}	1.20×10^{15}	4.44%
3F	铝	5.58×10^2	g/a	1.27×10^{10}	7.09×10^{12}	0.03%
4F	运输柴油	8.60×10^6	J/a	6.60×10^4	5.68×10^{11}	0.00%
5F	年运行耗电量	1.40×10^{11}	J/a	1.59×10^5	2.23×10^{16}	82.41%
6F	安装劳务费	7.50×10^3	元/a	3.17×10^{11}	2.38×10^{15}	8.80%
总计					2.70×10^{16}	100.00%

①能值转换系数参考附表 1。

将土壤源热泵系统与空气源热泵系统进行综合比较，如表 4-18 所示。由该表可知，空气源热泵系统的能值转换率要大于土壤源热泵系统，说明在整个寿命周期内提供相同能量时空气源热泵系统的投入能值大于土壤源热泵系统；土壤源热泵系统的 EYR 要大于空气源热泵系统的，但二者都比较低；土壤源热泵系统的 EIR 和 ELR 都要低于空气源热泵系统。总之，土壤源热泵系统的 ESI 要大于空气源热泵系统，说明前者的可持续性能力要好于后者。

指标	空气源热泵系统（煤电）	土壤源热泵系统（煤电）
T_r (sej/J)	9.35×10^4	9.08×10^4
EYR	1.02	1.07
PR	1.60%	6.67%
EIR	61.31	13.68
ELR	61.31	14.00
ESI	0.017	0.08

4.4.5　建筑可利用能源系统的能值分析小结

本节总结了能值分析及能值分析在太阳能、风能、地热能、生物质能、土壤源热泵利用系统评价方面的应用，可以得出以下结论：

（1）能值分析提供了一个衡量和比较各种能量的共同尺度，可以对不同能量进行相比和加和。因此，它可以很好地对可再生能源利用系统的生态经济效益进行评估，对合理利用和发展可再生能源具有指导意义。

（2）建筑可利用能源系统的能值评价指标如表 4－19 所示。

项目		T_r (sej/J)	EYR	ELR	EIR	PR	ESI
太阳能光伏发电系统		1.20×10^5	1.02	58.60	44.67	1.68%	0.02
太阳能光热利用		1.58×10^4	1.19	5.54	5.54	15%	0.21
风力发电系统		6.21×10^4	7.47	0.15		86.61%	49.80
地热发电		1.47×10^5	4.81	0.44		69.67%	10.93
生物乙醇	小麦	2.77×10^5	1.24	4.05		19.81%	0.31
	玉米	1.89×10^5	1.14	7.84		11.31%	0.15
生物柴油		8.60×10^5	3.68	3.55	3.57	6%	1.04
垃圾燃烧		1.48×10^5	3.2				
垃圾填埋发电		1.48×10^5	0.19				
土壤源热泵系统		9.08×10^4	1.07	14	13.68	6.67%	0.08
燃煤发电		1.71×10^5	5.48	10.37			0.529

从上表可以看出，风力发电的能值产出率最高，且大于燃煤发电系统的能值产出率，说明风力发电有些效率比燃煤发电好；太阳能光伏发电系统的环境负荷率很大，且大于燃煤发电系统的环境负荷率，说明从整个生命周期来看该案例中的光伏发电系统对环境的负面影响要大于燃煤系统；其他可再生能源利用系统的环境负荷率都比较低且小于燃煤系统的环境负荷率，其中由于实际资料的缺乏，垃圾焚烧发电和垃圾填埋及沼气发电系统对环境造成污染所消耗的能值无法计算，这部分工作还有待于进一步的研究；太阳能光伏发电系统和生物柴油生产系统的可再生能值比率很小，风力发电系统和地热发电系统的可再生能值比率都比较大，说明后两者充分利用了可再生能源；风力发电系统和地热发电系统的能值可持续性指标大于 10，其他系统的 ESI 较小，表明这两种系统的可持续性能力

较其他系统的要好些。

（3）能值转换率的确定问题是能值分析的重点和难点所在，现有的研究往往直接采用 Odum. H. T. 及其同仁计算出的数值，尽管这些太阳能能值转化率能满足较大范围区域系统能值分析的需要，但对于可再生能源利用技术这样比较小且具体的系统的能值分析的适用性则值得商榷。但本书有些案例分析采用了单一的能值转换率，这在一定程度上降低了研究的精度。

4.5 低碳区域建筑可利用能源系统的碳值分析

作为主要的 CO_2 减排技术，可再生能源的利用是通过先消耗能量、资源、货币、劳务等，再提供能量的方式来实现的。这样就会涉及可再生能源利用系统的经济投资回报率、目标系统的 CO_2 预投入（隐含碳）与后续减排的问题。这些问题是在能源规划过程中必须关注的。在低碳区域发展过程中，不能不顾资源条件，将可再生能源"标签化"。那种认为只要采用某种可再生能源技术就可以实现节能和碳减排的观点是错误的。任何技术，节能也好、减碳也好，都是相对的，需要有一种方法来评价某种技术在当地应用是不是合理。基于能值分析理论和碳足迹概念，本书提出一种可再生能源利用系统的碳值分析方法，主要用于评价可再生能源的资源能力，通过 CO_2 回收期、效益成本率、CO_2 减排能值转换率，对可再生能源资源进行定量的评价。

4.5.1 碳值分析的基本概念和定义

4.5.1.1 碳值的定义

碳值（embodied carbon）的定义为：资源、产品或劳务形成过程中直接或间接排放的温室气体，用 CO_2 当量表示。可再生能源系统在生产、安装和维护阶段需要投入大量的物质流、货币流、能量流和信息流，这些资源的获取直接或间接的向外排放 CO_2，以碳值为基准，可衡量和比较这些不同类别、不同等级的资源的潜在 CO_2 含量。其计算方法为：

$$G_{CO_2} = \sum_i R_i \times \eta_i \qquad (4-34)$$

式中　G_{CO_2}——系统 CO_2 排放量（g CO_2）；

　　　　R_i——系统投入的第 i 种资源或产品或劳务的量，g 或 J 或元；

　　　　η_i——第 i 种资源或产品或劳务的碳值转化系数，g CO_2/单位。

4.5.1.2 碳值转换系数

碳值转换系数是指每单位的资源、产品或劳务在形成过程中直接或间接排放的 CO_2 量，其计算方法如下：

$$\eta_i = \frac{ECUP_i}{PECV} \times EF_{CO_2 \, PECV} \qquad (4-35)$$

式中　η_i——碳值转换系数（g CO_2/单位）；

　　　　$ECUP_i$——第 i 种资源或产品或劳务的单位产量能耗（ECUP, Energy Consumption for Unit Production），J/单位，或为第 i 种能源的热值，J/单位；

$PECV$——一次能源热值（PECV，Primary Energy Calorific Value）（原油或标煤），J/单位；

$EF_{CO_2 PECV}$——一次能源在完全燃烧下的 CO_2 排放系数，g CO_2/单位。

或
$$\eta_i = \frac{C_i}{CO_2 EI} \quad\quad (4-36)$$

式中　C_i——第 i 种资源或产品或劳务的成本，元/单位；

$CO_2 EI$（CO_2 Emission Intensity）——国家碳排放强度，g CO_2/元。

常见元素的碳值转换系数如表 4-20 所示，其计算方法参考表 4-32。

常见元素的碳值转换系数　　　　　　　　表 4-20

序号	项目	单位	碳值转换系数 （g_{CO_2}/单位）	序号	项目	单位	碳值转换系数 （g_{CO_2}/单位）
1	硅砂	g	2.77	18	EVA	g	2.34
2	焦炭	g	2.19	19	tedlar 薄膜	g	2.05
3	木炭	g	2.58	20	钢	g	1.85
4	石墨	g	1.61	21	铜	g	1.94
5	木材	g	4.39×10^{-4}	22	塑料	g	2.22
6	聚乙烯	g	2.17	23	柴油	J	7.47×10^{-5}
7	盐酸	g	0.16	24	逆变器	RMB	414.28
8	氢氧化钠	g	2.62	25	维护成本	RMB	414.28
9	硫酸	g	0.19	26	可行性研究	RMB	414.28
10	三氯化钆	g	2.81	27	玻璃棉	g	0.68
11	氢氟酸	g	2.48	28	聚氨酯	g	3.20
12	四氟甲烷	g	3.72	29	丙二醇	g	1.74
13	银/铝粉	g	2.43	30	混凝土	g	0.37
14	天然气	J	5.66×10^{-5}	31	生铁	g	1.77
15	煤电	J	3.08×10^{-4}	32	绝缘材料	g	0.34
16	铝	g	4.48	33	润滑油	g	0.05
17	玻璃	g	0.055				

4.5.1.3　碳值分析的基本方法

以分析手段和步骤而言，碳值分析包括系统边界划定、数据准备、碳值分析表格制定、碳值指标评价。

（1）划定系统边界，包含目标可再生能源系统在生产、安装和维护阶段所需要投入的各种能量流及相应的承载物质流。以光伏发电系统为例，通过太阳能光伏电池板把太阳光辐射能转换成电能，若对该光伏发电系统进行碳值分析，则应包含光伏发电板原材料生产系统、光伏发电板组装系统和光伏发电场安装和维护系统，如图 4-20 所示。

（2）数据准备，通过调查可再生能源系统生产资料、相关文献，获得目标可再生能源系统的生产材料、安装方式、运行模式及相关资源、产品、劳务和能耗的技术参数。

（3）碳值分析表，根据上述调研结果，编制出目标能源系统的碳值流通系统表，碳值分析评估表一般有多种，但基本包括原始资源数据、碳值转换系数、碳值等题头，具体如表4-21所示。

<table>
<tr><td colspan="6" style="text-align:center">碳值分析表</td><td>表4-21</td></tr>
<tr><th>序号</th><th>项目</th><th>原始资源数据</th><th>单位</th><th>碳值转换系数
（g_{CO_2}/单位）</th><th>碳值（g_{CO_2}）</th></tr>
<tr><td></td><td></td><td></td><td></td><td></td><td></td></tr>
<tr><td></td><td></td><td></td><td></td><td></td><td></td></tr>
</table>

（4）碳值指标评价，选用可再生能源系统的 CO_2 回收期、CO_2 减排能值转换率、效益成本率等指标对可再生能源系统的减碳能力进行评价。

4.5.1.4 碳值分析的主要评价指标体系

在碳值分析的基础上，提出了可再生能源系统的 3 个评价指标，主要有：系统的年 CO_2 减排量、CO_2 回收期、CO_2 减排能值转换率、效益成本率。图 4-32 为部分碳值指标图解。

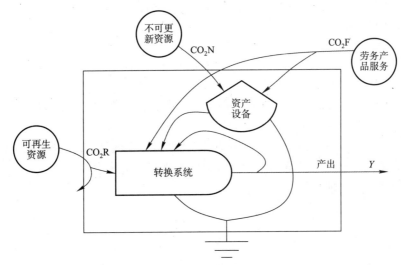

图 4-32 碳值指标图解

（1）单位产能 CO_2 排放量

$$\rho_{CO_2} = \frac{G_{CO_2F} + G_{CO_2N} + G_{CO_2R}}{Y} \tag{4-37}$$

式中 ρ_{CO_2}——目标系统的单位产能 CO_2 排放量，g_{CO_2}/单位；

G_{CO_2F}——社会经济系统投入的劳务、产品、服务等所隐含的 CO_2 当量，g_{CO_2}；

G_{CO_2N}——不可再生资源所隐含的 CO_2 当量，g_{CO_2}；

G_{CO_2R}——所谓的可再生能源隐含的 CO_2 当量，g_{CO_2}，如水资源本来可认为是可再生的资源，但很多时候是需要经过处理后才可以应用，此时它就具有了碳值；

Y——目标系统的平均年产值。

（2）系统年 CO_2 减排量

$$W_{CO_2} = Y \cdot \Delta\rho = Y \cdot (\rho_0 - \rho_{CO_2}) \qquad (4-38)$$

式中 W_{CO_2}——系统的年 CO_2 减排量，g_{CO_2}/a；

        $\Delta\rho$——目标系统的单位产能 CO_2 减排量，$g_{CO_2}/$单位；

        ρ_0——具有相同终端产出的对比系统的单位产值 CO_2 排放强度，$g_{CO_2}/$单位；

（3）CO_2 回收期

$$T_{CO_2} = \frac{G_{CO_2}}{g_{CO_2}} = \frac{G_{CO_2F} + G_{CO_2N} + G_{CO_2R}}{g_{CO_2}} \qquad (4-39)$$

式中 T_{CO_2}——系统的 CO_2 回收期，a；

        G_{CO_2}——系统总碳值，g_{CO_2}，是指可再生能源利用系统在生产、安装、维护过程中人们消耗的资源、产品和劳务所引起的 CO_2 排放量，即系统本身固有的 CO_2 隐含量。

该指标可以定量评价目标系统的碳减排能力及其合理性，若果目标系统的 CO_2 回收期小于相关部门规定的标准回收期，则该目标系统可以接受用作 CO_2 减排措施，否则认为该目标系统用于 CO_2 减排是不可取的。

（4）系统 CO_2 减排能值转换率

$$T_{rCO_2} = \frac{IE_m}{L_c \cdot g_{CO_2}} \qquad (4-40)$$

式中 T_{rCO_2}——CO_2 减排能值转换率，sej/g_{CO_2}，

        IE_m——系统的投入能值，sej，该值可以衡量包括人类劳动在内的，来自自然和经济领域的所有资源的价值。

该指标衡量系统减少单位 CO_2 量而需要的能值投入。该值越大，表明系统用于 CO_2 减排投入的能值越大，给生态环境和人类经济活动带来很大的压力。

（5）系统产出投入能值率

$$IOER = \frac{OE_m}{IE_m} \qquad (4-41)$$

式中 $IOER$（Input-Output Emergy Ratio）——系统的产出投入能值率；

        OE_m——系统的产出能值，sej，也即主要收益，主要包括两部分：直接收益（产热或产电）和由 CO_2 减排而带来的间接收益（可以按碳交易价格计算），其计算公式为：

$$OE_m = ORMBV \times EmRMBR \qquad (4-42)$$

式中 $ORMBV$（Output RMB Value）——系统产出（收益）货币价值，元；

        $EmRMBR$（Emergy RMB Ratio）——能值/货币率，是指单位货币相当的能值量，由国家全年能值应用总量除以国民生产总值而得，$sej/$元。

该指标从能值的角度综合考虑了系统的投入产出情况，通过比较投入产出能值率，可以更好地了解某一系统是否具有竞争力及其经济效益。同时，可以比较不同系统的优劣性，如果某系统的产出投入能值率远低于其他能源，开发利用这样系统的所消耗的能量和资金都高，那么这种系统便尚无开发利用的竞争力，没有利用的必要。

（6）系统 CO_2 减排能值货币成本

$$C_{CO_2 Em} = \frac{IE_m RMBV}{W_{CO_2}} = \frac{IE_m/E_m RMBR}{W_{CO_2}} \qquad (4-43)$$

式中　$C_{CO_2 Em}$——系统的 CO_2 减排能值货币成本，元/g_{CO_2}。

　　　　$IEmRMBV$（Input Emergy RMB Value）——系统投入能值货币价值，元$_{Em}$，能值货币价值是指能值相当的市场货币价值，由能值（单位为 sej）除以能值货币比率而得，即以能值来衡量财富的价值。

系统 CO_2 减排能值货币成本是以能值的形式来衡量系统的 CO_2 减排价值，该值越低越好。

4.5.2　建筑可利用能源系统的碳值分析

4.5.2.1　碳值分析在光伏发电系统评价中的应用

该光伏发电系统主要考虑了 3 个子系统：基片生产系统、太阳电池生产系统和电池组件、安装和维护系统，由有关文献给出的基础数据，得到该光伏发电系统的碳值如表 4-22 所示，该系统的总碳值为 $7.14×10^6 g_{CO_2}/a$，各个项目的碳值所占比例如表 4-22 中 G 列所示，其中光伏电池基片生产子系统中的煤电的碳值所占比例最高，为 34.74%；其次为电池组件、安装和维护子系统中逆变器和维持成本，它们的碳值所占比例分别为 29.76% 和 26.08%。对于 3 个子系统来讲，电池组件、安装和维护子系统的碳值所占比例最高，为 56.59%；其次为基片生产系统，其碳值贡献率为 37%；太阳电池生产子系统的贡献率最小，为 6%。因此，减少电池组件、安装和维护阶段和基片生产阶段和的 CO_2 排放量可以有效减少光伏发电系统的碳值，从而提高光伏发电系统作为低碳技术的减排效果。

光伏发电系统的碳值分析　　　　　　　　　表 4-22

A	B	C	D	E	F	G
序号	项目	基础数据	单位	碳值转换系数③（g_{CO_2}/单位）	碳值（g_{CO_2}）	所占比例
Ⅰ. 光伏电池基片生产子系统						
1N	硅砂	$3.05×10^4$	g	2.77	$8.45×10^4$	1.18%
2F	焦炭	$4.19×10^3$	g	2.19	$9.18×10^3$	0.13%
3F	木炭	$7.74×10^3$	g	2.58	$2.00×10^4$	0.28%
4F	石墨	$1.40×10^3$	g	1.61	$2.25×10^3$	0.03%
5（0.72R+0.28F）	木材①	$1.42×10^4$	g	$4.39×10^{-4}$	6.23	0.00%
6F	聚乙烯	6.84	g	2.17	14.8	0.00%
7F	HCL	$6.44×10^3$	g	0.16	$1.03×10^3$	0.01%
8F	NaOH	62.4	g	2.62	$1.63×10^2$	0.00%
9F	H2SO4	46.2	g	0.19	8.60	0.00%
10F	POCL3	0.645	g	2.81	1.81	0.00%
11F	HF	11.8	g	2.48	29.3	0.00%

A	B	C	D	E	F	G
序号	项目	基础数据	单位	碳值转换系数[3](g_{CO_2}/单位)	碳值(g_{CO_2})	所占比例
12F	四氟甲烷	0.753	g	3.72	2.80	0.00%
13F	银/铝粉	6.45	g	2.43	15.7	0.00%
14F	天然气	1.31×10^9	J	5.66×10^{-5}	7.42×10^4	1.04%
15F	煤电	8.05×10^9	J	3.08×10^{-4}	2.48×10^6	34.74%
T_1	小结				2.67×10^6	37.42%
Ⅱ. 光伏电池生产子系统						
16F	铝	2.16×10^4	g	4.48	9.68×10^4	1.36%
17F	玻璃	4.35×10^4	g	0.055	2.39×10^3	0.03%
18F	EVA	5.78×10^3	g	2.34	1.35×10^4	0.19%
19F	tedlar薄膜	6.60×10^2	g	2.05	1.35×10^3	0.02%
20F	钢	1.69×10^5	g	1.85	3.12×10^5	4.37%
21F	铜	2.71×10^2	g	1.94	5.26×10^2	0.01%
22F	塑料	2.71×10^2	g	2.22	6.01×10^2	0.01%
23 (0.6R+0.4F)	人力[2]	1.46×10^7	J	0.00	0.00	0.00%
T_2	小结				4.27×10^5	5.99%
Ⅲ. 电池组件、安装和维护子系统						
24F	柴油	7.31×10^7	J	7.16×10^{-5}	5.23×10^3	0.07%
25F	逆变器	5.13×10^3	元	414.28	2.12×10^6	29.76%
26F	维护成本	4.49×10^3	元	414.28	1.86×10^6	26.08%
27 (0.6R+0.4F)	人力[2]	5.81×10^6	J	0.00	0.00	0.00%
28F	可行性研究	1.16×10^2	元	414.28	4.81×10^4	0.67%
T_3	小结				4.04×10^6	56.59%
总结 ($T_1+T_2+T_3$)					7.14×10^6	100.00%

注：R为可再生资源，N为自然投入，F为人类经济社会反馈的不可更新资源；F列数据等于C列×E列。

①认为木材是由72%的可再生资源加28%人工投入组成的。

②人力其实也有碳值，其中60%认为是可再生的，40%为不可再生资源，但很难界定一个人工在生产过程中产生多少碳排放，所以在此不予考虑。

③具体计算方法见表4-23。

4.5.2.2 光伏发电系统的碳值分析指标

由表4-22给出的光伏发电系统的碳值分析和4.3节给出的光伏发电系统的能值分析结果，可以得到该光伏发电系统的部分碳值分析指标，如表4-23所示。

太阳能光伏发电系统的碳值分析指标

表4-23

序号	指标	单位	数值（煤电）
A	产出能量	J/a	4.97×10^{10}
B	年能值投入	sej/a	5.97×10^{15}
C	年 CO_2 排放量	g_{CO_2}/a	7.14×10^6
D	ρ_{CO_2} (C/A)	g_{CO_2}/J	1.44×10^{-4}
E	$\Delta\rho$ (煤电[①]−D)	g_{CO_2}/J	1.64×10^{-4}

序号	指标	单位	数值（煤电）
F	W_{CO_2} （E×A）	g_{CO_2}/a	$8.17×10^6$
G	T_{CO_2} （C×20/F）	a	17.5
H	Tr_{CO_2} （B/F）	sej/g_{CO_2}	$7.31×10^8$

注：①比较对象为煤电，煤电的 CO_2 排放系数＝$3.08×10^4$ g CO_2/J。

光伏发电系统的产出即收益主要由两部分组成：一部分为获得电量的直接收益；一部分为由于光伏发电减少 CO_2 排放量而获得的间接受益，该案例的收益计算如表 4-24 所示。该系统的收益为 11663 元/a，我国的能值/货币率为 $3.17×10^{11}$ （sej/元），则该系统的收益能值为 $3.70×10^{15}$ sej/a。该系统的投入能值为 $5.97×10^{15}$ sej/a，则该光伏发电系统的 IOER 为 0.62＜1，表明该系统在当前的情况下是没有净能值产出的。

根据式（4-43）可以得到光热发电系统的 CO_2 减排能值货币成本 C_{CO_2Em} 为 2301 元/t CO_2。

该光伏发电系统的收益计算　　　　　　　　　　　表 4-24

项目	计算公式	参数值	结果（元/a）
直接收益	发电量（kWh）×电价（元/kWh）	年发电量为 13800kWh/a	11040
		取电价为 0.8 元/kWh	
间接受益	CO_2 减排量（t_{CO_2}）×CO_2 交易价格（元/t_{CO_2}）	年 CO_2 减排量为 8.17t_{CO_2}/a	623
		CO_2 交易价格为 76.3 元/t_{CO_2}	
总收益 B			11663

4.5.2.3　讨论与分析

光伏发电系统主要投入资源的 CO_2 排放量贡献率如图 4-33 所示，其中基片生产过程中煤电的 CO_2 排放量所占比例最大为 35%，其次是逆变器、维护成本和钢，这 4 种资源的 CO_2 贡献率占总系统的 95%，减少这 4 种资源的 CO_2 排放量可以大大减少系统的碳值。当光伏发电系统的投入电为煤电时，该系统年 CO_2 排放量为 $7.14×10^6 g_{CO_2}$/J；当光伏发电系统投入的电改为水电时（水电的 CO_2 排放系数为 $6.75×10^5 g_{CO_2}$/J），光伏发电系统年 CO_2 排放量为 $5.20×10^6 g_{CO_2}$/J，光伏发电系统主要投入元素的 CO_2 排放量贡献率如图 4-34 所示。采用水电的光伏发电系统比采用煤电的光伏发电系统的 CO_2 排放量减少了 27%。

由表 4-23 可知，该光伏发电系统的 CO_2 回收期为 17.5 年，在 20 年的光伏发电寿命周期内，还有 2.5 年作为净 CO_2 减排期。该光伏发电项目的 CO_2 减排能值转换率为 $7.31×10^8$ sej/g_{CO_2}，即减排 1g CO_2 需要花费 $4.77×10^8$ sej 的能值，若算出其他可再生能源利用系统的 CO_2 减排能值转换率，就可以将其进行比较。优先考虑 CO_2 减排能值转换率小的系统，因为该值越小，说明系统在减少单位 CO_2 时所需要投入能值越低。

在 CO_2 减排交易价格不变的情况下，该光伏发电系统发电的电价若定为 0.8 元/kWh，系统的投入产出能值率小于 1，但若光伏发电的电价定为 1.32 元/kWh 时，该系统的投入产出能值率为 1，可以满足收支平衡。这也说明在当前技术下，光伏发电技术是需要政府的资助和鼓励的。

4.5.2.4　我国太阳能资源光伏发电利用系统的碳值分析

我国太阳能资源丰富区或较丰富的地区，面积较大，约占全国面积的 2/3 以上，具有利

图4-33 系统主要元素CO_2
排放量贡献率（煤电）

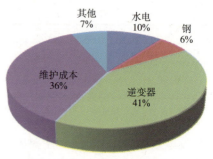

图4-34 系统主要元素CO_2
排放量贡献率（水电）

用太阳能的良好条件，但由于纬度的不同、气候条件的差异造成了太阳能辐射的不均匀，且由于光伏发电系统自身的技术条件限制，使光伏发电系统的综合效率比较低。因此，在利用光伏发电系统发电和CO_2减排时，要对当地的太阳能资源的可用性和光伏发电系统的CO_2减排性能进行评价。因此，结合我国太阳能资源分布区和可预见的几种系统综合效率，对该案例中给出的光伏发电系统进行碳值分析，其分析结果如表4-25和图4-35～图4-39所示。

太阳能光伏发电系统的CO_2减排指标 表4-25

系统效率	水平面上年太阳辐照量 $MJ/(m^2 \cdot a)$			单位发电量CO_2排放量（g_{CO_2}/J）	CO_2减排能值转换率（sej/g_{CO_2}）	CO_2减排货币成本（元/g_{CO_2}）	产出投入能值率	CO_2回收期（年）
8%	I		8400	7.78×10^{-5}	2.37×10^{8}	7.48×10^{-4}	1.39	6.8
		II	6700	9.76×10^{-5}	3.25×10^{8}	1.03×10^{-3}	1.10	9.3
			III_1 5400	1.21×10^{-4}	4.55×10^{8}	1.43×10^{-3}	0.88	12.9
			III_2 5000	1.31×10^{-4}	5.18×10^{8}	1.63×10^{-3}	0.81	14.7
			4200	1.56×10^{-4}	7.17×10^{8}	2.26×10^{-3}	0.68	20.4
10%	I		8400	6.23×10^{-5}	1.78×10^{8}	5.61×10^{-4}	1.75	5.1
		II	6700	7.81×10^{-5}	2.38×10^{8}	7.51×10^{-4}	1.39	6.8
			III_1 5400	9.69×10^{-5}	3.22×10^{8}	1.01×10^{-3}	1.11	9.2
			III_2 5000	1.05×10^{-4}	3.61×10^{8}	1.14×10^{-3}	1.03	10.3
			4200	1.25×10^{-4}	4.76×10^{8}	1.50×10^{-3}	0.86	13.6
12%	I		8400	5.19×10^{-5}	1.41×10^{8}	4.45×10^{-4}	2.11	4.0
		II	6700	6.51×10^{-5}	1.88×10^{8}	5.93×10^{-4}	1.67	5.4
			III_1 5400	8.07×10^{-5}	2.49×10^{8}	7.86×10^{-4}	1.34	7.1
			III_2 5000	8.72×10^{-5}	2.77×10^{8}	8.74×10^{-4}	1.24	7.9
			4200	1.04×10^{-4}	3.57×10^{8}	1.12×10^{-3}	1.04	10.2
14%	I		8400	4.45×10^{-5}	1.18×10^{8}	3.71×10^{-4}	2.46	3.4
		II	6700	5.58×10^{-5}	1.55×10^{8}	4.89×10^{-4}	1.96	4.4
			III_1 5400	6.92×10^{-5}	2.03×10^{8}	6.41×10^{-4}	1.57	5.8
			III_2 5000	7.47×10^{-5}	2.25×10^{8}	7.09×10^{-4}	1.45	6.4
			4200	8.90×10^{-5}	2.85×10^{8}	8.99×10^{-4}	1.21	8.1

系统效率	水平面上年太阳辐照量 MJ/(m²·a)		单位发电量 CO_2 排放量（g_{CO_2}/J）	CO_2 减排能值转换率（sej/g_{CO_2}）	CO_2 减排货币成本（元/g_{CO_2}）	产出投入能值率	CO_2 回收期（年）
16%	I	8400	3.89×10^{-5}	1.01×10^8	3.18×10^{-4}	2.82	2.9
	II	6700	4.88×10^{-5}	1.32×10^8	4.17×10^{-4}	2.24	3.8
	III₁	5400	6.05×10^{-5}	1.72×10^8	5.41×10^{-4}	1.80	4.9
	III₂	5000	6.54×10^{-5}	1.89×10^8	5.96×10^{-4}	1.66	5.4
		4200	7.78×10^{-5}	2.37×10^8	7.48×10^{-4}	1.39	6.8

注：I 为资源丰富区，水平面上年太阳辐照量 6700～8400MJ/(m²·a)，年日照时数为 3200～3300h；II 为资源较丰富区，水平面上年太阳辐照量为 5400～6700MJ/(m²·a)，年日照时数为 3000～3200h；III₁ 为资源一般区，水平面上年太阳辐照量为 5000～5400MJ/(m²·a)，年日照时数为 2200～3000h；III₂ 为资源一般区，水平面上年太阳辐照量为 4200～5000MJ/(m²·a)，年日照时数为 1400～2200h。

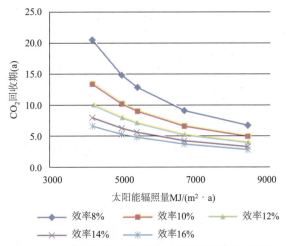

图 4-35 系统 CO_2 回收期与太阳能辐照量的关系

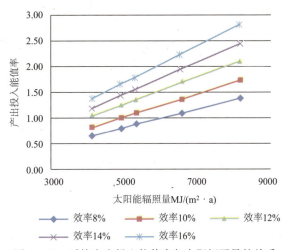

图 4-36 系统产出投入能值率与太阳辐照量的关系

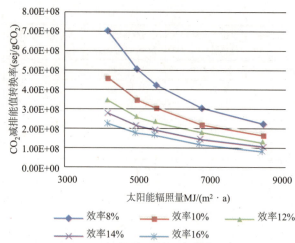

图 4-37 不同系统效率下 CO_2 减排能值转换率与
太阳能辐照量的关系

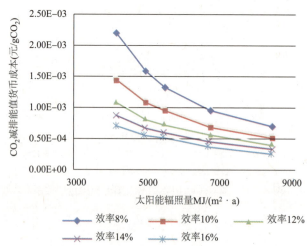

图 4-38 不同系统效率下 CO_2 减排能值货币价值与
太阳能辐照量的关系

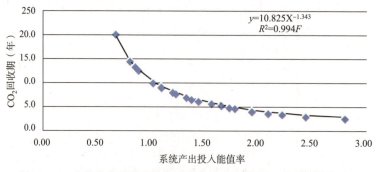

图 4-39 光伏发电系统产出投入能值率与系统的 CO_2 回收期的关系

由表 4-25 可以看出：

(1) 单从 CO_2 回收期来看，只有当系统效率为 8%，太阳能辐照量为 4200MJ/($m^2 \cdot a$) 时，光伏发电系统的 CO_2 回收期为 20.4 年，大于该光伏发电系统的寿命周期。因此，此时该光伏发电系统是不具有 CO_2 减排效应的。在其他情况下，光伏发电系统的 CO_2 回收期是小于系统的寿命周期的。

(2) 当系统效率为 8%，且当地的太阳能辐照量位于 III_1 和 III_2 区域时，该系统的产出投入能值率小于 1；同时，当系统效率为 10%，且当地太阳能辐照量位于 III_2 区域时，该系统的产出投入能值率也小于 1；这表明投入生产的能值大于产出能值，得不偿失。当系统效率≥12%，光伏发电系统在 4 个区内的产出投入能值率都大于 1，说明该系统有净能值产出。

(3) 可以通过产出能值率来比较处于不同区域的两个不同效率的太阳能光伏发电系统，例如比较当地太阳辐照量为 8400MJ/($m^2 \cdot a$)、系统效率为 12% 和当地太阳辐照量为 6700MJ/($m^2 \cdot a$)、系统效率为 16% 两种光伏发电系统方案时，前者的产出能值率为 2.11，后者的产出能值率为 2.24，因此后方案比前方案具有竞争力和经济效益。

由图 4-35~图 4-39 可以得出以下结论：

(1) 由图 4-35 可知，对于某一光伏发电系统，当系统综合效率一定时，系统 CO_2 回收期随着太阳能辐照量的增加而减少；当太阳能辐照量一定，系统 CO_2 回收期随着系统综合效率的增加而减少，但回收期的减少量随着系统的增加而减少。可以预知，当系统的综合效率增加某一特定值时，系统的 CO_2 的回收期主要取决于系统 CO_2 的预投入。

(2) 由图 4-36 可知，当系统效率一定时，产出投入能值率随太阳辐射量的增加而增大，当太阳能辐射量一定时，系统产出投入能值率随系统效率的增大而增大；当系统效率≥12% 时，该方案在我国 4 个太阳能分布区内的投入能值率都大于 1，最大值为 2.82。

(3) 由图 4-37 和图 4-38 可知，CO_2 减排能值转换率和 CO_2 减排能值货币成本随着光伏发电系统效率的提升而降低，随着水平面太阳辐射量的增加而降低，且变化趋势趋于平滑，即当系统效率增加到一定程度时，太阳辐射量成为影响系统 CO_2 减排能值转换率和 CO_2 减排综合成本的主要因素，也即随着太阳辐射量的增加系统效率对这两个指标的影响作用越小。

(4) 由图 4-39 可知，光伏发电系统的产出投入能值率与系统的 CO_2 回收期有很好的幂函数关系，且决定系数 R_2 为 0.994，当知道其中之一时，就会很容易的求出另一个值。

4.5.2.5 可再生能源利用系统的碳值分析结果

根据上面给出的方法，以上海为研究基地，对其他可再生能源系统进行了碳分析，其碳值分析指标汇总如表 4-26 所示。

可再生能源碳值分析指标汇总 表 4-26

序号	指标	单位	PV	WT	ST
1	ρ_{CO_2}	g_{CO_2}/J	1.44×10^{-4}	6.42×10^{-6}	5.96×10^{-6}
2	W_{CO_2}	g_{CO_2}/y	8.17×10^6	7.72×10^9	4.71×10^7
3	T_{CO_2}	a	17.5	0.43	0.59
4	净 CO_2 减排期	a	2.5	19.57	29.41

序号	指标	单位	PV	WT	ST
5	寿命周期内 CO_2 减排量	g_{CO_2}	2.04×10^7	1.51×10^{11}	1.39×10^9
6	T_{rCO_2}	sej/a	7.31×10^8	2.63×10^7	6.41×10^7
7	IOER		0.62	9.8	4.4
8	C_{CO_2Em}	元/t_{CO_2}	2301	83	202

注：PV 为太阳能光伏发电系统；WT 为风力发电系统；ST 为太阳能光热利用系统。

由表 4-26 可以得出以下结论：

（1）PV 系统的单位产值 CO_2 排放量 ρ_{CO_2} 最大，ST 系统的 ρ_{CO_2} 最小，WT 系统位居中间；

（2）WT 系统的年 CO_2 减排量 W_{CO_2} 最大，PV 系统的 W_{CO_2} 最大；

（3）从 T_{CO_2} 指标来看，PV 系统的 CO_2 收回期最长，为 17.5 年，净 CO_2 排放期为 2.5 年，WT 系统的 CO_2 回收期最短，为 0.43 年；

（4）从系统寿命周期内 CO_2 减排量来看，WT 系统的 CO_2 减排量最大，ST 系统次之，PV 系统最小；

（5）从系统 CO_2 减排能值转换率来看，WT 系统最低，ST 系统次之，PV 系统的最大；

（6）从系统产出投入能值率来看，PV 系统的小于 1，意味着 PV 系统没有净能值产出，而 WT 系统和 ST 系统的 IOER 都大于 1，系统有较好的净能值产出；

（7）从系统 CO_2 减排能值货币成本来看，WT 系统最低，ST 位于中间，PV 系统最高，表明 WT 系统作为减碳排技术所需要的能值投入最低，在这 3 个系统中最具有利用价值，PV 系统最不具有减碳利用价值。

4.5.3 建筑用能设备的碳排放评价

4.5.3.1 建筑用能系统的碳投入产出模型

建筑使用过程中的碳排放主要来自用能设备的能源消耗。一栋建筑，如果只是围护结构的空壳，无人居住、无视室内环境、没有任何用能设备，仅从运行阶段来看，可以认为这栋建筑为"零能耗"建筑、"零碳"建筑。但是，在现代城市中，追求"零能耗"建筑是没有意义的。但可以有"净"零能耗建筑和"碳中和"建筑。所谓"净"零能耗建筑，即建筑物用可再生能源自行生产的电力与外部提供给它的来源于矿物能源的电力基本持平，建筑物从大电网上取多少电，就用可再生能源"还"回去多少电。碳排放量与减排量基本相等。

低碳能源系统的目标是要实现 3D，即降低碳排放、降低集中度和降低需求（Decarburization，Decentralization and Demand reduction），前两个 D 需要通过城市能源结构的改变、区域或楼宇的分布式能源系统的配置来实现；后一个 D 需要通过提高用能设备效率、强化节能措施来实现。因此，建筑用能设备能源消耗的碳排放，也就分成两个部分：

（1）能源供应，其分成 3 种情况：一是城市能源（煤、天然气、石油）直接驱动用能设备，会直接产生碳排放；二是使用火力发电的电力，间接产生碳排放；三是利用区域或楼宇分布式能源系统就地驱动用能设备。分布式能源中又包括了可再生能源（如太阳能和风能）和热电冷联供（利用天然气或生物质气）。前者在使用过程中没有碳排放，但在这些产能设备的寿命周期中有"隐含碳排放"，即设备制造中"预支"的碳排放。后者无论是用天然气还是用生物质气，用燃气发动机还是用燃料电池，其能量转换过程中仍然有直接碳排放（见图4-40）。

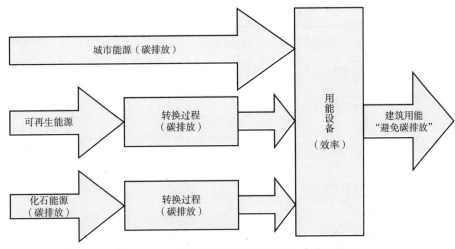

图4-40 建筑能源系统的碳的投入产出过程

（2）建筑用能设备，其能源效率的高低取决于最终碳排放的大小。当然碳排放的大小是相对而言的，对于供冷供热系统，以普通电力驱动的空气源热泵机组（$COP=3$）作为冷源的比较对象；以燃煤锅炉（热效率60%）作为热源的比较对象。假定各种冷热源的末端系统的能源效率、输送系数是一样的。由此得出的冷热源的碳排放量与比较对象相比所得到的减排量，被称为"避免碳排放量（avoided CO_2 emission）"。

因此，建筑设备的碳排放评价是一个投入产出分析过程，即投入"隐含碳"、间接碳和直接碳，产出"避免碳排放量"的效率。定义评价建筑用能过程碳减排效率为：

$$ECM = \frac{100 \times ACE}{EC + IC + DC} \tag{4-44}$$

式中　ECM——碳减排效率（Efficiency of Carbon Mitigation），%；

ACE——避免碳排放（Avoided Carbon Emission），kg；

EC——隐含碳排放（Embedded Carbon Emission），kg；

IC——间接碳排放（Indirect Carbon Emission），kg；

DC——直接碳排放（Direct Carbon Emission），kg。

间接碳排放量主要来自于电力。2007年，我国电力结构中77.8%是火力发电，而火力发电的燃料结构以煤为主，占了90%以上。因此，我国电力的间接碳排放量很大。我国发电平均碳（CO_2当量）排放强度为0.86kg/kWh，而日本是0.418kg/kWh，德国是0.497kg/kWh，美国是0.625kg/kWh。直接碳排放量主要来自现场产能（如热电冷联供）中燃料的直接燃烧，其各种燃料的CO_2排放系数如表4-32所示。

4.5.3.2　各种冷热源设备的碳减排效率

表4-27给出了不同热源设备承担10kWh供热量时的CO_2排放量，并以燃煤锅炉为碳

排放的比较对象，给出了不同设备的碳减排效率。例如，采用全国平均发电水平的地源热泵系统的相对碳减排效率为：$[(5.72kg-2.15kg)/2.15kg] \times 100\% = 164\%$。由表 4-27 可知，$COP$ 为 4.0、用电为天然气联合循环发电（NGCC）的地源热泵的 ECM 值最高，为 540%，用电为全国平均发电水平的电锅炉的 ECM 最低，为 -38%。

各种能源末端供热的碳排放比较　　　　　　　　　　　表 4-27

供热方案	一（二）次能源	一次能效（%）	10kWh 供热排放 CO_2 量（kg）	碳减排效率 ECM（%）
煤锅炉	燃煤	60	5.72	0
燃气锅炉	天然气	90	2.26	153
电锅炉	全国平均发电水平	—	8.6	-34
空气源电动热泵 $COP=2.5$	全国平均发电水平	—	3.44	64
	NGCC	171	1.11	380
	IGCC	165	1.94	175
地源热泵 $COP=4.0$	全国平均发电水平	—	2.15	164
	NGCC	228	0.82	540
	IGCC	220	1.45	266
燃气热泵 $COP=3.5$	天然气	160	1.19	349
直燃机	天然气	90	2.1	153
热泵联产＋电力驱动热泵	天然气	162	1.17	355

表 4-28 给出了不同冷源设备的碳排放量，并以 COP 为 3.0、用电为全国平均发电水平的空气源电动制冷机为碳排放的比较对象，其中 COP 为 6.0、用电为天然气联合循环发电（NGCC）的水冷离心式制冷机的碳减排效率最高，为 392%。

各种能源末端供冷的碳排放比较　　　　　　　　　　　表 4-28

供热方案	一（二）次能源	一次能效（%）	10kWh 供热排放 CO_2 量（kg）	碳减排效率 ECM（%）
空气源电动制冷机 $COP=3.0$	全国平均发电水平	—	2.90	0
	NGCC	148	1.37	112
	IGCC	143	2.40	21
地源热泵制冷 $COP=4.5$	全国平均发电水平	—	1.93	50
	NGCC	256	0.79	267
	IGCC	247	1.39	109
水冷离心式制冷机 $COP=6.0$	全国平均发电水平	—	1.45	100
	NGCC	342	0.59	392
	IGCC	330	1.04	179
燃气热泵 $COP=3.5$	天然气	160	1.27	128
直燃机	天然气	130	1.56	86
热电联产（发动机）＋电力驱动离心制冷机＋单效吸收式制冷机	天然气	240	0.85	241

从表 4-27 和表 4-28 可以看出，对各种冷热源设备进行运行阶段碳排放评价时，要根据其能源的来源确定其是否减碳，比如地源热泵技术，其夏季 COP 低于水冷离心机，当这两种系统都采用全国平均发电水平的电时，水冷离心机的 ECM 是要大于地源热泵的，不过地源热泵系统在冬季具有优势（与锅炉相比）。

4.5.3.3 案例分析

上海某大型项目，其运行时间折合成当量满负荷时间供冷为 1331h，供热为 702h。以常规应用的冷热源作比较，得到表 4-29。

常规冷热源与地源热泵的比较　　　　　　　　表 4-29

工况（承担 10 kW 冷热负荷）		常规方案 1		常规方案 2		方案 3
		离心式制冷机	燃气锅炉	空气源电动制冷机	燃煤锅炉	土壤源热泵
供冷工况（当量满负荷 1331h）	COP	6.0		3.0		4.5
	承担 10kW 负荷耗电量（kWh）	2218		4437		2958
	常规电力 CO_2 排放量（kg）	1930		3860		2573
供热工况（当量满负荷 702h）	COP（效率，%）		90%		60%	4.0
	承担 10kW 负荷耗电量（kWh）		—		—	1755
	燃料 CO_2 排放量（kg）		1589		4021	1527
一年运行期内总 CO_2 排放量（kg）		3519		7881		4100

从表 4-29 可见，地源热泵（方案 3）在一年运行周期内总 CO_2 排放量要高于离心机+天然气锅炉的常规冷热源方案（方案 1），将空气源电动制冷机+燃煤锅炉（方案 2）当作碳减排比较对象，方案 1 运行阶段的碳减排效率 ECM 为 124%，方案 3 运行阶段的碳减排效率 ECM 为 92%。因此，在低碳建筑评价中，不能认为凡利用地源热泵的建筑就比采用其他冷热源的建筑低碳。从表 4-29 中可以看出，方案 3 在采暖季节的 CO_2 排放量比方案 1 和方案 2 都低。因此，采用土壤源热泵系统时应用要充分发挥其冬季节能减排的作用，要根据供热负荷确定地源热泵的容量。

常用的可再生能源设备在寿命周期中都有"隐含碳"，隐含碳的量值与很多因素有关，可再生能源的隐含碳是一个因地而异的参数。以光伏电池为例，从光伏的基片生产、光伏电池的装配，到光伏电池的安装、维护，都需要耗能，自然就有碳排放。根据笔者研究，在太阳能辐射量不高的地区，使用光伏电池的碳减排效率相对较低（见 4.5.2 节）。光伏发电系统碳减排效率的提高，有赖于光伏电池制造工艺的改进和发电效率的总体提高和将光伏发电系统安装在适合的地方。我国生产的光伏电池 90% 以上出口到国外，其隐含碳排放理应算到终端消费上，这样才符合碳贸易的公平性。

4.5.4 区域建筑可利用能源系统碳值分析小结

本节提出了碳值的概念，构建了区域建筑能源利用系统的碳值分析法，给出了能源资源利用系统的评价指标，如单位产能 CO_2 排放量、系统 CO_2 回收期、系统产出投入能值率、CO_2 减排能值转换率、CO_2 减排能值货币率等，这些指标可以定量地评价能源资源在某一特定环境下碳减排能力，为低碳区域建筑可利用能源的选择提供评价方法。

利用碳值分析方法对土壤源热泵系统进行了评价，从土壤源热泵系统全寿命周期角度来看，运行阶段的电耗产生的 CO_2 排放量是构成系统碳值的主要部分，与运行阶段采用煤电相比，当运行阶段采用水电时土壤源热泵系统的总碳值减少了 67%，并且系统的 CO_2 回收期将被大大缩短。因此，采用低 CO_2 排放系数的水电将加强系统的减碳能力。同时，将土壤源热泵系统与空气源热泵系统的碳值分析指标进行了比较，其结果显示土壤源热泵系统的碳减排能力好于空气源热泵系统。

利用碳值分析法对建筑中常用的可再生能源系统进行了碳值分析。首先，对光伏发电系统进行了分析，从中可以找到引起光伏发电系统碳值较高的原因，生产过程中煤电的使用是引起光伏发电系统 CO_2 排放量较大的最主要原因，当将生产过程的煤电换成水电时，整个系统的 CO_2 排放量会大幅度降低，从而降低光伏发电系统单位产能的 CO_2 排放量，减少系统的 CO_2 回收期。同时，利用碳值分析方法对我国各个太阳能资源分布区内光伏发电系统进行了碳值分析评价，得到各个太阳能资源带内在不同光伏发电系统效率的情况下，单位产能 CO_2 排放量、CO_2 减排能值转换率、CO_2 减排能值货币成本、产出投入能值率和 CO_2 回收期指标，为了解我国不同地区光伏发电系统的减碳能力提供数据支持。其次，对太阳能光热利用系统进行了碳值分析，分析结果显示，太阳能光热利用系统的减碳能力较好。最后，对风力发电系统进行了碳值分析，系统的 CO_2 回收期不足半年，与光伏发电系统和燃煤发电系统相比，风力发电系统具有很好的减碳能力。

基于碳值分析的基础，定义了建筑冷热源设备用能过程的碳减排效率的概念，并以燃煤锅炉为热源设备的碳减排效率比较对象，对其他热源设备的碳减排效率进行评价。结果显示，COP 为 4.0、用电为天然气联合循环发电（NGCC）的地源热泵的碳减排效率 ECM 最高，为 540%。同时，以 COP 为 3.0、用电为全国平均发电水平的空气源电动制冷机设备为冷源设备的碳减排效率比较对象，对其他冷源设备的碳减排效率进行了评价，结果显示，COP 为 6.0、用电为天然气联合循环发电（NGCC）的水冷离心式制冷机的碳减排效率最高，为 392%。通过对建筑冷热源设备用能过程的碳减排效率的评价，为冷热源设备的选择提供科学依据。

可再生能源和低品位能源能值分析所涉及到的能值转换率   表 4-30

序号	项目	单位	能值转换率	参考文献
A	氮	sej/g	4.19×10^9	Ulgiati（2003）
B	玻璃	sej/g	1.90×10^9	Buranakarn（1998）
B	玻璃棉	sej/g	5.73×10^9	Meillaud et al.（2005）
B	玻璃纤维	sej/g	3.00×10^9	Earth trends（2007）
B	丙二醇	sej/J	3.80×10^8	Odum（1983）
B	丙炔钠	sej/g	2.65×10^9	Lapp（1991）
C	柴油	sej/J	6.60×10^4	Brown（2003）
C	除草剂	sej/g	2.49×10^{10}	Nilsson（1997）
C	淬火	sej/kg	1.80×10^{13}	Alonso-pippo（2004）
D	电（水电）	sej/J`	8.00×10^4	Lan S F et al（2002）
D	电（火电）	sej/J	1.59×10^5	Lan S F et al（2002）

序号	项目	单位	能值转换率	参考文献
D	地球循环能	sej/J	1.02×10^4	Bargigli，Ulgiati (2003)
D	土地表层所含的有机物	sej/J	1.24×10^5	Bargigli，Ulgiati (2003)
D	地表风能	sej/J	1.50×10^3	Brown (2003)
F	氟化氢	sej/g	9.89×10^8	Raugei et al (2007b)
F	服务	sej/美元	2.00×10^{12}	Ulgiati (2003)
F	风	sej/J	2.52×10^3	Bargigli，Ulgiati (2003)
G	灌溉水	sej/J	6.89×10^4	Lapp (1991)
G	甘蔗生物质	sej/J	2.46×10^4	Alonso-pippo (2004)
G	甘油	sej/g	1.80×10^{12}	Liu Sheng et al (2007)
G	钢	sej/J	5.31×10^9	Bargigli，Ulgiati (2003)
H	混凝土	sej/J	2.59×10^9	Brown，Buranakarn (2003)
H	合成异构烷油 ISOPAR	sej/kg	3.80×10^{12}	Alonso-pippo (2004)
J	焦炭	sej/g	4.00×10^4	Odum (1996)
J	聚氨酯	sej/g	5.87×10^9	Buranakarn (1998)
J	聚乙烯	sej/g	5.87×10^9	Buranakarn (1998)
J	机械	sej/g	1.40×10^9	Ulgiati (2003)
K	空气	sej/g	5.16×10^7	Wang L M (2004)
L	劳力	sej/J	6.32×10^{16}	Ulgiati (2003)
L	劳动者	sej/J	4.00×10^5	Ulgiati (2003)
L	铝	sej/g	1.27×10^{10}	Buranakarn (1998)
L	氯化氢	sej/g	3.64×10^9	Raugei et al (2007b)
L	硫酸	sej/g	3.64×10^9	raugei et al (2007b)
L	氮肥	sej/g	6.38×10^9	Bargigli，Ulgiati (2003)
L	磷酸	sej/g	2.65×10^9	Lapp (1991)
L	磷肥	sej/g	6.55×10^9	Bargigli，Ulgiati (2003)
M	木材	sej/g	8.79×10^8	Buranakarn (1998)
M	木炭	sej/J	1.07×10^5	Alonso-pippo (2004)
N	逆变器	sej/欧元	2.22×10^{12}	Bastinaoni (2002)
N	柠檬酸	sej/g	2.65×10^9	Lapp (1991)
N	农药	sej/g	2.49×10^{10}	Sui Chunhua (2001)
R	燃料	sej/J	6.60×10^4	Odum (1996)
R	润滑油	sej/J	1.11×10^5	Odum (1996)
R	热水或蒸汽	sej/J	6.72×10^4	Bargigli，Ulgiati (2003)
R	润滑剂	sej/J	6.60×10^4	Tiezzi (2001)
R	燃烧和冷却用的空气	sej/J	1.50×10^3	Lan S F et al (2002)
R	软化水	sej/g	6.64×10^5	Wang L M (2004)
S	塑料薄膜	sej/g	6.32×10^9	Buranakarn (1998)
S	四氟甲烷	sej/g	1.01×10^9	Raugei et al (2007b)

序号	项目	单位	能值转换率	参考文献
S	石墨	sej/g	3.15×10^9	Campbell et al（2000）
S	三氯化钸	sej/g	1.01×10^9	Raugei et al（2007b）
S	生铁	sej/J	5.43×10^9	Bargigli and Ulgiati（2003）
S	塑料	sej/g	2.52×10^9	Brown，Buranakarn（2003）
S	生物柴油	sej/J	8.60×10^5	Liu Sheng et al（2007）
S	水泥	sej/g	3.48×10^9	Odum（1996）
S	石灰	sej/g	1.68×10^9	Bargigli and Ulgiati（2003）
S	沙	sej/J	2.00×10^7	UFL（2007）
S	水	sej/g	2.03×10^5	Odum（1996）
S	设计和维护	sej/欧元	2.22×10^{12}	Bastinaoni（2002）
T	铜	sej/g	6.77×10^{10}	Odum（1996）
T	铁	sej/J	2.59×10^9	Bargigli，Ulgiati（2003）
T	陶瓷材料	sej/kg	3.30×10^{13}	Alonso-pippo（2004）
T	天然气	sej/g	4.84×10^4	Brown（1997）
T	太阳能	sej/J	1.00	Odum（1996）
W	维护费用	sej/欧元	2.22×10^{12}	Bastinaoni（2002）
X	小麦	sej/g	7.91×10^4	Xiaobin Dong（2008）
Y	银铝粉	sej/g	1.69×10^{10}	Raugei et al（2007b）
Y	乙烯醋酸乙烯酯	sej/g	5.87×10^9	Buranakarn（1998）
Y	氢氧化钠	sej/g	1.90×10^9	Raugei et al（2007b）
Y	乙醇	sej/J	1.73×10^5	Brown（2004）
Y	盐酸	sej/g	2.65×10^9	Lapp（1991）
Y	雨水势能	sej/J	1.04×10^4	Brown（2003）
Y	雨水化学能	sej/J	1.82×10^4	Brown（2003）
Y	氢氧化钠	sej/g	2.69×10^9	Lapp（1991）
Y	玉米	sej/g	5.88×10^4	Brown（2004）
Z	综合循环冷却水	sej/J	6.07×10^4	Wang L M（2004）
Z	植物油	sej/J	1.30×10^6	Ulgiati（2003）

注：序号是按照项目列中第一个字的第一拼音来排序的。

能值分析的主要系统符号和意义 表4-31

符号	名称	意义
→	流动路线	表示能流、物流、信息流等生态流的流动路线和方向
◯→	能量来源	从系统边界外输入的各种形式的能量（物质）
	储存库	系统中储存能量、物质、货币、信息、资产等的场所

符号	名称	意义
	热耗失	表示有效能（或潜能）消耗散失，成为不再具有做功能力、不能在被利用的热能
	相互作用键	表示不同类别的能流相互作用并转化成另一能流，低能值转化率的低能质能流从图左边进入，较高能质的能流从上边进入，经过相互作用而转化形成的能流从右边输出。不同能量相互作用和转化，伴随着部分能量耗散流失
	消费者	"消费者"符号绘于系统图内右方，它从生产者获取产品和能量，并向生产者反馈物质和服务
	系统边框	用于表示系统边界的矩形框

主要元素的 CO_2 转换系数　　　　　　　　　　　表 4 - 32

序号	项目	单位	CO_2 转换系数 (g_{CO_2}/单位)	注解	序号	项目	单位	CO_2 转换系数 (g_{CO_2}/单位)	注解
1	硅砂	g	2.77	①	18	EVA	g	2.34	⑪
2	焦炭	g	2.19	②	19	Tedlar 薄膜	g	2.05	⑫
3	木炭	g	2.58	③	20	钢	g	1.85	⑥
4	石墨	g	1.61	④	21	铜	g	1.94	⑥
5	木材	g	4.39×10^{-4}	⑤	22	塑料	g	2.22	⑥
6	聚乙烯	g	2.17	⑥	23	柴油	J	7.16×10^{-5}	⑬
7	盐酸	g	0.16	⑦	24	逆变器	RMB	414.28	⑭
8	氢氧化钠	g	2.62	⑦	25	维护成本	RMB	414.28	⑭
9	硫酸	g	0.19	⑦	26	可行性研究	RMB	414.28	⑭
10	三氯化钛	g	2.81	⑦	27	玻璃棉	g	0.68	⑮
11	氢氟酸	g	2.48	⑦	28	聚氨酯	g	3.20	⑯
12	四氟甲烷	g	3.72	⑦	29	丙二醇	g	1.74	⑰
13	银/铝粉	g	2.43	⑧	30	混凝土	g	0.37	⑱
14	天然气	J	5.66×10^{-5}	⑨	31	生铁	g	1.77	⑲
15	煤电	J	3.08×10^{-4}	⑩	32	绝缘材料	g	0.34	⑳
16	铝	g	4.48	⑥	33	润滑油	g	0.05	㉑
17	玻璃	g	0.055	⑥					

注：①从硅矿石制成冶金级硅的能耗为 3600J/$g_{硅砂}$，原油的热值为 41860J/g_{oil}，单位原油在完全燃烧下的 CO_2 排放量为 3.22g CO_2/g_{oil}，则硅砂的 CO_2 转换系数＝[（3600J/$g_{硅砂}$）/（41860J/g_{oil}）]×（3.22g CO_2/g_{oil}）＝2.77g CO_2/$g_{硅砂}$；

②焦炭的 CO_2 转换系数＝[（焦炭的热值）/（原油热值）]×（3.22g CO_2/g_{oil}）g CO_2/J_{oil}]＝2.19g CO_2/J；

③木炭的 CO_2 转换系数＝[（焦炭的热值）/（原油热值）]×（3.22g CO_2/g_{oil}）＝2.58g CO_2/J；

④根据有关文献给定的石墨产品可以能耗等级为国家一级，从矿山采剥到高碳石墨生产一吨石墨所需要的能耗为 1164.85kg 标准煤，即生产单位石墨的能耗为 34070J/g，结合②中的公式计算得出；

⑤参考文献 [71]；

165

⑥根据有关文献给出的聚乙烯、铝、钢、铜、玻璃、塑料的单位产量能耗，结合②中的公式计算得出；

⑦盐酸、氢氧化钠、硫酸、三氯化钚、氢氟酸、四氟甲烷的 CO_2 转换系数＝[产品价格（\$/g）]×[2900（g CO_2/\$）][5]；

⑧根据文献 [72]，铝的 CO_2 转换系数＝4.48g CO_2/g 铝；银单位能耗 0.1495t 标准煤/t，银的 CO_2 转换系数＝0.37g CO_2/g 银，按两者 1:1 的比例混合，则银/铝粉的碳值转换率＝2.43g CO_2/g 银/铝粉；

⑨参考文献 [73]；

⑩此处的电为煤电，其煤电的 CO_2 转换系数＝3.08×10^{-4} g CO_2/J；

⑪依据文献 [74] 计算得出 EVA 胶膜的 CO_2 转换系数＝2.34g CO_2/gEVA 胶膜；

⑫参考文献 [74] 给出的 Tedlar 聚氟乙烯（PVF）的 CO_2 转换系数；

⑬柴油的 CO_2 转换率为＝7.47×10^{-5} g CO_2/J，并假设柴油完全燃烧；

⑭采用文献 [72] 给出的中国 2004 年单位 GDP 的 CO_2 排放强度；

⑮根据文献 [75] 给出的数据计算出玻璃棉的能耗，然后结合相关公式计算出玻璃棉的 CO_2 排放系数为 0.68g CO_2/g 玻璃棉；

⑯合成氨单位综合能耗为 1420.11kg 标准煤/t＝1420.11/1.4286＝994.06kg 原油/t＝0.944g_{oil}/g 聚氨酯，及聚氨酯的 CO_2 转换系数＝0.994×3.22＝3.2g CO_2/g 聚氨酯；

⑰一吨标准煤可以产 7.8t 的蒸汽，生产每吨丙二醇（PG）需要消耗蒸汽 6t，则可以估计丙二醇单位生产能耗＝0.77t 标准煤/t PG＝0.54t 标油/t PG＝1.74g CO_2/g PG；

⑱单位混凝土的 CO_2 转换系数为：（149kg 标准煤/t）×（2.493kg CO_2/kg 标准煤）＝0.37kg CO_2/t；

⑲单位生铁的 CO_2 转换系数为：（1250kg 标准煤/t）×（2.493kg CO_2/kg 标准煤）＝1.77kg CO_2/t；

⑳绝缘材料的 CO_2 转换系数为：（340kWh/t）×（0.4040kg 标准煤/kWh）×（2.493kg CO_2/kg 标准煤）＝0.34kg_{CO_2}/t；

㉑润滑油的 CO_2 转换系数为：（65.3kg 标油/t）×（1.454285kg 标准煤/1000kg 标油）＝（0.095kg 标准煤/t）×（2.493kg CO_2/kg 标准煤）＝0.00024g_{CO_2}/g。

参考文献

[1] 清洁能源行动办公室组织编著．城市清洁能源行动规划指南．北京：中国环境科学出版社，2005．

[2] 黄岳海．被动式太阳房简介．新农业，2002，5：57-58．

[3] 艾志刚．形式随风—高层建筑与风力发电一体化设计策略．建筑学报，2009，5：74-76．

[4] 日本能源学会编，史仲平，华兆哲译．生物质和生物能源手册 [M]．北京：化学工业出版社，2007．

[5] 国家环境保护局．中国 21 世纪议程——中国 21 世纪人口、环境与发展白皮书．北京：中国环境科学出版社，1994．

[6] 郝艳红，王灵梅，邱丽霞．生活垃圾焚烧发电工程的能值分析．电站系统工程，2006，22（6）：25-26．

[7] 汪训昌．评"浅层地热能"的资源观点与评价方法．制冷与空调，2008，06：119-124．

[8] 韩再生，冉伟彦，佟红兵等．浅层地热能勘查评价．中国地质，2007，34（6）：1115-1121．

[9] 张仲华．综合资源规划中的资源潜力分析方法．中国能源，1994（8）：14-16．

[10] 2001．行为节能，人民网 http://www.people.com.cn/GB/paper53/4237/489819.html．

[11] Gilliland, M. W. Energy Analysis: a New Public Policy. Westibiew Press, Boulder, Colo, 1978.

[12] Odum H. T. Self-organization, Transformity and Information. Science, 1988, 242: 1132~1139.

[13] Odum H. T. Environmental Accounting: Emergy and Environmental Decision Making. New York: John Wilely, 1996.

[14] Ulgiati S. Odum H. T. Bastianoni S. Energy Use, Environmental Loading and Sustainability: An Energy Analysis of Italy. Ecological Modeling, 1994, 73: 215-268.

[15] 王灵梅，李政，倪维斗．多联产系统的能值评估．动力工程，2006：26（2）：278-282．

[16] 陆宏芳，蓝盛芳，俞新华．城市复合生态系统能值整合分析研究方法论．城市环境与城市生态，2005，18（4）：34-37．

[17] 蓝盛芳，钦佩．生态系统的能值分析．应用生态学报，2001，12（1）：129-131．

[18] 彭建，刘松，吕婧．区域可持续发展生态评估的能值分析研究进展与展望．中国人口、资源与环境，2006，16（5）：47-51．

[19] Brown M. T, Ulgiati S. Emergy Analysis and Environmental Accounting. Encyclopedia of Energy,

2004 (2): 329 - 353.

[20] 李双成，傅小锋，郑度. 中国经济持续发展水平的能值分析. 自然资源学报，2001，16 (4)：297 - 304.

[21] Brown. M. T，Ulgiati. S. Emergy-Based Indices and Rations to Evaluate Sustainability: Monitoring Economies and Technology Toward Environmentally Sound Innovation. Ecological Engineering，1997，9：51 - 69.

[22] Ulgiati S.，Brown M. T. Monitoring Patterns of Sustainability in Natural and Man-made Eco-system. Ecological Modelling，1998，108：23 - 26.

[23] 蓝盛芳，钦佩，陆宏芳. 生态经济系统能值分析. 北京：化学工业出版社，2002，7：18 - 19.

[24] 李京京，任东明，庄幸. 可再生能源资源的系统评价方法及实例. 自然资源学报，2001，16 (4)：373 - 380.

[25] Odum. H. T 著. 能量环境与经济—系统分析导引. 蓝盛芳译. 北京：东方出版社，1992.

[26] C. Paoli，P. Vassallo，M. Fabiano. Solar Power: an Approach to Transformity Evaluation. Ecological engineering，2008，34：191 - 206.

[27] Gilliland，M. W. Energy Analysis: a New Public Policy. Westibiew Press，Boulder，Colo，1978.

[28] Slesser. M. Energy in the Economy. New York: St. Martin's Press，1978.

[29] Earth trends，Using data from earth policy institute. Earth trends，2007.

[30] Xiaobin Dong，Sergio Ulgiati，Maochao Yan，et al.，Energy and emergy evaluation of bioethanol production from wheat in Henan Provice of China. Energy Policy，2008，36：3882 - 3892.

[31] 刘圣，孙东林，万树文等. 一种生物柴油生产体系的能值分析及新能值指标的构建. 南京大学学报（自然科学）. 2007，43 (2)：111 - 118.

[32] Marchettini. N.，Ridolfi. R.，Rustici. M. An environmental analysis for comparing waste management options and strategies. Waste management，2007，27：562 - 571.

[33] 楼波. 垃圾处理的能值分析. 华南理工大学学报（自然科学版），2004，32 (9)：63 - 66.

[34] 付晓，吴钢，刘阳. 生态学研究中的㶲分析与能值分析理论. 生态学报，2004，24 (11)：2621 - 2626.

[35] Huang S. L.，Hau W. L.，Materials Flow Analysis and Emergy Evaluation of Taipei's Urban Construction. Landscape and Urban Planning，2003，63：61 - 74.

[36] 龙惟定. 用 BIN 参数作建筑物能耗分析. 暖通空调，1992 (2)：6 - 10.

[37] 马明珠，张旭. 利用 LCA 评价方法对土壤源热泵节能减排效益的研究. 节能，2007，08：8 - 9.

[38] Brown. M. T，Ulgiati. S. Emergy evaluation and environmental loading of electricity production systems. Journal of Cleaner Production，2002，10：321 - 334.

[39] Brown. M. T，Ulgiati. S. Emergy evaluation and environmental loading of electricity production systems. Journal of Cleaner Production，2002，10：321 - 334.

[40] Bastianoni，S. Use of thermodynamic orientors to assess the efficiency of ecosystems: a case study in the lagoon of Venice. Sci. World，2002，2：225 - 260.

[41] 马忠海. 中国几种主要能源温室气体排放系数的比较评价研究［博士学位论文］. 北京：中国原子能科学研究院，2002.

[42] http://www.newenergy.org.cn/html/0038/2003883.html.

[43] 龙惟定，张改景，梁浩等. 低碳建筑的评价指标初探. 暖通空调，2010，40 (3)：6 - 11.

[44] 国家发展改革委应对气候变化司. 关于公布 2009 年中国低碳技术化石燃料并网发电项目区域电网基准线排放因子的公告，2009.

[45] Alonsɔ-pippo. W，Rocha，J. D，etal. Emergy evaluation of bio-oil production using sugarcane biomass

residues at fast pyrolysis pilot in Brazil. Proceedings of IV Biennial International Workshop "Advances in Energy Studies" . Unicamp, Campinas, SP, Brazil. June 16 - 19, Pages 401 - 408, 2004.

[46] Bargigli, S and ulgiati, S. , 2003. Emergy and life-cycle assessment of steel production. In Procceding of the Second Biennia Emergy Evaluation and Research Conference, Gainesville, FL.

[47] Bastianoni, S. , 2002. Use of thermodynamic orientors to assess the efficiency of ecosystems: a case study in the lagoon of Venice. Sci. World j. 2255 - 260.

[48] Brown, M. T and Buranakarn, V. , 2003. Emergy indices and ratios for sustainable material cycles and recycle options. Resources, Convervation and Recycling 38, 1 - 22.

[49] Brown, M. T. , Ulgiati, S. , 1997. Emergy-based indices and ratios to evaluate sustainability: monitoring economies and technology toward environmentally sound innovation. Ecol. Eng. 9, 51 - 69.

[50] Brown Mark T. and Sergio Ulgiati, 2004. Emergy analysis and environmental accounting. Encyclopedia of Energy 2, 329 - 353.

[51] Buranakarn, V. 1998. Evaluation of recycling and reuse of building materials using the emergy analysis method Ph. D. Dissertation. University of Florida.

[52] Campbell, D. E. , 2000. A review solar transformity for tidel energy received by the earth and dissipated globally: implocations for emergy analysis. In: Brown, M. T. (Ed), Emergy sysnthesis: theory and application of the emergy analysis research conference. Center for environmental policy, Department of environmental engineering sciences, University of Florida, Gainesville, FL, 255 - 264.

[53] Earth trends, 2007. Using data from earth policy institute.

[54] Lan S F, Qin P, Lu H F. , 2002. Emergy evaluation of economic-ecological system. Beijing: Chemical Industry Press, 4 - 144.

[55] Lapp, C. W. , 1991. Emergy analysis of the nuclear power system in the united states. M. S. thesis, University of Florida, Department of Environmental Engineering Sciences, Gaineswille, FL.

[56] Liu Sheng, Sun Dong-lin, Wan Shu-wen etal, 2007. Emergy evaluation of a kind of biodiesel production system and construction of new emergy indices. Journal of Nanjing University (natural science), 43 (2): 111 - 118.

[57] Meilluad, F. , Gay, J. B. , Brown, M. T. , 2005. Evaluation of a building using emergy method. Solar Energy 79: 204 - 212.

[58] Nilsson Daniel, 1997. Energy, exergy and emergy analysis of using straw as fuel in district heating plants. Biomass Bioenergy 13 (1/2): 63 - 73.

[59] Odum H T. Systems Ecology: An Introduction [M] . New York: John Willey &Sons, 1983.

[60] Odum H. T. , 1996. Environmental accounting: Emergy and environmental decision making. New York: John Wiley and Sons, 32 - 160.

[61] Raugei, M. Bargigli, S. , Ulgiati, S, . 2007b. Technological improvement and innovation in photo-tovolatics-new emergy calculations, In: Brown, M. T. , Bardi, E. , Cambell, D. E. , Comar, V. , Huang, S. , Rydberg, T. , Tilley, D. , Ulgiati, S. , Emergy Synthesis 4: Theory and application of the Emergy Methodology. Proceedings of the 4th Biennial Emergy Conference. Center for Environmental Policy, University of Florida, Gainesville, PP. 1. 1 - 1. 12.

[62] Sui Chunhua, Lan Sheng-fang. , 2001. Emergy analysis of Guangzhou urban ecosystem Chongqing Environment Science, 23 (5): 4 - 6.

[63] Tiezzi, E. and coworkers, 2001. Sviluppo di un modello di analisi emergetica per il sistema elettrico nazionale. Final Report for CESI, 2001. Department of Chemical and Biosystem Sciences, University of Siena, Italy.

［64］ UFL，2007. University of Florida database of emergy analysis of nations. Website：http：// sahel. ees. ufl. edu/ database _ resources. php? search _ type＝basic&country＝CHN.

［65］ Ulgiati，S.，2003. "Emergy Analysis of Italy in the years 1984，1989，1991，1995，and 2000." Unpublished manuscript，Energy and Environment Research Unit，Department of Chemistry，University of SIENA，Italy（ulgiati@unisi. it).

［66］ Wang L M，Zhang J T.，2004. Emergy evaluation of power plant eco-industrial park Chinese Journal of Applied Ecology，15（6）：1 047－1050.

［67］ Xiaobin Dong，Sergio Ulgiati，Maochao Yan，et al.，2008. Energy and emergy evaluation of bioethanol production from wheat in Henan Provice，China. Energy Policy 36，3882－3892.

［68］ http：// www. kxsj. com/artshow. asp? id＝1077.

［69］ Brown. M. T，Ulgiati. S. Emergy evaluation and environmental loading of electricity production systems ［J］. Journal of Cleaner Production，2002. 10：321－334.

［70］ 中华人民共和国建材行业标准. 石墨产品能耗等级定额.

［71］ Renewable for heation and cooling-untapped potential ［R］. Renewable energy technology development. OECD/IEA，2007：16.

［72］ 魏一鸣，刘兰翠，范英，吴刚. 中国能源报告（2008）：碳排放研究. 北京：科学出版社，2008.

［73］ http：// www. egas. cn/lwen/ljshu/200904/2420 _ 4. html.

［74］ N. H. Reich，E. A. Alsema，W. G. J. M. van Sark，E. Nieuwlaar. CO_2 emission of PV in the perspective of a renewable energy economy ［C］. 22nd European Photovoltaic solar energy conference，3－7 september 2007，Milan，Italy.

［75］ 张振峰，吴科峰. 谈如何降低玻璃棉生产企业的生产成本. 保温材料与节能技术，2009，2：20－23.

［76］ http：// www. fortunestart. com/wsjy/shanghai/CHEM/ch60243. htm.

［77］ 铁合金单位产品能源消耗限额（GB21341－2008）.

［78］ 中华人民共和国机械行业标准. 绝缘材料制品加热工序能耗分等（JB/T 50176－1999).

［79］ http：// www. sdirc. cn/show/ShowXiangMuInfo. aspx? Pub _ Index＝168000&type＝1& pingtai＝59.

第5章 基于碳约束的区域建筑可利用能源资源优化

5.1 可利用能源资源优化

对于低碳区域建筑能源系统规划来讲，最大限度地使用低碳或清洁能源，可减少 CO_2 的排放，但由于这些能源技术价格昂贵，或者在应用技术上没有化石能源成熟，或者在该项技术推广上存在争议，或者出于能源安全考虑等，因此，在低碳区域建筑能源规划中，确定满足碳约束所需的最小清洁能源用量是非常必要的。

低碳区域建筑可利用的能源种类多样，每种能源都具有不同的禀赋，实现节能减排是建筑用能源规划的重要策略。为了同时满足能源需求和碳排放的限制（碳约束），政府部门通常采用以减排政策为中心的一般均衡模型对能源结构以及经济结构进行调整。而在系统技术方面，夹点技术成为一种可行的方法。

本章运用碳夹点分析方法对低碳区域建筑可利用能源系统进行分析，从而确定区域建筑最小清洁能源用量和区域能源结构分配，为实现区域节能减排目标及能源结构优化提供依据。

5.2 夹点技术

5.2.1 夹点技术的基本原理与特点

夹点技术（Pinch Technology）是一种卓有成效的过程能量综合（Process Integration）方法，是过程能量系统优化设计、改造和降低能耗的成功技术。该技术由英国 Bodo Linnhoff 教授等人于 20 世纪 70 年代末提出的，经过 20 多年的发展，其理论体系不断完备，并因独特的思路、简单的方法、显著的效果而为人瞩目。夹点技术上能量回收系统分析的重大突破，20 世纪 80 年代以来，夹点技术在欧洲、美国、日本等工业发达国家迅速得到推广应用，现已成功地用于各种工业生产的连续和间歇工业过程，应用领域十分广阔，在世界各地产生了巨大的经济效益。

夹点技术的最基本原理是：在冷、热物流的热回收过程中，存在一最小传热温差，该处即为夹点，它决定了换热网络所能提供的最小的供热和供冷量。夹点把换热网络分解为夹点之上（称为热端或热阱）和夹点之下（称为冷端或热源）两个子网络。夹点技术有 3 条最基本原则：

(1) 不应有热量传过夹点；

(2) 夹点以上的子网络不应用来供冷；

(3) 夹点以下的子网络不应用来供热。

夹点设计首先从夹点着手进行冷、热物流间的匹配，然后向两侧分热端和冷端分别完成子网络的设计。夹点技术严格根据热力学原理提出了一系列概念、原理、规则和图表工具，与其他过程综合方法相比，它具有实用、简单、直观和灵活等特点。

5.2.2 夹点技术的应用范围

夹点技术的起源是换热网络设计，经过后来的发展，其应用范围不断扩大，已延伸到除反应过程以外的几乎所有化工过程，在热电联产、分离序列、蒸馏塔、热泵、热机、干燥器、公用工程系统及一般的工艺过程设计与发行等方面都有应用，涉及众多工业部门。后被扩展应用于污染防治的质量集成中，如应用于物资回收、废物减量等方面，提出了水夹点、氧夹点、氢夹点、物性夹点、能值夹点等概念。

Linnhoff 等首次利用夹点分析来确定化石企业的 CO_2 排放目标。Tan 等提出基于夹点的碳约束能源规划方法，并首先将图形夹点法用于碳约束的能源规划问题，通过平移能源曲线来确定过程的最小零碳能源用量。施小妹等提出了与图形方法相对应的组合表格算法，并将该图形和表格方法推广到多种清洁能源问题中。Crilly 等正式提出了碳夹点分析法（Carbon Emission Pinch Analysis，CEPA），并将该方法应用于爱尔兰的电力行业，对能源供需状况进行预测和规划，为进一步研究区域能源供应和 CO_2 减排目标提供决策依据。

5.3 碳夹点技术在碳约束能源规划问题中的应用

5.3.1 碳约束能源规划问题描述

由于建筑用能而产生的 CO_2 排放量所占的比例在逐步增加，限制建筑用能的 CO_2 排放量是非常必要的，因此利用零碳或低碳能源替代传统高碳含量的化石燃料（石油、煤等）可以显著削减碳排放量，但是，有些能源利用技术较传统化石燃料要昂贵（如可再生能源）或者颇受争议（如核能）。因而，在低碳区域建筑能源规划中，同时满足建筑能源需求和能源碳排放约束目标的前提是应用最少可再生能源。因此，对于低碳区域建筑可利用能源系统的碳约束能源规划问题可以描述为：在某低碳区域内，给定能源总量和 CO_2 排放限制目标，确定清洁能源或低碳能源的最小用量，本书的清洁能源或低碳能源指核能、太阳能、风能等。

5.3.2 碳约束的能源规划的定义及数学模型

碳约束的能源规划可以定义为：

（1）已知若干建筑的能源需求，简称为能阱，$Demands = \{ j \mid j = 1, 2, \cdots, N_{Demands} \}$，每一种能源需求设为 D_j，同时碳排放量的最大值为 $E_{D,j}$；（定义排放系数 C 为生产或消耗单位能源导致的碳排放量），每种能阱的最大排放因子为 $C_{D,j}$，则 $C_{D,j} = \dfrac{E_{D,j}}{D_j}$。

（2）已知若干种不同的能源资源，简称为能源，即 $Sources = \{ i \mid i = 1, 2, \cdots, N_{Sources} \}$，每一种能源的能量为 S_i，其相应的排放因子为 $C_{S,i}$，能源 i 的总碳排放量 $E_{S,i} = S_i \cdot C_{S,i}$。

上述碳约束的能源规划问题的数学模型为：

目标函数：

$$\min \sum_j F_j$$

约束条件：

能源能量平衡：$W_i + \sum_j F_{i,j} = S_i$ $\forall i \in Sources$;   (5-1)

能阱能量平衡：$F_j + \sum_i F_{i,j} = D_j$ $\forall j \in Demands$;   (5-2)

碳排放限制：$\sum_i C_{S,i} F_{i,j} \leqslant D_j C_{D,j}$ $\forall i \in Sources, \forall j \in Demands$; (5-3)

非负限制：F_j，W_i，$F_{i,j} \geqslant 0$ $\forall i \in Sources$; $\forall j \in Demands$。   (5-4)

式中 $C_{D,j}$——能阱 j 的排放因子；

       $C_{S,i}$——能源 i 的排放因子；

       S_i——能源 i 的能源供应量；

       D_j——能阱 j 的能源需求量；

       F_j——能阱 j 的低碳排放或零排放能源供应量；

       W_i——能源 i 未被利用的能源部分；

       $F_{i,j}$——满足能阱 j 需求的来自能源 i 的能源供应量。

5.3.3 碳夹点分析的任务及步骤

如同换热网络设计一样，能源规划过程需要确定碳夹点，所不同的是，碳夹点是基于每个区域的能源需求量，而不是温度，碳约束的能源规划问题与热网络设计问题相似，热网络的夹点方法同样适用于碳约束的能源规划问题。

碳夹点分析可分成以下 2 个任务：

（1）根据给定的数据（如 CO_2 排放因子、能源供应总量、区域能源需求量、区域 CO_2 排放限制量等）绘图得到能源供应曲线与能源需求曲线，分析碳夹点的位置；适当调整曲线，在满足能阱和能阱碳排放限值的情况下，求出每种能源的使用量以及最小可再生能源利用量。

（2）结合实际规划区的能源结构，通过碳夹点分析可以反过来优化能阱碳排放限制目标，从而提出一个合理的 CO_2 排放目标。

其计算步骤如下：

（1）将能阱和能源制成表格，其中包含能源 S_i、能源排放系数 $C_{S,i}$、能阱 D_j、能阱排放系数 $C_{D,j}$；

（2）将所有能源、能阱的排放系数按递增顺序排列；分别计算累积能源用量、累积能阱用量和各自累积 CO_2 量；

（3）以累积能阱用量 D_j 为横轴、累积能阱 CO_2 排放量 $D_j C_{D,j}$ 为纵轴绘制累积能阱用量—累积能阱 CO_2 排放量组合曲线图；以累积能源用量为 S_i 横轴、累积能源 CO_2 排放量 $S_i C_{S,i}$ 为纵轴绘制累积能源用量—累积能源 CO_2 排放量图；并在同一张图上表示出以上两条曲线；

（4）水平移动能源曲线，直到能源曲线恰好与能阱曲线最右侧的点相交，该交点为碳夹点，碳夹点将能源组合曲线分成两部分，位于碳夹点之下的能源组合可以满足能阱的碳排放限制要求，而位于碳夹点之上的能源组合的碳排放量大于能阱的碳排放限值要求，在同时满足能阱和能阱碳排放限值的情况下，要增加位于夹点之下的能源量，水平移动距离为总体最小清洁能源用量。

5.4 碳夹点技术在低碳区域建筑能源规划中应用的情景分析

5.4.1 问题描述与基础数据

对某一区域进行能源规划，预测该区域的能源消耗总量、能源供应情况、CO_2 排放量，如表 5-1 所示。为了方便说明，此处将不同建筑的能源需求和 CO_2 排放量按等比例计算。表 5-1 中给出了 3 类能源：可再生能源，由于可再生能源单位能量的 CO_2 排放量要比化石能源的小 1~2 个数量级，因此在此可以把可再生能源当作零 CO_2 排放能源；能源 A 是低 CO_2 排放的能源代表；能源 B 是高 CO_2 排放的能源代表。

基础数据表　　　　　　　　　　　　　　　　表 5-1

	能量（GWh）	CO_2 排放量（kt CO_2）	排放系数（kt CO_2/GWh）
能阱			
住宅	350	350	1
公共建筑	650	650	1
总计	1000	1000	1
能源			
可再生能源	300	0	0
能源 A	400	200	0.5
能源 B	300	800	2.67
总计	1000	1000	

5.4.2 绘制基础情景组合曲线图

（1）将表 5-1 中能源的 CO_2 排放因子以递增顺序排列；

（2）根据表 5-1 给出的数据，分别计算累积能阱用量、累积能源用量和各自的累积 CO_2 排放量，如表 5-2 中的第 4 列和第 6 列；

（3）依据能阱和能源及其 CO_2 排放量，分别绘制累积能阱—累积 CO_2 排放量图（以虚线表示）和累积能源—累积 CO_2 排放量组合图（以实线表示），如图 5-1 所示。

累积能阱与累积能源情况　　　　　　　　　　表 5-2

	排放系数（kt CO_2/GWh）	能量（GWh）	累积能量（GWh）	CO_2 排放量（kt CO_2）	累计 CO_2 排放量（kt CO_2）
能阱			0		0
住宅	1	350	350	350	350
公共建筑	1	650	1000	650	1000
总计	1	1000		1000	

	排放系数 (kt CO₂/GWh)	能量 (GWh)	累积能量 (GWh)	CO₂ 排放量 (kt CO₂)	累计 CO₂ 排放量 (kt CO₂)
能源			0		0
可再生能源	0	300	300	0	0
燃料 A	0.5	400	700	200	200
燃料 B	2.67	300	1000	800	1000
总计		1000		1000	

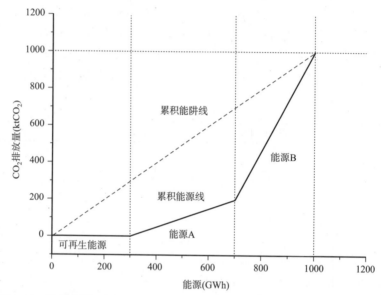

图 5-1　累积能耗—累积 CO₂ 排放量和累积能源—累积 CO₂ 排放量组合曲线

5.4.3　情景设定

以表 5-1 给出的基本能耗、能源数据为例，并根据低碳区域建筑能源规划可能出现的情况，给出了以下 4 种情景：

情景 1： 累积能耗不变，但能耗的累积 CO₂ 排放量减少。

累积能耗不变，若累积 CO₂ 排放量减少 40%，即该区域的 CO₂ 排放量由 1000kt CO₂ 减少为 600kt CO₂，此时如何确定区域内的能源分配方案是情景 1 所要研究的内容。

在此情景下，累积能耗线将有所改变，累积能耗线与累积能源线有个交点，如图 5-2 所示。由图 5-2 可知，在满足累积能耗的情况下，位于交点之上的能源的 CO₂ 排放量总是大于能耗的 CO₂ 排放限值要求。为了达到 CO₂ 排放限值的要求，在同一能量情况下，能源的 CO₂ 排放量应小于或等于能耗的 CO₂ 排放量。因此，要水平移动累积能源线，直到累积能源线恰好与累积能耗线的最右侧的点相交，使得累积能源线在累积能耗线之下，得到碳夹点 D，碳夹点位于累积能耗和累积能源线的某个极点上，并将累积能源线分成在夹点之上和夹点之下两个部分，如图 5-3 所示。水平移动累积能源线意味着在累积 CO₂ 排放量不变的情况下累积能源用量增加，此时增加了可再生能源的用量，水平移动的距离即所需增加的最小可再生能源量。

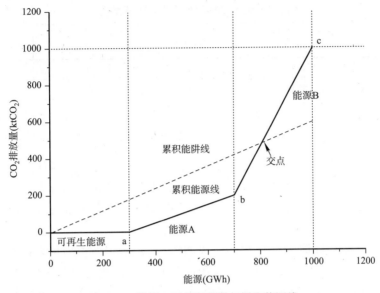

图 5-2　情景 1 下累积能阱与累积能源线

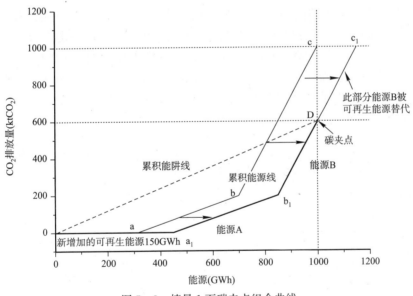

图 5-3　情景 1 下碳夹点组合曲线

图 5-3 中碳夹点 D 位于直线 $b_1 c_1$ 段上，该线段的斜率为 2.67（数值上等于能源 B 的排放系数），D 点的坐标为（1000，600），因此可以得到该直线的方程：$Y = 2.67X - 2070$，b_1 点的 $Y = 200$，因此可以求出 b_1 点的横坐标 $X = 850$；点 b 的横坐标 $X = 700$，因此可以得到平移的距离为 $X(b_1) - X(b) = 150$GWh，即为新增加的最小可再生能源量。此时，该情景下可再生能源总量为 450GWh；夹点 D 将能源 B 分为两部分，夹点之下的能源 B 将被保留，其量为 $1000 - 850 = 150$GWh，夹点之上的部分将被其他能源替代，本方案中被新增加的可再生能源替代；能源 A 保持原有的用量不变，即为 400GWh。在该情景下，经过碳夹点技术优化后的能源结构变化如表 5-3 所示。

情景 1 优化后的能源构成及 CO₂ 排放情况　　　　　　　　　表 5-3

能源	优化后能量结构 （GWh）	变化情况	优化后 CO₂ 排放量 （kt CO₂）	变化情况
可再生能源	450	增加	0	不变
能源 A	400	不变	200	不变
能源 B	150	减少	400	减少
总计	1000	不变	600	减少

情景 2： 基于基础数据，区域能阱的累积 CO₂ 排放量减少的同时能阱增加。

设能阱的累积 CO₂ 排放量由 1000kt CO₂ 减少为 600kt CO₂ 的同时，累积能阱由 1000GWh 增加为 1200GWh，此时如何确定区域的能源分配方案是情景 2 所要研究的内容。

在此情景下，累积能阱线和累积能源线如图 5-4 所示。在满足累积能阱的情况下，通过水平移动累积能源线，使之与新的累积能阱线相交，此交点为该能源系统的碳夹点 D，如图 5-5 所示。碳夹点 D 将累积能源线分为夹点上下两部分，此时水平移动的距离即为需要新增加的最小可再生能源量。

图 5-5 中直线 $b_2 c_2$ 的斜率为 2.67，D 点的坐标为（1200，600），则该直线的方程式为：$Y=2.67X-2604$，b_2 的纵坐标为 200，则 b_2 的横坐标为 1050，累积能源线水平移动的距离为 $X(b_2)-X(b)=1050-700=350$，即新增加的最小可再生能源量为 350GWh；能源 A 的量保持不变；能源 B 位于碳夹点之下的能量为 $X(D)-X(b_2)=1200-1050=150$GWh，能源 B 位于夹点之上的部分需被可再生能源替代，替代量为 150GWh。在该情景下，经过碳夹点技术优化后的能源结构变化如表 5-4 所示。

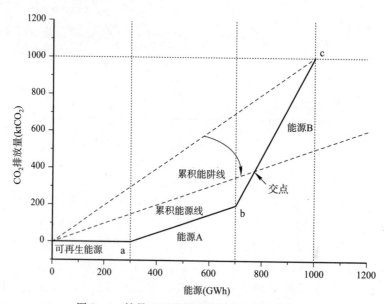

图 5-4　情景 2 下的累积能阱线与累积能源线

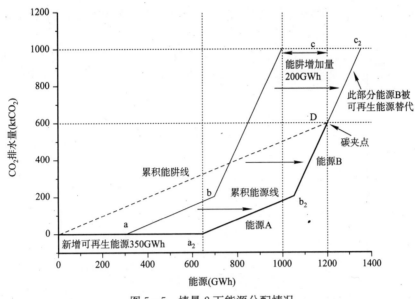

图 5-5　情景 2 下能源分配情况

情景 2 优化后的能源构成及 CO_2 排放情况　　　　　　表 5-4

能源	优化后能量结构 （GWh）	变化情况	优化后 CO_2 排放量 （kt CO_2）	变化情况
可再生能源	650	增加	0	不变
能源 A	400	不变	200	不变
能源 B	150	减少	400	减少
总计	1200	增加	600	减少

情景 3：区域内总的可再生能源量不能满足情景 2 所需要新增加的最小可再生能源量。

当能阱的 CO_2 排放量由 1000kt CO_2 减少为 600kt CO_2 的同时，能阱由 1000GWh 增加为 1200GWh，需要增加的可再生能源量为 350GWh，这样需要的可再生能源共为 650GWh。但当区域的可再生能源量不能满足需新增量时，比如区域能提供的总可再生能源量为 500GWh，此时如何确定区域能源分配方案为情景 3 主要讨论的内容。

在此情景下，在满足能阱和能阱 CO_2 排放限值两个目标下通过碳夹点图形法得到的可再生能源量为 650GWh，但该区域总的可再生能源量为 500GWh，此时需要通过增加较低 CO_2 排放量的能源 A 来实现碳约束能源规划的目标，其具体做法为：在图 5-4 的基础上，以累积能源线上可再生能源的终端 a_3（500，0）为起点做能源 A 的平行线并使之与能源 B 相交于点 b_3，如图 5-6 所示。直线 $a_3 b_3$ 的斜率为 0.5（数值上等于能源 A 的排放系数），且已知 a_3 的坐标，因此可以得到该直线的方程为：$Y = (1/2)X - 250$，点 b_3 为直线 $a_3 b_3$ 与直线 $b_2 c_2$ 的交点，而直线 $b_2 c_2$ 的方程式为 $Y = 2.67X - 2604$，结合这两个方程式可以求出点 b_3 的坐标为（1085，293），则能源 A 的能量为 $X(b_3) - X(a_3) = 1085 - 500 = 585$GWh，需增加的量为 $585 - 400 = 185$GWh；能源 B 的能量为 $X(D) - X(b_3) = 1200 - 1085 = 115$GWh，减

177

少的量为 300-115=185GWh。在该情景下，经过碳夹点技术优化后的能源结构变化如表 5-5 所示。

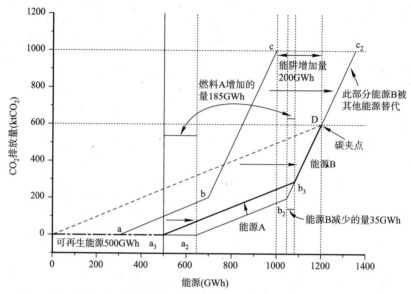

图 5-6　情景 3 下能源分配组合曲线

情景 3 优化后的能源构成及 CO₂ 排放情况　　　　　　　　　　　　　　　　表 5-5

能源	优化后能量结构 （GWh）	变化情况	优化后 CO₂ 排放量 （kt CO₂）	变化情况
可再生能源	500	增加	0	不变
能源 A	585	增加	293	减少
能源 B	115	减少	307	减少
总计	1200	增加	600	减少

　　情景 4：基于表 5-1 的基础数据，当区域内住宅能盯增加 150GWh 的同时，CO_2 排放量保持不变，同时公共建筑的能盯以及对应的 CO_2 排放量保持不变，求此时住宅和公共建筑的各自的能源结构。

　　根据情景 4 的描述，可以得到区域建筑累积能盯和累积 CO_2，如表 5-6 所示。依据能盯和能源及其 CO_2 排放量，分别绘制累积能盯—累积 CO_2 排放量曲线（omD）和累积能源—累积 CO_2 排放量组合图（oabc），如图 5-7 所示。由图 5-7 可知，累积能盯曲线 omD 和累积能源曲线 oabc 相交。由上面分析可知，该累积能源曲线对应的 CO_2 排放量超过能盯 CO_2 排放限值，因此平移累积能源线直到与累积能盯线的最右端 D 相交，此时 D 点为碳夹点。此时平移的水平距离为新增加的可再生能源，约为 150GWh（其计算方法跟其他情景一样），此时如果将新增加的可再生能源全部来满足住宅的话，公共建筑能盯的 CO_2 排放量将超过目标。因此，需要调整各类建筑的能源结构，以同时满足住宅和公共建筑的能盯及对应的 CO_2 排放限值目标。

	排放系数 (kt_{CO_2}/GWh)	能量 (GWh)	累积能量 (GWh)	CO_2 排放量 (kt_{CO_2})	累计 CO_2 排放量 (kt_{CO_2})
能阱			0		0
住宅	0.7	500	500	350	350
公共建筑	1	650	1150	650	1000
总计	1	1150		1000	
能源			0		0
可再生能源	0	300	300	0	0
能源 A	0.5	400	700	200	200
能源 B	2.67	450	1150	1200	1400
总计		1150		1000	

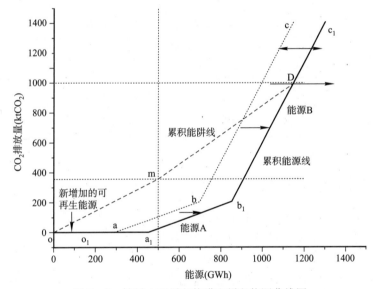

图 5-7   情景 4 下累积能阱和累积能源曲线图

  首先对公共建筑的能源结构进行分配，在图 5-8 中，在累积能源线上画出点 m_1，该点的 CO_2 排放量与能阱曲线上的 m 点相等。通过平移 m_1 点以下的能源曲线，使 m_1 点与 m 重合，如图 5-8 所示，此时移动的距离为公共建筑的可再生能源资源量，m 点的坐标为 (500，350)，m_1 点在 $b_1 c_1$ 上，直线 $b_1 c_1$ 的方程为 $Y=2.67X-2072$，则 m_1 的坐标为 (907，350)，则公共建筑的可再生能源用量为 407GWh，公共建筑能阱线 mD 与能源线 $mm_1 D$ 构成一个封闭多边形，可以看出公共建筑的其他能源为能源供应量为能源 B，其量为 $X(D)-X(m_1)=1150-907=243$GWh。利用同样的计算方法可以得到住宅建筑的能源结构，结果如表 5-7 所示，其中 CO_2 排放量与设定的值有一些微小的误差，不过这个误差是完全可以接受的。

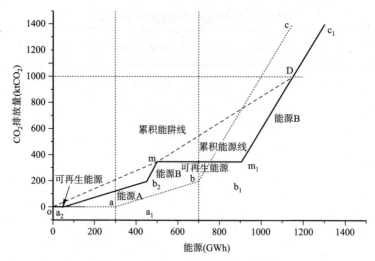

图 5-8　情景 4 下能源分配组合曲线

情景 4 下住宅建筑和公共建筑的能源结构　　　　　　　　　表 5-7

项目	能源（GWh）			CO_2 排放量
	可再生能源	能源 A	能源 B	(kt_{CO_2})
住宅	43	400	57	352
公共建筑	407		243	649
总计	450	400	300	1001

5.5　本章小结

通过本章的研究，可以得出以下结论：

（1）本章首先介绍了碳夹点技术，以及碳夹点技术在碳约束能源规划问题中的应用，并对碳约束的低碳区域建筑可利用能源规划问题进行了描述。

（2）以情景分析法为基础，对碳排放限制的低碳区域建筑可利用能源资源优化问题进行了情景设定，运行累积能阱—累积 CO_2 排放量和累积能源—累积 CO_2 排放量组合曲线确定各个情景下最小可再生能源用量和能源分配结构，从而在保证区域能源用量的前提下实现预期的碳排放目标。

（3）通过案例分析可知，碳夹点分析方法作为初步能源规划工具，在保证能阱和能阱 CO_2 排放限值的前提下，按照碳夹点分析步骤可以简单直观地得到一种可行的能源规划方案。同时，也可以根据规划内的能源的结构形式来优化碳排放目标，从而得到一个合理的 CO_2 减排目标。

参考文献

[1] 牛继舜，孟继安．夹点技术的应用及发展方向．中国能源，1995，5：33-36．
[2] 张济民．夹点技术及其应用．化学工程师，2004，06：45-46．
[3] 贾小平，刘彩洪，钱宇．碳夹点分析技术与化工区能源规划．现代化工，2009，29（9）：81-83．

[4] Linnhoff B，Dhole V R. Targeting for CO_2 emissions for total sites. Chemical EngineeringTechnology，1993，16：252－259.

[5] Tan R R，Foo D C Y. Pinch analysis approach to carbon-const rained energy sector planning. Energy，2007，32（8）：1422－1429.

[6] Foo D C Y，Tan R R，Ng D K S. Carbon and footprint const rained energy sector planning using cascade analysis technique. Energy，2008，33（10）：1480－1488.

[7] Lee S C，Ng D K S，Foo D C Y，Tan R R. Extended pinch targeting techniques for carbon-constrained energy sector planning. A p pl. Energy，2009，86（1）：60－67.

[8] 买小妹，廖祖维，王靖岱等．碳排放限制的能源规划问题的图表优化法．化工学报，2009，60（5）：1237－1243.

[9] Crilly D，ZhelevTK. Current trends in emissions targeting and planning∥2007 PRES conference. Naples，Italy，vol. 1. Milan：AIDIC，Chemical Engineering Transactions，2007：91－97.

[10] Crilly D，ZhelevT. Emissions targeting and planning：An application of CO_2 emissions pinch analysis （CEPA）to the Irish electricity generation sector. Energy，2008，33，1498－1507.

[11] Martin J. Atkins，Andrew S. Morrison，Michael R. W. Walmsley. Carbon emissions pinch analysis （CEPA）for emissions reduction in the New Zealand electricity sector. Applied Energy. 2010，87：982－987.

第6章 区域建筑能源需求预测

6.1 区域规模建筑冷热负荷估算的情景分析方法

6.1.1 情景分析的概念

"情景"（Scenario）最早出现于 1967 年 Herman Kahn 和 Wiener 合著的《2000 年》一书中。他们认为未来是多样的，几种潜在的结果都有可能在未来实现；通向这种或那种未来结果的途径也不是唯一的，对可能出现的未来以及实现这种未来的途径的描述构成一个情景。"情景"就是对未来情形以及能使事态由初始状态向未来状态发展的一系列事实的描述。

基于"情景"的"情景分析法"（Scenario Analysis）是在对经济、产业或技术的重大演变提出各种关键假设的基础上，通过对未来详细、严密地推理和描述来构想未来各种可能的方案。情景分析法的最大优势是使管理者能发现未来变化的某些趋势和避免两个最常见的决策错误：过高或过低估计未来的变化及其影响。

情景分析具有以下如下本质特点：（1）承认未来的发展是多样化的，预测结果也将是多维的；（2）承认人在未来发展中的"能动作用"，把分析未来发展中决策者的群体意图和愿望作为情景分析中的一个重要方面，并在情景分析过程中与决策者之间保持畅通的信息交流；（3）特别注意对组织发展起重要作用的关键因素和协调一致性关系的分析；（4）情景分析在定量分析中嵌入了大量的定性分析，以指导定量分析，所以是一种融定性与定量分析于一体的预测方法；（5）情景分析是一种对未来研究的思维方法，它所使用的技术方法手段大都来源于其他相关学科，重点在于如何有效获取和处理专家的经验知识。

情景分析法最基本的观点应该是未来充满不确定性，通过对未来的开放式的思考和战略性思考，确定影响系统的多种因素的发展趋势，如果采用比较科学、系统的方法来把可预测的东西与不确定的东西分离出来，通过对影响系统和其可预测的、规律性的因素的更多了解，就可以大幅度降低不确定性，从而能预测未来的某些发展。

情景分析和预测研究的差别在于：预测是力图勾绘被研究对象未来最可能发生的情况；而情景分析所研究的是在一定假设条件下，被研究对象未来可能出现什么样的情况。可以说，预测是情景分析的一种特例。在情景分析中所描述的情景在将来并不一定就会出现，通过情景分析就可以帮助人们了解被研究对象如果要达到某种结果，需要什么样的前提条件。

未来发展总是有多种可能性，那么应用情景分析法可以结合定量和定性的方法，对研究对象的各种不确定因素进行综合分析，通过定性地设定未来可能发生的情景，分析每种情景发生的背景和驱动变量强度，为决策者提供参考，并最终确定最有可能发生的情景。

6.1.2　情景分析在能源领域的应用

　　近十年来，随着国际上对全球气候变化和温室气体排放问题关注的增加，情景分析方法在研究未来能源问题时得到了越来越多的应用。能源活动是产生人为温室气体排放的最主要原因，对气候变化的影响涉及较长时间尺度且具有很大的不确定性。研究能源领域的减缓气候变化对策时，不仅要考虑未来最可能的能源发展趋势，更要研究改变这种趋势的各种可能性及实现不同的可能性所需要的前提条件。在进行这方面的研究时，预测方法有很大的局限性，必须借助于情景分析方法。

　　情景分析是探讨和制定未来发展战略、对策、规划计划、政策措施等比较有效的方法，在国际上被广泛地应用于经济、能源、环境领域的研究分析。最著名的情景分析是政府间气候变化专门委员会（IPCC）第三工作组定义的研究全球气候变化时可广泛应用的 4 个气候变化情景，其通过对影响未来气候变化的因素设定可能发生的情景，然后分别估计每种情景下的气候变化情况，最后得到应对气候变化的策略和政策。我国发改委能源研究所针对我国 2020 年能源需求变化和相关条件、可持续发展能源即碳排放进行情景分析。在情景分析中，采用定性与定量分析相结合，充分考虑了未来二三十年可能出现的产业结构调整、能源技术演变趋势，以及社会、经济、环境等种种不确定性因素可能对能源需求产生的影响，并对迅速发展的建筑物用能进行了详细的分析。国家能源战略课题组也针对我国能源战略做了情景分析，在 3 种情景中，2020 年我国能源消费总量分别达到 32 亿 t 标准煤、29 亿 t 标准煤和 25 亿 t 标准煤，年均增长率分别为 4.75%、4.1% 和 3.26%。从环境容量看，我国未来环境存在着环境"透支"，二氧化硫、氮氧化物产生量远远超过环境容量所能承受的范围；并且分部门的情景计算显示建筑部门存在着很大的节能潜力。

6.1.3　区域建筑能源规划中冷热负荷预测的情景分析方法

　　区域建筑能源规划时，区域建筑也处在规划阶段，所以建筑的冷热负荷还不能够通过常规的方法进行计算，这种情况下就需要对区域建筑的冷热负荷进行预测。然而，区域建筑在规划之初，很多参数是不确定的，或者是未知的，就需要进行定性分析，设定可能发生的几种情景，图 6-1 为冷热负荷预测的情景分析方法示意图。

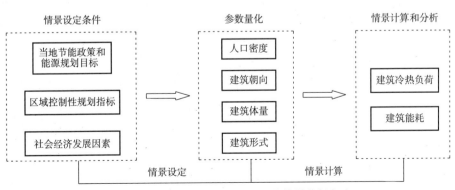

图 6-1　区域建筑冷热负荷预测的情景分析方法

情景设定需要首先明确所关心和所要进行研究的情景具有什么样的特点，并对这些特点进行完整的定性描述。描述的内容包括：社会经济发展状况、人文发展状况、当地的节能政策、拟推行的能源与环境政策、区域能源规划的目标、区域控制性规划指标、希望达到的环境目标、获得能源资源的途径和限制条件等。然后按照定性描述所构筑起来的框架，对一些关键因素设定量化目标。对于区域建筑冷负荷预测来说，需要设定的参数包括：区域内的人口密度、区域建筑的朝向、区域建筑的体形参数、区域建筑的占地面积和体量等。由这些参数的量化数值，通过对每种情景进行分析计算，可得到几种情景下的建筑冷热负荷和建筑能耗。

6.1.3.1 社会经济增长发展情景设定

社会经济发展对于建筑冷热负荷产生的影响是缓慢性的，主要是由于社会经济发展后，人们生活水平提高，对建筑环境的要求提高所致，比如建筑室内环境的冬季温度升高，建筑通风量的增加，有的建筑冬季不采暖而将来需要设置采暖设施等。

对社会经济宏观因素进行分析与预测时，基本原则是按照我国经济发展战略部署，比如短期内的国民经济和社会发展五年发展计划纲要。以上海市为例，上海市 2000～2005年 GDP 和一、二、三产业 GDP 年增长率见表 6-1，2005 年三产业比例达到 0.9：48.6：50.5。

上海市生产总值及一、二、三产业增加值比上年增长 表 6-1

年份	生产总值（亿元）	比上年增长（%）				人均 GDP（元）	人均 GDP 比上年增长（%）
		生产总值	第一产业	第二产业	第三产业		
2000 年	4771.17	11.0	3.4	9.8	13.5	36217	10.4
2001 年	5210.12	10.5	3.0	12.0	9.4	39340	10.0
2002 年	5741.03	11.3	3.0	12.1	10.9	43143	10.7
2003 年	6694.23	12.3	2.3	16.1	9.0	50032	11.5
2004 年	8072.83	14.2	−5.0	14.9	14.1	59928	13.5
2005 年	9154.18	11.1	−8.9	11.5	11.1	67492	11.1

按照宏观经济规律，在一个国家或地区进入经济加速成长阶段，产业结构重心将在第二与第三产业之间出现明显的转移与替代。上海人均 GDP 已经超过 5000 美元，因此经济产出总量上，已经逐步由第三产业取代了第二产业，成为 GDP 增长的主要支撑产业；但第三产业所占的比重还不高，因此今后一个时期，经济结构调整仍将是上海经济发展的主线。

上海"八五"、"九五"期间，产业结构战略性调整目标如期实现，第二、三产业共同推动经济增长的格局基本形成，2000 年第三产业上海占国内生产总值比重超过 50%。今后，上海仍将继续加大产业结构战略性调整的力度，第三产业持续加快发展，带动上海的城市化进程。

根据以上对经济增长率数据和经济结构性调整的分析，假设 2010 年、2015 年和 2020年 GDP 平均年增长率（环比）分别取 10.5%、10% 和 9.5%，则全市人均 GDP 分别为103835 元、151769 元和 217951 元。在系统动力学模型中，将 GDP 和人均 GDP 作为模型

的外生变量引入。由此可以设置上海未来 10 年的 GDP 和人均 GDP 情景，如表 6-2
所示。

上海市未来水平年 GDP 及人均 GDP 预测   表 6-2

年份	GDP 增长速度（%）	GDP 总值（万元）	人均 GDP（元）
2010 年	10.5	15245.5	103835
2015 年	10	24776.7	151769
2020 年	9.5	39361.5	217951

6.1.3.2 人口密度情景设定

对区域建筑冷热负荷影响比较大的因素是区域内人口密度，因此区域内人口密度的预测就显得尤为重要。

我国区域规划时预测人口规模常采用劳动平衡法来预测，劳动平衡法是将城市人口分成基本人口、服务人口和被抚养人口三类，根据城市人口劳动平衡原理，按下列公式计算：

$$城市人口发展规模 = \frac{基本人口计划期末的绝对数}{基本人口百分数}$$

$$= \frac{基本人口计划期末的绝对数}{1-(服务人口的百分数 + 被抚养人口百分比)}$$

其中，被抚养人口比重可用分析居民年龄构成的方法确定；服务人口比重按照城市居民生活水平、城市的规模、作用和特点确定。区域人口数可以按照区域类型和特点来预测，对于未来的发展情况，可利用情景分析的方法，根据影响人口发展因素的变化情况，设置发展情景，表 6-3 为某社区未来 10 年人口增长的情景设置。

某社区未来 10 年人口增长的情景设置   表 6-3

情景	情景设置
情景 A	基准情景，根据现阶段的社区居民生活水平提高速度、老龄化人口发展速度、社区服务行业所占比例发展速度等因素不变的情况下的人口规模
情景 B	社区内居民生活水平比现阶段有显著提高、老龄化人口比例有一定程度增加、社区服务行业比例有一定程度增长
情景 C	社区内居民生活水平有很大提高，老龄化人口比例大大增加、婴幼儿人口比例减少、社区类型有所转变，服务行业为主，即服务行业人口数量增加显著

根据表 6-3 和现阶段的人口规模，可以预测 10 年期末（2020 年）社区人口增长的 3 种情景，即分别设置社区内的人口构成比例，通过劳动平衡法来计算，可得到 3 种情景下的人口规模。

另外，也可以按照城市化进程的速度来进行情景设置。根据住房和城乡建设部提出的小康社会的住房标准：到 2020 年实现"户均一套房，人均一间房、功能配套、设备齐全"。按此标准换算成住宅建筑面积，两室一厅的单元房约为 80～105m²，按户均人口 2.6 人计算，人均住宅建筑面积为 30.8～40.4m²，2005 年上海人均住宅居住面积为 15.5m²，换算成建筑面积约为 25.8m²，2020 年分别按低线、中线和高线人均住宅建筑面积

$30.8m^2$、$35.7m^2$、$40.4m^2$ 计算，16 年均递增率为 1.2%，2.2% 和 3%。以此为标准，设置 3 个情景的人均住宅建筑面积增长率。

住宅建筑面积增长率情景设计 表6-4

情景	情景设置
情景 A	2005～2020 年人均住宅建筑面积增长率为 1.2%，2020 年人均住宅建筑面积为 $30.8m^2$
情景 B	2005～2020 年人均住宅建筑面积增长率为 2.2%，2020 年人均住宅建筑面积为 $35.7m^2$
情景 C	2005～2020 年人均住宅建筑面积增长率为 3%，2020 年人均住宅建筑面积为 $40.4m^2$

表 6-4 为住宅建筑面积增长率情景设置，应用同样的方法可以预测公共建筑面积增长率。由人均建筑面积和区域建筑面积，可以设置区域内人口密度情景。

区域建筑内的人口密度为设计值，在预测负荷时，每日的人口密度变化情况，即建筑使用时间表也需要进行设定，以下是根据不同类型的区域建筑进行的情景设定。

图 6-2 为 4 种常见的办公建筑的人口日分布曲线；图 6-3 为 3 种常见的住宅建筑人口日分布曲线；图 6-4 为 2 种常见的商业建筑人口日分布曲线。

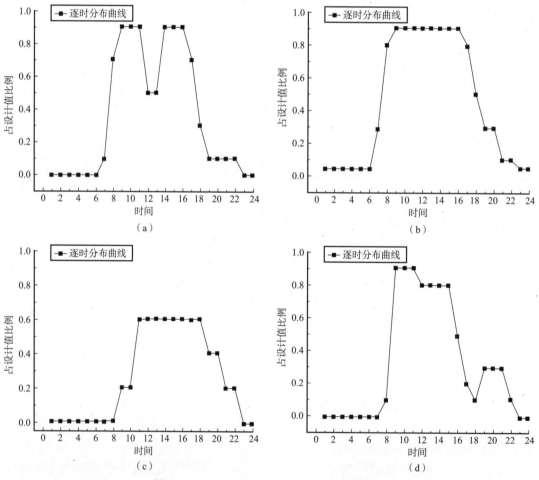

图6-2 4种常见的办公建筑人口日分布曲线

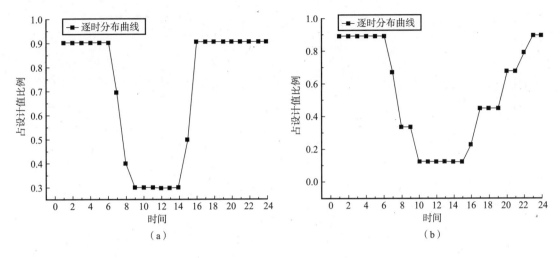

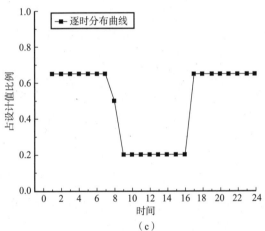

图 6-3 3种常见的住宅建筑人口日分布曲线

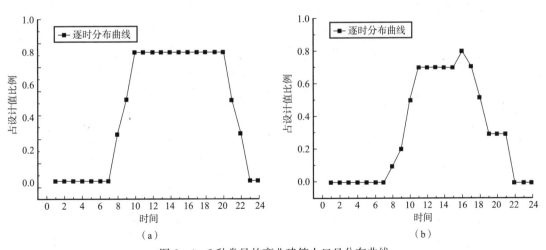

图 6-4 2种常见的商业建筑人口日分布曲线

187

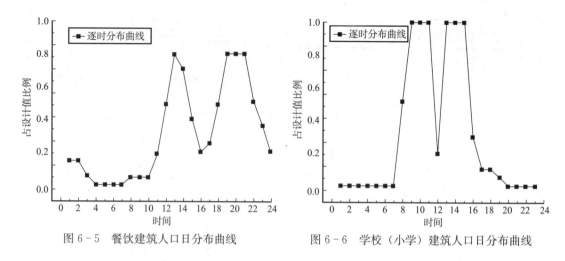

图6-5 餐饮建筑人口日分布曲线　　　图6-6 学校（小学）建筑人口日分布曲线

图6-5和图6-6分别为餐饮建筑和小学建筑人口日分布曲线。

图6-2~图6-6中的人口日分布曲线是根据不同类型建筑的使用特点统计得到的，不同的区域建筑功能、区域所处的城市位置以及当地经济社会发展状况都会影响区域人口分布特征，设定区域人口日分布曲线时，要根据以上因素综合判断。需要指出的是，工作日与周末或节假日的日分布曲线有所不同，以上图中的人口日分布曲线只列举了工作日的日分布曲线，没有列举周末或节假日的日分布曲线，对于商业社区、旅馆社区以及旅游娱乐社区等，其周末或节假日的社区人口数量会比工作日多很多，此时应主要考虑周末或节假日的日分布曲线。

1. 商务办公区域

商务办公区域以办公建筑为主，区域内可以还有其他营业性的商业建筑，但商务办公建筑的功能性单一，社区内人员在上班时间一般都会在社区内，根据中午和晚上建筑中人员数量的不同，选取图6-2中的（a）、（b）和（d）类型的办公建筑作为研究对象，同时考虑到社区内还有其他的商业建筑，选取图6-4中的（b）类型，与办公建筑组成商务办公区域模型，按照不同的体积权重，设置不同情景，如表6-5所示。

商务办公区域人口日分布情景设置　　　　　　　　表6-5

建筑类型		办公建筑			商业建筑
		（a）	（b）	（d）	（b）
权重	情景 A	0.3	0.4	0.1	0.2
	情景 B	0.1	0.5	0.2	0.2
	情景 C	0.1	0.1	0.6	0.2

表6-5中的权重为任意设置，在实际规划中，需要对区域具体分析后进行权重的设置，在区域详细性规划完成之后，建筑类型之间的权重是固定不变的，所以只需分别对每种建筑类型进行情景设置。

通过对区域内每种建筑的日人口数量进行逐时加权叠加，可得到商务办公区域的人口日分布曲线，如图6-7所示。

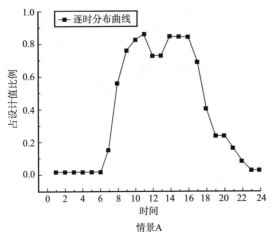

情景A

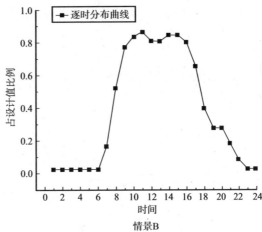

情景B

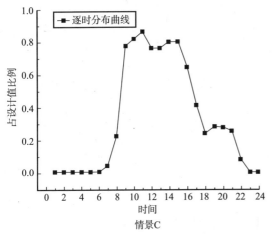

情景C

图 6-7　商务办公区域人口日分布情景

　　由表 6-5 和图 6-7 可以看出，对于各类建筑不同的权重，其日分布曲线是不同的，权重比例大的建筑类型，区域的日分布曲线就呈现出此类建筑的特点。

　　2. 居住区域

　　如图 6-3 所示，居住区域的几种日分布曲线相差不大，其中（c）类型为居住区域内建筑的空置率比较大的情况下的日分布曲线，居住区内若有办公建筑和商业建筑，其情景设置如表 6-6 所示。

居住社区人口日分布情景设置

表 6-6

建筑类型		居住建筑		办公建筑 （a）	商业建筑 （b）
		（b）	（c）		
权重	情景 A	0.6	0.1	0.1	0.2
	情景 B	0.1	0.6	0.1	0.2
	情景 C	0.35	0.35	0.1	0.2

对居住区域的几类建筑进行逐时叠加，可得到居住社区的人口日分布曲线，如图 6-8 所示。

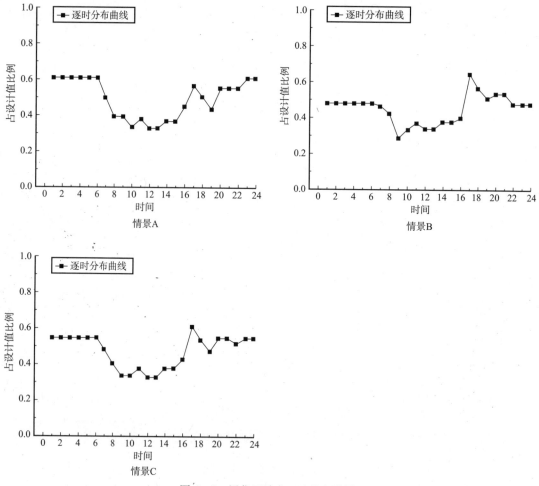

图 6-8　居住区域人口日分布情景

由图 6-8 可知，居住社区的人口日分布一般都在设计值的 0.5 左右，这是由于居住区域的空置率所致。若居住区域的办公建筑或商业建筑所占的权重增大，居住区域就会趋向于综合类社区，那么人口日分布曲线会趋向于一条直线，这是由于居住建筑与办公建筑或商业建筑的人口分布有很大的互补性。

3. 商业区域

商业区域以商业建筑为主，商业建筑的人口特点是流动性大，规律不十分明显，而且人口分布特点与商业的营业状况密切相关，且工作日与周末或节假日的人口分布情况差别很大。商业区域的情景设置如表 6-7 所示。

商业区域人口日分布情景设置   表6-7

建筑类型		商业建筑		餐饮建筑
		(a)	(b)	
权重	情景A	0.4	0.5	0.1
	情景B	0.4	0.1	0.5
	情景C	0.1	0.1	0.8

表6-4中的3种情景是对不同对类型商业区域而设置，情景A代表以商场卖场等建筑为主的区域，情景C代表以餐饮业为主的区域。商业区域的几类建筑进行逐时叠加，可得到居住区域的人口日分布曲线，如图6-9所示。

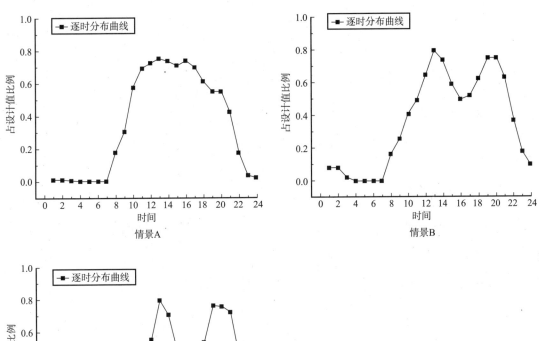

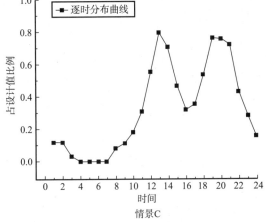

图6-9 商业区域人口日分布情景

由表6-7和图6-9可以看出，商业区域人口日分布情况与商业的特点有关系。不同商业类型，其人口分布特点不相同，在设定商业区域人口日分布曲线时，应根据区域的规划情况具体分析。

4. 综合区域

综合区域是指社区内有多种类型建筑的区域，其功能集居住、办公、商业、娱乐等于一身，此类区域由于内部建筑功能的多样性，其人口分布具有互补性的特点，但大多数综合区域的人口数量是变化的。此类区域在设定人口日分布曲线时，可按照以上几种类型的情景设定方式进行分析。

6.1.3.3　区域建筑形式情景设定

在区域建筑控制性规划阶段，需要了解区域建筑的形式，才能更详细计算建筑冷热负荷。区域控制性规划中，决定建筑形式的控制性指标有容积率、建筑密度、建筑控制高度和建筑体量等参数，确定建筑形式还需要知道建筑的形状。建筑形状有多种多样，归纳起来有如表6-8中所示的几种类型。

建筑形状类型　　　　　　　　　　　表6-8

建筑类型		示意图
矩形建筑	条形建筑	
	L形建筑	
	U形建筑	
	H形建筑	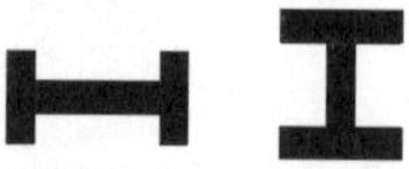
	T形建筑	
	十字形建筑	
弧形建筑		
梯形建筑		
不规则建筑		

通过对上海市 9 个区域的建筑形状调查统计，可以得到区域内几种建筑形状类型的组成比例。9 个区域中有 1 个住宅区、1 个高校、3 个商务办公区和 4 个商业区，各建筑类型组成如图 6-10 所示。

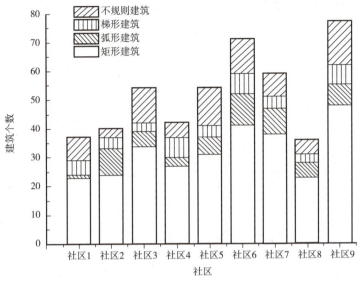

图 6-10　调查区域内各建筑形状组成

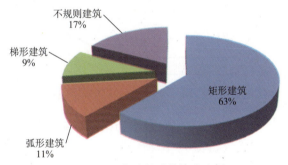

图 6-11　各建筑形状构成比例

由图 6-11 可以看出，建筑形状的组成以矩形建筑为主要的构成形式，则区域建筑负荷预测时，可以设定区域建筑的形式为矩形建筑。

1. 建筑朝向情景设置

建筑的朝向因素对负荷影响很大，进行区域建筑负荷预测时，需要设定朝向因素的情景。表 6-9 为推荐的居住建筑朝向。

我国部分地区居住建筑朝向表 表6-9

地区	最佳朝向	适宜范围	不宜朝向
北京地区	南偏东 30°以内；南偏西 30°以内	南偏东 45°以内；南偏西 45°以内	北、西北
哈尔滨地区	南偏东 15°~20°	南至南偏东 15°；南至南偏西 15°	北、西北
上海地区	南至南偏东 15°	南偏东 30°；南偏西 15°	北、西北

地区	最佳朝向	适宜范围	不宜朝向
南京地区	南偏东 15°	南偏东 25°；南偏东 10°	北、西
武汉地区	南偏西 15°	南偏东 15°	西、西北
重庆地区	南、南偏东 10°	南偏东 15°；南偏西 5°；北	东、西
西安地区	南偏东 10°	南、南偏西	西、西北
广州地区	南偏东 15°；南偏西 5°	南偏东 22°30′；南偏西 10°	
昆明地区	南偏东 25°～50°	东至南至西	北偏东 35°；北偏西 35°；

区域建筑朝向可以根据规划平面图设置情景，图 6-12 为朝向设置示意图。

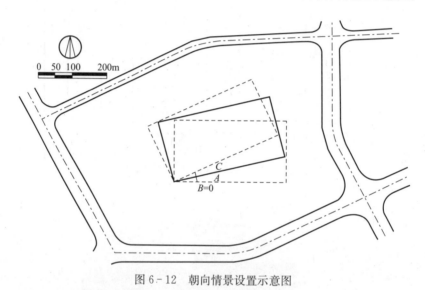

图 6-12　朝向情景设置示意图

图 6-12 中以推荐方向为基准方向，区域平面图的正南方向和与道路平行的方向为参考方向。区域建筑朝向情景设置如表 6-10 所示。

区域建筑朝向情景设置　表 6-10

情景	情景设置
情景 A	基准朝向，当地推荐朝向最佳朝向
情景 B	正南朝向
情景 C	与社区道路相协调的朝向

2. 建筑体形系数情景设置

建筑体形的选择在很大程度上取决于建筑的体形系数，矩形建筑的体形系数表达式如式（6-1）所示。

$$T = \frac{1}{h} + \frac{2}{a} + \frac{2}{b} \tag{6-1}$$

式中　T——建筑体形系数；

　　　a——建筑长度，m；

b——建筑宽度，m；

h——建筑高度，m。

建筑体形系数参数可以首先按照《公共建筑节能设计标准》（GB50189-2005）、《夏热冬冷地区居住建筑节能设计标准》（JGJ 134-2001）与《夏热冬暖地区居住建筑节能设计标准》（JGJ 75-2003）中的标准设定范围，然后在设定的范围内选取几种可能的情景。

在我国的《城市规划编制办法》中，对控制性详细规划的内容规定要"提出各地块的建筑体量、体形、色彩等要求"。因此，考虑到区域建筑的体量，可以确定区域建筑的体形参数。

6.1.3.4 区域建筑负荷估算

根据设置的区域情景量化建筑的参数，通过模拟软件可以得到区域建筑的负荷。由于每个参数都有几种情景，则在模拟计算时需要设置最有可能出现的情景组合，得到每种情景组合下的负荷值，选取基准情景下的负荷值作为基准值，其他情景组合的负荷值作为比较选择值，供参考选用。

6.2 区域规模的建筑能耗预测

单体建筑的能耗预测方法很多，如温度频率法、当量满负荷运行时间法和能耗模拟方法等，但是在区域规模上的建筑能耗预测就相对困难些，因为区域内建筑类型多种多样，而且建筑使用情况复杂，特别是区域处在控制性规划阶段，还没有具体的建筑设计，在此情况下如果进行区域建筑的能耗预测，就需要对区域建筑进行处理，建立区域建筑的能耗预测模型。

6.2.1 区域建筑负荷预测模型

对于单体建筑来说，可以将建筑物当作一个物理系统，外扰和内扰可以看作是系统的输入量，而建筑物的负荷作为输出量，如图6-13所示。

其中，引起外扰的因素是室外气候和太阳辐射，引起内扰的因素是室内人员、室内设备和室内照明等因素。内扰因素和建筑物的功能有关，不同功能的建筑物其内扰是不同的，但是在同一个区域，对于不同的建筑物，如果忽

图6-13 建筑热系统示意图

略各建筑外表面风速对于表面对流换热的影响，其外扰因素基本上都是相同的，即有相同的室外温湿度和太阳辐射强度。对于社区建筑，则可以把社区内的建筑看作一个系统，外扰因素看作统一的输入量，内扰因素经整合后也作为统一的输入量，社区建筑的总负荷作为输出量，如图6-14所示。

如图6-14中虚线内所示，若把区域内的建筑作为一个系统，则应把区域内的建筑整合为一个相当于单体建筑的系统，此系统作为区域建筑系统。那么区域建筑的负荷预测模型就是要找到一个这样的模型，此模型的逐时负荷分布规律与社区内各单体建筑的逐时负荷叠加的分布规律相同。

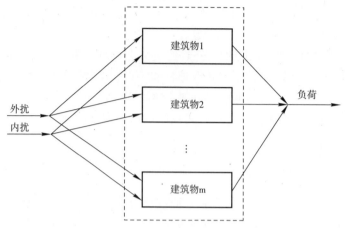

图 6-14　区域建筑热系统模型示意图

设区域内共有 m 座建筑，区域建筑总的逐时冷负荷为 $CL(\tau)$，某单体建筑的逐时冷负荷为 $CL_i(\tau)$，则区域建筑的冷负荷为：

$$CL(\tau) = \sum_i^m CL_i(\tau) \tag{6-2}$$

取逐时冷负荷的最大值作为区域建筑的规划冷负荷，则有：

$$CL = \max[CL(\tau)] \tag{6-3}$$

由于空调新风负荷 CL_f 与建筑内的人员和使用情况有关，所以把新风负荷归入到内扰负荷 CL_{in} 中去，则式（6-2）可以写为：

$$CL(\tau) = \sum_i^m CL_{out,i} + \sum_i^m CL_{in,i} \tag{6-4}$$

建筑冷负荷是外扰因素和内扰因素耦合在一起共同影响的结果，但外扰因素和内扰因素有很大的不同，建筑内若没有人员和设备，建筑其实就是一个"空壳"，无论什么类型的建筑，其实质都是一样的，所以由式（6-4）可以得到，在处理社区建筑冷负荷的模型时，可以把外扰冷负荷与内扰冷负荷解耦处理。以下就外扰因素和内扰因素的冷负荷模型进行分别讨论。

6.2.1.1　外扰因素影响下的区域建筑整合模型

假定社区内的所有建筑具有相同的围护结构，即墙体材料和窗体材料相同。设定社区内有 B_1、B_2、…、B_m 共 m 座矩形建筑，建筑朝向角相同或互成 $90°$，设同一朝向的建筑边长分别为 a_1、a_2、…、a_m 和 b_1、b_2、…、b_m，区域内建筑总体积为 V，第 i 座建筑的体积为 V_i。设建筑的外表面积为 F（包括屋顶面积），屋顶面积为 F_d，建筑某一朝向的墙体立面面积为 F_a（在此称为 a 立面，包括窗体面积，窗体面积为 F_{aw}），与此朝向成直角的墙体立面面积为 F_b（在此称为 b 立面，其中窗体面积为 F_{bw}），如图 6-15（a）所示。为了分析方便，先假设对称面的窗体面积相同，其实对于对称面窗体面积不同的建筑，其分析方法是一样的。

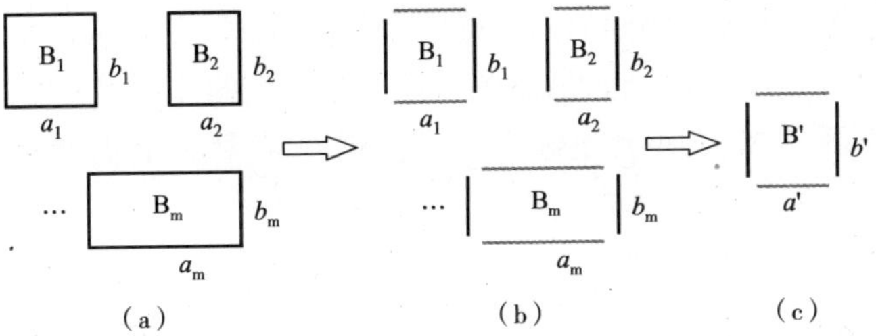

图 6-15 相同材质的区域建筑整合模型

社区内某建筑瞬时冷负荷为 CL_i，单位体积瞬时冷负荷为 CL_{Vi}，社区建筑的瞬时冷负荷为：

$$CL(\tau) = \sum_{i=1}^{m} CL_i = \sum_{i=1}^{m} V_i CL_{Vi} \tag{6-5}$$

区域建筑的单位体积瞬时冷负荷为：

$$CL_V(\tau) = \frac{CL(\tau)}{V} = \sum_{i=1}^{m} m_i CL_{Vi} \tag{6-6}$$

其中，$m_i = \dfrac{V_i}{V}$，为第 i 座建筑的体积百分比，%。

对于区域内的某一单体建筑 B_i，可以得到单位体积瞬时冷负荷为：

$$CL_{Vi} = \frac{(F_{ai} - F_{awi})q_a + (F_{bi} - F_{bwi})q_b + F_{di}q_d + (F_{awi}q_{aw} + F_{bwi}q_{bw})}{V_i} \tag{6-7}$$

经过空调长时间运行，建筑地面与室内温差值很小，地面温差传热形成的冷负荷相对于总冷负荷占有很小的比例，所以地面温差传热忽略不计。

式（6-7）整理后可得：

$$CL_{Vi} = q_a \frac{F_{ai}}{V_i} + q_b \frac{F_{bi}}{V_i} + q_d \frac{F_{di}}{V_i} + (q_{aw} - q_a)\frac{F_{awi}}{V_i} + (q_{bw} - q_a)\frac{F_{bwi}}{V_i} \tag{6-8}$$

把式（6-7）代入式（6-6），由于区域内各建筑的围护结构热工参数相同，则社区建筑的单位体积瞬时冷负荷为：

$$CL_V(\tau) = q_a \sum_i m_i \frac{F_{ai}}{V_i} + q_b \sum_i m_i \frac{F_{bi}}{V_i} + q_d \sum_i m_i \frac{F_{di}}{V_i} +$$
$$(q_{aw} - q_a) \sum_i m_i \frac{F_{awi}}{V_i} + (q_{bw} - q_b) \sum_i m_i \frac{F_{bwi}}{V_i} \tag{6-9}$$

由图 6-15（a）可得，由于区域内建筑均为矩形建筑，则有：

$$CL_V(\tau) = q_a \sum_i m_i \frac{2}{b_i} + q_b \sum_i m_i \frac{2}{a_i} + q_d \sum_i m_i \frac{1}{h_i} +$$
$$(q_{aw} - q_a) \frac{1}{V} \sum_i F_{awi} + (q_{bw} - q_b) \frac{1}{V} \sum_i F_{bwi} \tag{6-10}$$

设存在虚拟的矩形建筑 B'，其围护结构热工参数与区域内建筑的围护结构热工参数相同，如图 6-15（c）所示，建筑的长边、宽边和高度分别为 a'、b'、h'，由式（6-8）可得，建筑 B' 单位体积瞬时冷负荷为：

$$CL'_V(\tau) = q_a \frac{2}{b'} + q_b \frac{2}{a'} + q_d \frac{1}{h'} + (q_{aw} - q_a)\frac{F'_{aw}}{V'} + (q_{bw} - q_b)\frac{F'_{bw}}{V'} \tag{6-11}$$

若使建筑 B′ 与整个区域有相同的单位体积冷负荷分布，令 $CL'_V(\tau)=CL_V(\tau)$。比较式（6-8）和式（6-11）可以得出，两式的前三项为与建筑的体形尺寸有关，后两项与建筑的窗墙比有关，令两式的对应项相等，可得虚拟建筑 B′ 的体形参数和窗体面积，如表 6-11 所示。

建筑 B′ 的体形参数和窗体面积 　　　　　　　　 表 6-11

体形参数	a 立面长度	b 立面长度	建筑高度	a 立面窗体面积	b 立面窗体面积
区域建筑	$a_1,\ a_2,\ \cdots,\ a_m$	$b_1,\ b_2,\ \cdots,\ b_m$	$h_1,\ h_2,\ \cdots,\ h_m$	$F_{aw1},\ F_{aw2},\ \cdots,\ F_{awm}$	$F_{bw1},\ F_{bw2},\ \cdots,\ F_{bwm}$
建筑 B′	$a'=\dfrac{1}{\sum\limits_i m_i\,\dfrac{1}{a_i}}$	$b'=\dfrac{1}{\sum\limits_i m_i\,\dfrac{1}{b_i}}$	$h'=\dfrac{1}{\sum\limits_i m_i\,\dfrac{1}{h_i}}$	$F'_{aw}=\dfrac{V'}{V}\sum\limits_i F_{awi}$	$F'_{bw}=\dfrac{V'_b}{V}\sum\limits_i F_{bwi}$

由表 6-11 可以得到，整合后的虚拟建筑 B′ 的体形尺寸分别为社区内各建筑对应体形尺寸的加权调和平均数，权重为各单体建筑体积与区域建筑总体积的百分比；建筑 B′ 立面窗体面积与社区对应立面窗体面积和的比值等于建筑 B′ 的体积与社区总体积的比值；虚拟建筑的朝向可根据对应立面所在边长的大小来确定，长边对应的朝向即为虚拟建筑的朝向；虚拟建筑的层数可按社区建筑层数的平均值来确定，数值取整数，层高由建筑高度和层数的比值来确定。

由于虚拟建筑 B′ 是基于社区建筑的单位体积冷负荷指标建立起来的，模型建筑的单位体积冷负荷与社区建筑的单位体积冷负荷有相同的分布特性，所以把虚拟建筑 B′ 称为此社区的负荷特征建筑（Eigen-building），则社区建筑的冷负荷预测可以转化为对该社区特征建筑的冷负荷预测。

由式（6-8）可得，不同材质社区建筑单位体积冷负荷为：

$$CL_V(\tau)=\sum_i q_{ai}m_i\frac{2}{b_i}+\sum_i q_{bi}m_i\frac{2}{a_i}+\sum_i q_{di}m_i\frac{1}{h_i}+$$
$$\frac{1}{V}\sum_i (q_{awi}-q_{ai})F_{awi}+\frac{1}{V}\sum_i (q_{bwi}-q_{bi})F_{bwi} \qquad (6-12)$$

令

$$Q_a=\begin{bmatrix} q_{a1} & & \\ & \ddots & \\ & & q_{am}\end{bmatrix},\ Q_b=\begin{bmatrix} q_{b1} & & \\ & \ddots & \\ & & q_{bm}\end{bmatrix},\ Q_d=\begin{bmatrix} q_{d1} & & \\ & \ddots & \\ & & q_{dm}\end{bmatrix};$$

$A=\begin{bmatrix}\dfrac{1}{a_1} & \cdots & \dfrac{1}{a_m}\end{bmatrix},\ B=\begin{bmatrix}\dfrac{1}{b_1} & \cdots & \dfrac{1}{b_m}\end{bmatrix},\ H=\begin{bmatrix}\dfrac{1}{h_1} & \cdots & \dfrac{1}{h_m}\end{bmatrix},\ m=\begin{bmatrix} m_1 & \cdots & m_m\end{bmatrix}^T$, A、B、H 称为社区建筑的体形参数向量，m 称为社区建筑的体积向量。则式（6-12）可写为：

$$CL_V(\tau)=2BQ_a m+2AQ_b m+HQ_d m+\frac{1}{V}\sum_i (q_{awi}-q_{ai})F_{awi}+\frac{1}{V}\sum_i (q_{bwi}-q_{bi})F_{bwi}$$

$$(6-13)$$

1. 社区特征建筑墙体热工参数的确定

社区建筑的特征建筑 B′ 的冷负荷由式（6-11）得到，令式（6-11）和式（6-13）的对应项相等，可得：

$$\frac{1}{a'}q'_a = BQ_am, \quad \frac{1}{b'}q'_b = AQ_bm, \quad \frac{1}{h'}q'_d = HQ_dm \qquad (6-14)$$

社区建筑 B′ 的长边、宽边和高度由表 6-11 得到，则整合后的社区建筑材质的围护结构传热量分别为：

$$q'_a = a'BQ_am, \quad q'_b = b'AQ_bm, \quad q'_d = h'HQ_dm \qquad (6-15)$$

由冷负荷系数法可得，围护结构传热量与围护结构的传热系数成线性关系，令

$$K_a = \begin{bmatrix} K_{a1} & & \\ & \ddots & \\ & & K_{am} \end{bmatrix}, \quad K_b = \begin{bmatrix} K_{b1} & & \\ & \ddots & \\ & & K_{bm} \end{bmatrix}, \quad K_d = \begin{bmatrix} K_{d1} & & \\ & \ddots & \\ & & K_{dm} \end{bmatrix}, \quad K_a、K_b、K_d \text{ 称为}$$

社区建筑的传热系数矩阵，则社区特征建筑 B′ 的传热系数为：

$$K'_a = a'BK_am, \quad K'_b = b'AK_bm, \quad K'_d = h'HK_dm \qquad (6-16)$$

2. 社区特征建筑窗体热工参数的确定

由式（6-11）和式（6-13）的对应项相等，得到特征建筑立面 a 的窗体参数关系：

$$(q'_{aw} - q'_a)\frac{F'_{aw}}{V'} = \frac{1}{V}\sum_i (q_{awi} - q_{ai})F_{awi} \qquad (6-17)$$

把表 6-11 中的 F'_{aw} 代入式（6-17）可得：

$$q'_{aw} - q'_a = \frac{\sum_i (q_{awi} - q_{ai})F_{awi}}{\sum_i F_{awi}} \qquad (6-18)$$

式（6-18）中的分母表示社区建筑立面 a 的窗体面积之和，若 m_{awi} 表示社区内某建筑 i 的立面 a 窗体占社区所有立面 a 窗体面积权重，则式（6-18）可表示为：

$$q'_{aw} - q'_a = \sum_i q_{awi}m_{awi} - \sum_i q_{ai}m_{awi} \qquad (6-19)$$

因为墙体的热工参数已经确定，在建筑体积权重与窗体面积权重相差不大的情况下，可以认为 $q'_a = \sum_i q_{ai}m_{awi}$，忽略式（6-19）中的 q'_a 和 q_{ai} 部分，则特征建筑与社区建筑窗体的热特性关系可表示为：

$$q'_{aw} = \sum_i q_{awi}m_i \qquad (6-20)$$

由窗体的传热系数和遮阳系数分别与窗体的传热量和太阳辐射得热量成线性关系，若 K_{aw} 表示立面 a 窗体传热系数，SC_a 表示立面 a 窗体的遮阳系数，则有：

$$K'_{aw} = \sum_i K_{awi}m_i, \quad SC'_a = \sum_i SC_{ai}m_i \qquad (6-21)$$

同理可得，立面 b 窗体的传热系数和遮阳系数分别为：

$$K'_{bw} = \sum_i K_{bwi}m_i, \quad SC'_b = \sum_i SC_{bi}m_i \qquad (6-22)$$

由以上分析可得出不同材质社区建筑的特征建筑体形参数和热工参数，如表 6-12 所示。

表 6-12 中的建筑为对称建筑，即对称立面的窗墙比相同，当建筑为非对称建筑时，可分别计算每一面围护结构的热工特性，计算过程与上述方法相同。

建筑围护结构		社区建筑	特征建筑
a 立面墙体	长度	a_1, a_2, …, a_m	$a' = \dfrac{1}{\sum_i m_i \dfrac{1}{a_i}}$
	墙体传热系数	K_a	$K'_a = a' B K_a m$
b 立面墙体	长度	b_1, b_2, …, b_m	$b' = \dfrac{1}{\sum_i m_i \dfrac{1}{b_i}}$
	墙体传热系数	K_b	$K'_b = b' A K_b m$
屋面	建筑高度	h_1, h_2, …, h_m	$h' = \dfrac{1}{\sum_i m_i \dfrac{1}{h_i}}$
	屋顶传热系数	K_d	$K'_d = h' H K_d m$
a 立面窗体	面积	F_{aw1}, F_{aw2}, …, F_{awm}	$F'_{aw} = \dfrac{V'}{V} \sum_i F_{awi}$
	传热系数	K_{awi}	$K'_{aw} = \sum_i K_{awi} m_i$
	遮阳系数	SC_{ai}	$SC'_a = \sum_i SC_{ai} m_i$
b 立面窗体	面积	F_{bw1}, F_{bw2}, …, F_{bwm}	$F'_{bw} = \dfrac{V'}{V} \sum_i F_{bwi}$
	传热系数	K_{bwi}	$K'_{bw} = \sum_i K_{bwi} m_i$
	遮阳系数	SC_{bi}	$SC'_b = \sum_i SC_{bi} m_i$

注：建筑体积权重与窗体面积权重相差不大时，表中的窗体面积权重全部以体积权重计算。

6.2.1.2 内扰因素影响下的区域建筑整合模型

设由人员因素引起的冷负荷为 CL_p，设备引起的冷负荷为 CL_e，照明引起的冷负荷为 CL_l，则内扰冷负荷为：

$$CL_{in} = CL_p + CL_e + CL_l \qquad (6-23)$$

则

$$CL_{V,in}(\tau) = \sum_i m_i CL_{Vi,p} + \sum_i m_i CL_{Vi,e} + \sum_i m_i CL_{Vi,l} \qquad (6-24)$$

设社区的特征建筑内扰负荷为 CL'_{in}，则单位体积内扰负荷为：

$$CL'_{V,in} = CL'_{V,p} + CL'_{V,e} + CL'_{V,l} \qquad (6-25)$$

令式（6-24）与式（6-25）对应项相等，则有：

$$CL'_{V,p} = \sum_i m_i CL_{Vi,p}, \quad CL'_{V,e} = \sum_i m_i CL_{Vi,e}, \quad CL'_{V,l} = \sum_i m_i CL_{Vi,l} \qquad (6-26)$$

建筑内扰因素波动最大的是人员因素，因为建筑中的人员是流动的，对于单体建筑来说，建筑中的人员数量统计起来相对容易，但是对于社区来说，社区内的人员数量统计起来就会很困难，社区内的人员不仅与每座单体建筑有关，也与整个社区的功能有关系，所以社区的人员数量需要整个社区层面来统筹考虑。如图 6-16 所示的社区模型，社区中有 B_1、B_2、…、B_m 共 m 座建筑，每座建筑中的圆圈代表人员数量，图中虚线表示社区的边界，此边界是假设的边界，也可以认为是社区规划用地的边界。此时，把所有建筑内的人员数量相加作为社区的人员数量，如图 6-16（b）所示，因为每座建筑内的人员数量是实时变化的，则每座建筑内的人员数量逐时叠加，就得到了社区的人员数量逐时值。外扰因素建立的社区建筑整合模型是利用社区内建筑的体积权重建立的，那么社区的内扰因素也应该以内扰变量的体积指标来建立模型，对于社区人员密度指标，则利用单位体积的人员数量来表示。虽然单位建筑面积的人员数量是最合理、直观的指标，但是为了建立社区建筑的整合模型，不妨暂时利用体积指标，其实面积指标和体积指标可以利用建筑层高的关系来统一。

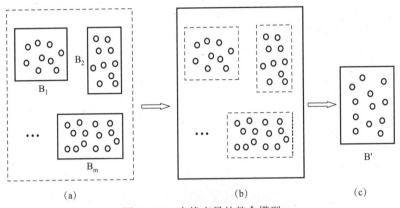

图 6-16　内扰变量的整合模型

设社区内某时刻的人员总数为 $P(\tau)$，该时刻社区内总人员密度为 p，单位 p/m³，则 $P(\tau) = pV$，p_i 为该时刻社区内某建筑的单位体积人员数量，单位 p/m³，则 $p = \frac{1}{V} \sum_i p_i V_i$。同理，设社区建筑内设备散热密度为 e，照明散热密度为 lg，建筑内扰变量与建筑冷负荷程线性关系，则有：

$$p = \sum_i m_i p_i, \quad e = \sum_i m_i e_i, \quad lg = \sum_i m_i lg_i \tag{6-27}$$

令社区特征建筑的内扰散热密度与整个社区的内扰散热密度相等，即

$$p' = \sum_i m_i p_i, \quad e' = \sum_i m_i e_i, \quad lg' = \sum_i m_i lg_i \tag{6-28}$$

由以上分析可以得到社区的特征建筑内扰参数的确定方法，即社区特征建筑的逐时内扰参数为社区各建筑逐时内扰参数的加权平均值，权重为体积权重。

式（6-28）的实质是整个社区内的内扰参数值，即把社区看作一个建筑整体时，社区内的内扰参数值。若社区内各单体建筑的内扰参数是变化的，则式（6-28）中的单体建筑内扰参数为逐时值，得到的社区特征建筑内扰参数也为逐时值，所以由单体建筑的内扰参数分布曲线可以得到社区特征建筑的内扰分布曲线。

由于建筑内扰引起的瞬时负荷由内扰输入量和建筑房间负荷反应系数决定，房间负荷反应系数又由房间的几何形状、建筑材料和内表面特性决定，由于假设社区内建筑均为矩形建筑，当建筑材料的热特性相差不大时，可以认为各建筑的房间反应系数相同，则由式（6-28）所确定的特征建筑内扰冷负荷可以表征社区建筑冷负荷。

6.2.2　区域建筑的能耗预测

有了区域建筑的负荷预测模型，可以利用区域建筑的负荷模型来预测区域建筑的

能耗。

常用的建筑能耗预测方法有温度频率法、当量满负荷运行时间法和计算机模拟法。以上建立了区域建筑的负荷预测模型，即能够表征区域建筑负荷分布特征的虚拟建筑（特征建筑），那么根据区域的特征建筑，就可以应用以上 3 种方法来预测区域建筑的能耗。最为方便和准确的方法是计算机模拟法，这里重点介绍计算机模拟法预测区域建筑能耗。

在控制性规划阶段，区域内的建筑只有控制性指标，还没有具体形状参数，此时要建立计算机模拟模型是很困难的，用区域的特征建筑可以解决此问题。

如图 6-17 所示的区域控制性规划图，图中共有 9 个地块，每个地块的用地功能如图中的图例所示。此规划图为区域的控制性规划图，各地块都有相应的图则，上面标有该地块的规划用地面积、建筑容积率、建筑限高和建筑面积等控制性参数，通过这些控制性参数，可以确定每个地块的特征建筑，由特征建筑就可以建立计算机模拟的建筑模型。

图 6-17　某区域控制性规划图

建筑的能耗由建筑的用能系统产生，所以建筑能耗的预测需要设定区域内建筑的用能系统。由于建筑内的用能系统多种多样，而且每种系统的耗能特性不同，当进行区域建筑的能耗预测时，就应根据系统来分类建筑。

6.2.2.1　区域用能系统为全分散系统

若区域内的建筑为全分散系统，则可以根据地块来建立特征建筑，每个地块中的建筑系统均为分散式系统，如分体式空调系统。地块的特征建筑设定为分散式系统，然后用模拟软件进行模拟，得到特征建筑的能耗。由区域建筑负荷模型可知，特征建筑与各地块的建筑能耗有相同的单位体积能耗指标，则根据这一指标，可以得到各地块的建筑能耗，然后把区域内所有地块能耗相加，最后得到区域建筑总能耗。

全分散式系统在区域建筑用能系统中比较少见，在图 6-17 所示的区域内，只有 R2 地块的居住建筑最有可能采用全分散式系统。

6.2.2.2 区域用能系统为完全集中式系统

若区域内建筑为完全集中式系统，如区域供热系统和区域供冷系统，则根据每个地块建筑的特征建筑，设定整个区域的特征建筑，区域特征建筑的用能系统可以根据区域供热和供冷系统的效率来设定。

6.2.2.3 区域用能系统由多种系统组成

区域用能系统在多数情况下由多种系统组成，单体建筑既有集中式系统，又有分散式系统，甚至与区域供热和区域供冷系统同时存在，这种情形下，应按照系统把建筑分类。

1. 区域供冷供热系统

当区域内有区域供冷供热系统时，应把与系统相连的所有地块集中设定其特征建筑，特征建筑的系统按照区域供冷供热的效率来设定。若冬季只有区域供热，夏季为非区域供冷系统，则冬夏季应分开来设置特征建筑。

2. 集中式系统

对于单体建筑为集中式系统的地块，应把系统形式相同的地块集中设定特征建筑，特征建筑的系统效率根据单体建筑的系统效率来设定。

6.3 区域建筑能源需求的影响因素分析

6.3.1 外扰因素下的建筑体形参数对建筑冷负荷的影响

建筑体形参数包括建筑朝向、建筑体形系数、建筑窗墙面积比以及建筑形状等，下面对以上各参数分别进行分析。

首先，选取建筑冷负荷的分析指标。通常情况下，在评价建筑冷负荷时，都会采用单位面积冷负荷作为建筑的冷负荷指标，但是单位面积冷负荷是人为规定的一种负荷密度单位，它与建筑冷负荷和建筑面积有关，并不能建立冷负荷与建筑体形参数（如长、宽、高等）的联系，所以本书采用单位体积冷负荷作为评价指标。令 CL_V 为建筑单位体积冷负荷，V 为建筑体积，即 $CL_V = \dfrac{CL}{V}$，单位为 W/m^3 或 kW/m^3。

其次，定义建筑形状模型和建筑朝向角。如图 6-18 所示的矩形建筑，定义建筑长度为 a，宽度为 b，建筑高度为 h，书中所有建筑长度 a 大于宽度 b，建筑为对称建筑，建筑长边与东西方向的夹角 α 定义为建筑的朝向角，$0° \leqslant \alpha < 180°$，建筑的朝向定义为建筑长边所在立面对应的方向。

设建筑为矩形建筑，长和宽分别为 a 和 b，则建筑的体形系数 T 为：

$$T = \frac{1}{h} + \frac{2(a+b)}{a \cdot b} = \frac{1}{h} + \frac{2}{a} + \frac{2}{b} \tag{6-29}$$

由式（6-29）可以得出，对于矩形建筑，体形系数与建筑尺寸成反比，体形尺寸越大的建筑，体形系数越小。由区域建筑负荷预测模型可得：

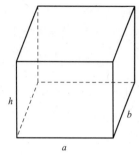
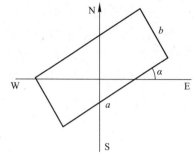

图 6-18　建筑模型和建筑朝向示意图

$$CL_{out}=K_{en}F_{en}(t'_{wl}-t_n)+K_{win}F_{win}(t_{wl}-t_n)+F_{win}C_SC_nD_{j\cdot max}C_{LQ} \qquad (6-30)$$

设某建筑的外表面积为 F（包括屋顶面积），总窗墙面积比为 x，建筑的窗面积可以近似为 xF，屋顶和各朝向外墙所占外表面积比例记为 x_i，则建筑外扰冷负荷可写为：

$$CL_{out}=F\Big[\sum_i x_iK_i(t'_{wl}-t_n)+xK_{win}(t_{wl}-t_n)+\sum_i x_iC_SC_nD_{j\cdot max}C_{LQ}\Big] \qquad (6-31)$$

式（6-31）的左右两边同除以建筑体积 V，可得：

$$CL_V=T\Big[\sum_i x_iK_i(t'_{wl}-t_n)+xK_{win}(t_{wl}-t_n)+\sum_i x_iC_SC_nD_{j\cdot max}C_{LQ}\Big] \qquad (6-32)$$

由式（6-32）可以看出，在窗墙面积比 x 和建筑朝向一定的情况下，建筑外扰冷负荷与建筑体形系数呈线性关系。

选取上海地区矩形建筑作为研究对象，由于朝向和长宽比对建筑最大冷负荷出现的时间和大小有很大的影响，所以选取不同长宽比的建筑分别模拟计算其冷负荷。设建筑模型为公共类建筑，墙体材质为 240mm 厚普通砖墙，双面抹灰，根据《公共建筑节能设计标准》中对夏热冬冷地区公共建筑围护结构传热系数和遮阳系数限值的限制，选取 65mm 厚沥青膨胀珍珠岩保温层，墙体总传热系数为 $0.97W/(m^2 \cdot K)$，屋面传热系数为 $0.7W/(m^2 \cdot K)$，外窗传热系数为 $3.0W/(m^2 \cdot K)$，各方向遮阳系数均为 0.45，无外遮阳，夏季室内空调设计温度为 $25℃$。为了分析方便，假设建筑内的空调面积与建筑面积相同，且温度均匀。根据不同的长宽比，选取的 12 座建筑，其体形参数和体积如表 6-13 所示。应用 VisualDOE 4.0 对表 6-13 中的建筑做模拟分析，得到夏季冷负荷分布。

模型建筑的体形参数与体积　　　　　　　表 6-13

长宽比	建筑编号	长度 a（m）	宽度 b（m）	高度 h（m）	体积 V（m³）	体形系数 T
1.5∶1	建筑 1	60	40	50	120000	0.10
	建筑 2	45	30	40	54000	0.14
	建筑 3	30	20	20	12000	0.22
	建筑 4	15	10	20	3000	0.38
3∶1	建筑 5	75	25	40	75000	0.13
	建筑 6	60	20	28	33600	0.17
	建筑 7	45	15	20	13500	0.23
	建筑 8	30	10	20	6000	0.37

长宽比	建筑编号	长度 a（m）	宽度 b（m）	高度 h（m）	体积 V（m³）	体形系数 T
4：1	建筑 9	100	25	50	125000	0.12
	建筑 10	80	20	40	64000	0.15
	建筑 11	60	15	20	18000	0.23
	建筑 12	40	10	20	8000	0.3

1. 单位体积最大冷负荷与窗墙面积比的关系

对每座建筑改变其窗墙面积比，在 0.2～0.5 范围内选取 5 个值，同时改变朝向，α 的值取 0°、45°、90°、135° 共 4 个值，由模拟的结果得到单位体积冷负荷最大值与窗墙面积比的回归分析，如表 6-14 所示。

全年单位体积冷负荷最大值与窗墙面积比关系的一次回归方程　　　表 6-14

朝向	$\alpha=0°$		$\alpha=45°$		$\alpha=90°$		$\alpha=135°$	
回归方程	回归方程	R_2	回归方程	R_2	回归方程	R_2	回归方程	R_2
建筑 1	$y=7.344x+1.994$	0.999	$y=7.35x+2.098$	0.995	$y=7.597x+2.017$	0.999	$y=8.54x+1.784$	0.992
建筑 2	$y=10.78x+4.421$	0.998	$y=10.75x+4.944$	0.937	$y=10.65x+5.237$	0.953	$y=12.53x+4.596$	0.967
建筑 3	$y=12.02x+5.011$	0.999	$y=13.04x+4.848$	0.999	$y=14.05x+4.516$	0.997	$y=14.85x+4.264$	0.998
建筑 4	$y=20.57x+8.609$	0.998	$y=22.47x+8.079$	0.937	$y=25.82x+7.543$	0.998	$y=22.37x+8.492$	0.987
建筑 5	$y=9.304x+2.548$	0.999	$y=9.393x+2.831$	0.999	$y=10.15x+2.841$	0.999	$y=9.742x+2.800$	0.997
建筑 6	$y=10.63x+3.572$	0.997	$y=10.56x+4.019$	0.992	$y=13.41x+3.431$	0.996	$y=10.86x+4.095$	0.991
建筑 7	$y=14.90x+4.258$	0.995	$y=16.59x+4.206$	0.981	$y=16.71x+4.504$	0.982	$y=16.4x+4.315$	0.994
建筑 8	$y=20.77x+5.510$	0.999	$y=26.01x+4.931$	0.998	$y=28.45x+4.669$	0.994	$y=26.35x+4.681$	0.989
建筑 9	$y=8.988x+2.152$	0.999	$y=10.15x+2.100$	0.999	$y=10.86x+2.150$	0.998	$y=9.712x+2.300$	0.999
建筑 10	$y=11.23x+2.589$	0.998	$y=12.14x+2.675$	0.998	$y=14.01x+2.311$	0.998	$y=12.81x+2.428$	0.998
建筑 11	$y=13.87x+4.15$	0.999	$y=14.61x+4.429$	0.999	$y=15.30x+4.599$	0.997	$y=14.91x+4.450$	0.999
建筑 12	$y=19.24x+5.573$	0.999	$y=19.28x+6.392$	0.999	$y=21.14x+6.652$	0.998	$y=18.65x+7.122$	0.999

注：表中的 x 表示为窗墙面积比，y 为单体体积最大冷负荷。

由表 6-14 可得，在建筑朝向和建筑尺寸不变的情况下，只改变窗墙面积比，则单位体积最大冷负荷与窗墙比成线性关系。窗墙面积比越大，单位体积最大冷负荷越大。

2. 单位体积最大冷负荷与朝向的关系

从不同长宽比的建筑中分别选取建筑 5 和建筑 9 作为研究对象，两座建筑具有相近的体形系数，由表 6-14 中的回归方程可以得到不同窗墙面积比下的两座建筑在各朝向的单位体积最大冷负荷，如图 6-19 和图 6-20 所示。

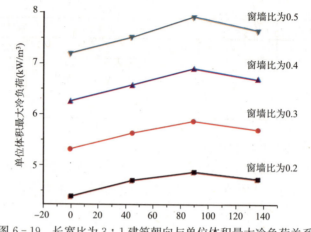

图 6-19　长宽比为 3：1 建筑朝向与单位体积最大冷负荷关系

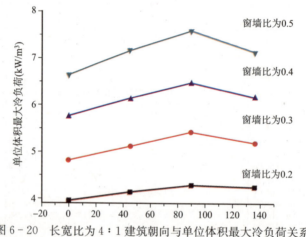

图 6-20　长宽比为 4：1 建筑朝向与单位体积最大冷负荷关系

　　由图 6-19 和图 6-20 可以看出，朝向对建筑最大冷负荷的影响是很明显的：建筑朝向为南时，比建筑为东、西方向时有更小的最大冷负荷值，这是因为在建筑朝向为东、西方向时，由于太阳的入射高度角比较小，照射到室内的太阳辐射得热量较大，其中建筑朝向为西南时比朝向为东南时的最大冷负荷稍大，这是因为朝向为西南方向时，建筑得到太阳辐射得热最大值的时刻是在下午，由于建筑对于得热量的蓄热和延迟作用，其最大值比朝向为东南方向时要大。由图 6-19 和图 6-20 还可以看出，建筑的长宽比越大，朝向对最大冷负荷的影响就越明显；同时，若窗墙面积比逐渐增大，朝向对建筑最大冷负荷的影响就越明显。

　　模拟结果显示，各建筑在同一朝向下，不同窗墙面积比对应的冷负荷最大值出现时刻（以日为周期）是相同的，最大值出现的时刻有时不在同一日，但最多相差不超过 72h，如表 6-15 所示。其中 AUG 表示 8 月份，JUL 表示 7 月份，AM 表示上午，PM 表示下午，NOON 表示中午 12 时。

朝向	最大值出现时刻			
	$\alpha=0°$	$\alpha=45°$	$\alpha=90°$	$\alpha=135°$
建筑 1	2 PM AUG 2	4 PM AUG 1	NOON JUL 30	NOON JUL 30
建筑 2	2 PM AUG 2	4 PM AUG 1	NOON JUL 30	NOON JUL 30
建筑 3	2 PM AUG 2	4 PM AUG 1	NOON JUL 30	NOON JUL 31
建筑 4	2 PM AUG 2	4 PM AUG 1	NOON JUL 30	NOON JUL 31
建筑 5	2 PM AUG 2	4 PM JUL 31	NOON JUL 30	NOON JUL 30
建筑 6	2 PM AUG 2	4 PM JUL 31	NOON JUL 30	NOON JUL 30
建筑 7	2 PM AUG 2	4 PM JUL 31	NOON JUL 30	NOON JUL 31
建筑 8	2 PM AUG 2	4 PM JUL 31	NOON JUL 31	NOON JUL 31
建筑 9	2 PM AUG 2	4 PM AUG 1	NOON JUL 30	NOON JUL 31
建筑 10	2 PM AUG 2	4 PM AUG 1	NOON JUL 30	NOON JUL 31
建筑 11	2 PM AUG 2	4 PM AUG 1	NOON JUL 30	NOON JUL 31
建筑 12	2 PM AUG 2	4 PM AUG 1	NOON JUL 30	NOON JUL 31

3. 单位体积最大冷负荷与体形系数的关系

把表 6 - 13 中的 12 座建筑按照体形系数从小到大排列，体形系数相同的选其中之一，选出 10 座建筑作为实验模型，窗墙比取 0.2、0.25、0.3、0.4、0.5 五个数值，代入表 6 - 14 中的回归方程，可以得到不同朝向下的单位体积最大冷负荷与体形系数的关系曲线，如图 6 - 21～图 6 - 24 所示。

由表 6 - 16 可以看出，在相同的窗墙面比下，单位体积最大冷负荷与体形系数成良好的线性关系，体形系数越大，单位体积最大冷负荷就越大。由式（6 - 32）可知，体形系数与建筑尺寸成反比例关系，所以在窗墙面积比不变的情况下，建筑尺寸越大的建筑，单位体积最大冷负荷就越小。

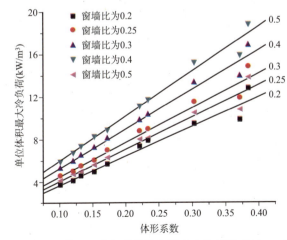

图 6 - 21　体形系数与单位体积最大冷负荷关系（$\alpha=0°$）

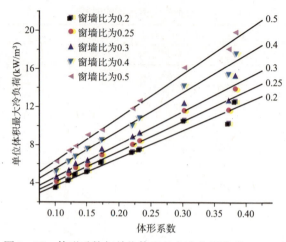

图 6-22 体形系数与单位体积最大冷负荷关系（$\alpha = 45°$）

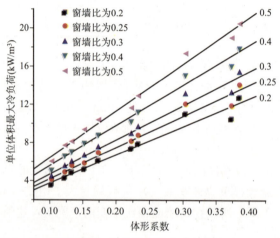

图 6-23 体形系数与单位体积最大冷负荷关系（$\alpha = 90°$）

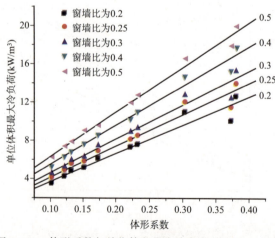

图 6-24 体形系数与单位体积最大冷负荷关系（$\alpha = 135°$）

朝向	$\alpha=0°$		$\alpha=45°$		$\alpha=90°$		$\alpha=135°$	
回归方程	回归方程	R_2	回归方程	R_2	回归方程	R_2	回归方程	R_2
窗墙比为 0.2	$y=28.55x+0.762$	0.942	$y=28.73x+0.924$	0.959	$y=29.62x+0.879$	0.954	$y=29.60x+0.809$	0.934
窗墙比为 0.25	$y=30.86x+0.857$	0.956	$y=31.65x+1.022$	0.971	$y=32.89x+0.980$	0.966	$y=32.42x+0.948$	0.952
窗墙比为 0.3	$y=33.28x+1.011$	0.962	$y=34.58x+1.122$	0.979	$y=36.16x+1.080$	0.974	$y=35.24x+1.088$	0.965
窗墙比为 0.4	$y=38.13x+1.307$	0.971	$y=40.43x+1.322$	0.989	$y=42.71x+1.282$	0.983	$y=40.88x+1.366$	0.981
窗墙比为 0.5	$y=42.95x+1.620$	0.976	$y=46.29x+1.521$	0.993	$y=49.26x+1.483$	0.987	$y=46.53x+1.645$	0.990

注：表中 x 表示体形系数，y 表示单体体积最大冷负荷。

6.3.2　建筑类型的多样性对建筑冷负荷的影响

社区建筑类型复杂多样，如果不考虑建筑使用功能的话，即建筑内部如果没有人员和设备，建筑其实只是一个空壳，那么所有的建筑都是一样的，并没有本质区别，正因为有了内部的功能性，建筑才被区分为多种类型。由于建筑的内扰负荷与建筑功能有关，所以建筑内扰负荷对于建筑负荷的参差性起决定性作用。

6.3.2.1　建筑功能的分类

参考《城市用地分类与规划建设用地标准》（GBJ 137 - 90），民用建筑功能可以分为以下几种类型：

1. 居住建筑（R）

居住建筑主要指住宅、公寓等以居住为主要目的的建筑。按照城市用地的分类方法，居住建筑也可以分为：第一类居住建筑（R1），指以低层住宅为主、建筑密度较低、绿地率较高且环境良好的建筑；第二类居住建筑（R2），指以多层住宅为主的建筑；第三类居住建筑（R3），指以高层住宅为主的建筑。

2. 公共建筑（C）

公共建筑指居住区及居住区级以上的行政、经济、文化、教育、卫生、体育以及科研设计等机构和设施的建筑。主要包括：行政办公建筑（C1），行政、党派和团体等机构建筑；商业金融业建筑（C2），商业、金融业、服务业、旅游业和市场等建筑；文化娱乐建筑（C3），新闻出版、文化艺术团体、广播电视、图书展览、游乐等设施建筑；体育建筑（C4），体育场馆和体育训练基地等建筑；医疗卫生建筑（C5），医疗、保健、卫生、防疫、康复和急救设施等建筑；教育科研设计建筑（C6），高等院校、中等专业学校、科学研究和勘测设计机构等建筑。

6.3.2.2　建筑使用时间表

影响建筑内扰负荷最大的因素是建筑内部的使用情况，建筑内部的使用情况即为建筑内人员密度、新风量、照明功率密度和设备功率密度的变化情况，这 4 者的变化情况可以用建筑的使用时间表来描述。建筑内的新风需求量根据人员数量来确定，若采取变风量系统，新风量的变化情况与建筑内人员数量变化情况是一致的。若给出了建筑内的设计人员密度和设备数量，然后再给出一天 24h 的人员密度变化情况和设备使用情况，则一天的逐时内扰散热量就可以确定。

建筑使用时间表实质上就是各种内扰强度的逐时值所占设计值的比例在一天 24h 的分

布曲线，通过建筑使用时间表可以得到建筑内部内扰负荷的逐时值。图 6-25 为常见的几种建筑人员密度分布曲线。

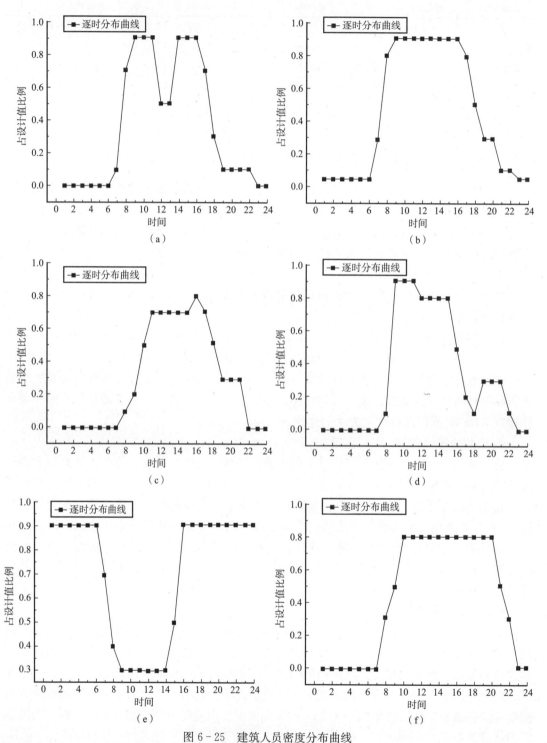

图 6-25　建筑人员密度分布曲线

图 6 - 25 中的曲线为几种常见的建筑人员密度分布曲线，其中图 6 - 25（a）、图 6 - 25（b）为办公建筑分布曲线，图 6 - 25（c）为商业建筑分布曲线，图 6 - 25（d）为学校建筑或办公建筑分布曲线，图 6 - 25（e）为住宅建筑分布曲线，图 6 - 25（f）为零售商店分布曲线。以上的分布曲线是根据各类建筑调查研究的结果，在实际建筑中，可根据建筑的运行情况选择符合实际情况的分布曲线。

图 6 - 26 所示为几种常见的照明功率分布曲线，图 6 - 27 所示为几种常见的设备功率分布曲线。

若建筑新风系统采取变风量系统，则建筑内新风需求量的分布曲线和人员密度的分布曲线一致，这里就不再赘述。

以上的建筑各种内扰强度分布曲线为工作日的分布情况，不同类型的建筑其周末和节假日期间的分布情况与工作日有所不同，分析建筑负荷分布情况时应当考虑到周末和节假日的负荷分布。

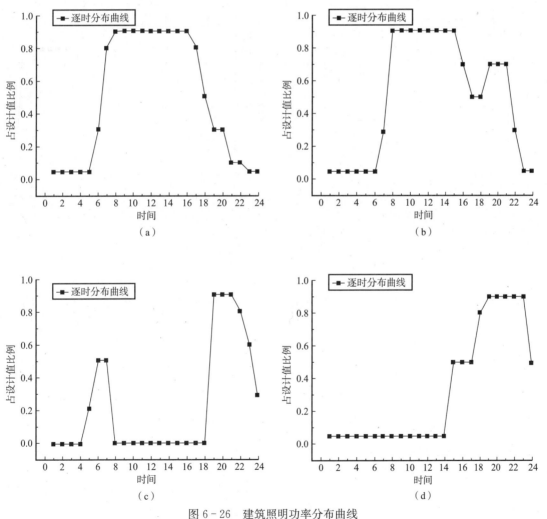

图 6 - 26　建筑照明功率分布曲线

（a）办公建筑分布曲线；（b）学校建筑分布曲线；（c）、（d）住宅建筑分布曲线。

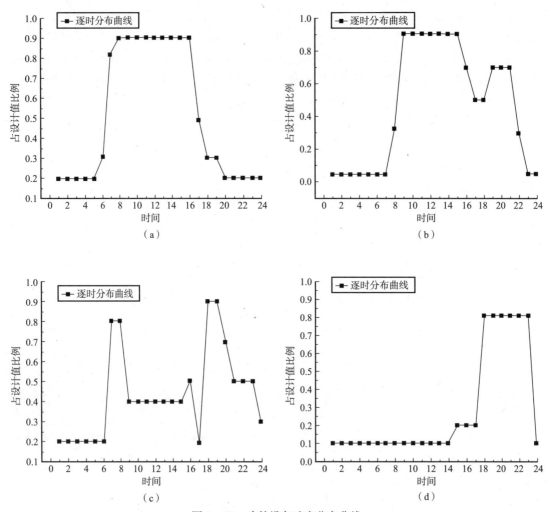

图 6-27 建筑设备功率分布曲线

(a) 办公建筑分布曲线；(b) 学校建筑分布曲线；(c)、(d) 住宅建筑分布曲线。

从表 6-13 中选取建筑 6 作为建筑模型来分析建筑内扰因素对建筑冷负荷分布的影响，为了分析内扰因素对负荷的影响，不考虑建筑类型，只是分别选取不同的内扰密度曲线，比较不同密度曲线对负荷分布的影响。

建筑 6 中的内扰因素考虑两种情景：(1) 人员密度分布选取图 6-25 中的 (a) 曲线，照明功率分布选取图 6-26 中的 (a) 曲线，设备功率分布选取图 6-27 中的 (a) 曲线；(2) 人员密度分布选取图 6-25 中的 (e) 曲线，照明功率分布选取图 6-26 中的 (c) 曲线，设备功率分布选取图 6-27 中的 (c) 曲线。

建筑 6 墙体材料为 240mm 厚普通砖墙，双面抹灰，选取 65mm 厚沥青膨胀珍珠岩保温层，墙体总传热系数为 $0.97W/(m^2 \cdot K)$，屋面传热系数为 $0.7W/(m^2 \cdot K)$，外窗传热系数为 $3.0W/(m^2 \cdot K)$，各方向遮阳系数均为 0.45，无外遮阳，夏季室内空调设计温度为 $25℃$。为了分析方便，假设建筑内的空调面积与建筑面积相同，温度均匀，建筑内人员密度选取 $5m^2/p$，照明功率密度 LPD 为 $11W/m^2$，设备功率密度 EPD 为 $20W/m^2$，新风量选取 30m³/(h·p)。

应用 VisualDO E4.0 对以上两种情景做模拟分析，得到夏季冷负荷分布。选取全年冷负荷最大值出现的当天 24h 的负荷分布进行分析，如图 6-28 和图 6-29 所示，图 6-28 为情景（1）的负荷分布情况，图 6-29 为情景（2）的负荷分布情况。

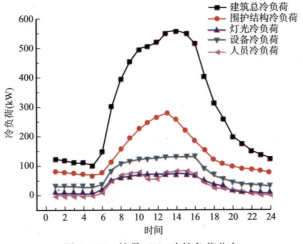

图 6-28　情景（1）建筑负荷分布

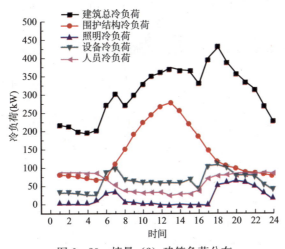

图 6-29　情景（2）建筑负荷分布

由图 6-28 和图 6-29 可以看出，对于相同的外扰负荷分布，由于内扰负荷的不同，建筑总冷负荷分布相差很大，所以决定建筑冷负荷分布的主要因素为建筑内扰因素。若建筑内扰负荷相对外扰负荷的值很大，则建筑内扰因素影响负荷分布的情形就更明显。

由以上分析可知，社区内影响建筑冷负荷分布的主要因素在于其内扰因素，那么社区内的建筑类型组成就影响到社区的总负荷分布情况，所以分析社区冷负荷分布情况就要考虑到社区内建筑类型的多样性。

6.4 热岛效应对能源需求的影响

6.4.1 热岛效应的形成

热岛效应是一个地区的气温高于周围地区的现象，其表示方法是用两个代表性测点的气温差值来表示。城市热岛效应（Urban heat island effect）是指城市中的气温明显高于外围郊区的现象。在近地面温度图上，郊区气温变化很小，而城区则是一个高温区，就像突出海面的岛屿，由于这种岛屿代表高温的城市区域，所以被形象地称为城市热岛。1918年英国的赖霍华德在《伦敦的城市》一书中，首次提到了"城市热岛效应"。如图 6-30 所示的热岛效应的示意图。城市热岛效应使得城市中心区的平均温度比郊区要高出很多，城市热岛效应比较严重的地区，气温最高比郊区高出 6℃ 之多。

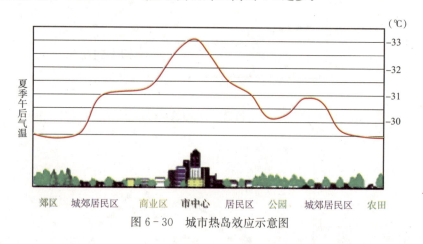

图 6-30　城市热岛效应示意图

随着城市建设的高速发展，城市热岛效应也变得越来越明显。城市热岛形成的原因主要有以下几点：

首先，城市下垫面和建筑物表面材料特性的影响。城市内有大量的人工构筑物，如混凝土、柏油路面，各种建筑墙面等，改变了下垫面的热力属性，这些人工构筑物吸热快而热容量小，下垫面吸热能力强，容易造成市区夏季昼夜气温居高不下。

其次，能源使用量增大，排放大量废气。工厂生产、交通运输以及居民生活都需要燃烧各种燃料，每天都在向外排放大量的热量。城市工业高度集中，工厂电厂排放的粉尘、废气、车辆排放的尾气，徘徊在城市上空不易稀释。

城市人为热的增加是导致城市气候变化的主要原因之一。城市规模，特别是城市的人口密度决定着城市人为热的排放量。有关研究根据北京市的 2000~2005 年间北京区域 10 个区（海淀、通州、顺义、房山、平谷、昌平、延庆、门头沟、密云、怀柔）的人口密度与冬季日平均气温、平均风速作相关分析，结果表明，人口密度、人口密度平方根及人口密度对数与气温的相关系数分别为 0.58、0.63 和 0.65，说明人口密度对数（x）与气温（y）相关性更好（显著性水平 $\alpha < 0.01$），其线性关系为 $y = -8.95 + 1.16x$，相当于北京城区每增加 10000 人，温度将上升 0.056℃。

此外，城市里中绿地、林木和水体的减少也是一个主要原因。随着城市化的发展，城市人口的增加，城市中的建筑、广场和道路等大量增加，绿地、水体等却相应减少，缓解热岛效应的能力被削弱。

对城市居民生活和消费构成影响的主要是夏季高温天气下的热岛效应。为了降低室内气温和使室内空气流通，人们使用空调、电扇等电器，而这些都需要消耗大量的电力。

6.4.2 城市热岛效应对建筑能源需求的影响

由于热岛效应的影响，城市的云雾会增加，使有害气体、烟尘在市区上空积累，形成严重的大气污染。同时，积累在市区上空的污染空气又形成了温室气体，进一步增加了市区的气温。图6-31为某城市市区夏季7月份逐时热岛强度逐时分布图，由图中可以看出，在7月28日，城市热岛强度达到了7℃。

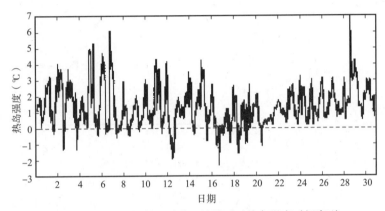

图6-31　某城市市区夏季7月份逐时热岛强度时间序列

图6-32为某城市的热岛效应对城市市区某一天的温度变化的影响，从图中可以看出，从早晨到中午，城市中心区与郊区的温差逐渐拉大，在下午两点左右达到最大值，最大温差近2℃左右，而下午两点以后，温差逐渐减小。

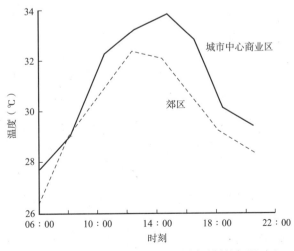

图6-32　某市市区和校区一天不同时刻的气温对比

城市市区气温的上升，对建筑能源需求影响最大的就是夏季空调负荷的增加。由于夏季室外气温的升高，使得室外的极端气温出现的几率大大增加，而夏季空调的使用是建筑用能的最大组成部分。图6-33为某建筑夏季典型日逐时空调负荷分布图，从图中可以看出，一天内空调的峰值负荷集中在11：00～18：00之间，而此时正是城市温室效应作用最大的时刻。

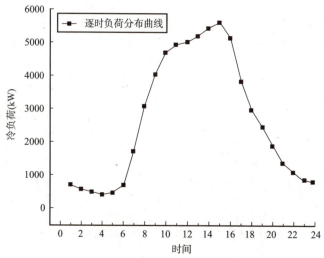

图6-33　某建筑夏季典型日逐时空调负荷分布

把图6-33中的市区逐时温度变化用建筑能耗模拟软件分析，可以得到该市区某建筑在热岛效应影响前后的空调负荷变化，如图6-34所示。

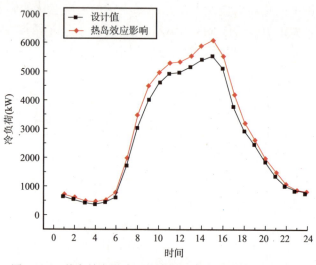

图6-34　热岛效应影响下某建筑的空调负荷分布变化对比

由图6-34很清楚地可以看出热岛效应对建筑冷负荷的影响是很大的，特别是热岛效应增大了峰值负荷，将增加建筑空调的设备容量，从而增加建筑空调能耗。

6.5 气候变化对能源需求的影响

由于温室气体的排放导致的温室效应的增加，全球气候正在变暖，气温在不断升高，气温的变化最终会影响建筑能源的需求。由于温室效应导致的全球气候变暖正在逐渐影响人们的生活，气候变化导致的气温上升加大了建筑冷负荷，所以对气候变化的预测是建筑负荷预测的一个重要方面。

目前，国际上通用的全球气候模型（GCM）在时间和空间分辨率上有稳定的提高。大约 20 年前，GCM 结果只能用来研究在洲际范围全年或季节平均温度，现在却可以研究局部地区月甚至日水平内的温度、湿度、太阳辐射和降雨。20 世纪 90 年代后期，GCM 模型在世界范围内建立了高分辨率月气候变化网格，得到了在不同气候情景下 GCM 模型，甚至已经能够达到几千千米的空间分辨率。政府间气候变化专门委员会（IPCC）第三工作组在 2000 年定义了研究全球气候变化时可广泛应用的 4 个气候变化情景，如表 6-17 所示。

IPCC 第三工作组定义的四种气候变化情景   表 6-17

情景	情景描述
A1	A1 情景族描述了这样一个未来世界：经济增长非常快，全球人口数量峰值出现在 21 世纪中叶并随后下降，新的更高效的技术被迅速引进。A1 情景族进一步划分为 3 组情景，这 3 种 A1 情景组分别代表着化石燃料密集型（A1FI）、非化石燃料能源（A1T）以及各种能源之间的平衡（A1B）
A2	A2 情景族描述了一个很不均衡的世界。主要特征是：自给自足，保持当地特色。各地域间生产力方式的趋同异常缓慢，导致人口持续增长。经济发展主要面向区域，人均经济增长和技术变化是不连续的，低于其他情景的发展速度
B1	B1 情景族描述了一个趋同的世界：全球人口数量与 A1 情景族相同，峰值也出现在 21 世纪中叶并随后下降。所不同的是，经济结构向服务和信息经济方向迅速调整，伴之以材料密集程度的下降，以及清洁和资源高效技术的引进。其重点放在经济、社会和环境可持续发展的全球解决方案，其中包括公平性的提高，但不采取额外的气候政策干预
B2	B2 情景族描述了这样一个世界：强调经济、社会和环境可持续发展的局地解决方案。在这个世界中，全球人口数量以低于 A2 情景族的增长率持续增长，经济发展处于中等水平，与 B1 和 A1 情景族相比技术变化速度较为缓慢且更加多样化。尽管该情景也致力于环境保护和社会公平，但着重点放在局地和地域层面

由表 6-17 的情景设置，可以得到几种情景下的未来 CO_2 排放增长趋势，如图 6-35 所示。

根据 IPCC 第四次评估报告第三工作组的报告，在未来 20 年，一系列特别情景排放报告（SRES）预测，每 10 年温度升高 0.2℃。即便所有温室气体和气溶胶的浓度保持在 2000 年的水平，全球温度每 10 年仍将升高 0.1℃。通过对典型年气象参数（TMY2）作为历史气象参数的基准线，在给定的月份的各日，利用英国 Hadley 中心开发的区域气候模式——Hadley 模型计算日平均温度和日温度范围，然后在日平均温度上加上由表 6-17 中 4 种情景预测的温度差，最后给出未来不同时间段的温度变化趋势，如表 6-18 所示。

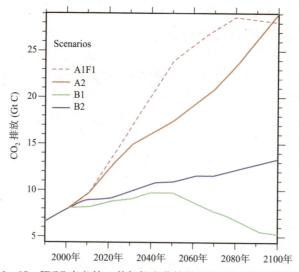

图 6-35 IPCC 定义的 4 种气候变化情景下的 CO_2 排放增长趋势

4 种 IPCC 情景下的 Hadley 模型计算值

表 6-18

时间段	基准年	IPCC 情景下的温度升高值			
		A1FI	A2	B1	B2
2010~2039 年	2020 年	0.248	0.281	0.451	0.418
2040~2069 年	2050 年	0.591	0.575	0.754	0.710
2070~2099 年	2080 年	0.989	0.986	0.995	0.991

由于气候变化引起的气象参数的变化预测比较复杂，本书的研究重点不在预测气候变化上，所以在未来气象参数的变化对建筑负荷的影响这一点上，借用有关文献的研究成果，即表 6-9 中的数据，以研究地区的典型气象年参数（TMY2）作为基准值，未来年份取 2020年和 2050 年作为未来需要负荷预测的年份，在日平均温度上加上表 6-18 中的温度升高值，得到该地区 2020 年和 2050 年的气象参数，如图 6-36 所示的某地区的日平均温度。

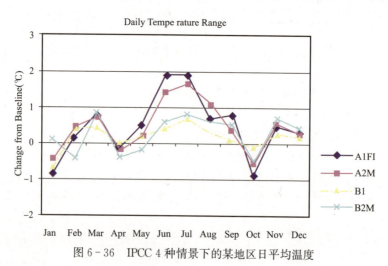

图 6-36 IPCC 4 种情景下的某地区日平均温度

图 6-37 和图 6-38 为美国学者对美国的一些城市做的度日数的预测分析。

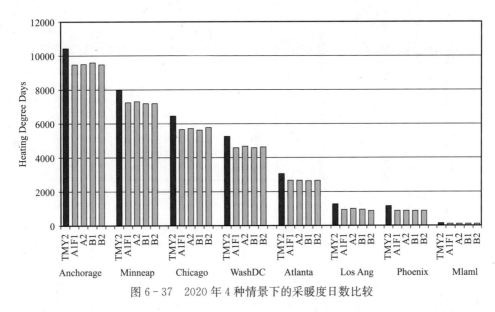
图 6-37 2020 年 4 种情景下的采暖度日数比较

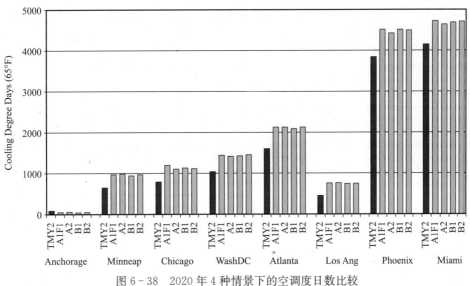
图 6-38 2020 年 4 种情景下的空调度日数比较

从图 6-37 和图 6-38 可以看出，气候变化后，采暖度日数是下降的，空调度日数是上升的，这也就意味着建筑的采暖能耗会降低，而空调能耗会增加，建筑的全年能耗需要通过具体分析来确定。图 6-39 为 2020 年 4 种情景下的住宅建筑全年能耗量比较，从图中可以看到，全年能耗量的变化由于城市所处地理位置的不同而不同，气候变化后有的城市建筑能耗量增加，有的地区建筑能耗量减少。

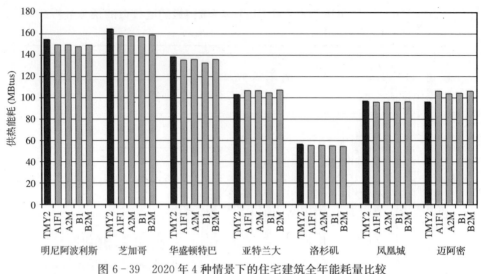

图 6 - 39　2020 年 4 种情景下的住宅建筑全年能耗量比较

参考文献

[1] 龙惟定，白玮．上海 2010 年民用建筑空调能源需求与环境负荷情景分析．美国能源基金会，2005.

[2] 白玮．民用建筑能源需求与环境负荷研究［博士学位论文］．上海：同济大学，2007.

[3] http：∥www. t7online. com/.

[4] 李书严．城市化对北京地区气候的影响．高原气象，2008，27（5）：1102 - 1110.

[5] 柳孝图．城市物理环境与可持续发展．江苏：东南大学出版社，1999.

[6] Joe Huang. The impact of climate change on the energy use of the US residential and commercial building sectors，Lawrence Berkeley National Laboratory Berkeley CA，10 2006.

[7] Mark F. Jentsch，AbuBakr S. Bahaj，Patrick A. B. James. Climate change future proofing of buildings— Generation and assessment of building simulation weather files. Energy and Buildings，2008，40：2148 - 2168.

第 7 章　基于新能源的区域能源系统配置

基于新能源的区域能源系统并不是传统意义上的区域供冷供热系统，而是基于可再生能源（如太阳能、风能、生物质能、水能、地热能）和未利用能源（如浅层地表蓄热能、地表水、地铁排气、城市污水等低品位温差能）等新能源的建筑能源系统。与传统区域供冷供热系统相比，它具有供能强度低、供能不稳定、供能效率低、供能品位低、资源分布不均等特点。

因此，基于新能源的区域能源系统配置必须遵照以下几条原则：

第一，资源可获得性原则。比如，有没有那么多的地源热泵埋地面积？有没有充足的天然气资源用于分布式能源？太阳能热水系统的输送能耗是不是大于可获得的热水能量？太阳能光伏系统的获益是否能够回收投资？利用新能源不是为了做秀，必须讲求实效。

第二，能源梯级利用原则。各种品位的能量应该物尽其用。不要无端降低高品位能源的使用价值（例如将高温蒸汽换热成生活热水），也不要片面拔高低品位能源的使用价值（例如用太阳能热水器的热水发电）。

第三，循环回收原则。在很多工业园区中，要注意不同工艺流程之间、不同工厂之间余热、废热的循环回收利用。

第四，减量化原则。这是低碳城市区域能源系统配置的最主要原则。根据我国国情，在很长时期内还是要以高碳能源为主，而碳减排是存量减排、碳交易是排放量交易，所以，低碳城市的区域能源系统必须在碳排放量上有实质性的减量。区域能源系统应在能源生产端（P）尽量利用无碳能源（如可再生能源）和低碳能源（如天然气）；在能源输配端（U）尽量实现梯级利用、一能多用；在能源用户端（C）尽量利用被动式节能技术和鼓励行为节能，实质性降低能源消费。

7.1　基于新能源的区域能源系统方式

7.1.1　分布式能源热电联产系统

分布式能源系统（Distributed Energy Resources，DER）是国际上正在迅速发展的技术。DER 主要指分布式供电（Distributed Power），指功率为数 kW 至 MW 级的中、小型模块式独立发电装置，直接安置在用户近旁或大楼里面。分布式供电的本意主要用以提高供电可靠性，在电网崩溃和意外灾害（例如在地震、暴风雪、恐怖袭击和战争）情况下维持重要用户的可靠供电。它特别适合于组成分布式的热电联供或热电冷联供系统，与服务器/终端的关系类似。

热电冷联产（Combined Cooling，Heating & Power；CCHP）是一项一次能源利用率非常高的技术。从工业革命以来，电力工业一直发展大机组、大电厂和大电网。因为发电机组容量越大，发电效率越高，单位千瓦的投资越低，发电成本也越低。由于长期以来电力工业的主体是以煤作为燃料的火力发电，因此大型电厂可以降低煤耗、集中处理污染。但也正因为这样的"大集中"模式，使发电过程中排出的热量无法得到充分利用，被白白地排放到大气中；再加上输电过程中的线路损失，就使得终端使用电力的一次能源效率很低（见图7-1）。

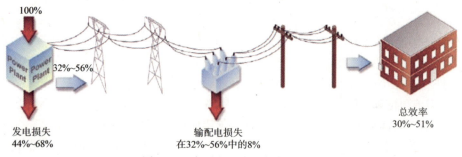

图 7-1 大型电厂的一次能源效率

在传统电厂的基础上发展起热电联产（Cogeneration，或 CHP，Combined Heating & Power），即把电厂排热的一部分回收，并通过热网输送给用户，从而大大提高了一次能源效率（见图7-2）。它可以统一解决电、热等的供应问题，实现能源梯级利用，并已在国外得到了迅速发展。

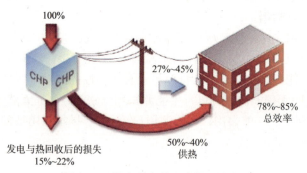

图 7-2 热电联产的一次能源效率

热电联产按其供热网规模的大小，可分为大型区域热电联产（District Heating and Power，DHP）、小型区域热电联产或热电冷联产（District Cooling Heating & Power，DCHP）以及建筑（楼宇）热电冷联产（Building Cooling Heating & Power，BCHP）。

分布式能源主要包括 DCHP 和 BCHP，低碳城市的分布式能源主要指面向区域的、采用新能源的热电冷联产技术。由于实现了电力的"现场生产、现场使用"，从而可以最大限度地减少电网输配系统的投资和电力输配损失；由于紧贴用户，可以就近利用发电排热，通过一种一次能源的输入同时满足用户电、热、冷多种能量形式的需求，通过能源的梯级利用提高能源利用效率。在目前已商业化的、可大规模实现能源转换的技术中，热电联产效率最高的可达 60%～80%，如采用热电冷系统，则其效率甚至可达 90%。分布式供电的主要动力和能源如表 7-1 所示。

发电动力	能源种类
内燃机 外燃机 燃气轮机 微型燃气轮机 常规的燃油发电机 燃料电池	化石燃料 生物质气
太阳能发电 风力发电 小水电 生物质发电	可再生能源
氢能发电	二次能源
垃圾发电	一般废弃物

热电冷联产系统的主要设备有发电设备、热回收设备、制冷设备、蓄能设备等。发电设备的发电能力一般为 15kW～10MW。其热回收设备主要是余热锅炉。余热锅炉可分为非补燃型和补燃型两种。余热锅炉产生的蒸汽可以直接用于供热，也可以驱动蒸汽轮机，用汽轮机的抽汽或背压排气供热。制冷设备包括电动制冷机、溴化锂吸收式制冷机、吸附式制冷机、带发电机的制冷机等，其中常用的是电制冷机和吸收式制冷机。电制冷机主要是和吸收式制冷机配合使用，以使冷负荷的调节更加灵活。常用的溴化锂吸收式制冷机又可以分为蒸汽型（单效、双效）、热水型、排气直热型和排气再燃型。蓄能设备主要包括蓄电设备、蓄热设备和蓄冷设备。蓄能设备的设置可以使电量、热量和冷量的耦合关系进一步得到解除，热电冷联产系统的系统形式也更加灵活。

热电冷联产技术有一些重要的指标参数，这些参数可以展现系统的热力学性能，并且易于在不同系统之间进行比较。因此，这些参数是设计和管理热电冷联产系统的基础[1]。其中最重要的有以下几个参数：

（1）原动机的效率：

$$\eta_m = \frac{W_S}{H_f} = \frac{W_S}{m_f H_u} \qquad (7-1)$$

式中 W_S——原动机的轴功率；

H_f——系统消耗的燃料功率（燃料能量流）；

m_f——燃料的质量流量；

H_u——燃料的低位热值。

（2）发电效率：

$$\eta_e = \frac{W_e}{H_f} = \frac{W_e}{m_f H_u} \qquad (7-2)$$

式中 W_e——系统的净电功率输出，即系统自身设备消耗的电力已经被减去。

（3）热效率：

---

[1] 引自欧洲热电联产联盟：The European Educational Tool on Cogeneration，Second Edition，December 2001.

$$\eta_{th}=\frac{Q}{H_f}=\frac{Q}{m_f H_u} \qquad (7-3)$$

式中　Q——热电联产系统有用热能输出。

（4）热电联产系统的总效率：

$$\eta=\eta_e+\eta_{th}=\frac{W_e+Q}{H_f} \qquad (7-4)$$

很多文献都是根据式（7-4）来定义热电联产总效率的。实际上，根据热力学第二定律，热的能量品质要低于电的能量品质，并随着应用温度的降低而降低。例如，热水的热品质显然要低于蒸汽的热品质。因此，直接把电效率和热效率相加是不合适的。在比较不同的热电联产系统时，仅根据式（7-4）的能效率容易引起误导。在评价能效率时应该采用㶲效率：

$$\zeta_{th}=\frac{E_Q}{E_f}=\frac{E_Q}{m_f\varepsilon_f} \qquad (7-5)$$

式中　E_Q——对应于 Q 的能流；

　　　E_f——燃料的㶲流；

　　　ε_f——燃料的比㶲（每单位质量燃料的㶲）。

（5）总㶲效率：

$$\zeta=\eta_e+\zeta_{th}=\frac{W_e+E_Q}{E_f} \qquad (7-6)$$

（6）电热比（Power to Heat Ratio）：

$$PHR=\frac{W_e}{Q} \qquad (7-7)$$

电热比的倒数是热电比，我国习惯上用热电比。

（7）燃料节能比（Fuel Energy Saving Ratio）：

$$FESR=\frac{H_{fS}-H_{fC}}{H_{fS}} \qquad (7-8)$$

式中　H_{fS}——在分别产生电（W_e）和热（Q）时的燃料的总功率；

　　　H_{fC}——热电联产系统产生同样量的 W_e 和 Q 时的燃料功率。

从节能的目的出发选择热电联产系统，就必须有 $FESR>0$。

从式（7-2）～式（7-4）和式（7-7）可以推导出下述方程：

$$\eta=\eta_e\left(1+\frac{1}{PHR}\right) \qquad (7-9)$$

$$PHR=\frac{\eta_e}{\eta_{th}}=\frac{\eta_e}{\eta-\eta_e}$$

在系统电效率已知的条件下，用上述两个公式可以有助于确定可接受的电热比值。但是在任何情况下，总效率都不可能超过 90%。例如，设 $\eta_e=0.40$，$0.65\leqslant\eta\leqslant0.90$，可以得到 $1.6\geqslant PHR\geqslant0.8$。

必须指出，在为某一特定用途选择热电联产系统时，电热比 PHR 是主要特性参数之一。

用一个效率为 η 的热电联产系统取代一台效率为 η_W 的发电机和一台效率为 η_Q 的产热

设备，可以证明其节能率为：

$$FESR = 1 - \frac{PHR+1}{\eta\left(\frac{PHR}{\eta_W} + \frac{1}{\eta_Q}\right)} \quad\quad\quad (7-10)$$

得出
$$H_{fS} = H_{fW} + H_{fQ} = (m_f H_u)_W + (m_f H_u)_Q \quad\quad\quad (7-11)$$

$$H_{fW} = (m_f H_u)_W = \frac{W_e}{\eta_W} \quad\quad\quad (7-12)$$

$$H_{fQ} = (m_f H_u)_Q = \frac{Q}{\eta_Q} \qu\quad\quad\quad (7-13)$$

脚标 W 和 Q 分别表示单独产电（即一台发电机）和产热（即一台锅炉）。

例如，用一个总效率 $\eta=0.80$ 和电热比 $PHR=0.6$ 的热电联产系统取代一台效率为 $\eta_e=0.35$ 的发电机和一台效率为 0.80 的锅炉，可以计算出 $FESR=0.325$，即热电联产系统可以减少总能耗 32.5%。

同样，也可以计算热电联产系统的全年效率。把式（7-4）中的方程改写为：

$$\eta_a = \frac{W_{ea} + Q_a}{H_{fa}} \quad\quad\quad (7-14)$$

式中　　W_{ea}——热电联产系统全年生产的电力

　　　　Q_a——全年生产的热能

　　　　H_{fa}——全年所消耗的燃料能

热电联产系统的性能取决于建筑负荷和环境条件。另一方面，所生产的能量形式的利用程度受到系统设计、系统运行策略（运行控制）以及能量的生产与使用之间的匹配的影响。因此，全年效率等综合指标往往比瞬时的和名义上的指标更为重要，它们能更好地反映系统的实际性能。

当前困扰区域能源系统中应用分布式能源热电冷联供的最大问题是系统配置中究竟采用"以热定电"还是"以电定热"的原则。

在原国家计委等 4 部委 2000 年颁布的《关于发展热电联产的规定》（计基础［2000］1268 号）文件中明确要求，热电联产系统的总热效率年平均应大于 45%［总热效率＝（供热量＋供电量×3600kJ/kWh)/（燃料总消耗量×燃料单位低位热值）×100%］。同时还规定单机容量在 50MW 以下的热电联产机组，其热电比年平均应大于 100%。在上海市建设和交通委员会 2008 年颁布的《分布式供能系统工程技术规范》（DG/TJ08-115-2008）中明确指出，分布式供能系统容量的选择应依据以热（冷）定电、热（冷）电平衡的原则。并规定分布式供能系统年总热效率不应小于 70%、年均热电比不应小于 75%。

从图 7-3 看出，除燃料电池外，各种发电设备的发电功率越大，其发电效率越高。因此，分布式能源如果仅作发电之用，其效率低于大发电系统，在能源利用上是不合理的。所以，要求分布式能源在系统配置时要以热定电，目的是提高综合能效。

但是，在影响分布式能源热电冷联产系统配置（以热定电还是以电定热）的诸多因素中，最突出的是分布发电多余电力上网的问题。

例如，燃气轮机发电机发出 1kW 电力的同时，能够产生 1.5～3kW 的热量，这些热量可以用来产生蒸汽，实现采暖、制冷、作为餐饮和生活热水的热源等。但是，要同步地将这些电能和热能完全利用几乎是不可能的。因为用户的热量/冷量与用电量需求随季节、

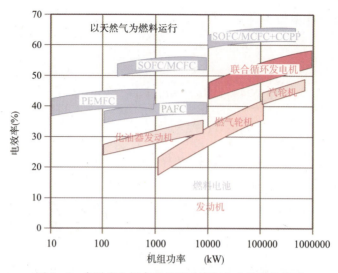

图 7-3　各种发电设备的机组功率与电力效率的关系

注：SOFC—固体氧化物燃料电池；

MCFC—熔融碳酸盐燃料电池；

PEMFC—质子交换膜燃料电池；

PAFC—磷酸电解液燃料电池；

CCPP—燃气蒸汽联合循环发电。

气候、昼夜、建筑功能等诸多因素变化，而建筑热电冷联产设备一经选定，其正常运行时的热电比是大致不变的（见表 7-2），总是会有富余的电能或热能。对于富余的热能可以采取蓄热装置进行贮存，加以调节。而对于富余的电力，现有的大规模蓄电技术（如钠硫电池）还不能实现商业化运行。为了解决多余电力的问题，最简单、最直接的方法就是允许其上网。

主要发电机组的热电比

表 7-2

发电机组形式	热电比
带热回收的联合循环燃气轮机	1.05
蒸汽背压汽轮机	2.2
凝汽式汽轮机	2.2
带热回收的燃气轮机	1.8
内燃机	1.3

　　电力系统接入电网的方式有 3 种：离网、并网、上网。顾名思义，"离网"是指电力接入独立的电网，与公共电网并不相连；"并网"是指电力接入中心变电站的低压侧；"上网"是指电力直接与输电网接通。

　　原电力工业部 1996 年颁布的《供电营业规则》中规定，用户自行发电只能自发自供内部的用电，并应采取必要的措施防止向电网返送电力，也就是说要么离网、要么并网。如果需要上网，需要事先与电力部门签订合同。上网是有条件的：第一，上网的发电机组必须接受电网的统一调度，基本上是当作调峰之用，即大电网电力紧缺时允许分布式发电上网，大电网电力有富余时则不允许上网；第二，分布式能源的上网电价要采用竞价上网方式，没有任何优惠，用天然气作燃料的热电联产只能与用"统配煤"为燃料的电厂在同一"起跑线"上竞价上网。以上海鼓励分布式能源的优惠天然气价为例，每 m³ 天然气为2.05 元，如果用内燃机发电，每 m³ 天然气大概能发出 3kWh 电，每 kWh 仅燃料成本就是0.70 元，而普通火力发电的上网电价大约在 0.43～0.47 元左右。这些规定和价格政策造成分布式能源的电力上网很难，即使上网，投资者也无利可图。

定义电力与天然气的比价：

$$电力与天然气比价 = \frac{电力单位当量热值的价格}{天然气单位当量热值的价格}$$

该比价越高，应用热电冷联供系统的经济性越好。在我国，由于各种原因，长期以来电力与天然气的比价偏低，即电力价格偏低而天然气价格偏高，因而制约了分布式能源热电冷联供技术的推广和市场的开发。

在这种情况下，投资者如果将分布式能源所发电力自用，对于上海地区工商业用户，高峰时段每 kWh 大约能省下 0.30 元以上，如果当地电力与天然气比价更高些，这一回报也就更高，也就是发电越多回报也越大。

因此，多数投资者在考虑应用分布式能源热电冷联供的方案时，一是出于博取某种绿色建筑评价标准（例如 LEED 和中国的绿色建筑标准）中的得分，既不是以热定电也不是以电定热，而是根据能拿到分数的最低负荷百分比决定热电联产容量，分布式能源技术被异化为某种绿色标签；二是以电定热，以电力负荷的基荷决定机组容量，最大限度地延长机组发电时间。在这种情况下，热电冷联供系统会有两种运行模式：一是得到绿色建筑的评价等级之后热电联产设备基本不用（因为一用就赔）；二是尽量延长发电时间，增加回报。而对于热电联产的产热，因为无法覆盖全部热需求，所以必然配置其他热设备，比如配置了电动制冷机，就很难与热电冷联供系统的吸收式制冷机运行相协调。使得热电联供的产热利用变得可有可无。第二种运行模式实际成了小发电。除了个别必须确保电力供应的用户外，这种分布式能源的能耗反而更高，失去了热电冷联供系统节能的价值（但相对于燃煤发电，还是具有减排的价值的，见图 7-4）。

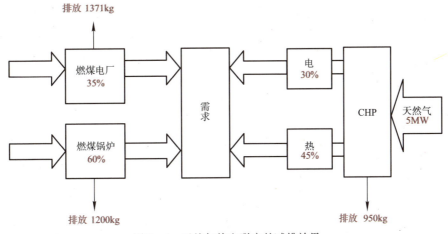

图 7-4 天然气热电联产的减排效果

以下通过图7-5和图7-6的例子，分析3种热电联产方案：（1）基本负荷方案；（2）高峰负荷方案；（3）中间负荷方案。假定热电联产机组在最大连续出力下的热电比是1.5：1，其最小运行条件是额定发电量的50％和额定热输出量的65％。

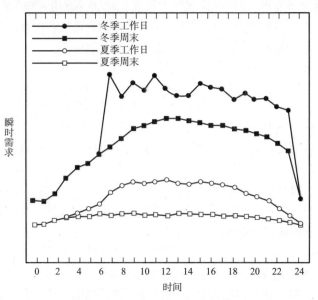

图7-5　某区域日电力负荷分布

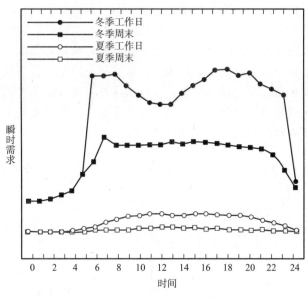

图7-6　某区域日热负荷分布

1. 基本负荷（基荷）方案

图7-7给出按基荷运行的方案。冬季，热电联产机组在6：00～23：00之间以100％出力运行，夜间以50％（65％）出力运行。如果按50％容量选择机组，可以在整个冬季保持机组满负荷运行。也可以选择两台同型号机组，一台始终满负荷运行，另一台每天运

行 16~17h。两台同型号机组的方案也可以满足夏季运行要求。

按基荷选型的方案的优点是：

（1）机组可以在大部分时间处于满负荷运行；

（2）在整个运行时间余热可以得到充分利用；

（3）机组成本比较低，对负荷变化的敏感性也比较低，因此方案的风险比较小。

方案的缺点是：

（1）能源成本节约得不多，投资回收期比较长；

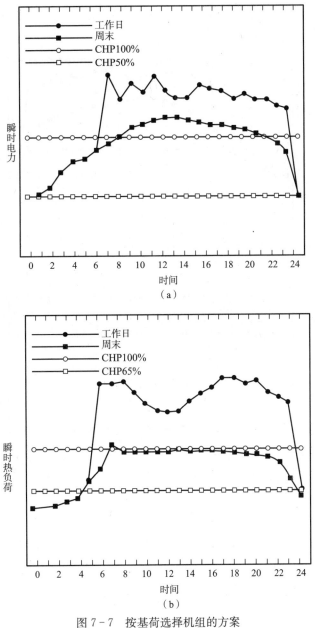

图 7-7　按基荷选择机组的方案

（a）电力负荷分布；（b）热负荷分布

（2）如果需求增加，节能率不会增长；

（3）如果需求降低，或基本负荷的估算不准确，热电联产设备就不能保持满负荷运行，效益更差。

2. 高峰负荷（峰荷）方案

图 7-8 给出按高峰负荷选择机组的方案，即根据工作日最大电力需求决定热电联产机组容量。

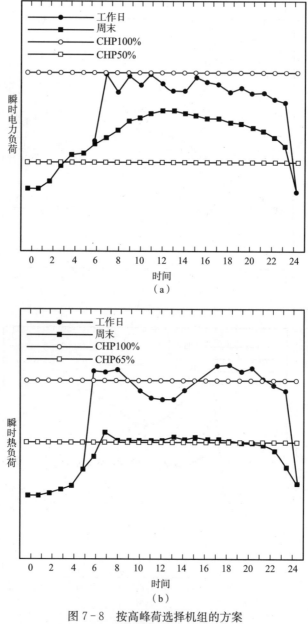

图 7-8　按高峰荷选择机组的方案

（a）电力负荷分布；（b）热负荷分布

按峰荷选择机组的方案的优点如下：

（1）外购电力最少；

（2）提供了全负荷的备用电源，有很好的供电安全性；

（3）在允许上网的条件下，该方案有能力对外输出电力；

（4）最大限度地满足了热需求；

（5）最大限度地节能和降低能源费开支。

其缺点如下：

（1）方案的成本高、投资回报率低；

（2）设备利用率低，在发出电力不能上网的条件下，机组长时间处于部分负荷和关机状态；

（3）低负荷和部分负荷下运行困难；

（4）负荷估算不正确，能源市场变化和能源费率变化的风险很大；

（5）必须考虑系统调节、余热利用和电力输出等问题。

3. 中间负荷（腰荷）方案

图 7-9 是按中间负荷选择机组的方案，即按照高峰负荷的最低值确定机组容量。

腰荷方案的优点如下：

（1）选型的误差对运行的影响不大；

（2）有较高的设备利用率；

（3）投资回报最高；

（4）如果负荷需求增加，该方案还有进一步的节能潜力。

该方案的缺点如下：

（1）必须考虑系统调节、余热利用和电力输出等问题；

（2）不能提供完全的备用电源；

（3）可以有多个中间负荷方案，必须进行比较以找出合适的方案。

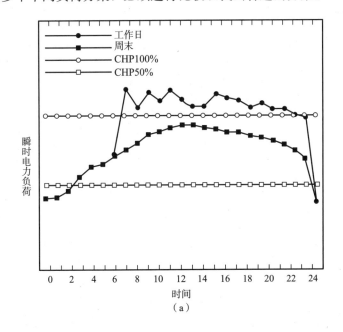

（a）

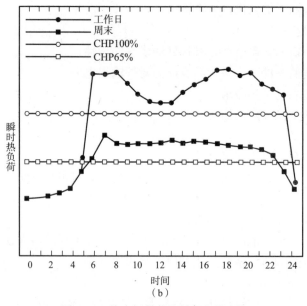

图 7-9　按中间负荷选择机组的方案

（a）电力负荷分布；（b）热负荷分布

4. 部分负荷运行方案

图 7-10 是从图 7-9 中截取的前 12h 的负荷分布。

从图 7-10 可以看出，0：00～2：00，CHP 设备不能运行，因为电力需求小于机组的最小出力；2：00～5：00，CHP 设备可以以最小出力运行，但这时其产热是过量的，必须要用冷却塔等设备把多余热量排掉；0：00～6：00，机组发电量有剩余，如果条件允许，可以将这部分电力返送上网。但夜间其实是大电网的供电低谷，它根本不需要这部分电力。而 6：00～12：00，在工作日机组可以以 100% 的出力运行，而在周末则必须进行调节以适应需求变化。

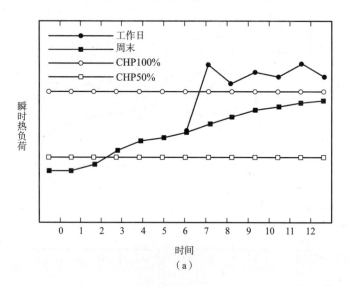

（a）

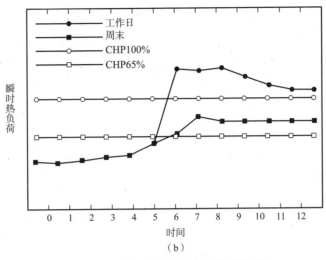

图 7-10 中间负荷方案中 CHP 的选择

(a) 电力负荷；(b) 热力负荷

5. 单台或多台机组

在上述例子中，由于冬季与夏季的电力负荷和热负荷有很大的差别，因此在机组选型时必须考虑满足需求和尽量延长运行时间两者之间的匹配。一种解决方法是配置多台机组。在上例中，可以选择一台机组满足夏季需求，多台机组满足冬季需求。但还必须考虑初投资以及安装空间的条件。当然，提高了机组的全年运行小时数、降低了全年能源费开支可以弥补初投资的增加。

如上所述，区域热电冷联产项目可以有多种方案。为了找到最适合的方案，需要对 3 个以上的方案进行评价和比较：

（1）在峰荷下全年运行 4000h，最大限度的削峰；

（2）在腰荷下全年运行 6000h，有限的削峰；

（3）在基荷下全年运行 7500h，连续满负荷运行。

在系统配置时，最重要的是正确把握电力负荷和热负荷的分布，并检验其日变化和季节变化。确定全年延续 4000h 的最小能量需求（一般全年 4000h 运行是经济上可接受的下限）。如果所选机组容量比较小，则机组经济运行的小时数还要增加。

在我国低碳城市发展中，区域热电冷联供系统的燃料当首选天然气。天然气系统有明显的减碳效果、技术比较成熟、设备配套比较完善、气源供应比较稳定，这些都是"首选"的理由。但从低碳角度出发，生物质能是一种碳中和燃料（见图 7-11），也需要在区域能源系统中加以考虑。

现代生物质能源有多种来源，通过不同转换工艺，成为液态、气态或固态燃料，作为热电联产的燃料（见图 7-12）。

生物质热电联产技术主要有 3 种应用方式，即生物质直接燃烧发电、生物质气化发电以及生物质与煤混合燃烧发电等技术。生物质直接燃烧技术可以追溯到 19 世纪，由于生物质燃料的组分和热值均与化石燃料不同，因此，生物质直接燃烧热电联产也有一些技术上的节点。表 7-3 是部分生物质燃料的热值与煤的比较。

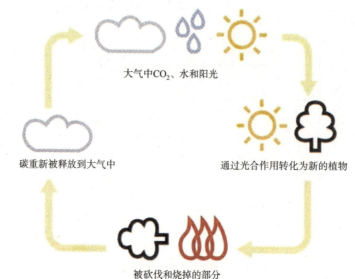

大气中CO₂、水和阳光

碳重新被释放到大气中

通过光合作用转化为新的植物

被砍伐和烧掉的部分

图 7-11　生物质能源的碳中和循环示意

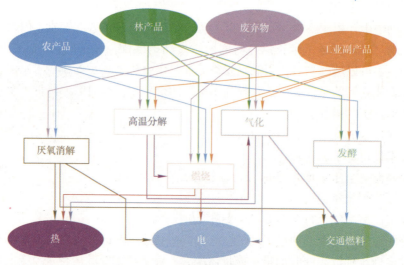

图 7-12　生物质能源的资源转换过程

部分生物质燃料的热值与煤的比较　　　　　　　　　　表 7-3

燃料	低位热值（kJ/kg）	燃料	低位热值（kJ/kg）
杂草	16192	稻草	13980
玉米芯	14395	玉米秸	15550
棉秸	15991	麦秸	15374
豆秸	16157	牛粪	11627
烟煤	24300	无烟煤	24430

　　由于生物质燃料的热值低，产生同样的热量需要更多的燃料。这些燃料需要收集、整理、压缩、运输和处理，这些都会增加成本，需要资源量的保证，并增加许多不确定因

素。影响生物质燃烧效率的主要因素是生物质的含水量、引入锅炉的过量空气和未燃烧或部分燃烧的生物质的百分比。高热值、低含水量的生物质比低热值、高含水量的生物质效率高。另外，碱含量高的生物质燃料在燃烧过程中会在换热器等设备表面出现结渣、结垢问题；氯含量高的生物质燃料在燃烧过程中，尤其在高温时，会加速对设备的腐蚀。

也可以通过气化技术，高温分解或厌氧发酵产生中、低热值的合成气。合成气的热值在 $3726\sim18630kJ/m^3$ 之间。气化技术与直接燃烧技术相比，具有气体燃料用途广泛、适于处理不同类型的生物质原料以及低排放量的特点，是一项很有潜力的技术。一些研究甚至表明，气化热电联产与传统的燃煤热电联产经济性相同，MW 级的生物质气化热电联产投资约在 5600 元/kW 左右。

发展低碳城市，不得不提及的生物质能源热电冷联产系统就是垃圾发电。我国城市年产生活垃圾约 1.5 亿 t，目前主要处理方式是填埋、焚烧和堆肥。我国城市垃圾处理中填埋占 70%，焚烧和堆肥等占 10%，剩余 20% 难以回收。目前我国城市生活垃圾累积堆存量已达 70 亿 t。全国城市垃圾堆存累计侵占土地 5 亿 m^3，相当于 75 万亩土地。用垃圾焚烧实现热电联产，是一件有很大争议的事。由于我国垃圾分类很差，混有大量塑料袋，而且城市垃圾中以厨房垃圾为主，含水量高、热值低（只有国外垃圾的 1/3）。很多垃圾电厂只好用燃油、燃煤来助燃，某些情况下甚至以燃油、燃煤为主，使垃圾焚烧电厂成为变相的小发电。特别是很多人担心燃烧尾气的二次污染问题，尾气中的二噁英对人体、对环境的危害极大。

目前的解决方案，一是垃圾分拣，将塑料制品去除，从源头控制污染物的产生。但这一点在国内目前条件下很难做到。二是热解法，即利用混合垃圾中有机物的热不稳定性，在封闭环境的无氧或缺氧条件下，在高温、高压下将垃圾气化，其有机成分完全转换成可燃气体，全部有机成分（包括二噁英及呋喃）被完全破碎和分解成原子级物质。1200℃ 以上的高温和高压可以摧毁最复杂的有机化合物，产生可回收利用的综合性燃气。当前国际上正在积极研究的等离子体焚烧技术是一种全新的垃圾焚烧方法，它用高压电弧产生 10000℃ 以上的高温，甚至高于太阳表面温度。在这样的高温下，垃圾中的分子键被打破，还原成原子状态，所有有毒有害物质、病菌、病毒等全部变成了无害物质。

7.1.2 未利用能源的集成应用——能源总线方式

在计算机科学中，总线（bus）是一种计算机的内部结构，它是 CPU、内存、输入、输出设备传递信息的公用通道，计算机的各个部件通过总线相连接，外部设备通过相应的接口电路也与总线连接。

因为区域能源系统主要供应建成环境（Built environment），保持室内温湿环境或提供热水，它需要的能源品位较低。而在一个城市区域范围内，存在着多样化的低品位能源资源，如地表水、地下水、污水、浅层土壤蓄热、工业余热废热、地铁排热、大型变电站和电缆沟排热等，此外还有无处不在的空气和太阳能热源，恰好可以与建成环境用能实现对位应用。减碳利用热泵，消耗少量动力（对于吸收式热泵则是消耗一部分温度更高的热能），可以把低品位（低温）热能提升为较高品位（较高温度）的热能，从而将这些原本不能利用的低温热能得到回收利用。把这些低品位热能统称为"未利用能源（Untapped Energy）"。在低碳城市园区开发中，未利用能源的应用是非常重要的减碳措施，而热泵技术也就成为低碳城市中的关键技术之一。这些未利用能源的共同特点是能量密度低。例如，垂直埋管的土壤源热泵系统，大约占用 $1m^2$ 埋地面积只能为 $1.5\sim2m^2$ 的办公楼建筑面积供冷或供热；目前效率最高的太阳能吸收式制冷，每 m^2 集热器面积只能为 $3\sim4m^2$ 的办公楼建筑面积供冷。因此，在高容积率的社区里，试图为每幢建筑独立配置低品位能源供能几乎是一件不可能实现的事情。必须将整个区域的低品位能源集中起来，充分利用整个区域的空间，并充分利用建筑负荷的时间差，即负荷的参差率。通过在空间和时间上的整合，可以以较小的系统容量满足整个园区较大的负荷需求。

这种在园区规模上的未利用能源的集成应用，也有两种方式。第一种方式是传统的区域供冷供热方式，即区域内由一个或数个能源站集中制取热水、冷水或蒸汽等冷媒和热媒，通过区域管网提供给区域内的建筑物群的最终用户，满足用户制冷、制热和热水的需求。只不过将区域供冷供热（DHC）的热源和热汇，由传统的锅炉和冷却塔，改变为未利用能源。

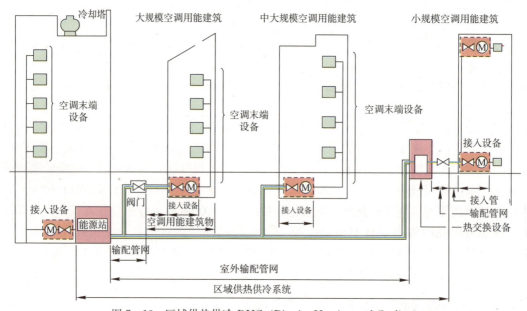

图 7-13　区域供热供冷 DHC（District Heating and Cooling）

DHC 通常包括 4 个基本组成部分（见图 7-13）：能源站，输配管网、用户端接口和末端设备，其中能源站产生冷、热能量。能源站安装有产冷和产热的设备、相关的仪表和控制装置，并通过管网与用户连接；产冷产热设备包括锅炉、热电联产设备、电动制冷机组、热力制冷机组、热泵和蓄热（冷）装置等；输配管网是由热源向用户输送和分配冷热介质的管道系统；用户端接口是指管网在进入用户建筑物时的转换设备，包括热交换器、蒸汽疏水装置和水泵等。末端设备是指安装在用户建筑物内的冷热交换装置，包括风机盘管、散热器、空调机组（AHU）等。由于增加和扩大了输配管网和用户端接口这样两个环节，使得 DHC 的系统能源效率会低于普通的集中空调系统。特别是区域供冷，由于区域供冷系统多以 $1\sim6\text{℃}$ 的低水温供冷，供回水温差为 $6\sim11\text{℃}$，与供热管网相比，区域供冷供回水温差较小，流量大、管网成本高、循环泵的功耗大。因此，应控制区域供冷管网的供冷半径。所以，区域供冷供热系统并不因为采用了未利用能源和地源热泵技术就"天然"变成了节能系统。系统成功有几个要素：

（1）正确估计负荷。由于区域建筑群存在负荷参差率，因此计算得到的各建筑的总负荷，要乘以小于 1.0 的同时系数。建筑群的负荷宁小勿大。这是因为，一方面在区域层面，建筑有较长开发周期和投运时间，其空调负荷并非一步到位，而是逐渐增加的；另一方面，我国习惯的单栋建筑空调负荷估算方法是按照单位面积的冷（热）指标经验值，再乘以层层加码的安全系数。在单栋建筑中，通常在运行中少开几台设备，从而掩盖了容量偏大的事实。但在大型区域供冷供热项目中，沿用这种负荷估算方法，使得设备容量选型普遍偏大，造成输送温差减小，导致很大的输送能耗。我国有的区域供冷供热系统长期运行于 30% 负荷下，最不利时甚至低于 5%。供热管网输送温差经常只有 5℃ 左右，供冷管网输送温差则更是低到 2℃。

传统空调供冷设计负荷是在出现当地设计气象参数（太阳辐射、气温和相对湿度）、内部负荷（人员、照明、设备）达到最大值时的负荷。在图 7-14 中，100% 负荷出现的时间频率仅有 2%，但就是这 2%，也仅是计算模拟值。因为气象参数和建筑内部负荷均达到设计值的概率很小，如果是在区域范围内，这种设计值"几碰头"的概率为零。如果把单栋建筑的最大负荷相加，再乘以放大的安全系数，由此设计的区域供冷系统肯定失败。

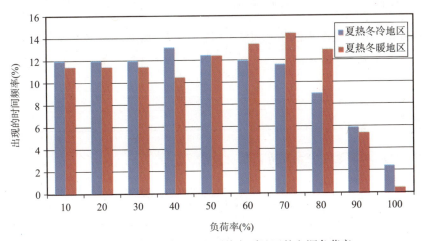

图 7-14　夏热冬冷地区和夏热冬暖地区的空调负荷率

（2）控制区域供冷管网规模。对于能源站在负荷中心的区域供冷辐射状管网（见图 7-15），供冷半径宜在 1000m 以下；对于能源站在负荷中心一端的区域供冷干支状管网（见图 7-16），干管长度宜在 800m 以下、支管长度宜在 200m 以下。此时，用离心式制冷机的区域供冷系统能效，相当于配管长度在 100m 以下的变冷媒流量多联空调机系统的能源效率。

研究表明，第一种方式的单位供冷量能耗与供冷半径间近似存在线性关系，其拟合公式为：$Y=4.37184\times10^{-5}X+0.211281$，拟合优度 $R_2=0.9994$，相关系数 $\rho=0.9997$。

从而可以得到第一种区域供冷系统与变冷媒流量多联机空调系统的能耗比较（见表 7-4）。

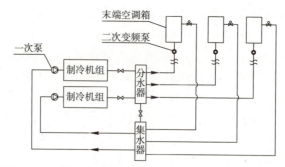

图 7-15　第一种区域供冷系统（制冷站位于负荷中心）

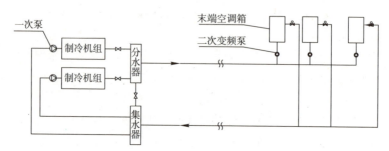

图 7-16　第二种区域供冷系统（制冷站布置在负荷末端）

第一种区域供冷系统与变冷媒流量多联机空调系统（VRF）的相应能耗的供冷半径　　表 7-4

VRF 空调系统当量管道长度（m）	≤8	50.00	100.00
冷量修正系数	1.00	0.95	0.90
VRF 空调系统单位冷量能耗系数（kWe/kW）	0.228	0.240	0.253
相应区域供冷系统当量供冷半径（m）	382	657	962

第二种方式，可以建立一个矩阵表格（见表 7-5）。

第二种区域供冷系统的单位冷量能耗　　表 7-5

干管长度（m）		100	200	300	400	500	600	700	800	900	1000	1100	1200
支管长度（m）	100	0.2168	0.2191	0.2215	0.2239	0.2262	0.2286	0.231	0.2333	0.2357	0.2381	0.2404	0.2428
	200	0.2215	0.2239	0.2263	0.2286	0.231	0.2334	0.2357	0.2381	0.2405	0.2429	0.2452	0.2531
	300	0.2263	0.2287	0.231	0.2334	0.2358	0.2381	0.2405	0.2429	0.2453	0.2476	0.2532	0.2542
	400	0.231	0.2334	0.2358	0.2382	0.2405	0.2429	0.2453	0.2477	0.2501	0.2542	0.2548	0.2572
	500	0.2358	0.2382	0.2406	0.243	0.2453	0.2477	0.2501	0.2525	0.2549	0.2572	0.2596	0.262
	600	0.2397	0.242	0.2444	0.2468	0.2492	0.2516	0.2539	0.2563	0.2587	0.2611	0.2635	0.2658
	700	0.2443	0.2467	0.2491	0.2514	0.2538	0.2562	0.2586	0.261	0.2634	0.2657	0.2681	0.2705
	800	0.2489	0.2513	0.2537	0.2561	0.2585	0.2609	0.2633	0.2656	0.268	0.2704	0.2728	0.2752
	900	0.2536	0.256	0.2584	0.2608	0.2632	0.2656	0.2679	0.2703	0.2727	0.2751	0.2775	0.2799
	1000	0.2583	0.2607	0.2631	0.2655	0.2678	0.2702	0.2726	0.275	0.2774	0.2798	0.2822	0.2846

表 7-5 中黄色、绿色和灰色区域分别对应于与变冷媒流量多联机的当量配管长度 8m、50m 和 100m。这也意味着在颜色区域外的冷水输送管长过长,使得区域供冷系统能效将低于变冷媒流量多联机。实际上变冷媒流量多联机的冷媒配管达到 100m 已属不合理,因此,区域供冷系统的供冷半径达到 800m,支管 200m 应该是能耗控制的极限。

第二种集成应用未利用能源的方式是"能源总线 (energy bus)"。所谓"能源总线"就是将来自于可再生能源或未利用能源的热源/热汇水,通过作为基础设施的管网输送到用户。在用户端,总线来的水作为水源热泵的热源/热汇,经换热后回到源头,或排放(地表水)、或循环再次换热(通过换热器与各种"源"和"汇"耦合)、或回灌(地下水)。在能源总线中,根据当地资源条件,"源"和"汇"可以不止一个;用户可以是建筑,可以是建筑物的每一层楼(例如美国在世贸遗址上重建的"自由塔"大厦),可以是每户住宅套房(每户一套的水源变制冷剂流量 VRF 机组),甚至可以是每间房间(酒店用水环热泵的系统)。能源总线系统送往末端用户的冷媒不是冷冻水,而是从天然冷源(热源)得到的冷(热)媒水,各个能源中心内仅配备热交换设备和循环动力设备,各末端用户单独配置水源冷水机组/热泵机组,利用集中管网送来的冷(热)媒水,制取冷或热,满足用户空调供暖需求。关于能源总线系统的论述详见本书第 8 章。

当冷热源的来源为多个源,同时有多个冷、热需求时,即在"多源多汇"的情况下,可采用能源总线系统。特别是在一些商务区,各种办公建筑、酒店建筑集中,建筑容积率很高,试图大规模集成应用未利用能源,但可利用资源(如江、河)距离较远或较分散,特别适合于应用能源总线方案。同时能源总线系统也非常适用于住宅集中空调系统。总线将冷却水或热源水直接输送到户,每户用独立的小型水源热泵机组或水源变冷媒流量多联机系统,既提高了住宅供冷供热的能源效率,又适合住宅应用上的灵活便利需求和实现分户计量。

当采用能源总线系统时,冷热源热量宜来自于各种可再生能源或未利用能源,包括地表水、地下水、与土壤的换热,以及地铁、变电站等的余热回收等。

当采用未利用能源时,为保证 2℃ 以上的换热温差,地下水、地表水的温度夏季不宜高于 30℃,冬季不应低于 8℃;若为土壤源热泵系统,经与土壤换热后得到的冷却水温度夏季不得高于 30℃,冬季不得低于 6℃。如长江口江水温度夏季(8 月)最高在 27.8～28.6℃,冬季(2 月)最低在 5.6～6.4℃。因此,上海地区若采用地表水或江水作为能源总线的热源,一般仅适用于作夏季调峰;冬季使用时,须注意热交换盘管表面结冰问题。

7.1.3 地源热泵

热泵是一种利用高位能使热量从低位热源流向高位热源的节能装置。顾名思义,热泵就像水泵将低位的水输送到高位那样,把不能直接利用的低位热能(如空气、土壤、水中所含的热能、太阳能、工业废热等)转换为可以利用的高位热能,从而达到节约部分高品位能源(如煤、燃气、油、电能等)的目的。

地源热泵空调系统是一种通过输入少量的高位能,实现从低位热能(浅层土壤蓄热能、地下水或地表水中的低位热能、地铁或变电站排风中的低位热能等)向高位热能转移的系统,它包括了使用土壤、地下水和地表水作为低位热源(或热汇)的热泵空调系统,即以土壤为热源和热汇的热泵系统称为土壤源热泵系统,也称地下埋管换热器地源热泵系统；以地下水为热源和热汇的热泵系统称为地下水源热泵系统；以地表水为热源和热汇的热泵系统称为地表水源热泵系统；以排风和大气为热源和热汇的热泵系统称为空气源热泵系统。

这几种系统都可以成为低碳区域能源供应系统的一部分而实现对建筑物的冷热供应，但是一旦热泵应用达到区域的尺度，就面临着大面积的换热器布置问题，因此在热泵的大面积应用或集中应用时必须慎重考虑系统配置。

7.1.3.1　地表水源热泵系统

根据传热介质是否与大气相通，地表水源热泵系统可以分为闭式系统与开式系统，无论哪种系统，在其规模化应用过程中都会有大量的冷量和热量排入水体，可能对特定的区域水体温度场的分布产生影响，进而对水环境造成一定的热污染，同时也影响地表水系统的高效运行，甚至是起不到应有的作用。

对于地表水源热泵系统，徐伟等译的《地源热泵工程技术指南》中推荐：1kW 的制冷负荷所用的地表水表面积不小于 $79.3m^2$，可用深度不小于 1.83m；对于深度约 4.6～6.1m 的浅水池或湖泊，热泵向水体的排热不应超过 $13W/m^2$，水体不应产生温度分层现象。然而，根据《全国民用建筑工程设计技术措施 2003—暖通空调》中的冷负荷指标，普通办公楼的冷负荷为 $90～120W/m^2$，这就意味着办公楼的建筑面积与对应的地表水体面积的比例需要 1：9 左右，即 $1000m^2$ 的建筑面积所需的地表水体面积就高达 $9000m^2$，然而，现实中建筑周围有如此大的水体面积的情况还是比较少的，当选用的水体面积远远小于所需要的面积时，排入或吸收的热量就会使地表水体的温度发生明显改变，造成热污染。

事实上，换热器的合理布置和设计能有效地控制近区的范围、位置、形状和大小，不致造成严重的水体热污染或加重对水环境的破坏。以 3 种换热器布置形式（见图 7 - 17）为例，水平 U 形管换热器的布置较为分散，与水体的接触面积较大，换热比较充分，同时，各个管道之间有一定的间隙，相互之间的热干扰作用相对比较弱，换热器周围水体热污染的范围较大，但强度相对较小；盘管换热器的上下两管壁之间的距离很小，存在着很强的热干扰作用，换热器周围水体热污染的范围较小，但强度较大，是 3 种形式中最容易引起水体热污染的；螺旋管换热器的各圈盘管之间具有一定的间隙，但是由于存在着交叉，管内流体之间的热干扰作用还是相对比较明显的，换热器周围水体热污染的范围和强度都介于水平 U 形管与盘管换热器之间。

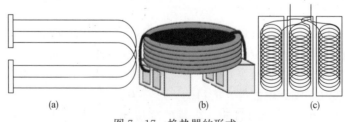

(a)　　　　　　　　　　(b)　　　　　　　　(c)

图 7 - 17　换热器的形式

(a) U 形管换热器；(b) 盘管换热器；(c) 螺旋管换热器

因此在应用时要慎重考虑以下几点：

（1）了解水体的冷（热）承载能力。要想充分合理地利用地表水体中的能量，就必须了解水体的冷（热）承载能力，而通过水文勘测获得水文参数是计算水体冷（热）承载能力的基础。一片水域的水文情况直接影响着在该地区应用地表水源热泵的使用效果和节能水平，比如地表水的水温、水位及流量就影响闭式地表水源热泵系统换热器的换热量。只要掌握了地表水源热泵系统的取（放）热量与水体温度的变化关系，校核在满足系统所需要热负荷的条件下，水体温度变化是否在允许的范围内，就能保证所设计的系统能够正常运行。因此，在设计地表水源热泵之前，必须详细计算和校核特定水域在一定的时间段内究竟可以提供多少换热量。

（2）严格限制地表水的温升与温降。为了防止地表水体的热污染，很多国家制定了热排放的标准，有的是基于最高排水温度的控制指标（如英国），有的是基于地表水体实际温度的控制指标（如法国），有的是基于水体温升与温降的控制指标（如原苏联），有的是基于不同的地理位置的控制指标（如美国），有的是基于季节的控制指标，有的是基于水流段的控制指标（如德国）。概括起来，如表 7-6 所示。

不同国家的地表水温度控制标准　　　　　　　　　　　　　　表 7-6

国家	水温控制标准
原苏联	温升夏季不得超过 3℃，冬季不得超过 5℃
意大利	排水口处最高水温为 30℃，从排水口起 100m 外的温升在 3℃ 以下
法国	地表水温度不得超过 30℃（7 月份法国的平均最高气温 24℃）
德国	上游的最高温度不超过 25℃，中、下游的不超过 28℃
英国	最高水温不超过 38℃，一般为 30℃（伦敦 7 月份的平均最高气温 21.7℃），温升不超过 5℃
美国	各州水温标准不同，联邦政府标准：河流不得超过自然水温的 2.8℃，湖泊、水库夏天上层水温不得超过自然水温的 1.7℃；沿海岸水域不得超过 2.2℃
捷克斯洛伐克	温升不得超过 5℃

我国国家标准《地表水环境质量标准》（GB 3838-2002）中规定：中华人民共和国领域内江、河、湖泊、水库等具有适用功能的地面水水域，人为造成的环境水温变化应限制在：周平均最大温升 $\leqslant 1℃$；周平均最大温降 $\leqslant 2℃$。

（3）合理设计取水口与排水口。对于开式系统，取水口与排水口的整体布置控制着受纳水域的运动特性和换热效果，而合理的取、排水口布置能使得热量在整个受纳水域的分布既有利于散热又不会造成二次热回归，在有限的范围内水温不超过规定的指标，既充分利用水资源又不破坏水资源。一般而言，取水口和排水口处在同一个水域，取水口不宜距离机房过远，排水口不宜距取水口过近，即取、排水口布置时应尽量使得取水口不受或尽量少受温排水的影响。在不同间距的取水口与排水口位置下，根据公式估算或软件模拟可以预测地表水的温度变化情况，从中可以找到不会引起热污染的最经济方案。

（4）辅助加热或冷却措施。针对非流动型地表水域，当热泵系统运行对水体的温升可能会超过国家标准规定值时，就必须考虑通过辅助手段来实现水体的热稳定。如果夏天向水体散失的热量太多，超过其承载能力，则可以通过用辅助冷却塔来把系统中的余热散到空气中；对于冬天特别冷的时候，热泵的进水温度超出了机组的运行范围时，可以采用防冻液或辅助加热措施。当然，也可以利用冰蓄冷或水蓄冷（热）技术来调节地表水源热泵系统排入水体的热量与冷量。

（5）能源总线技术。在一些工业园区中，可以利用能源总线系统将各种温排水集中输配到生活热水热泵站、温水养殖场、温室蔬菜、需要提高水质净化效率的污水处理站等再利用场合，形成对温排水的梯级利用和充分利用，可以有效解决水体热污染问题（见图7-18）。同时，还可以结合项目所在地的自然条件，在经过论证可行的条件下选择采用其他可再生能源技术来降低电力供应压力，减少空调系统能源消耗和污染物排放，降低地表水源热泵对水体的影响。

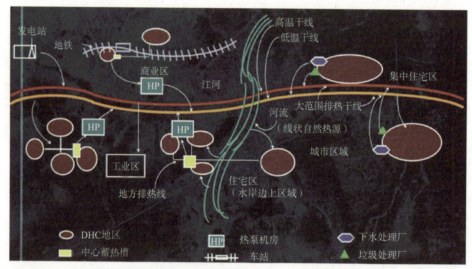

图7-18 基于城市河流的能源总线式可再生水源热泵系统

7.1.3.2 土壤源热泵技术

土壤源热泵常年运行时，由于冬夏土壤的吸放热量不一致而导致的土壤热平衡问题是制约其性能的一个最主要的影响因素。尤其是用于区域能源系统时，大面积的换热器敷设使得土壤全年热平衡问题变得更加突出。在我国北方地区，供热负荷大于供冷负荷，使用土壤源热泵系统通常会使冬季吸热量大于夏季排热量，致使土壤温度逐年降低，造成冬季土壤源热泵机组的蒸发温度偏低，使得系统冬季的运行效率降低。一般情况下，土壤温度降低1℃，会使制取相同热量的能耗增加3%～4%。而在我国南方地区，例如长江流域，供冷负荷大于供热负荷，使用土壤源热泵系统会使夏季放热量大于冬季吸热量，系统常年运行就会使得土壤温度逐年升高，从而使得机组夏季运行效率降低，甚至多年后无法运行。

实际上，土壤源热泵系统是将浅层土壤作为蓄热层，通过热（冷）量的冬蓄夏取、夏蓄冬取来满足全年的建筑冷、热负荷需求。夏季，土壤源热泵将冷凝热量在浅层岩土中储存起来，冬季再将浅层岩土层中的热能取出，通过热泵提升向用户供热。此时土壤部分范围的温度有所降低，趋近于土壤的原始温度，甚至低于原始温度；反之亦然。在此过程中，土壤的温度在逐渐波动，但是这种调节功能是以年度为时间尺度的动态平衡过程，在多年运行过程中，由于蓄能与用能之间的不断调节，不断改变蓄热量，从而保证浅层岩土体的温度基本不变。

土壤源热泵的工作原理很像蓄电池，利用大地的高热容性蓄热（冷），将低热容性的空气热量蓄存在地下；然后通过热泵消耗电力做功来充、放热。因此，像蓄电池一样，必须保证其充放热的平衡，即充多少热用多少热。热平衡不仅是负荷的平衡，还与用热时间长短与用热强度有关。使用时间上的不平衡和使用强度上的不平衡都会造成地温的改变。

因此，为了避免发生大面积埋管区域土壤出现逐年温变情况影响机组运行效率，则建议采用如下措施：

（1）辅助冷热源的应用。在我国北方地区，建议以夏季土壤吸热量为基础设计地下埋管换热器，冬季热量不足部分采用太阳能或者其他热源（如燃油、燃气锅炉或城市热网等）辅助；在我国南方地区，例如夏热冬冷地区，可以以冬季土壤放热量为基础设计地下埋管换热器，其冷量不足部分采用冷却塔或地表水辅助冷却来解决，以避免地下取放热量的不平衡。

（2）热渗耦合理论的应用。土壤是固、液、气多孔介质，地下水在其中流动，因此埋地盘管周围土壤传热过程其实是个热渗耦合过程。竖直埋管一般都垂直深埋，所以实际上在其穿透的地层中或多或少地都存在着地下水的渗流。尤其是在沿海地区或地下水丰富的地区甚至会有地下水的流动。地下水的渗流或流动有利于地下埋管换热器的传热，也有利于减弱或消除由于地下埋管换热器吸放热不平衡而引起的热量累积效应。对垂直 U 形埋管换热器，管段大部分位于地下水位以下的土壤饱和区内，因此地下水流动的影响尤为重要，尤其对于孔隙率较高、渗透系数较高的含水层，作用更为明显。

图 7-19 是经过全年运行后地埋管区域土壤的温度场分布。在模拟计算时，假设冬夏土壤取放热量不平衡率为 50%，管群区域共 25 口换热井，成正方形规则排列。从图 7-19 中可以明显看出，左侧 1、2、3 排都已经恢复到初始温度，第 4 排管附近区域温度为 17.8℃左右，第 5 排管附近温度约为 17.6℃，整个土壤区域基本恢复到原始的 18℃附近，从而保证系统的后续高效运行。

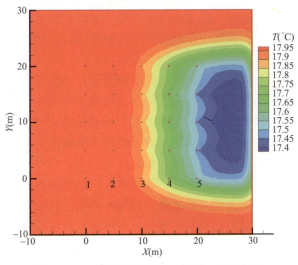

图 7-19　全年运行后 100m 深处土壤温度场

（3）盘管运行排数调节。对于大面积埋管区域，应该采取分区恢复策略，即将大量管井按排数划分组别，或将几排划分成一组，然后根据不同组的换热能力来决定各组的运行优先级，换热能力最大的最优先，从而使得优先级处于较低和最低，也即换热能力相对较差或最差的盘管不参与运行，对应的土壤区域优先恢复，从而避免大面积埋管中心区域出现热量累积现象，而且还可以降低水泵的能耗，使系统运行更高效、更经济。

7.2 区域能源系统的优化配置

低碳区域能源系统的关键技术有 3 项：第一，区域层面上的负荷计算及负荷预测；第二，输送管网和设备配置的优化；第三，运行策略和运行控制的优化。

选择系统的最主要依据是区域负荷特性和区域功能特点。近年来区域供冷系统在欧洲、美国和日本发展迅速，这与这些发达国家和地区的能源体制改革（deregulation）和重视清洁发展机制（温室气体减排）有关。但我国对区域供冷系统究竟是否节能却存在争议。从区域建筑能源规划的视角出发，区域供冷供热（或区域供冷）是现代高密度城市的基础设施的选择之一，有其存在的必要性，不应被全盘否定。当然，也不应该不顾条件全面铺开。如果选用区域供冷系统，必须考虑以下因素：

（1）详尽的负荷预测。分析各类负荷的出现概率（同时系数）和风险（小概率负荷下的运行工况），而不是简单地将各单体建筑负荷叠加。这种套用负荷指标方法的后果相当于生生地将各单体建筑的制冷机设置到 $1\sim2km$ 以外，凭空增加了输送能耗。

（2）区域有较大的负荷密度和负荷参差率，以保证在大多数时间机组处于高负荷率、管网处于大温差输送工况。

（3）目前我国城市房地产市场处于极不正常状态，住宅的居住功能减弱而资本化属性增强，即住宅不是用来住人的而是用来投资的。如果住宅小区用区域（集中）空调，其最大负荷率目前就只有 $16\%\sim17\%$，而那些真正住人的套房里，空调同时使用系数很小（一家人都住在一套住宅中的业主往往经济上并不宽裕），负荷率就会降到 10% 以下。此时的区域供冷将变成一个大分体空调，能源利用效率极不合理。因此，在我国目前城市住宅形势下，不适于采用区域供冷（其实也不适于采用区域供热，我国供热体制改革举步维艰也正是源于此）。

（4）如果区域内或附近有可利用的低品位能量资源，例如江河水或海水，在经济上可行、对环境无严重影响的前提下，应优先采用作为区域供冷供热的冷热源。相比用冷却塔的区域供冷而言，其能效高 15% 左右。当然也可以采用能源总线方式，直接输送冷却水到末端分散热泵机组，一方面减少输送损失，降低管道保温要求；另一方面末端用水源变制冷剂流量多联机系统，提高能效，减少中间换热环节。

（5）在我国当前体制下，分布式能源（热电联产）的电力可以并网但不能上网，天然气价格与电力价格严重背离。因此，如果要用区域冷热电三联供系统，用户只能按"以电定热"原则，按腰荷甚至是基荷选择发电设备，尽可能延长发电时间，提高用户端经济效益。而产出的热量只能作为区域热（冷）需求的补充。另一种做法是以某一幢或两幢单体建筑的热需求决定系统配置，发出的电力在园区范围内（变电站下游）并网消化掉。这种方式比较适合大学校园等电力负荷参差率比较大的场合。

（6）可再生能源发电（光伏发电和风力发电）很适合在区域级建筑中应用，可以把这部分电力在区域范围内完全用掉，而免去上网的麻烦。在区域层次上，可再生能源与建筑一体化的问题通过统一规划也比较容易解决。但对生物质的燃烧产能必须慎重。特别是垃圾发电，因为我国城市垃圾分类工作目前做得很差，容易产生二次污染问题。

（7）在区域一级，由于负荷的复杂性和多变性，设置蓄能装置是必要的，不仅可实现"削峰填谷"，更能"以丰补歉"。

（8）所谓微网技术，是由分布式发电设备（燃料电池、微燃机或燃气发动机热电冷联供系统、可再生能源系统）、蓄能装置、负荷侧及控制系统组成。区域内每一栋建筑既是耗能用户，又是能源生产者。在区域内组成微电网，楼宇间互为补充、互为备份。其关键技术就是在同一电网中保证电流安全地双向流动，即潮流控制。可以想象，如果将各楼宇的冷热系统也连接成网，就成为名副其实的能源互联网。但对冷热水的潮流控制比电力系统的难度要大得多。微网技术被称为21世纪的电力系统。

7.3 多能源互补系统

目前，我国各类新能源的利用率还很低，由新能源造成的二次污染问题也成为制约新能源发展的主要障碍。根据各地具体能源构成方式，合理采用风能、太阳能和生物质能等可再生能源，构成多种能源互补的供能系统，实现电、热、冷联供，既能充分利用资源，提高能源利用率，又可以减少单一能源供电的劣势，缓解能源消耗给环境造成的压力。

7.3.1 风光互补发电系统

风能、太阳能等可再生能源，使用无污染、分布广泛、用之不竭，但也存在不稳定、易受到季节性影响而变化大、成本高等不足。低成本、规模化利用风能、太阳能等可再生能源，是解决能源危机和环境问题的有效手段之一，已成为发达国家的共识，世界各国政府予以高度重视。我国具有丰富的太阳能、风能资源，并已经应用于许多领域。但不可回避，不管是太阳能还是风能，其能量密度都非常低，独立的太阳能和风能供电系统都不能提供可靠的电能供应。

风能和太阳能具有非常好的互补性能，这一特性可以使独立的太阳能和风能结合起来组成风光互补混合供电系统，提高供电系统的可靠性。对于那些无法接入电网而需要持续用电的客户而言，互补式发电系统是一种完善的解决方案，应用前景很好。传统的风力发电和太阳能发电在资源利用上有其自身的缺陷，有些地区日照时间短或风力不足，单独使用风力发电或太阳能发电不能满足供电的需要。但风能和太阳能的互补性很强，无风时可能会有太阳，无太阳时可能会有风，白天日照充足时可能风小，夜晚没有日照时可能风大。风光互补供电系统正是利用这一原理强强联合，优势互补的。

风光互补供电系统（见图7-20）就是将风力发电机、太阳能板、控制器、蓄电池、逆变器和支撑架等物件组合在一起，根据各地风力与日照的不同及用电产品的需求，进行科学的搭配，有日照的时候就用太阳能板发电，阴天有风时就用风力发电，做到完全利用自然资源自主发电，提供照明或驱动电力，同时还可以将多发的电力并网输入到市电。

这种技术特点如下：

（1）利用风能、太阳能的互补性，可以获得比较稳定的输出，系统有较高的稳定性和可靠性；在保证同样供电的情况下，可大大减少储能蓄电池的容量；

（2）投资少、见效快、占地面积小、控制简单；

（3）易于实施、易于安装、负载大小均可、便于维护。风光互补离网供电系统可以在

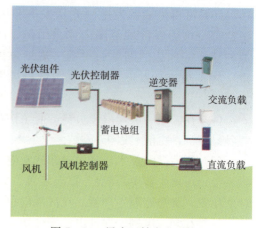

图 7-20　风光互补发电系统

一个家庭、一个村庄、或一个区域均可采用。并且供电区域规模小、供电区域明确。

通过合理的设计与匹配，可以完全由风光互补发电系统供电，很少或基本不用启动备用电源如柴油机发电机组等，可获得较好的社会效益和经济效益。

当前已经有许多风光互补发电系统应用示范，如风光互补路灯、风光互补独立供电电源、风光互补通信站、风光互补水泵、风光互补建筑和风光互补日用产品等。

但是风能在时间和空间分布上有很强的地域性，我国风能资源富集区主要在西北、华北北部、东北及东南沿海地区。东南沿海仅在由海岸向内陆几十公里的地方有较大的风能，风能密度在 $300W/m^2$ 以上，再向内陆则风能锐减，在不到 $100km$ 的地带，风能密度降至 $50W/m^2$ 以下，反而成为全国风能最小区，无法满足目前一般风力发电机启动的标准。因此，要让风力发电机产生较好的效率，必须精心选择风电场。

风电场的选址原则，一般要在年平均风速大于 $6m/s$ 的地方，而且风向稳定，灾害性天气少，离现有公路、电网较近。建场前必须对潜在风场的地形、地貌、浅层地质构造、气象情况、交通条件、电网容量、社会经济发展水平（电力需求）和自然景观等进行详细调查，并进行不少于 1 年的风况观测，以便正确选择风力机型，合理布局，充分利用风力资源和土地。

7.3.2　家用燃料电池

燃料电池作为 21 世纪的高科技产品，早已受到西方发达国家的重视，企业界也纷纷投入巨资从事燃料电池技术的研究与开发，均取得了重大进展，技术走向成熟，并在一定程度上实现了商业化，使得燃料电池即将逐步取代传统发电机和内燃机而广泛应用于发电和汽车上。MW 级成套燃料电池发电设备已进入商业化生产，各等级的燃料电池发电厂相继在一些发达国家建成，燃料电池汽车也已经开发出来，家庭用燃料电池也已经进入实用性试验，这充分显示了燃料电池所具有的广阔发展前景。

燃料电池是一种按电化学原理，即原电池的工作原理，等温地把储存在燃料和氧化剂中的化学能直接转化为电能的能量转换装置，如图 7-21 所示。其单体电池是由电池的正极（即氧化剂发生还原反应的阴极）、负极（即还原剂或燃料发生氧化反应的阳极）和电解质构成，工作时燃料和氧化剂从电池外部的储罐内连续不断地输入电池内部，并排放出

反应产物。

图 7-22 为燃料电池的工作原理。工作时向负极供给燃料氢，向正极供给氧化剂空气。氢在负极分解成正离子 H^+ 和电子 e^-。氢离子进入电解液中，而电子则沿外部电路移向正极。用电的负载就接在外部电路中。在正极上，空气中的氧同电解液中的氢离子吸收抵达正极上的电子形成水，这正是水电解反应的逆过程。利用这个原理，燃料电池便可在工作时源源不断地向外部输电，所以也可称它为一种"发电机"。与一般电池一样，燃料电池是由阴极、阳极和电解质构成。

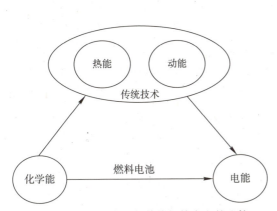

图 7-21　燃料电池与传统间接发电的比较

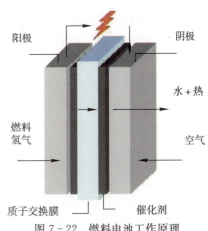

图 7-22　燃料电池工作原理

燃料电池有许多种分类方式，如果以燃料电池之电解质来区分，它可分为下列 5 种：

（1）质子交换膜燃料电池（PEMFC）；

（2）碱性燃料电池（AFC）；

（3）磷酸燃料电池（PAFC）；

（4）熔融碳酸盐燃料电池（MCFC）；

（5）固态氧化物燃料电池（SOFC）等。

燃料电池优点如下：

（1）效率高。燃料电池发电不经过从热能到机械能再到电能的转换过程，因而没有中间环节的能量损失。现在，火力发电或原子能发电最高效率只不过是 40%，而燃料电池的发电效率一般为 40%～60%。工作温度高的熔化碳酸盐型和固体电解质型燃料电池，排放的余热还可用于二次发电。利用余热进行热电联供或进行联合发电，燃料电池的综合利用效率可达 70%～80%。

（2）环境污染小。当燃料电池以天然气等富氢气体为燃料时，由于有高的能量转换效率，其 CO_2 的排放量比热机过程减少 40% 以上。此外，由于燃料电池的燃料气在反应前必须脱硫，而且按电化学原理发电，没有高温的燃烧过程，所以几乎不排放硫化物和氮氧化物，减轻了对大气的污染。

（3）燃料多样。虽然燃料电池的工作物质主要是氢，但它可用的燃料有煤气、甲醇、液化石油气、沼气、天然气等各种碳氢化合物。根据实际情况，因地制宜地使用不同的燃料，或将不同的燃料进行组合使用，可以达到就地取材、节省资源的目的。

（4）噪声低。由于燃料电池按电化学反应原理工作，运动部件很少。因此，工作时噪声很低。

（5）负荷调节灵活。由于燃料电池发电装置是模块结构，容量可大可小，布置可集中可分散，且安装简单、维修方便。另外，当燃料电池的负载有变动时，它会很快响应，故无论处于额定功率以上过载运行还是低于额定功率运行，它都能承受且效率变化不大。这种优良性能使燃料电池不仅能向广大民用用户提供独立热电联供系统，也能以分散的形式向城市公用事业用户供电，或在用电高峰时作为调节的储能电池使用。

目前，很多公司试图将小型 PEMFC 用作家庭联供，使其市场化和商业化。而 SOFC 高温下运行效率较高，特别适合于建筑物热电联供。

对于燃料电池小规模冷热电联供，Silveira 等人设计了高温熔融碳酸盐燃料电池 MCFC 联供系统（见图 7-23），系统集成了吸收式制冷机、锅炉和换热器。研究者从能量和经济性的角度对系统进行了分析，结果表明，这种系统的总效率可达 86%。

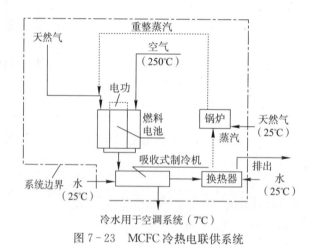

图 7-23　MCFC 冷热电联供系统

家用热电联产装置既可以直接为用户提供家用电器、照明、供热和空调等所需的电能，同时还可将燃料电池放出的余热回收用来加热水或供热。系统主要由燃料电池、换热器、燃气炉和控制系统组成。燃料（天然气）通过输气管道进入燃料电池系统，在燃料电池中与氧气发生化学反应，产生的电能通过输电线集中起来供给用户使用，控制系统根据负载对电池功率的要求，对反应气体的参数进行控制，使电池正常而有效地运行。废气、废水和排气余热进入换热器，进行余热回收利用。

目前集中在燃料电池本身的研究较多，但对于全系统的研究较少，因此要实现燃料电池建筑物多联供还有很多问题亟待解决。比如开发用于系统层次的设计方法，从需求侧的角度进行系统过程设计、操作策略的分析、集成储能设备（热、电）的系统性能研究、集成区域调节新技术（例如热泵等）的长期的系统性能研究、部分负荷下系统性能的研究、整个系统动态性能的研究等等。

7.3.3 冷热电三联供与热泵组合——"以热定电"的新理解

英国剑桥大学 David MacKey 教授（2008）在他的名为《Sustainable Energy》的书中用了几张图（见图 7-24 和图 7-25）来比较热电联产技术与热电分产技术的效率。

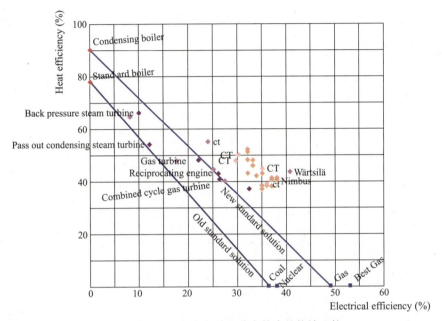

图 7-24 热电联产与热电分产技术的能效比较

从图 7-24 中可以看出，对于热电分产而言（图中两根斜线），一次能效率最高的供热技术是冷凝锅炉（90%），而一次能效率最高的供电技术是天然气联合循环发电（50%以上）。所有的热电联产技术（图中的散点，MacKey 教授给出的是英国实际运行的各热电联产项目平均值）都处在中间位置，而且呈现出如果热效率高，则发电效率一定比较低（如背压式汽轮机技术）。图中所有热电联产技术，在热和电全部用足的前提下，总热效率也只能达到 80%左右，低于冷凝锅炉供热的热效率。也就是说，建筑供热与其用投资很高的热电联产，还不如用冷凝锅炉。

当然，这里有一点是冷凝锅炉无法比的，热电联产还可以发电，而电是高品位能源，不能简单地用热效率来衡量。如果为了实现供热目的，末端用电力直接加热来供热（电采暖），那就是大材小用了，是资源的浪费。而实现电力供热最好的办法就是使用电力热泵。

图 7-25 中，使用 COP 分别为 3 和 4 的热泵供热，效率最高的是用燃气联合循环发电，其一次能效率可以分别达到 145%和 195%。

如果我国的发电厂都是天然气联合循环（NGCC）电厂，仅从提高能效这一视角来说就没有必要用分布式能源热电联产技术。但即便在发达国家也没有达到这样的装备水平。根据我国当前供电的平均效率，用效率较高的地源热泵供热仅能达到 158%的效率（见图 7-26）。

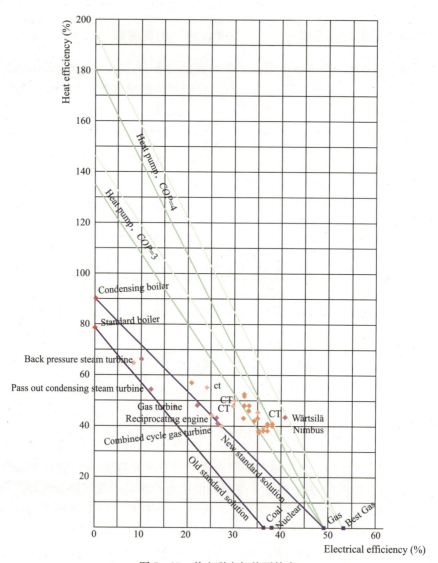

图 7-25 热电联产加热泵技术

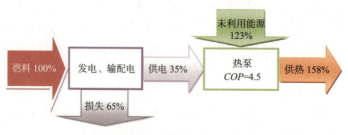

图 7-26 我国当前平均供电效率下热泵供热效率

以此为基准配置分布式能源热电联产系统，可以得到图 7-27～图 7-29 所示的能源效率。

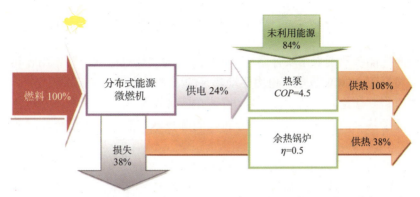

图 7-27 应用微燃机的分布式能源系统结合热泵供热的能源效率

在图 7-27 中，分布式能源系统的原动机采用微型燃气轮机。微燃机往往作为"以热定电"配置的首选，因为它的发电效率比较低，而产热品位较高，烟气温度可以达到 500℃以上。但在热泵配置中，它的总效率仅为 146%，明显偏低。而且 500℃高温烟气经余热锅炉制成 70～90℃供热热水，㶲损失也很大。

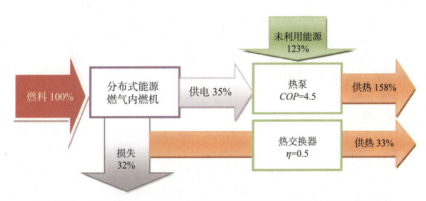

图 7-28 应用燃气发动机的分布式能源系统结合热泵供热的能源效率

在图 7-28 中，分布式能源系统的原动机采用燃气发动机（内燃机）。内燃机系统发电效率很容易与大电网的平均效率持平，但烟气温度低，换热效率低。但因为其电效率

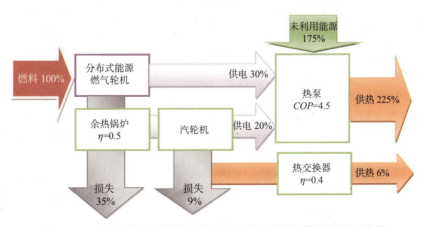

图 7-29 应用联合循环的分布式能源系统结合热泵供热的能源效率

高，所以最终的总能效可以达到 190％以上，可以与 NGCC 发电厂电力驱动热泵的能效媲美。

如果分布式能源系统采用联合循环（可以称之为"热电电联产"），结合热泵供热，其一次能效率将高于 NGCC 发电厂电力驱动热泵的效率，达到 230％以上。

由此可以得到结论，所谓"以热定电"，在区域建筑能源规划中，应理解为"以热需求确定电力驱动热泵的电力需求"，将分布式能源技术与热泵技术结合，以达到最大能源效率。

小规模系统应尽量选用燃气发动机的热电联产系统，但要注意燃气发动机排烟中 NOx 的浓度目前最好的仅能达到欧Ⅲ标准；大规模系统（在园区规模上）应尽量采用投资较大，但能源效率和碳减排量最佳、技术上最先进的联合循环系统。

参考文献

[1] 龙惟定，白玮，梁浩，范蕊．低碳城市的能源系统．暖通空调，2009，39（8）：79-84.

[2] 龙惟定．建筑节能管理的重要环节——区域建筑能源规划．暖通空调，2008.

[3] 建筑节能与建筑能效管理．

[4] 白玮，龙惟定，范蕊，王培培．能源总线系统技术要点初探．

[5] 王培培，白玮，龙惟定．能源总线系统——半集中式区域供冷供热系统．

[6] 宋应乾，马宏权，范蕊，龙惟定．地表水源热泵系统的水体热污染问题分析．

[7] 于泽庭，韩吉田．燃料电池在家庭中的应用．节能与环保，2004（9）：14-16.

[8] Silveira J, Leal E M, Ragonha L F. Analysis of a molten carbonate fuel cell: cogeneration to produce electricity and cold water. Energy, 2001, 26 (10): 891-904.

[9] 李帆．家用天然气燃料电池的应用．"炼厂的制氢、废氢回收与氢气管理"学术交流会论文集．

[10] 贾林，邵震宇．燃料电池的应用与发展．煤气与热力，2005，25（04）：73-76.

[11] 赵玺灵．燃料电池分布式冷热电联供技术的研究及应用．暖通空调，2007，37（9）：74-78.

[12] 孔祥强．基于燃气内燃机和吸附制冷机的微型冷热电联供系统研究［博士学位论文］．上海：上海交通大学．

[13] 范蕊，高岩，陈旭，龙惟定．基于热平衡的土壤源热泵系统特性分析．同济大学学报，2010.

[14] 林在豪．上海浦东国际机场能源中心冷、热、电三联供系统．上海节能，2005.

[15] 黄保民，朱建章．冷热电三联供系统在北京南站的应用．热泵，2008.

[16] 霍小亮，周伟国，阮应君．楼宇三联供系统设备容量与运行策略集成优化．天然气工业，2009.

[17] 邬韶萍，林奇峰．热电冷三联供发展探讨．山东化工，2009.

[18] 李华，李惠强等．冷热电三联供绿色能源项目的经济分析．华中科技大学学报（城市科学版），2006.

[19] 张洪伟，高岳峰，李海兵．分布式能源冷热电三联供系统的应用．燃气轮机技术，2005.

[20] 杜荣华，张婧等．风光互补发电系统简介．节能，2007.

[21] 李文慧，田德等．风光互补发电系统优化配置及应用．农村牧区机械化，2009.

[22] 王志新，刘立群，张华强．风光互补技术及应用新进展．电网与清洁能源，2008.

[23] 贺炜．风光互补发电系统的应用展望．上海电力，2008.

[24] 马宏权，龙惟定．区域能源系统的现状与展望．暖通空调，2009.

[25] 龙惟定，白玮等．低碳城市的城市形态和能源愿景．建筑科学，2010.

[26] 赵玺灵，张兴梅等．燃料电池分布式冷热电联供技术的研究及应用．暖通空调，2007.

[27] 姜雅. 日本新能源的开发利用现状及对我国的启示. 国土资源情报，2007.

[28] 王振铭. 我国热电联产的新发展. 电力技术经济，2007.

[29] 李朝振，石玉美，黄兴华. 负荷结构对冷热电联供系统优化配置的影响. 热能动力工程，2008.

[30] 胡玉清，马先才. 我国热电联产领域现状及发展方向. 黑龙江电力，2008.

[31] 刘建禹，翟国勋，陈荣耀，生物质燃料直接燃烧过程特性的分析. 东北农业大学学报，2001，32（3）.

[32] David J. C. MacKay，Sustainable Energy-without the hot air，http：//www. withouthotair. com/.

第8章 基于低品位未利用能源的能源总线系统

8.1 能源总线系统基本原理

8.1.1 低品位能源特点

热能根据其温度高低可分为低品位能源和高品位能源。其中，低品位能源主要是指那些与环境温度相近且无法直接利用的热能。低品位能源广泛存在于土壤、太阳、水、空气、工业废热之中。

"热泵"是一种能从自然界的空气、水、土壤、工业废热等中获取低品位热能，经过电力做功，提供可被人们所用的高品位热能的装置。本章重点讲述的能源总线系统即是以热泵作为区域供冷供热的主要设备，其中既包括以浅层地表蓄热能为低位热源的土壤源热泵，也包括以地下水和地表水为低位热源的地下水源热泵和地表水源热泵。

对土壤源热泵系统而言，冬季通过热泵提高大地中的低位热能的品位为建筑供热，同时储存冷量于地下以备夏季使用；夏季通过热泵将建筑内的热量转移到地下，对建筑进行供冷，同时储存热量以备冬季使用。储存在土壤中的能量通过热泵技术进行采集利用后，可以为区域建筑物供冷供热，较常规供热技术节能 50%～60%，降低运行费用约 30%～40%，同时也直接降低了污染物排放，有利于保护环境。

低品位能源具有低密度、间歇性、不稳定性等特点，使得低品位能源的应用受到一定的限制。比如地表水源受地域条件、水域范围和深度的影响；地下水源除受地质条件的影响外，抽取和回灌技术限制了它的应用；土壤源除了地质条件外，现场可利用的地表面积以及地下空间利用规划在很大程度上限制其应用。表 8-1 给出了不同水平式热交换器和垂直式热交换器所需地表面积。可见，使用土壤源热泵需要大面积的埋管，且水平换热器占地面积较同冷量下垂直式换热器占地面积要大很多。可见，应用这些低品位能源作为冷热源需要在规划层面上加以全面统筹。

土壤热交换器所需的地表面积（m²/kW 冷量） 表 8-1

水平埋管	北方	南方
每管沟双管	52.83	92.45
每管沟四管	36.98	63.40
每管沟六管	36.98	63.40
垂直埋管	4.20～9.00	

8.1.2　能源总线系统

能源总线系统是一种集成化、规模化应用区域内的可再生能源及未利用能源的低碳区域能源系统，它是指将来自于可再生能源或未利用能源的热源/热汇水，通过作为基础设施的管网，输送到用户。在用户端，从总线来的水作为水源热泵的热源/热汇，经换热后回到源头，或排放（地表水）、或循环再次换热（通过换热器与各种"源"和"汇"耦合）、或回灌（地下水）。能源总线系统既不同于传统大能源"1 对 N"的模式，也不同于全分散能源"1 对 1"的模式，而是一种"M 对 N（即 M 个源对 N 个用户，或 M 种源对 N 个用户）"的分布式或分散式供能、集总式或集中式用能的"集散式"系统模式。

能源总线系统送往末端用户的冷媒不是区域供冷系统的冷冻水，而是从天然冷源（热源）得到的冷（热）媒水，可以是多个源，也可以是单个源。各个能源中心内仅配备热交换设备和循环动力设备（见图8-1）。各末端用户单独配置水源冷水机组/热泵机组，利用集中管网送来的冷（热）媒水，制取冷或热，满足用户改善室内环境的需求。

能源总线系统存在以下特点：

（1）规模化使用天然冷（热）源，提高可再生能源使用的经济效益；

（2）由于建筑群同时使用系数的存在，集中的冷却水系统总流量比分散式少；

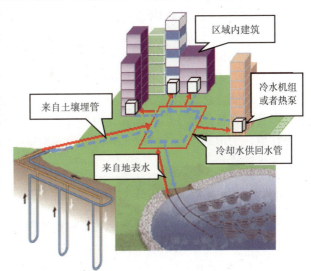

图8-1　能源总线系统示意图

（3）在末端设备为水源热泵机组的时候，能够实现同时供冷和供热，此时可以回收建筑物内的余热；

（4）集中的排热，可有效缓解城市局部热排放造成的热岛效应；

（5）因冷却水温度常高于土壤温度，因此集中式管网的管道可直埋，减少保温成本；

（6）避免了冷却塔带来的军团病等问题，减少了冷却塔维护费用，节约水资源；

（7）计费方便，公共分摊部分仅为冷却水泵、冷热源循环水泵运行费、水泵与换热器的初投资费用。

能源总线系统适用于空调负荷错峰型的综合社区，附近有大量天然冷源可以利用，降低供水温度，利于提高机组的 COP，也利于拉大供回水温差，减少输送能耗。

8.2　能源总线系统管网形式

管网是能源总线系统重要的组成部分，它承担着输送冷热量的任务。管网的形式取决于自然冷源与热用户的相互位置、自然冷源的个数以及区域内建筑末端的形式、负荷大小和性质等因素。按照不同的分类原则，能源总线系统可以分为单源系统和多源系统、支状管网和环状管网、定流量系统和变流量系统、单级泵系统和多级泵系统、有总循环泵和分散单级泵系统、开式系统和闭式系统等，多数情况下都是几种形式的组合。

能源总线系统是多源多汇的系统，不可避免地涉及冷热源的配置、选择策略，考虑温度匹配，避免冷热抵消的情况。

如有冷却塔、土壤源、地表水，三者得到的冷却水温度并不相同，其中冷却塔得到的冷却水温度最高，按照 32～37℃ 的标准工况考虑，假若是开式系统＋板式换热器，按照 1℃ 温差考虑，也只能得到 33℃ 的冷却水。而土壤源热泵的冷却水标准工况是 30～35℃。在上海市，刚入夏季运行时的冷却水一般能达到 25℃，此后尽管衰减，但经过一个供冷季运行后冷却水出水温度仍旧为 32℃，与冷却塔相仿。同时，一般情况下，土壤源热泵运行中只能实现 3℃ 温差，很难达到标准工况的 5℃。而冷却塔 5℃ 标准工况温差还是可以实现的。因此，如果将二者混合，会导致冷水机组的冷却水进口温度提高，势必降低冷水机组效率，使冷量损失不可避免。因此，建议在冷却塔和土壤源、地表水源等可再生能源所承担的冷量相差不多的情况下，尽可能将其分开，冷却塔单独配置冷却水系统。

考虑到能源总线系统"多源多汇"的特点，参照室外给水管网的设计，将冷却水供水和回水管路设置成为环形。设置成为环形的主要优点是可以将环网当作定压池，保持一定的静压值，为末端供水。同时，环网在管网的安全性、多源之间的互补以及管网的扩充都具有先天的优势。

8.2.1 单源支状单级泵形式的能源总线系统

这种能源总线系统中，只有土壤埋管换热器一个源，管网采用支状连接，末端使用水源热泵机组，每个末端机组设置一个水泵，无总循环泵，是小规模分散单级泵系统，其示意图如图 8-2 所示。

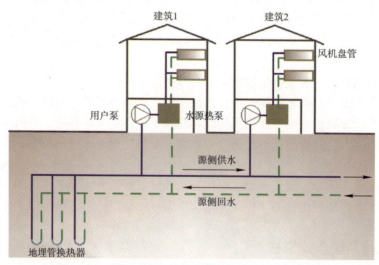

图 8-2 单源支状单级泵形式的能源总线系统示意图

这种形式的系统计费方便，无公共运行费用，每个用户有自己的机组和水泵。机组和水泵均在用户侧控制启停，费用由每个用户承担。水泵与末端机组联动控制。开启时先启动每个机组各自对应的水泵，再开启机组；关闭时，先关闭机组，再关闭对应的水泵。这种形式较适合需要单独计量费用，且与自然冷源供应总线距离相差不大的建筑区域，如户式住宅小别墅等。

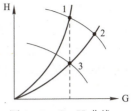

图 8-3 G-H 曲线

但在该种形式下，系统运行在末端同时使用系数较小的时候，如不进行动态调节，会使得运行机组在大流量小温差下运行，尤其是在地埋管及主管阻力系数较大的时候，机组偏离设计流量越大，如图 8-3 所示。

由于水泵电耗随着流量的增大而加大，因此水泵处于超流量状态下运行，能耗增加。而且，水泵长期处于超流量状态下运行，如果水泵电机容量的富裕量不够，将造成烧毁电动机的严重后果。对于能源总线系统末端是机组，对流量也有一定要求，因此，需要通过动态调节使流量恢复至设计流量。此时可通过阀门调节使工况点 2 回至点 1，或者改变水泵转速至点 3。

8.2.2 单源支状循环泵形式的能源总线系统

这种形式的能源总线系统中，设总循环泵，可采用变频泵或者通常若干个（依区域规模数量不同）水泵并联形式，末端机组通过电动调节阀调整进入机组的流量，其系统示意图如图 8-4 所示。

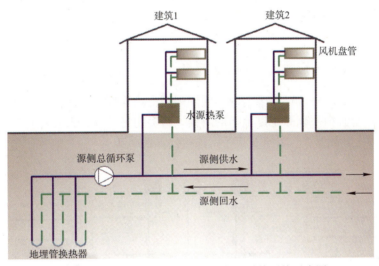

图 8-4 单源支状循环泵形式的能源总线系统示意图

这种形式的系统中，末端机组与阀门联动控制，末端机组关闭的同时关闭阀门。总循环泵使用变速泵，随之调整转速，提供运行机组所需的流量。如果系统中流量变化幅度较大，可采用多台泵并联，以保证水泵在高效率区运行。这种形式的系统适用于与总线连接多为小容量机组或者人员变化较多的建筑时，如旅馆、公寓、学校及多用户办公室等。

8.2.3 单源支状多级泵形式的能源总线系统

这种能源总线系统中，设总循环泵，个别机组设置用户加压泵，其系统示意图如

图 8-5 所示。

　　这种形式的系统适用于末端为较大型的冷水机组、机组不频繁启动的情况。末端冷却水系统为定流量系统，即加压水泵为定速泵，与电动二通关闭阀及末端机组联动控制。总循环泵为变频泵，由供回水干管压差或电动两通阀的启闭信号控制水泵频率，提供运行末端机组所需的流量。如果系统中流量变化幅度较大，可采用多台泵并联，以保证水泵在高效率区运行。

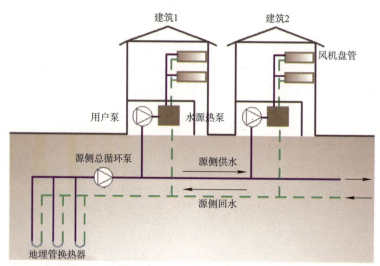

图 8-5　单源支状多级泵形式的能源总线系统示意图

8.2.4　多源支状循环泵形式的能源总线系统

　　这种能源总线系统中，存在多个源，管网采用支状连接。多源同时承担高峰时期总负荷。在负荷减小至其中一个源足以承担的时候，可关闭另外一个源，选择单源运行，节省运行能耗。图 8-6 为两个土壤源支状管网连接的能源总线系统。

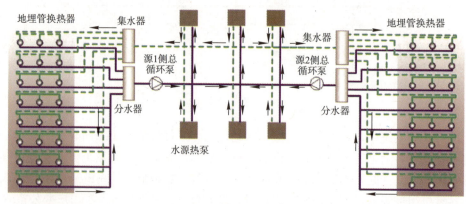

图 8-6　多源支状能源总线系统示意图

8.2.5 多源环状循环泵形式的能源总线系统

这种能源总线系统中，同样存在多个源，管网采用环状连接。多源同时承担高峰时期总负荷。图 8-7 为两个土壤源和一个地表水源并联运行的环状管网连接的能源总线系统。由于在不同时期，土壤源与地表水源的温度不同，所以这种系统存在不同温度品位的匹配问题。

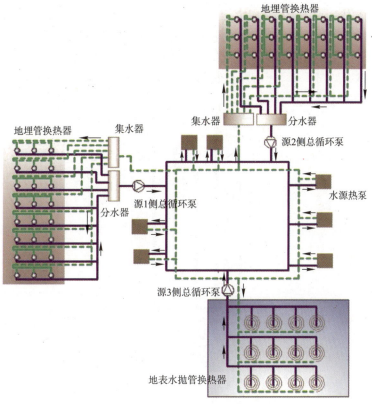

图 8-7　多源环状能源总线系统示意图

8.3 能源总线系统配置

8.3.1 源侧换热器

能源总线系统的源主要指低品位热源，具体包括土壤源、地表水源、地下水源以及污水源等低品位能源。但是由于地下水的开采有较为严格的限制，目前主要考虑土壤源和地表水源。

8.3.1.1 地埋管换热器（ground heat exchanger）

地埋管换热器也称土壤热交换器，土壤源系统对于岩土体有较高的要求，因为岩土体的特性将会影响系统的初投资以及换热器的换热。同时，土壤源系统需要足够大的埋管面积。根据管路埋置方式不同，地埋管换热器分为水平地埋管换热器、竖直地埋管换热器和桩基埋管热交换器。

竖直地埋管换热器（vertical ground heat exchanger）相对比较稳定，换热效率较高，占地面积较小，但是钻孔费用较高。而水平地埋管换热器（horizontal ground heat exchange）由于占地面积较大，较竖直埋管应用较少。

桩基埋管（energy piles）换热器属于竖直地埋管换热器的一种。它通过在建筑物预制空心管桩或钢筋混凝土灌注桩中埋设各种形状的管状换热器装置进行承载、挡土支护、地基加固的同时，可以进行浅层低温地热能转换，起到桩基和地源热泵预成孔直接敷设埋管换热器的双重作用。可以充分利用结构桩基埋设换热管，可以减少钻孔的费用。

桩基埋管可以降低实际埋管占地面积，避免受后期扩建工程施工时对地下换热器的不利影响，更稳定安全。换热管安装在建筑物桩基内，桩基用混凝土浇实后，换热管与桩基混凝土融为一体（见图 8-8），由换热管与周围土壤的热交换变为桩基混凝土浇筑体与土

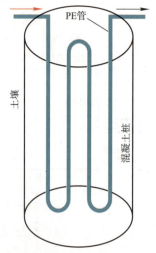

图 8-8　单根工程桩 W 形埋管结构示意图

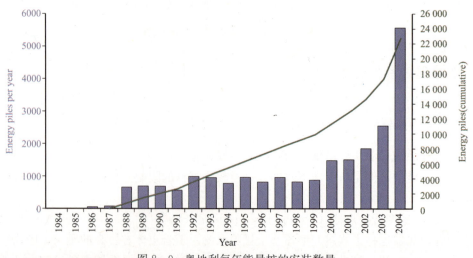

图 8-9　奥地利每年能量桩的安装数量

壤热交换，扩大了换热管与周围土壤的热交换面积，也增强热交换效率（一般来说，混凝土的换热性能优于土壤的换热性能）。因换热器插管与建筑桩基同时进行，具有工期优势，并且施工的先期性也使得换热器的安装不需要避让给排水、电缆等，因此设计更简单，施工更便利，缩短总工期。因属于交叉施工，需要跟土建方密切配合，做好成品和半成品保护。

桩基埋管换热在国外应用较为成功，如图 8-9 所示，而在我国尚处于研究阶段。有关文献搭建试验台测试了 4 种（单 U 形、W 形、并联双 U 形、并联 3U 形）桩基埋管在额定进口水温下的传热性能，按上述顺序依次增强，但 W 形流量为并联双 U 形的 1/2，为并联 3U 形的 1/3。并得到如下结论：在其他量保持不变的情况下，单位井深放热量随进水温度的提高而近似线性增大。

"零排放"的汉堡之家，是一座以极低的能耗标准为特征的"被动房"，在 2010 年上海世博会上作为优秀的可持续建筑的范例得以展示（见图 8-10）。汉堡之家采用桩基埋管式地源热泵空调系统，利用地下深达 35m 的基础桩，与地下管网连接，以采集地热，然后依靠楼板里的管道系统，向屋内提供采暖和制冷所需的能量。U 形管与桩、桩与大地紧密接触，减少接触热阻，强化了循环工质与大地土壤的传热。采用特殊的 3U 形埋管，2U 进水，1U 回水，确保换热高效均衡。由于其施工工艺的特殊要求，在国内应用较为罕见，汉堡之家此项技术的应用，为国内地源热泵指出了新的方向。

地下埋管传热模型是地源热泵应用的关键技术之一，也一直是国内外研究的重点和难点。地下埋管传热过程是一个极其复杂的、非稳态的三维传热过程。其中参数众多，影响因素众多，要想得到精准的数学求解是不现实的，因此目前都是根据需要作简化的模型。

到目前为止，已提出的地埋管换热器传热模型有 30 余种，有稳态的、动态的，有一维、二维、三维有限差分法或二维有限元法等等。所有模型建立的关键是求解岩土温度场的动态变化，基本理论有 3 种：
(1) 1948 年 Ingersoll and Plass 提出的线源理论，它是目前大多数地热源热泵设计的理论基础；（2）1983 年 BNL 修改过的线源理论，与线热源理论的不同点在于它考虑了盘管内流体的流动性能特征；（3）1986 年 V. C. Mei 提出的三维瞬态远边界传热模型，该理论建立在能量平衡基础上，区别于线源理论，考虑了土壤冻结相界面的移动以及回填土等因素的影响。

地源热泵系统能否高效运行，最重要的一点是埋管区域岩土体温度是否能长期稳定，即全年吸、放热量是否相当。这需要对地源热泵的长期运行进行预测，而主要依靠专业软件的

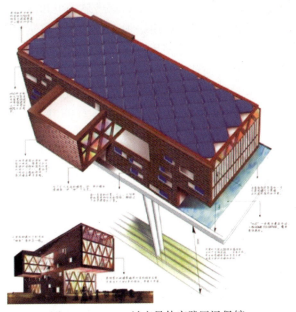

图 8-10　2010 城市最佳实践区汉堡馆

261

计算模拟。目前，在国际上比较认可的有建立在 g-functions 算法基础上瑞典隆德 Lund 大学开发的 EED 程序，美国威斯康星 Wisconsin-Madison 大学 Solar Energy 实验室（SEL）开发的 TRNSYS 程序，美国俄克拉荷马州 Oklahoma 大学开发的 GLHEPRO 程序。此外还有加拿大 NRC 开发的 GS2000，以及建立在利用稳态方法和有效热阻方法近似模拟基础上的软件 GchpCalc 等。

8.3.1.2　地表水换热器（surface water heat exchanger）

地表水系统中地表水指的是河流、湖泊、海水、中水或达到国家排放标准的污水、废水等，由于地表水系统无需钻孔，初投资较地埋管系统会有所减少，但是水温受室外温度影响较大，且测试存在一定难度，地表水系统的设计主要也是依靠软件。

开式地表水换热系统（open-loop surface water system）是指地表水在循环泵的驱动下，经处理直接流经水源热泵机组或通过中间换热器进行热交换的系统。闭式地表水换热系统（closed-loop surface water system）是将封闭的换热盘管按照特定的排列方法放入具有一定深度的地表水体中，传热介质通过换热管管壁与地表水进行热交换的系统。

8.3.2　末端设备

8.3.2.1　水源热泵机组

水源热泵机组是能源总线系统的一种末端形式。与室外空气温度相比较，土壤温度和地表水温度较为稳定，且与室内要求温度更为接近，相比空气源来讲，热泵机组的效率更好。而且相同体积流量水的热容是空气的 3500 倍，因此水与制冷剂的换热效果比空气与制冷剂的对流换热效果好；同样热量条件下，地源热泵的换热盘管要比空气源热泵小得多，且构件较少，运行费用较低。

国家现行标准《水源热泵机组》（GB/T 19409）中规定：水源热泵机组按照使用侧换热设备的形式分为冷热风型水源热泵机组和冷热水型水源热泵机组，按照冷（热）源类型分为水环式水源热泵机组、地下水式水源热泵机组、地下环路式水源热泵机组。其中地下水式水源热泵机组是使用从水井、湖泊、河流中抽取的水；地下环路式水源热泵机组是使用地下盘管中循环流动的水。

不同地区土壤源、地表水源等水温差别较大，进入机组的水温不同，影响机组的 COP。表 8-2 是《水源热泵机组》（GB/T 19409）中规定的水源热泵的设计进水温度。

水源热泵机组正常工作的冷（热）源温度范围　　　　　　　　　　表 8-2

系统形式	正常工作的冷（热）源温度范围	
水环热泵系统	20～40℃（制冷）	15～30℃（制热）
地下水热泵系统	10～25℃（制冷）	10～25℃（制热）
地埋管热泵系统	10～40℃（制冷）	−5～25℃（制热）

8.3.2.2　水源变制冷剂流量机组（Water Source Variable Refrigerant Flow）

变制冷剂流量（Variable Refrigerant Flow，VRF）系统是采用变容量调节以适应负荷的变化。VRF 空调系统需要数码涡旋变容量压缩机、变频压缩机、多级压缩机、卸载压缩机或者多台压缩机组合，从而实现变容量调节，其中变频压缩机较为广泛使用。

VRF 空调系统中，主要有风冷和水冷两种形式，风冷即室外机的冷却介质是空气，而水冷的冷却介质是水。前者为强迫对流风冷冷凝器，而后者是套管式水冷冷凝器。相对风冷 VRF 而言，水源 VRF 换热器面积大为减少，使得水源 VRF 系统冷凝单元的体积大大减少，因此不必像风冷 VRF 系统一样将冷凝单元放置在室外，而是将冷凝器与压缩机一起放置在室内即可。

目前，水源 VRF 系统主要有热泵型和热回收型两种，标准工况下名义制冷量范围为 18.58~81.9kW。名义制热量为 31.5~94.5kW，*EER* 达 5.0，*COP* 达 6.1，可连接最多 36 台室内机。此外，水源 VRF 已经有可利用浅层地热能的机组，利用浅层地热而减少 CO_2 的排放。此种机组源侧进水温度最低可以达到 $-10℃$（制热模式），此时对于一个 8HP 的机组而言，*COP* 仍可达 3.44。因此，水源 VRF 可以在能源总线系统中使用。能源总线可以为 VRF 系统提供水源，以供水源 VRF 系统运行之用，其系统简图如图 8-11 所示。

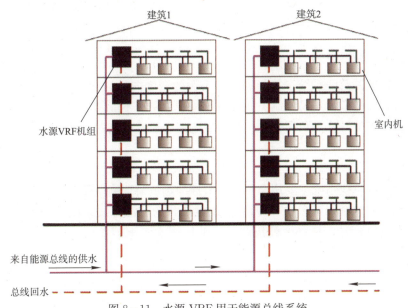

图 8-11 水源 VRF 用于能源总线系统

8.3.3 冷却塔

在能源总线系统中，如果使用土壤埋管作为其中一种低品位能源利用，那么需要考虑浅层土壤温度在系统运行期间逐年保持相对平稳的温度，即要达到冬夏吸热放热量相当。在负荷季节性不平衡地区，若夏季系统对土壤放热量远大于冬季吸热量，需要采用其他辅助的补冷设备，冷却塔是选择之一。

8.4 能源总线系统的运行控制策略分析

不同的系统控制策略，将影响整个系统设计的经济性、运行效果以及运行费用等。能源总线系统控制应遵循以下两个原则：（1）充分利用室外气候，提高空调系统整体运行效率；（2）平衡土壤温度，既要考虑土壤运行时的换热量，也要考虑停止运行时土壤对外扩散的热量。根据以上两个原则，系统有不同的控制方法。

能源总线系统运行控制策略与系统形式密切相关，因此，下面对能源总线系统较为重要的几种形式作简要的分析。

8.4.1　单一源能源总线系统

使用单一源作为总线，向区域建筑提供热源（热汇）水，形式简单，易于控制，如图8-2、图8-4和图8-5所示。此系统适用于有大量集中低品位能源的区域，即单一土壤源能源总线、单一地表水源能源总线等系统形式。其中，单一土壤源形式的能源总线系统主要用于全年季节性冷热负荷均衡的地区，且区域内有足够的埋管面积。单一地表水形式的能源总线系统适用于区域附近有可满足区域高峰负荷的河流、湖泊等。

该形式的能源总线系统不存在辅助冷（热）源，控制系统主要在水泵的控制，即根据末端负荷的变化调节循环泵，使其适应负荷变化，此时主循环泵应采用变频泵，根据供回水干管压差进行水泵转速的调节。

8.4.2　多源能源总线系统

多源形式的能源总线系统，是指通过多个源的调度向区域建筑提供热源（热汇）水。这种形式通常较为复杂，不易控制。此种系统用于单一源不能够满足区域全部负荷要求的区域，或者全年季节性冷热负荷不均衡的区域。多源形式的能源总线系统组合灵活，主要有以下几种：

8.4.2.1　多个土壤源

该形式的能源总线系统主要用于全年季节性冷热负荷均衡，但是单一源不能够满足区域全部负荷要求的区域，如图8-6所示。此种形式的能源总线系统控制主要体现在负荷的分配上。部分负荷时，是每个源按照一定的比例共同承担负荷，亦或每个源轮流承担负荷。

8.4.2.2　土壤源＋地表水源/土壤源＋冷却塔

该形式的能源总线系统主要用于全年季节性冷热负荷不均衡的区域，即该区域全年对土壤排、取热量不平衡，夏季对土壤放热量远远大于冬季对土壤吸热量。这种情况下，土壤温度将逐年升高，导致夏季进入末端设备的水温上升，设备效率逐年降低，甚至停机，系统将无法运行。因此，为了解决冬夏排、取热量不平衡的问题，需要引入额外的释热和吸热设备。同时，也可以降低系统埋管长度，降低系统初投资。其中，可以使用冷却塔和地表水源作为补冷源。

作为补冷的源，与主要源之间存在串联与并联的情况。若主源为多个，还存在补冷源与其中一个源做串、并联还是与整体串联三种情况。图8-12为冷却塔作为补冷源与两个地埋管主源同时并联的情况。

该形式的能源总线系统中，辅助冷源（冷却塔）的选型是按照冬季负荷确定土壤埋管的数量，再结合夏季最大冷负荷确定冷却塔容量。此种形式的能源总线系统控制方式主要体现在辅助冷源（冷却塔）与主冷源（土壤埋管）在部分负荷时的运行控制，包括辅助冷源的启动条件控制，主冷源间的相互调度等。

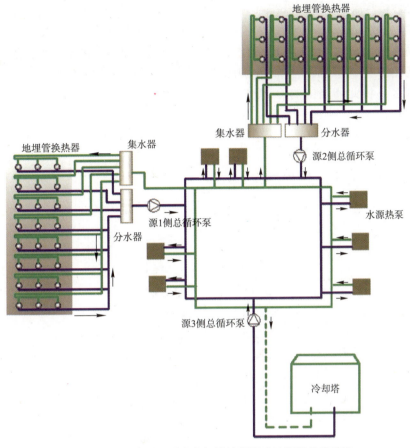

图 8-12 土壤源+开式冷却塔并联形式的能源总线系统

辅助冷源启动具体控制方法主要有:

(1) 设定埋管处的最高出水温度,温度超过该设定值,辅助冷源启动;

(2) 设定埋管处出水温度与室外大气湿球温度差值,当超过此设定值,辅助冷源启动;

(3) 控制冷却塔的开启时间,通过在夜间或者春秋季节室外温度较低时开启冷却塔运行的方式将多余的热量散至空气中,同时为了避免土壤埋管出水温度过高,结合控制方法(1)共同控制。

8.4.2.3 土壤源+电锅炉+太阳能热水

该形式的能源总线系统主要用于全年冬季对土壤吸热量远远大于夏季对土壤放热量的区域,此种类型的区域需要补热,可以使用电锅炉、太阳能热水等作为补热源。其控制方式与上面第二种类似。

8.5 能源总线系统的案例分析

8.5.1 新加坡樟宜海军基地海水间接冷却系统

该案例是能源总线系统采用海水源进行区域供冷供热的一种形式,属于地表水源开式系统。新加坡樟宜海军基地（Changi Naval Base，CNB）是新加坡第三座海军基地，位于新加坡东端，占地 1.28km²，于 2004 年 5 月 21 日正式投入使用。基地中采用了海水间接冷却系统同蓄热系统相结合作为区域的空调系统。通过一组海水泵将海水输送至海水冷却站的板式换热器中，换热后再排放到海中。板式换热器的另一侧水环路为冷却水环路，通过一组冷却水泵将此环路中的冷却水输送至区域中各个建筑的末端设备，其系统图如图 8-13 所示。

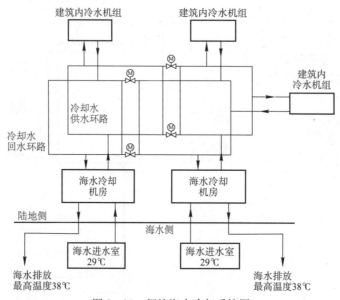

图 8-13　间接海水冷却系统图

此外，与蓄热系统相结合，在夜间低谷负荷时制冰，储存，用于补充部分空调高峰时刻负荷，削峰达 25%。蓄热系统的使用使海水系统的基础设施规模缩小，设备尺寸和机组容量减小，管道输送能耗也因此减少，节约了 1 百万美元。同时，这个系统使得需求侧能源管理受益，也将在由于能源供应取消管制的环境下增长的电价差中受益。需求侧冷却水网络采用变流量系统，根据需求提供冷量。

该系统节约了近 6 百万美元的生命周期成本，每年节约 350000m³ 饮用水，这相当于200 个奥林匹克竞赛标准的游泳池或 1000 多新加坡家庭的年用水量。

8.5.2　上海某高科技园区能源系统设计方案

下面以某高科技园区为例，分析区域集散式热泵能源总线系统冬季水源侧的能耗和碳排放情况。某高科技园区，总规划用地面积约 467 万 m²，规划绿地、道路、水域及市政设施的面积占较大比例，可建建筑面积约 172.6 万 m²。可开发地块主要分为三大类：科教研发、商业商务、文化娱乐商业，分别占可开发地块面积的 39.6%、1.6% 和 1.5%，如图 8-14 所示。

根据供冷、供热负荷的估算，考虑到各建筑单体的同时使用系数及错峰效应，确定能源中心负荷的配置制冷量 128836kW，制热量 56485kW。

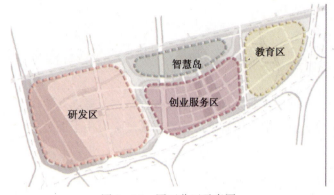

图 8-14　园区分区示意图

整个园区选取 3 个能源站，即 1 号站、2 号站、3 号站，在 3 个能源站集中布置冷热源机组及相关设备。在区域内选取两块大面积土地作为地源热泵埋管处，向 3 个能源站的设备提供地源水。

多源环状管网的水力计算颇为复杂，较多时候需要借助图论的基本原理以及计算机分析才能完成。图论作为数学中应用极为广泛的一个分支，应用于流体输配管网，就是借助图的图解表示，是流体输配管网特性和流动规律的描述更为直观，并且为流体输配管网计算机分析打下了基础。

本方案为多源单回路管网，两个源，节点数 $J=5$，分支数为 $M=N-J+1=1$，$N=5$ 独立回路数 $M=N-J+1=1$。这种情况只需运动节点流量平衡方程和回路压力平衡方程，建立一个代数方程就可以得到解析解。

节点流量平衡方程：

$$\sum_{j=1}^{N} b_{ij}q_j = q_i$$

式中　b_{ij}——流动方向符号函数；

$$b_{ij} = \begin{cases} 1——i \text{ 节点为 } j \text{ 分支的端点且 } q_j \text{ 流出该节点；} \\ -1——i \text{ 节点为 } j \text{ 分支的端点且 } q_j \text{ 流向该节点；} \\ 0——i \text{ 节点不是 } j \text{ 分支的端点；} \end{cases}$$

q_j——j 分支的流量；

q_i——i 节点的节点流量，符号按照流入为正，流出为负；

$i=1,2,3,\cdots,j-1$；$j=1,2,3,\cdots,N$。

回路压力平衡方程即克契霍夫第二定律：

$$\sum_{j=1}^{N} c_{ij}h_j = 0$$

式中　c_{ij}——分支流动方向符号函数；

$$c_{ij} = \begin{cases} 1——j \text{ 分支包括在 } i \text{ 回路中并与回路同向；} \\ -1——j \text{ 分支包括在 } i \text{ 回路中并与回路反向；} \\ 0——j \text{ 分支不包括在 } i \text{ 回路中；} \end{cases}$$

h_j——j 分支的压力损失；

$j=1, 2, 3, \cdots, N$。

其中：$h=sq^2$

$$s=\frac{8\left(\lambda\dfrac{l}{d}+\Sigma\zeta\right)}{g\pi^2d^4}$$

由于能源总线的环网属于室外网，管径大于 40mm，流动状态应在阻力平方区，此区域内的摩擦阻力系数 λ 值仅取决于管壁的相对粗糙度，可用下面公式计算：

$$\lambda=0.11\left(\frac{K}{d}\right)^{0.25}$$

此多源环状管网计算结果如图 8-15 所示。

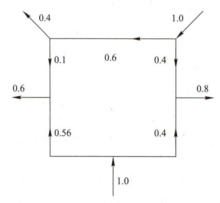

图 8-15　流量分配图（单位：m^3/s）

选取不同的管径，管网阻抗不同，水泵的输送能耗也不同。末端热泵机组阻力按照 55kPa，埋管环路按照 150kPa 选取，计算得到整个总线系统源侧水泵能耗，对比主机能耗，如图 8-16 所示。

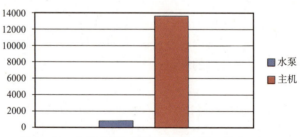

图 8-16　主机能耗与输送能耗对比图（单位：kW）

如图 8-17 所示，在环网主管径达到 $DN=400mm$ 的时候，整个系统输送能耗不足整体能耗的 20%。但此时单位长度比摩阻已经远远超过推荐值，按照单位长度比摩阻在 100~300 之间，DN 取 500 较为合适，此时水泵扬程更小。

该项目冬季供热运行时间折合成当量满负荷时间为 702h，我国发电平均碳（CO_2 当量）排放强度为 0.86kg/(kWh)，能源总线系统冬季供热碳（CO_2 当量）排放约 8708473kg；若用效率为 60% 的燃煤锅炉来供热，碳排放约 21174419kg，减碳率达 60%。

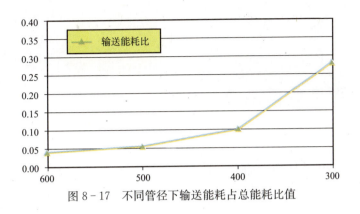

图 8-17　不同管径下输送能耗占总能耗比值

参考文献

[1] 王培培，龙惟定，白玮．能源总线系统——半集中式区域供冷供热系统．湖南大学学报（自然科学版），2009，36（12）：138-141.

[2] 龙惟定，白玮，张改景等．区域建筑能源规划：建筑节能基础．建设科技，2008，（6）：60-63.

[3] 陆耀庆．实用供热空调设计手册（第二版）．北京：中国建筑工业出版社，2008.

[4] 国家发展改革委应对气候变化司．关于公布2009年中国低碳技术化石燃料并网发电项目区域电网基准线排放因子的公告，2009.

[5] 朱颖心，王刚，江亿．区域供冷系统能耗分析．暖通空调，2008，38（1）：36-40.

[6] 陈在康，丁力行．空调过程设计与建筑节能．北京：中国电力出版社，2004.

[7] 徐伟．地源热泵工程技术指南．北京：中国建筑工业出版社，2001.

[8] 刘俊，张旭，高军等．地源热泵土壤温度恢复特性研究．暖通空调，2008，38（11）：148-150.

[9] 仇君，李莉叶，朱晓慧．地源热泵埋管换热器传热模型的研究进展．广西大学学报（自然科学版），2007，32：1-3.

[10]《水源热泵机组》（GB/T 19409）.

[11] 张志强．水源 VRF 变频空调系统能耗分析及其在我国应用的评价［学位论文］．哈尔滨：哈尔滨工业大学，2006.

[12] 邹瑜，徐伟，冯小梅。国家标准《地源热泵系统工程技术规范》GB 50366-2005 设计要点解析．全国暖通空调制冷2006年学术年会文集，2006.

[13] Yavuzturk. C., J. D. Spitler. Comparative study of operating and control strategies for hybrid ground source heat pump systems using a short time step simulation model [J]. ASHRAE Transactions 2000, 106（2）：192-209.

[14] Indirect Seawater Cooling & thermal storage system in Changi Naval Base. Asean Energy Awards 2002.

[15] 付祥钊，王岳人，王元等．流体输配管网．北京：中国建筑工业出版社，2005.

第9章 能源互联网系统

9.1 能源互联网的原理及由来

9.1.1 智能电网技术

近年来智能电网技术发展得很快。智能电网是利用双向数字技术从供应商提供电力给消费者，通过对终端消费者的发电设备（可再生能源和分布式能源）和电器设备的控制，实现节约能源、降低成本，提高可靠性和透明度。它覆盖了电力配电网、信息系统和净计量系统。所谓"净计量"，是一种有效的资源管理模式，通过这种模式对终端消费者自己产生的电力给予一定程度的财政补偿。在净计量计划中，如果用户使用的电能比他们产生的电能小的话，电力公司允许用户的电表回转。在付款时用户只需要支付其中的净差值就可以了。

智能电网有几个重要特征：

（1）自愈：智能电网可以发现并对电网的故障做出反应，快速解决，减少停电时间和经济损失。

（2）互动：在智能电网中，终端消费者可以实时看到电费价格，从而选择最合适的供电方案和电价。

（3）安全：智能电网通过网络实时重构，保证电力设施安全性。

（4）品质：智能电网不会有电压跌落、电压尖刺、扰动和中断等电能质量问题，适应数据中心、计算机、电子和自动化生产线的需求，提供高品质电能。

（5）适应：智能电网允许任何电源即插即用地连接，包括可再生能源和电能储存设备。

（6）市场：智能电网可以实现持续的全国性的电力交易。

（7）优化：智能电网可以在已建成的输配电系统中提供更多的能量，通过仅需建设少许新的基础设施，花费很少的运行维护成本。

智能电网包括以下技术：

（1）相量测量（PMU）和广域测量技术（WAMS）；

（2）三维、动态、可视化调度技术；

（3）可再生能源发电、电源接入和并网技术；

（4）高级计量和无线自动计量读数（Advanced metering infrastructure—AMI）（Automatic meter reading-AMR）；

（5）需求响应（Demand Response）和需求侧管理 DSM；

（6）配电自动化、高级配电运行（ADO）和"自愈"（Self Healing）功能技术；

（7）分布式发电和分布式能源技术（Distributed Generation or Distributed Energy

Resources，DG or DER）；

（8）电力储能技术（蓄电池、混合动力电动汽车）等。

美国于 2009 年 4 月 16 日公布了 40 亿美元的智能电网（Smart Grid）技术的投资计划。以逐步实现美国太阳能、风能、地热能等可再生能源的统一入网管理；全面推进分布式能源管理，创造世界上最高的能源使用效率（见图 9-1）。它可以利用传感器对各个发电、输电、配电、供电等关键设备的运行状况进行实时监控和数据整合，遇到电力供应高峰期时，能够在不同区域间进行及时调度，平衡电力供应缺口，从而达到对整个电力系统运行的优化管理。美国政府把构造一个标准统一、高端转型、兼容替代的统一智能电网作为下一代全球电网的基本模式，造就全球最大规模的信息化资源和最大的商机。

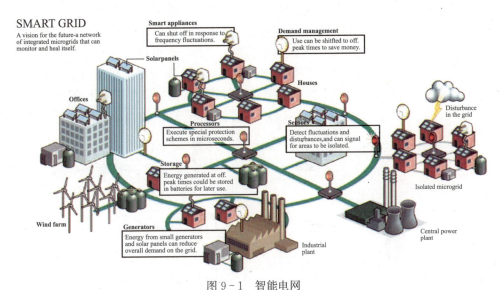

图 9-1　智能电网

（资料来源：http://www.consumerenergyreport.com/smart-grid/）

我国国家电网公司已经确立了智能电网三步走的原则，第一阶段是 2009～2010 年，这一阶段是规划试点阶段，重点开展坚强智能电网发展规划工作，制定技术和管理标准，开展关键技术研发和设备研制，开展各环节的试点工作。2011～2015 年是全面建设阶段，将加快特高压电网和城乡配电网建设，初步形成智能电网运行控制和互动服务体系，关键技术和装备实现重大突破和广泛应用。2016～2020 年为引领提升阶段，全面建成统一的坚强智能电网，技术和装备全面达到国际先进水平。届时，电网的优化配置资源能力将得到大幅提升，清洁能源装机比例将达到 35%，分布式电源实现"即插即用"，智能电表普及应用。

9.1.2　微网技术和能源互联网

智能电网的构建是以微网（microgrid）技术的发展为基础的。2001 年，美国威斯康星大学麦迪逊校区的 R. H. Lasseter 教授首先提出了微网的概念，即一种由负荷和微电源（即分布式电源，如光伏发电、风力发电、燃料电池等）共同组成的系统，它可同时提供电能和热能。微网内部的电源主要由数字化电子器件调节能量的转换，并提供必需的控制。微网可以当作大电网系统中的一个可控单元，它能在短暂时间内反应以满足外部输配电网的需要。对于用户端来说，微网可以满足他们的特定电能质量要求，并且增加供电的可靠性，降低线损。

按照微网概念，构建由分布式发电设备（燃料电池、微燃机或燃气发动机热电冷联供系统、可再生能源系统）、蓄能装置、负荷侧及控制系统组成的能源系统，同时将区域中各单体建筑的供冷供热系统也连接成网，就成为名符其实的能源互联网。这样，区域内每一栋建筑既是耗能用户，又是能源生产者，楼宇间互为补充、互为备份。这样就可以大规模集成应用可再生能源，也可以大大削减设备容量，产生很好的节能减排效果。

所谓能源互联网，就是将区域内基于分布式能源技术和可再生能源利用的一些规模较小的能源站或者热电联产装置连接成网，变成能源互联网。区域中的冷、热、电均可以互通有无、相互补偿。城市建筑能源基本自给自足。能源互联网中的能源站点可以是太阳能光电、风力发电、生物质能热电联产（包括垃圾发电）、家用燃料电池、各种低品位热能等。充分利用区域中的可再生能源和未利用能源。这样，区域中每一栋建筑都可以收集能量、转换能量，收集到的能量汇聚到热和电的互联网中，既能提供建筑用能，也能作为公用设施为电动车辆充电（见图 9-2）。能源互联网的核心是有一个智能化的控制调度中心。

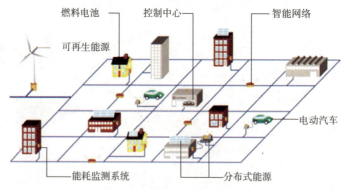

图 9-2 能源互联网的概念图

9.1.3 能源互联网相关技术在国内外的进展

目前基于电力互联的微网在发达国家也属先进技术，在我国才刚刚起步。基于电力和冷热水均互联且可以互相调度互为补充的真正意义上的能源互联网尚在研究阶段，在国内外鲜有成熟的应用案例。

9.1.3.1 美国

美国最早提出了微电网概念，近年来，对微电网的研究一直在有条不紊地进行着。美国的微电网研究项目主要受到了美国能源部的电力提供和能源可靠性办公室、加州能源委员会的资助，其研究的重点主要集中在满足多种电能质量的要求、提高供电的可靠性、降低成本和实现智能化等方面。1999 年，可靠性技术解决方案协会（the Consortium for Electric Reliability Technology Solutions，CERTS）首次对微电网在可靠性、经济性及其对环境的影响等方面进行了研究。到 2002 年，较为完整的微电网概念被提出来，CERTS 给出的微电网定义是：微电网是一种由负荷和微型电源共同组成的系统，它可同时提供电能和热量；微电网内部的电源主要由电力电子器件负责能量的转换，并提供必要的控制；微电网相对于外部大电网表现为单一的受控单元，并可同时满足用户对电能质量和供电安全等方面的要求。后来，美国北部电力系统承建了第一个微电网示范工程。CERTS 微电网的可行性研究已经在威斯康星大学麦迪逊分校的实验室得到了初步检验。威斯康星大学麦迪逊分校微电网实验室于 2001 年建立，目前的系统容量为 200kW，电压等级为 280V/480V。CERTS 计划对微电网进行全面检验，近期，美国俄亥俄州哥伦布杜兰技术中心已经开始了对微电网的全面测试。CERTS 的微电网设计理念是不采用快速电气控制、单点并网不上网、提供多样化的电能质量与供电可靠性、随时可接入的 DERs 等。这些突出的特点使它成为世界上所提出的微电网技术中最权威、认可度最高的一个。美国能源部还与通用电气共同资助了第二个"通用电气（General Electric Company，GE）全球研究（Global Research）"计划，投资约 400 万 USD。GE 的目标是开发出一套微电网能量管理系统（Microgrid Energy Management，MEM），使它能向微电网中的器件提供统一的控制、保护和能量管理平台。除了上述微电网研究之外，在美国还开展了许多在这方面的研究，促进了微电网的发展，如加州能源委员会资助的分布式效能集成测试平台、美国国家可再生能源实验室所完成的对佛蒙特州微电网的安装和运行的检验。

9.1.3.2 欧洲

欧洲分布式能源（DERs）的研究和发展主要考虑的是有利于满足能源用户对电能质量的多种要求以及欧洲电网的稳定和环保要求等。微电网被认为是未来电网的有效支撑，它能很好地协调电网和 DERs 之间的矛盾，充分发挥 DERs 的优势。欧洲各国对微电网的研究越来越重视，近年来各国之间开展了许多合作和研讨。2005 年，欧洲提出"Smart Power Networks"概念，欧盟微电网项目（European Commission Project Microgrids）给出的定义是利用一次能源；使用微型电源，分为不可控、部分可控和全控三种，并可冷、热、电三联供；配有储能装置；使用电力电子装置进行能量调节。其研究目标包括：（1）研发新型的分布式能源控制器，以保证微电网的高效运行；（2）寻找基于下一代通信技术的控制策略；（3）创造新的网络设计理念，包括新型保护方案的应用和考虑工作在可变的频率下等；（4）各种微电网在技术和商业方面的整合；（5）微电网在技术和商业方面的协议标准；（6）研发合适的硬件设备，使微电网具有即插即用的能力；（7）研究微电网对大电网运行的影响，包括地区性的和大范围的影响；（8）研究微电网能给欧洲电网在供电可靠性、网络损耗和环境等方面带来的改善；（9）探索微电网的发展对基础电网发展的影响，包括其增强和替代老化的欧洲电网的可行性分析。目前，欧洲的微电网示范工程主要有希腊基斯诺斯岛微电网、德国曼海姆 Wallstadt 居民区示范工程、西班牙 LABEIN 项目、葡萄牙 EDP 项目、葡萄牙 Continuon 项目、意大利 CESI 项目、丹麦 ELTRA 项目等。欧洲所有的微电网研究计划都围绕着可靠性、可接入性、灵活性 3 个方面来考虑。电网的智能化、能量利用的多元化等将是欧洲未来电网的重要特点。

9.1.3.3 日本

目前日本在微电网示范工程的建设方面处于世界领先地位。日本政府十分希望可再生能源（如风能和光伏发电）能够在本国的能源结构中发挥越来越大的作用，但是这些可再生能源的功率波动性降低了电能质量和供电的可靠性。微电网能够通过控制原动机平衡负载的波动和可再生能源的输出来达到电网的能量平衡，例如配备有储能设备的微电网能够补偿可再生能源断续的能量供应。因此，从大电网的角度看，该微电网相当于一个恒定的负荷。这些理念促进了微电网在日本的发展，使日本的微电网对于储能和控制十分重视。

有日本学者提出了灵活可靠性和智能能量供给系统（Flexible Reliability and Intelligent Electrical Energy Delivery System，FRIENDS），利用FACTS元件快速灵活的控制性能实现对配电网能量结构的优化。能源与工业技术发展组织（New Energy and Industrial Technology Development Organization，NEDO）是日本为了较好地利用新能源而专门成立的，它负责统一协调国内高校、企业与国家重点实验室对新能源及其应用的研究。NEDO在2003年的"Regional Power Grid with Renewable Energy Resources Project"项目中，开始了3个微电网的试点项目。这3个测试平台的研究都着重于可再生能源和本地配电网之间的互联，分别在青森县、爱知和东京，可再生能源在3个地区微电网中都占有相当大的比重。中部机场的爱知微电网是NEDO建立的第一个微电网示范工程，2005年日本爱知世博会时投入使用。2006年，该系统迁到名古屋市附近的中部机场，并于2007年初开始运行。该微电网的最大特点是它的电源大都为燃料电池：2个高温熔化碳酸盐燃料电池（270kW和300kW），4个磷酸盐型燃料电池（各200kW），一个固体氧化物燃料电池（50kW）。系统中总的光伏发电容量为330kW，此外还有一个500kW的钠硫磺电池组用于功率的平衡。青森县的微电网于2005年10月投入运行，计划作为示范工程一直运行到2008年3月，这期间进行电能质量和供电可靠性、运行成本等方面的评估。该微电网组的最大特点是只使用可再生的能源（100kW）进行供电。可控的分布式能源系统包括3个以沼气为燃料的发电机组（共510kW）、1个100kW的铅酸电池组和1个1.0t/h的锅炉。该微电网能够节省约57.3%的能耗，同时减少约47.8%的碳化物排放量。东京微电网2005年12月投入运行，它主要由以下几方面构成：50kW光伏发电系统、50kW风力发电系统、5×80kW沼气电池组、250kW高温熔化碳酸盐燃料电池及100kW电池组。该系统的控制中心能够在5min之内实现系统能量的平衡，也可以根据需要设置更短的时限。

9.1.3.4 中国

2008年初的冰雪天气导致我国发生大面积停电，暴露了我国现有的电力网架结构在保障用户供电方面存在薄弱环节。微电网既可以联网运行，又可以孤岛运行，能保证在恶劣天气下对用户供电。微电网在满足多种电能质量要求和提高供电可靠性等方面有诸多优点，使它完全可以作为现有骨干电网的一个有益而又必要的补偿。另一方面，我国"十一五"规划纲要提出了建成5GW风电的发展目标，在不久的将来将有风电和光伏等分布式能源系统不断接入电网。微电网在协调大电网与分布式能源系统间的矛盾，充分挖掘分布式能源为电网和用户所带来的价值和效益等方面具有优势，使其能够在我国未来电网的发展中发挥很重要的作用。但是，我国微电网的发展尚处在起步阶段，研究与实践均乏善可陈。

9.2 能源互联网模式中的几个关键问题

9.2.1 能源互联网中能源站的选址和布局

9.2.1.1 图论及多中位原理在能源站选址中的应用

图论是运筹学的重要分支之一，在各学科中的应用性非常强，它不仅可以解决经济管理、社会科学等方面的问题，而且在物理、控制以及工程规划中也得到广泛的应用。图论中的图是由点和边构成，通常记做$G=(V, E, W)$，V代表点的集合，E代表边的集合，

W 代表边的权的集合。图论分析方法就是将问题的特征抽象成点和边的拓扑图，然后对其分析，采用适当的方法对问题求解。低碳社区中的能源互联网主要由分布式能源站和输送管路两部分组成，可以用一个网路系统来描述，所涉及的分布式能源站就是网络节点，所有可能输送调运的管路就构成了网络的弧，弧的流向取决于能源的流向。分布式能源站的位置、数量以及管路的布置是影响整个能源互联网系统性能的最主要因素。能源互联网规划的图模型应主要包括两方面的信息：（1）各节点之间的关系；（2）各条边的权值。网络中的节点并不全部作为能源生产者，要筛选出部分节点作为能源站（既是耗能用户，又是能源生产者），所有入选的点将连接成网，冷、热、电均可以互相调度。而在多个候选的节点中，选择出若干个点作为能源站并由它们连接成能源互联网，就属于图论网络理论中的 P 中位原理。

P 中位是图论网络中的一个重要概念，其定义是对于一个有 m 个顶点的图，P 为其中有限的顶点数。若有某一个顶点集合 P，使图中其他顶点至该顶点集合 P 的距离之和最小，则称该顶点集合为该图的 P 中位。根据这一定义，可视所有可供选择的点为一个网络，V 个顶点数即社区中所有的能源用户，P 顶点集合即为可供选择的能源站数目，求 P 中位实际上就是求出若干个可以作为能源互联网中节点的能源站及其管网布置的最佳组合。P 中位原理简单介绍如下：

对于能源系统网络来说，各能源用户和能源站构成点集 $V = \{V_1, V_2, \cdots V_m\}$，各点间道路构成路集 $E = \{e_1, e_2, \cdots e_n\}$。用 d_{ij} 表示网络图中顶点 i 至顶点 j 的最短路长度，$SVV_{(i)}$ 表示网络图 G 中顶点 i 到所有顶点的距离的总和，即 $SVV_{(i)} = \sum_{j=1}^{m} d_{ij}$。在所有 i（$i = 1, 2, \cdots, m$）中，使 $SVV_{(i)}$ 取最小值的顶点 x 称为图 G 的中位点，用数学符号可表示为 $SVV_{(x)} = \min_i \left\{ \sum_{j=1}^{m} d_{ij} \right\}$。

由中位点的定义可得到求中位点 x 的步骤为：

第 1 步：用图 G 中已知参数，由最短路计算法建立该图的各顶点间距离矩阵 D；

第 2 步：对矩阵 D 的每一行进行相加，即可得到顶点 i 到所有顶点的总距离 $SVV_{(i)}$（$i = 1, 2, \cdots, m$）。

第 3 步：选出 $SVV_{(i)}$ 中的最小值 $SVV_{(x)}$，则 x 就是图 G 的中位点。

P 中位选址模型：P 中位选址模型是以图论里中位点的概念为基础建立的，可表述为用来在候选点集 J 中找 P 个合适的位置为能源需求点集合 I 中的点服务，使得为这些能源需求点服务的以需求量为权重的距离（或时间、费用）之和最小。

假设 w_i 记为需求点 i 的需求量，d_{ij} 记为从候选点 j 到需求点 i 的距离，则模型可表述为：

$$\min \sum_{i \in I} \sum_{j \in J} w_i \, d_{ij} Y_{ij} \tag{9-1}$$

$$\sum_{j \in J} Y_{ij} = 1 \quad \forall_i \in I \tag{9-2}$$

$$Y_{ij} \leqslant X_j \quad \forall_i \in I, \ \forall_j \in J \tag{9-3}$$

$$\sum_{j \in J} X_j = P \tag{9-4}$$

$$X_j, Y_{ij} \in \{0, 1\} \quad \forall_i \in I, \ \forall_j \in J \tag{9-5}$$

其中，X_j 为表示设施是否被选中的变量，如果 j 点被选中修建能源站，则其值为 1，否则为 0；Y_{ij} 为表示能源需求分配的变量，如果需求点 i 受能源站 j 的服务，则其值为 1，否则为 0，即：

$$X_j = \begin{cases} 1 & j \text{ 点被选择建能源站} \\ 0 & \text{否则} \end{cases}$$

$$Y_{ij} = \begin{cases} 1 & i \text{ 由 } j \text{ 供给} \\ 0 & \text{否则} \end{cases}$$

目标函数（9-1）表示使得每一个需求点与为其提供服务的设施之间的需求量与距离乘积的总和最小，约束条件（9-2）表示每个需求点只由一个设施点提供服务，约束条件（9-3）表示任意需求点的需求只能分配给已经决定修建的设施，（9-4）表示必须修建 P 个设施，约束条件（9-5）表示 X_j 和 Y_{ij} 均为 0 和 1 变量。

所有 P 中位选址模型的解都满足以下 3 个条件（对全局的解而言这些只是必要而非充分的）：

（1）供应点都位于其所服务的需求点的中央；

（2）需求点都分配给与之最近的供应点；

（3）从解集中移去一个供应点并用一个不在解集中的候选点代替，会导致目标函数值的增加。

在图 9-3 中，选址前，在规划区域内有 5 个可供选择的能源站位置（如△所示），有能源需求点若干（如○所示），根据 P 中位选址模型找到在某种目标函数（如输送能耗最低，费用最低或输送路径最短）下的最佳能源站数量及位置布局，同时得到各自供能的范围。从图 9-3 可以看出，在 P 中位选址模型下，5 个候选能源站位置点中的 3 个被优选出，并且找到了其各自供能区域（图 9-3 中连线所示），另外两个候选点被舍弃。

选址前　　　　　　　　　　　　　选址后

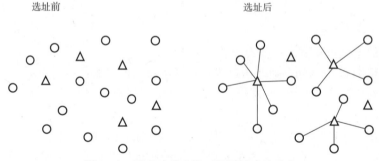

图 9-3　用 P 中位方法对能源站选址示意

（○表示需求点，△表示候选的供应点）

9.2.1.2　遗传算法在能源站选址中的应用

遗传算法是建立在达尔文进化论的自然选择和自然遗传机理上的一种优化算法。达尔文进化论认为生物体可以通过遗传和变异适应外界环境。物生其类、传宗接代，这是生物的独特本领。各种生物所生的子代基本上像父代，这就是遗传；而所生子代又不完全像父代，这就是变异。生物在遗传过程中，通过杂交、变异、繁殖不断进化。遗传算法正是通过对生物遗传过程的模拟，靠自然的优胜劣汰法则，达到寻优的目的。同传统的优化算法比较，遗传算法有 4 个显著的特点：（1）遗传算法的处理对象是自变量的编码串，而不是自变量本身。因此，可以用有限的编码串位数反映变量很多的寻优问题，使问题简化。（2）遗传算法同时对一组点（编码串）进行搜索，而不是传统的单点寻优。其计算过程为并行算法而不是串行算法。显然，更易找到全局最优解或全局满意解。（3）遗传算法只需要函数计算值，不需要函数具有连续可导、单峰等特性。因此，对目标函数没有苛刻的限制，可以对复杂的非线性规划进行寻优。（4）遗传算法应用随机概率规律进行寻优，而不是判定性法则，因而能大大提高运算速度。

遗传算法寻优可归纳为以下 4 个步骤：

（1）将寻优目标的参数代码化。任一寻优题目，一般由相应的变量参数描述为目标函数。在遗传算法中，通常用 0，1 代码代替变量参数。对于一个有 7 个节点的能源互联网系统，可用一个有 7 位数的代码串表示，如 1001011，每位代表一个节点，1 表示该节点选作能源站，0 表示该节点不被选作能源站。则一个 7 位数的代码串（在遗传算法中称为染色体 chromosome），即表示了一种能源站与能源用户的匹配方案。若能源互联网系统投资的目标函数是已知的，则一个染色体即对应一个可计算的目标函数值。通常称代码串的位数为染色体的长度。寻优题目越复杂，染色体的长度越长。

（2）染色群体的再生。为了实现多点寻优，常常在寻优前给出一组染色体，称为染色群体。染色群体的大小即表示同时可对几个方案进行寻优。染色群体可通过实际的工程经验确定，也可由概率随机确定。在染色群体内比较目标函数值，根据优胜劣汰法则，由目标函数值占优的染色体取代目标函数值居劣的染色体，实现染色群体的再生（reproduction）。

（3）染色群体的杂交（crossover）。经过再生的染色群体两两配对，在杂交概率下，进行部分代码的换位，如配对的一组染色体 1001011 在第 4 位后换位，形成一对新的染色体为 1001100。染色群体经过两两杂交后，生成了一代新的染色群体。

（4）染色群体的变异（mutation）。变异是同一个染色体中位点（位数）代码的突变，即 0 变为 1，1 变为 0。在变异概率下，由计算机产生随机数，当随机数小于变异概率值时，该位点发生变异，反之亦然。经过变异后，原染色体将再次更新。

在遗传算法中，每经过再生、杂交、变异一个循环后，染色体即进行了一代新的繁殖，每繁殖一代，染色体的目标函数值会有明显改善。经过有限代的繁殖，即可求出全局最优解或全局满意解。因此，遗传算法的特点是在随机过程中根据优胜劣汰法则，利用历史信息，能自动多点地推测出新的有改善希望的寻优点。

9.2.1.3　综合应用多中位原理和遗传算法解决能源互联网中能源站的选址和布局

在寻优过程中，还应指出的另一技术难点是在不同的能源站组合中，如何确定最佳的管网匹配，也就是要在变动中确定哪些能源用户归哪个能源站供能为最好的问题。因为能源用户、管网与能源站的归属不同，管网的能源负荷也不同。因此，该问题的解决是应用目标函数计算能源互联网系统年总费用、年总能耗以及年总 CO_2 排放量的前提。

图论网络理论中的多中位原理结合遗传算法可解决能源站、能源用户与管网的最佳匹配问题。对于一个有 V 个顶点的图，P 为其中有限的顶点数。若有某一个顶点集合 P，使图中其他顶点至该顶点集合 P 的距离之和最小，则称该顶点集合为该图的 P 中位。根据这一定义，可视能源互联网系统为一个网络图，V 个顶点数即能源互联网系统节点数总和，P 顶点集合即为可供选择的能源站数目，如果把顶点之间的距离之和看作管段之间的费用之和，则结合遗传算法求 P 中位实际上就是求 P 个能源站（包括能源站位置）时的能源站、能源用户和管网的最佳组合。

传统的 P 中位法可以选择合适的能源站位置，但是要确定各能源站所服务的能源用户的范围，就需要对传统的 P 中位法进行一些改进。另外，传统的 P 中位法假设能源互联网系统中只有一种能源存在，假设能源的单位路程 x 能量运费为常数 1，而改进的 P 中位方法则需要考虑能源互联网系统中能源种类的多样性（冷、热、电等），假设不同能源有不同的单位路程 X 能量运费。

（1）变量定义及假设：设 $G=(V，E，D)$ 是以 V 为顶点集，E 为边集，D 为赋权集的连通图，用于表示抽象的能源流通网络，符号描述如下：

$$V=\{V_1,V_2,\cdots,V_m\}=V_1\bigcup V_2$$

其中，$V_1=\{V_i：i=1，2，\cdots，n\}$ 表示能源用户点集合，$V_2=\{V_j：j=n+1，n+2，\cdots，m\}$ 表示能源站点集合，$E=\{e（i，j）：i，j\in V\}$ 表示各点间的连通情况。

$D=\{d（i，j）=d_{ij}：i，j\in E\}$，其中 d_{ij} 表示点 i 与 j 之间直接道路的长度。根据 D，再利用最短路算法可以求出网络中各点的距离矩阵 $D(G)$。

$k=1，2，\cdots，K$ 表示能源的种类，对于任意点 $i\in V$，若 $\delta_i^k=1$，表示 i 点与能源 k 有关，否则为 0。能源种类 k 的单位路程 X 能量的运费为 P_k，服务水平限制为 D_k。

w_i^k，对于任意顶点 $i\in V_1$，w_i^k 表示该点需要能源 k 的数量，

$$w_i^k \begin{cases} =0，\text{点 } i \text{ 对能源 } k \text{ 不需要} \\ >0，\text{点 } i \text{ 所需要的能源 } k \text{ 的数量} \end{cases}$$

为了便于描述问题，再定义变量 $Z_{ij} \begin{cases} 1，\text{对于某一 } i\in V_1，\text{有能源站 j 为其供能} \\ 0，\text{否则} \end{cases}$

（2）数学模型：

$$\min f(Z_{ij}) = \sum_{j\in V_2}\sum_{i\in V_1}\sum_{k\in K}P_k\times d_{ij}\times w_i^k\times Z_{ij} \qquad (9-6)$$

$$\max\{\delta_i^k Z_{ij}d_{ij}\}\leqslant D_k \quad \forall j\in V_2,\forall k\in K \qquad (9-7)$$

$$\sum_{j\in V_2}Z_{ij}=1 \quad \forall i\in V_1 \qquad (9-8)$$

其中，式（9-6）为目标函数，表示在给定能源站建设位置的情况下，通过能源互联网系统总费用最小的原则，为各个能源需求点分配合适的能源站，使得各能源站的供能辐射区域分工达到一个最佳的匹配状态；式（9-7）表示每一能源站在其服务范围内对于任意种类能源的输送距离不超过其服务水平限制；式（9-8）表示任意一个能源需求点的能源需求均被满足且只由一个能源站来满足。

模型的求解可采用上文中所介绍的遗传算法等优化算法工具。

不难发现，改进的 P 中位模型在实际应用中仍存在一些不足：如将能源需求点进行合理划分，不同的需求点由不同的能源站为其服务，作为确定该能源站服务对象的依据，进而确定各能源站的类型和规模这一思想易于理解和执行，但各能源用户由于其负荷的不确定性以及抗风险性，不可能只选择一个能源站为其提供服务，其需求可由多个能源站共同满足，故应建立能源站与能源需求点的多对多对应关系。再比如，用能源站与能源需求点间的距离与所处理能源的单位输送费率的乘积表示输送费用的大小，进而确定各能源站的类型和规模固然简捷可行，但对于一个完整的能源互联网系统而言，系统总费用还包括能源站的建设费用和运营费用以及管网的造价，在实际规划中应予以考虑。还有就是能源站确定后，选择此能源站进行供能服务的用能客户数目将直接影响此能源站的经济效益，若规划时单纯从系统最优的角度，而不关心或不考虑能源用户的自主选择行为，也有可能导

致系统设计的不合理。所以，以上问题需要在进一步研究中给予探讨。

图 9-4 是依据改进的多中位原理进行能源站选址布局及辐射范围的示意图。

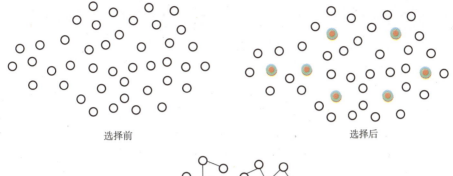

选择前　　　　　　　　　　　　　　选择后

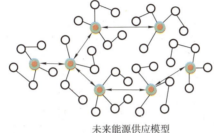

未来能源供应模型

图 9-4　能源站选址示意图

9.2.2　能源互联网中能源需求与供应间最佳匹配的输送问题

能源互联网中，需要把若干个能源站中所生产的冷、热、电在需要的时间和需要的地点精确高效地分配到各个能源需求点中去，就会遇到能源调拨的输送问题。在一个低碳社区构建一个能源互联网，往往存在若干个供能基地，如何将这些能源有效、最佳地调配到各个用能单位去，从而最大限度地发挥每个能源站的自身生产潜力和机能，是能源互联网模式中需要格外重视的一个问题，即输送问题，解决方法的选取也直接控制着整个供能系统的效率。

9.2.2.1　模型的建立

设某种能源（冷、热、电）有 m 个能源站 $A_i(i=1,2,\cdots m)$，其产量分别为 a_i，有 n 个能源需求 $B_j(j=1,2,\cdots n)$ 其需求量分别为 b_j，从 A_i 到 B_j 的调运成本为 C_{ij}（成本可以为输送成本、能耗成本或排放成本等），探讨如何组织调运才能使总成本最低。

当能源总产量等于总需求量时，即 $\sum_{i=1}^{m} a_i = \sum_{j=1}^{n} b_j$，称为供需平衡的输送问题，简称平衡问题。当 $\sum_{i=1}^{m} a_i > \sum_{j=1}^{n} b_j$ 时，称为供大于求的输送问题，当 $\sum_{i=1}^{m} a_i < \sum_{j=1}^{n} b_j$ 时，称为供小于求的输送问题，后两者成为供需不平衡的输送问题，简称不平衡问题。因此，输送问题的线性规划模型亦有以下形式：

目标函数：

$$\text{Min } Z = \sum_{i=1}^{m} \sum_{j=1}^{n} C_{ij} X_{ij}$$

约束条件：

（1）供需平衡：

$$\sum_{j=1}^{n}X_{ij}\leqslant a_i, i=1,2,\cdots,m$$

$$\sum_{i=1}^{m}X_{ij}=b_j, j=1,2,\cdots,n$$

$$X_{ij}\geqslant 0$$

（2）供大于求：

$$\sum_{j=1}^{n}X_{ij}\leqslant a_i, i=1,2,\cdots,m$$

$$\sum_{i=1}^{m}X_{ij}=b_j, j=1,2,\cdots,n$$

$$X_{ij}\geqslant 0$$

（3）供小于求：

$$\sum_{j=1}^{n}X_{ij}=a_i, i=1,2,\cdots,m$$

$$\sum_{i=1}^{m}X_{ij}\leqslant b_j, j=1,2,\cdots,n$$

$$X_{ij}\geqslant 0$$

9.2.2.2　求解方法及案例分析

设能源互联网中有 3 个能源生产者，4 个用能单位，各个能源站的能源生产量与用能单位的能源需求量以及由 3 个能源站到每个用能单位的输送成本如表 9-1 所示，讨论在这种情况下使总输送成本最小的输送方案。

供需量及输送成本 表 9-1

用能单位能源需求量		能源站能源供应量和输送成本		
		A	B	C
		15	12	23
1 号	10	3	7	12
2 号	12	4	15	5
3 号	17	7	2	12
4 号	11	10	8	16

算法可分为以下 3 个步骤：

首先，由 B 能源站往用能单位 3 送。对于 B 往 3 最多只能送 12，所以把 B 能源站所生产的 12 全都送到这个方格去。

其次，由于下一个运费最便宜的方格是 A 到 1，所以向该处输送 10，这时 A 处还多余 5，然后在 A 列中找运费最少的是 A 到 2，即 4，这样就把剩余的 5 送到该方格。

按同样的步骤，最后就得到表 9-2 中的输送计划。

由上述可知，最小元素法就是从作业表的最小格开始，逐次确定基变量，并按照 $X_{ij}=\{a_i, b_j\}$，确定其数值。由最小元素法确定的初始方案必然满足以下两个条件：初始作业表中有 $m+n-1$ 个画方格的数字，即基变量的值，恰好符合平衡问题相互独立的约束方程的个数。

用能单位能源需求量		能源站能源供应量		
		A	B	C
		15	12	23
1号	10	10 / 3	7	12
2号	12	5 / 4	15	7 / 5
3号	17	7	12 / 2	5 / 12
4号	11	10	8	11 / 16

如果基变量数目不能达到 $m+n-1$ 个，将这种情况称为退化。在这种情况下，对于所缺少的一个或几个要从未送入的方格中寻找一个或几个运费最便宜的方格，并假设这些方格里运进无穷小量 Δ 个单位，这样处理后，就能保证基变量个数为 $m+n-1$ 个了。

应用线性规划方法编制 matlab 程序可以简化解决此问题。

9.2.3 能源互联网中电力的环保经济调度

能源互联网中的分布式发电机组调度与传统高压电网的发电机组调度的区别在于：(1) 分布式电源中的太阳能、风能等可再生能源是不可调的，而且不同季节、不同时段的室外环境温度、日照强度、风力都有很大变化，因此太阳能光伏发电、风力发电机组的输出功率随机性很大。(2) 由于太阳能光伏发电、风力发电的发电成本较低，而且几乎无温室气体排放，因此应优先安排其最大限度地发电。(3) 不同类型、容量的分布式发电 (DG) 所消耗的燃料、效率、运行和维护费用、温室气体的排放量均不同。所以，能源互联网的环保经济调度，是指在满足负荷需求的前提下，合理、有效地安排各台 DG 的设备容量和出力，使得整个能源互联网的发电供热成本、排放成本或总成本最低。

1. 目标函数

$$F = \min\left(\alpha \sum_i^N C_{\text{gen},i} + \beta \sum_i^N C_{\text{emission},i}\right)$$

式中　N——DG 总数；

　　　$C_{\text{gen},i}$——第 i 台 DG 的发电成本；

　　　$C_{\text{emission},i}$——第 i 台 DG 的排放成本；

　　　α，β——分别为发电成本、排放成本的惩罚因子。

DG 的发电成本包括燃料成本和运行、维护成本两部分：

$$C_{\text{gen},i} = C_{\text{fuel},i} + C_{\text{O\&M},i}$$

燃料成本：
$$C_{\text{fuel},i} = K_{\text{fuel},i} \times P_{\text{gen},i}$$

式中　$K_{\text{fuel},i}$——第 i 台 DG 的燃料系数，欧元/kWh，是指该 DG 每发电 1kWh 所消耗燃料的费用；

　　　$P_{\text{gen},i}$——第 i 台 DG 的发电量，kWh。

运行、维护成本：
$$C_{O\&M,i}=K_{O\&M,i}\times P_{gen,i}$$

式中　$K_{O\&M,i}$——第 i 台 DG 的运行、维护系数，欧元/kWh，是指该 DG 每发电 1kWh 所需要的运行、维护费用。

排放成本：
$$C_{emission,i}=K_{emission,i}\times R_{emission}\times P_{gen,i}$$

式中　$K_{emission,i}$——第 i 台 DG 的排放系数，kg/kWh，是指该 DG 每发电 1kWh 所排放的温室气体的重量；

$R_{emission}$——温室气体排放价格，欧元/kg，是指每排放 1kg 温室气体所需要缴纳的排放费用。

2. 等式约束

在能源互联网中的电力环保经济调度的同时，必须满足功率平衡限制：
$$P_{load}=\sum_{i=1}^{N}P_{gen,i}$$

式中　P_{load}——能源互联网中所有的电力负荷

3. 不等式约束

为了保证能源互联网中分布式发电设备的稳定运行，每台分布式发电设备必须满足容量限制，即其出力必须满足出力上下限：
$$P_{gen,i}^{min}\leqslant P_{gen,i}\leqslant P_{gen,i}^{max}$$

式中　$P_{gen,i}^{min}$，$P_{gen,i}^{max}$——分别为第 i 台能源站的发电出力上下限。

4. 算例分析

针对上文提到的电力微网模型，首先给出相关参数（见表 9-3～表 9-6）。

电力负荷需求表（kW）　　　　　　　　　　　　　　　　　表 9-3

时段	需求	时段	需求	时段	需求	时段	需求
1	9.7	7	17.2	13	21.3	19	18
2	10.5	8	18	14	19.7	20	21.3
3	12.2	9	19.7	15	18	21	19.7
4	13.8	10	21.3	16	15.5	22	16.3
5	14.7	11	22.2	17	14.7	23	13
6	16.3	12	23	18	16.3	24	11.3

太阳能光伏电池平均功率（kW）　　　　　　　　　　　　　　表 9-4

时段	功率	时段	功率	时段	功率	时段	功率
1～5	0	11	4	18	4	21	4
6	2	12	6	19	6	22～24	0

风力机组平均功率（kW）　　　　　　　　　　　　　　　　　表 9-5

时段	功率	时段	功率	时段	功率	时段	功率
1～5	0	11	4	18	4	21	4
6	2	12	6	19	6	22～24	0
7～10	3	13～17	0	20	8		

系统中发电设备配置				表9-6
网络中发电设备种类	功率	网络中发电设备种类		功率
太阳能光伏发电阵列	5kW	火电1		8kW
风力发电机组	5kW	火电2		5kW
燃气轮机发电机组	5kW	燃料电池		8kW
蓄电池组	220V/300Ah			

应用遗传算法，设置种群大小为100，交叉概率为0.8，变异概率为0.05，运算代数为300代。蓄电池工作在调频的运行方式下，初始容量为80%。蓄电池出力为负时表示充电，计算结果如表9-7所示。

算例计算——微网的优化调度 表9-7

时段	火电1 (8kW)	火电2 (5kW)	蓄电池	燃料电池
1	8	5	−7.5	2.01
2	8	5	−7.5	2.99
3	8	5	−7.5	5.17
4	8	5	−7.5	6.44
5	6.666	3.844	2.5	0
6	6.936	4.024	2.5	0
7	7.266	4.244	2.5	0
8	7.758	4.572	2.5	0
9	8	5	2.5	1.12
10	8	5	2.5	2.79
11	8	5	2.5	1.56
12	8	5	2.5	0.24
13	8	5	2.5	1.81
14	8	5	2.5	0.55
15	7.734	4.556	2.5	0
16	6.066	3.444	2.5	0
17	5.802	3.268	2.5	0
18	5.124	2.816	2.5	0
19	6.99	4.06	2.5	0
20	8	5	2.5	0.35
21	8	5	2.5	0.6
22	7.71	4.54	2.5	0
23	8	5	−7.5	5.92
24	8	5	−7.5	3.5

9.2.4 能源互联网中热水管网的最佳路径设计（管网布置优化）

在能源站选址确定后，通过热水管网实现热的互联和互相调度，就涉及能源站之间热水网的最佳路径设计。对于分布式能源的产电部分，可以采用环网方式，即能源总线方式。而对于分布式能源的产热部分则按枝状管网，即蜂窝状（cellular network）管系分析。从图论角度，由于能源互联网是一个连通的赋权网络图，那么最优管网路径设计应该是该图的最小生成树问题。当能源站的地理位置给定后，站点与各用户或之间管道的连接存在多个方案，将各种可能的连接汇集起来，在二维空间上就构成了含有多个圈的连通图，即管网的初步连接图。管网布置优化的目标可以是寻找管网投资和运行等费用即管网年度费用最小的管网布置方式，也可以是寻找管网运行能耗最低的管网布置方式。以管网年度费用最低为例，实质上就是以管网初步连接图为依据，以管网的年折算费用为权值，求管网年度费用最小的生成树。根据图论理论，对于一个有 n 个节点的树状管网，其生成树有 n 个节点、$n-1$ 条边。一个有 n 个节点和 m 条待选边的管网初步连接图，有许多个可行的树状管网布置形式，由于管网内各管段的流量分配和形成的阻力损失差异较大，管网投资和运行费用必将有很大的差异。若用枚举法寻求所有生成树，计算量较大，求解效率低；若用图论中 Dijkstra 算法或 Kruskal 算法，只能获得一个管网总长度和路径最短的布置方案，但其管网年折算费用未必最小。而遗传算法（GA）是一种新兴的全局优化算法，它以目标函数值为搜索依据，通过群体优化搜索和随机执行基本遗传运算，实现遗传群体的不断进化，适合解决离散组合优化问题和复杂非线性问题。能源互联网中的管网布置优化属于典型的组合优化问题，可以应用遗传算法对其进行优化布置。

本节应用遗传算法进行树状管网的优化布置，以管网年度费用为优化目标，从一组随机产生的初始管网布置方案出发，以遗传算法控制优化搜索进程，对每一个可行的热水管网布置方案计算管网年度费用的大小，通过不断地搜索并评价管网，逐渐进化到一组年度费用最小的布置方案，实现热水管网的优化布置。

9.2.4.1 目标函数

热水管网系统的年度费用由 4 部分组成：管网初投资年折算费用 C_1、冷水泵的年运行费用 C_2、管道的折旧和维修费用 C_3、输水管道冷量损失费用 C_4，可得出以下年度费用的目标函数：

$$\min C = C_1 + C_2 + C_3 + C_4$$

1. 管网初投资年折算费用 C_1 的计算

对于直埋敷设管道，管网初投资年折算费用考虑资金的时间价值，按照动态分析法确定的投资效果系数折算成年度费用，计算公式如下：

$$C_1 = \frac{r(1+r^t)}{(1+r)^t - 1} \sum_{i=1}^{n-1} f(d_i) l_i$$

式中　r——年利率；

　　　t——投资回收期，年；

　　　n——管网节点数；

　　　d_i——第 i 个管段管径，m；

　　　l_i——第 i 个管段长度，m；

　　　$f(d_i)$——第 i 个管段单位长度投资，元/m。

管网的投资可写成各管段管径的函数，包含了管网建设所有投资，如管材、管路附件、保温以及施工等费用，可根据综合造价采用相应的回归模型进行拟合，$f(d_i) = a +$

$b \cdot d_i$，其中，a，b 为回归系数。

2. 循环水泵运行电费 C_2 的计算

$$C_2 = \frac{P \times Q}{\eta_P} \cdot \tau \cdot c_e \times 10^{-7}$$

式中　Q——循环水泵的设计流量，按照热力站或用户需流量总和计算，m^3/s；

P——循环水泵工作压力，Pa。计算时，考虑管网最不利循环环路中各管段的总阻力损失、热交换站的阻力损失和冷冻站内管网和制冷机组蒸发器的阻力损失。并且，流量和长度相同的进水管和回水管的水头损失相等；

η_P——水泵的机电效率，一般为 0.5～0.7；

τ——循环水泵的年最大工作时间，为相应计算流量下的工作时间，h；

c_e——电价，元/kWh。

3. 输水管道冷量损失费用 C_3 的计算：

$$C_3 = \sum_{i=1}^{n-1} \frac{2\pi\lambda l_i}{\ln \dfrac{d_i + 2\delta_i + \delta_{ti}}{d_i + 2\delta_i} \times COP \times 10^7} (2t_s - t_{cs} - t_{cr}) \times c_e \times \tau$$

式中　λ——保温材料的导热系数，W/(m·℃)；

t_s——输水管网外土壤的平均温度，℃；

t_{cs}——输水管网内冷冻水供水的平均温度，℃；

t_{cr}——输水管网内冷冻水回水的平均温度，℃；

δ_i——管道的厚度，m；

δ_{ti}——管道保温层的厚度，m；

COP——系统的能效比。

4. 管网的折旧、维修年均费用 C_4 的计算

$$C_4 = \alpha C_1$$

式中　α——折旧率。

9.2.4.2　约束条件

1. 流量平衡约束

已知树状管网布置形式和各节点流量（假定流出节点为正，流入节点为负），根据节点连续性方程，由下式求树状管网中各管段流量：

$$\sum_{i=1}^{n-1} b_{jk}q_k + Q_j = 0 \ (j=1, 2, \cdots, n)$$

$$b_{jk} = \begin{cases} 1 & \text{表示管段 } k \text{ 和节点 } j \text{ 相连，且管内水流流出该节点} \\ 0 & \text{表示此管段与该节点不关联} \\ -1 & \text{表示管段 } k \text{ 和节点 } j \text{ 相连，且管内水流流入该节点} \end{cases}$$

式中　n——树状管网节点数，树状管网的边数为 $n-1$；

q_k——管段 k 的流量，m^3/s；

Q_j——节点 j 的流量，m^3/s。

假定流量 q_k 以经济流速 v 通过，各管道的经济直径 d_k 由下式计算：

$$d_k = \sqrt{\frac{4q_k}{\pi v}}$$

根据上式计算出的管径，选择最接近的公称管径。

2. 流速约束

为保证冷媒在管道中流动的稳定性和经济合理性，防止流速过大发生水锤现象和形成噪音，管道中的最大流速一般不得超过 3.5m/s。管道中的流速约束可表示为：

$$v_{min} \leqslant v \leqslant v_{max}$$

3. 管径约束

标准管径为离散管径，工程上可用的最大管径为 $DN1400$，最小为 $DN15$，室外管网的最小管径一般为 $DN50$，管径的取值范围的约束为：

$$d_{min} \leqslant d \leqslant d_{max}$$

9.2.4.3 求解策略

（1）根据规划区域的地形条件、能源站位置、管网布置以及工程设计要求等，制定管网初步连接方案，并形成网络图，确定管网节点数目、待选边数目及节点需流量等。按照待选边的编号顺序，用长度为 m 的二进制字符串表示可能的管网连接方案。确定遗传算法的主要控制参数（如群体规模、最大遗传代数、选择率和换位率等）。

（2）随机产生一组初始群体，应用图论中的深度优先搜索算法（NFS）对遗传群体中的各个个体进行连通性判断，确定初始群体中的每个个体为一个可行的树状管网布置方案，然后计算管网年度费用大小和个体适应度。此初始群体作为第一代遗传群体。

（3）根据选择率确定每一代的遗传选择机制（优先选择或平等选择），选择进行遗传运算的母体；根据换位率确定对母体执行遗传算子，产生具有相同群体规模的子代群体。

（4）所有的亲代个体和子代个体共同参与生存竞争，按适应度的高低进行排序，选择适应度最大且基因链不同的若干个最优个体作为新一代遗传群体，保持群体规模不变。

（5）对遗传群体循环执行步骤（3）～（4），直到达到最大遗传代数才终止算法。

（6）选择最终遗传群体中的全部或部分个体作为树状管网优化布置结果。考虑实际问题中的其他限制因素，对优化布置方案进行评估、选择和修正，确定最优布置方案。

9.2.4.4 案例分析

以 7 个节点为例，应用遗传算法对其进行热水管网的最优布置，设置群体规模为 30，遗传代数为 200 代，优化计算时的基础数据取值为：电价为 0.60 元/kWh，供回水平均密度 $\rho = 1000$kg/m³，水泵效率 $\eta_p = 0.17$；管网年工作时间 3360h，投资回收期按 15 年计算；折旧率为 3%；管壁当量粗糙度取 0.2mm；局部阻力占沿程阻力的比例取 20%；输水管道外土壤的平均温度 $t_s = 25$℃；保温材料的导热系数为 0.06W/(m·℃)；保温材料的厚度为 0.09m；机组能效比 COP 为 4.2，输水管道选用直埋保温管道，管道的造价公式为：$f(d_i) = 9.4868 + 4.942 \cdot d_i$，设计推荐流速为 1.8～3m/s，以利用系统的水力平衡。根据实际情况设置各节点水量和管段管长，以不同的选择率和换位率组合模式进行优化，年度费用最小管网布置如图 9-5 所示。

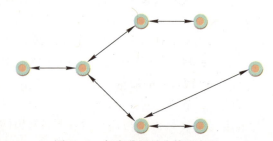

图 9-5 年度费用最小管网布置

值得提醒的是，通常管网并不能完全按照优化计算的结果布置。因为管网布置还要遵从区域总体规划，根据总体规划中的路网布置或通过共同沟与其他管线综合。因此，最终结果可能是次优的系统，或者是在管网走向已定的约束条件下的优化结果。冷热水网络不能完全指望通过管网优化降低输送系统能耗，还要考虑其他措施，例如用冰浆、盐水作为输送介质，用减阻剂，以及用定温差、变流量系统等。

9.2.4.5 能源互联网中热水枝状管网的水力计算

能源互联网中热水管网水力计算的最终目的是要选择适当的管径，使作用于用户处的压力和流量能满足其要求。热水管网水力计算的主要任务，通常有如下几项：

（1）按已知系统各管段的流量和系统的循环作用压力（压头），确定各管段的管径；

（2）按已知系统各管段的流量和给定最不利环路各管段的管径，确定系统所必需的循环作用压力（压头）；

（3）按已知系统中管段的管径和该管段的允许压降，确定通过该管段的水流量。

由于能源互联网中的热水管网建议采用枝状拓扑，故在此仅介绍枝状管网的水力计算。

枝状管网布置形式简单、造价低、运行管理简便。在对已知数据进行整理以后，就开始进行枝状热水管网的水力计算，首先简单介绍单热源枝状管网水力计算的方法：

（1）根据用户冷热负荷计算流量，如果给出用户流量，则直接进行计算。然后根据连续性方程，由各冷热用户的计算流量，计算各管段的计算流量。

（2）确定热水网路的主干线。当各热用户的资用压头相差不大时，主干线即为热源到最远热用户（又称最不利用户）的管线。

（3）确定主干线的沿程比摩阻。主干线的沿程平均比摩阻 R 的选取，将直接影响整个管网各管段管径选取的大小。R 值过小，则管网各管段管径将普遍偏大，增大了管网的初投资；R 值过大，管径则会偏小，管网的运行费用和循环水泵的初投资也会相应增加。因此，R 存在一个经济值（经济比摩阻），理论上应根据不同管网工程条件，由经济计算求得。实际设计计算中，主干线常按推荐比摩阻的范围来选取。《热网规范》中的标准是 $30 \sim 70 \mathrm{Pa/m}$。

（4）确定主干线各管段的实际管径和相应的实际比摩阻。根据网路主干线各个管段的计算流量和初步选用的平均比摩阻 R 值，由 $d = 0.387 \dfrac{K^{0.0476} G_\mathrm{t}^{0.381}}{(\rho R_\mathrm{m})^{0.19}}$，求出各管段管径，再将之与标准公称直径上下靠档后，再由 $R_\mathrm{m} = 6.88 \times 10^{-3} K^{0.25} \dfrac{G_\mathrm{t}^2}{\rho d^{5.25}}$，求得各管段实际比摩阻的值。对于改扩建的管网工程，按原有值计算。

（5）根据选用的主干线各管段标准管径和局部阻力形式，由 $\Delta P_\mathrm{j} = \sum \xi \dfrac{\rho v^2}{2}$，或查局部阻力当量长度表可得到各个管段的局部阻力当量长度，再由 $\Delta P_\mathrm{j} = R l_\mathrm{d}$，计算主干线各管段的局部阻力损失。

（6）计算主干线的总阻力损失。把各管段第（4）项和第（5）项中得到的阻力损失相加，得到各个管段的总阻力损失。各个管段的阻力损失相加，得到主干线的总阻力损失。

（7）支线的计算。由最不利用户的资用压力和主干线各管段阻力损失，可以求得各分支点的供、回水资用压差。这时，需要计算支线或支干线的局部阻力当量长度。通常采用下式进行估算：

$$l_d = \alpha_j l$$

式中　　α_j——局部阻力当量长度与管道长度的比值，%。

然后由公式 $\Delta P_j = R(l + l_d) = R l_{zh}$，反算得到支干线、支线的平均比摩阻 R。再由流速不大于 3.5m/s、比摩阻不大于 300Pa/m 的原则（《热网规范》中的规定）确定支线各管段管径和阻力损失，并计算剩余压头。

（8）计算主干线上各节点的供水管、回水管的测压管水头。在设计工况下，应保证最不利用户的供、回水测压管水头差值大于、等于其资用压力值。设最不利热用户的连接节点为 j，由能量方程，管网中主干线上任意节点 i 的供回水测压管水头差值应为：

$$\Delta P_i = \Delta P_j + 2\sum_{ij} \Delta H,$$

式中　　ΔP_j——最不利用户的供、回水压差，Pa；

$\sum_{ij} \Delta H$——节点 i 到节点 j 所经主干线管段阻力损失的代数和，Pa。

如热源取为节点 i，由公式可以求出热源循环水泵应达到的扬程，并可得到每个热用户的供回水压差。

（9）以"不汽化、不倒空、不超压"的原则，确定热网的补水压力值；并利用能量方程求出各个节点的供水水头和回水水头值，画出水压图。

多热源枝状管网的水力计算基本方法基本与单热源相同，但在进行计算时同时还应该注意到以下几点：（1）两个热源之间必然存在一个水力汇交点；（2）首先应该确定各个热源的设计流量，然后根据连续性方程和能量平衡方程，即可确定水力汇交点及每个管段的计算流量和水流方向；（3）最不利用户到每一热源的所经过的管段都应标记为主干线，热源到水力汇交点的管线定义为主干线；（4）多热源热水管网系统应为一点定压、多点补水，定压点一般设在主热源，其他热源的补水点的压力由主热源定压点的压力推算得到，一般情况下各个热源循环水泵扬程和补给水泵的扬程是不同的；（5）水压图的绘制与单一热源不同，为了全面反映节点的压力值，应分别绘制从各个热源到各个热用户的水压图以及热源到热源的水压图。如从热源到热用户的路径经过最不利用户，水压图的形状应为"两头大、中间小"。

环形管网枝状部分管网的水力计算与纯枝状管网相比，其水力计算方法有如下不同：首先，枝状部分管网的资用压头受环形管网工况的限制；其次，在事故工况下，枝状部分的资用压头不是定数，需要根据事故工况下环形管网干线上的压力值而定；最后，枝状部分管网的可靠性比环形干线低一级。

9.3　能源互联网的应用前景

能源互联网中的能源站点可以是太阳能光电、风力发电、生物质能热电联产（包括垃圾发电）、家用燃料电池、江河湖海水、城市污水和土壤中的低品位热能。充分利用城市中的可再生能源和未利用能源。这样，城市或区域的每一栋建筑都可以收集能量，收集到的能量汇聚到城市的热和电的互联网中，供建筑使用，同时也能用来为汽车等用电器具充电。废弃物、枯枝败叶、甚至下水道污物都可以用来作为发酵气体以循环使用。就近分布式发电，增加了供电的可靠性，降低了线损和大电网的负担，提高了电网的安全性；有利于直流供电到户，提高生活质量。适于在紧凑型城市中大规模集约化应用可再生能源和未利用能源，实现热、电、冷联供，冷、热、电均可互为补充，互为备份，大大削减设备容量，优化和提高能源利用效率，减少输送能耗。另外，它可以缓解热岛效应，减轻能源动力系统对环境的影响，节能减排、构建低碳城市的效果显著。

本章首先回顾了能源互联网产生的背景，介绍了能源互联网的原理概念及意义，在此基础上探索了能源互联网建设中的几个主要问题及其解决的方法：能源站的选址布局与辐射范围确定，能源互联网中供需匹配的输送问题，能源互联网中电力的环保经济调度，结合图论和遗传算法给出了热水管网的最优路径设计（布置优化）以及枝状热水管网的水力计算。能源互联网系统是基于低碳城市建设提出的一种前瞻性能源供应模式，目前很多技术尚处于研究阶段。在低碳城市中能源互联网有很广阔的发展前景。

参考文献

[1] 龙惟定. 建筑节能管理的重要环节——区域建筑能源规划. 暖通空调，2008，38（3）：31-38.

[2] 龙惟定，白玮，梁浩，范蕊，低碳城市的能源系统，暖通空调，2009，8：70-84.

[3] 龙惟定，白玮，梁浩，范蕊，张改景. 低碳城市的城市形态和能源愿景，建筑科学，2010，2.

[4] Douglas B. West. 图论导引. 李建中，骆吉洲，译. 北京：机械工业出版社，2006.

[5] 徐宝萍，付林，狄洪发. 大型多热源环状热网水力计算方法. 区域供热，2005，17（6）：25-32.

[6] 微电网的研究现状及在我国的应用前景. 电网技术，2008，32（16）.

[7] 微电网研究综述. 电力系统自动化，2007，31（19）.

[8] 丁明，包敏等. 分布式供能系统的经济调度. 电力科学与技术学报，2008，3.

[9] 陈贤富. 遗传优化的理论和方法研究［博士学位论文］. 合肥：中国科技大学，1996.

[10] Swisher J N. Tools and methods for integrated resource planning［R］. UNEP Collaborating Centre on Energy and Environment，Risª National Laboratory，Denmark，1997.

[11] Church K. Community energy planning, a guide for communities. Vol. 1 Introduction［R］. Natural Resources Canada，2007.

[12] http://www.smartgridnews.com/.

[13] Equipment plan of compound interconnection micro-grid composed from diesel power plants and solid polymer membrane-type fuel cell，Shinya Obara，International Journal of Hydrogen Energy 33（2008）179-188.

[14] Load response characteristics of a fuel cell micro-grid with control of number of units，Shinya Obara，International Journal of Hydrogen Energy 31（2006）1819-1830.

[15] From Smart Grids to an Energy Internet：Assumptions，Architectures and Requirements L. H. Tsoukalas，and R. Gao DRPT2008 6—9 April 2008 Nanjing China.

[16] Obara S，Kudo K. Study on small-scale fuel cell cogeneration system with methanol steam reforming considering partial load and load fluctuation. Transactions of the ASME，J. Energy Res Technol，2005，127：265-71.

[17] Obara S，Kudo K. Study on improvement in efficiency of partial load driving of installing fuel cell network with geothermal heat pump. In：Tomlinson J，editor. Proceedings of eighth IEA heat pump conference，2005，5（1）：1-90.

[18] Obara S，Kudo K. Route planning of heat supply piping of fuel cell energy network. Trans Jpn Soc

Mech ·Eng. 2005, 71: 1169 – 1176 (in Japanese).

[19] Goldberg DE. Genetic algorithms in search, optimization and machine learning. Reading, MA: Addison Wesley, 1989.

[20] Baker JE. Adaptive selection methods for genetic algorithms: Proceedings of the first international joint conference on genetic algorithms ICGA85, 1985: 101 – 111.

[21] Hongmei Y, Haipeng F, Pingjing Y, Yi Y. A combined genetic algorithm/simulated annealing algorithm for large scale system energy integration. Comput Chem Eng, 2000, 24: 2023 – 2033.

[22] David Z, Jean CL. Proceedings of the 1991 IEEE international conference on robotics and automation, 1991.

[23] Sang SK, Sehyun M, Soon HH. A design expert system for auto-routing of ship pipes. J Ship Prod, 1999, 15 (1): 1 – 9.

[24] Dewdney AK. Exploring the field of genetic algorithms in a primordial computer sea full of flibs. Comput Recreations SciAm, 1985, 85 (5): 21 – 32.

[25] National Astronomical Observatory. Rika Nenpyo. Chronological Scientific Tables CD-ROM: Maruzen Co. Ltd. , 2003.

[26] Nagase O, Ikaga T, Chikamoto T. Study on the effect of energy saving methods and global warming prevention in Tokyo. In: 19th Energy System—Economics—Environment conference, 2003: 461 – 466 (in Japanese).

[27] Bookbinder J H, Reece K E. Vehicle Routing Considerations in Distributed Energy System. European Journal of Operational Research, 1988, (37): 204 – 213.

[28] Min H, Jayaraman V, Srivastava R. Combined Location-routing Problems: A Synthesis and Future Research Direction. European Journal of Operational Research, 1 998, (108): 1 – 15.

[29] Moore G C, ReVele C. The Hierarchical Service Location Problem Dl. Management Science, 1982, (28): 775 – 780.

[30] Bee S, Yoon B S. A Two-stage Heuristic Approach for the Newspaper Delivery Problem [J]. Computer Industrial Engineering, 1996, (30): 501 – 509.

[31] Srivastava R, Benton W C. The Location-routing Problem: Considerations in Physical Distribution System Design. Computers Operations Research, 1 990, (17): 427 – 435.

[32] Tuzun D, Burke L I. A Two-phase Tabu Search Approach to the Location Routing Problem. European Journal of Operational Research, 1999, (116): 87 – 99.

[33] Welch S B. The Obnoxious p Facility Network Location Problem with Facility Interaction. European Journal of Operational Research, 1997, (102): 302 – 319.

[34] Hernandez-Aramburo CA, Green TC, Mugniot N. Fuel consumption minimization of a micro-grid. IEEE Trans Ind Appl, 2005, 41 (3): 673 – 681.

[35] Goldberg DE. Genetic algorithms in search. Optimization and machine learning. Reading, MA: Addison Wesley, 1989.

[36] Srinivas M, Patnaik LM. Genetic algorithms: a survey. IEEE Comput, 1994, 27 (6): 17 – 26.

[37] Baker JE. Adaptive selection methods for genetic algorithms. Proceedings of the first international joint conference on genetic algorithms, ICGA85, 1985.

[38] Chang Y-C, Lin J-K, Chuang M-H. Optimal chiller loading by genetic algorithm for reducing energy consumption. Energy Build, 2005, 37 (2): 147 – 155.

[39] Dewdney AK. Exploring the field of genetic algorithms in a primordial computer sea full of flobs. Sci Am, 1985, 85 (5): 16 – 21.

[40] Maruzen KK. Chronological scientific tables. National Astronomical Observatory of Japan, 2003.

第 10 章　区域建筑能源系统的评价

10.1　区域能源系统的碳足迹

10.1.1　碳足迹的概念

"碳足迹"的概念引申于生态足迹，最初在 2000 年提出。气候变化成为人类生存的一个重要挑战，人们普遍认为人类活动引起的温室气体排放对全球气候变暖产生了极大的负面影响。人类活动造成的最主要的温室气体为二氧化碳（CO_2），2004 年其排放量占到全球温室气体排放总量的 76.7%。此外，甲烷（CH_4）、氧化亚氮（N_2O）、氢氟碳化物（HFCs）、全氟化碳（PFCs）、六氟化硫（SF_6）5 种气体在京都议定书中被规定为受管制的温室气体。在此背景下，碳足迹作为衡量碳排放程度的一个指标而受到公司、组织、个人等的重视。

碳足迹是个体、组织、事件或产品等任何实体活动所产生的以 CO_2 当量表示的温室气体总排量。之所以用 CO_2 当量表示，是因为京都议定书限制的 6 种温室气体，每种气体有着不同的全球变暖潜值（GWP），通常将每种气体的排放量转化为 CO_2 当量，这样既利于比较又方便统计。准确地计算某个实体活动的碳足迹必须有一个详细的方法，这样才可确保计算结果的准确性、可比性等。通常，一个系统的方法包括 5 个步骤：（1）确定方法。采用被人们广泛接受和理解的方法通常更好，结果可信，且便于横向比较。通常采用的方法为美国非政府组织世界资源研究所（WRI）与设在日内瓦的 170 家国际公司组成的世界可持续发展工商理事会（WBCSD）提出的温室气体议定书。另外，国际标准化组织 ISO14064 也提供了关于公司碳足迹计算和排放报告的指导。（2）指定边界与包括的范围。指定边界指的是需要量化的排放，比如对于公司需要考虑组织结构、运作边界及业务内容等。包括的范围指的是直接排放、电力消耗引起的间接排放或其他间接排放。（3）收集排放数据，计算碳足迹。（4）验证结果。由第三方来核查验证计算结果的可信度。（5）公布碳足迹。当所计算的实体的碳足迹需要公布时，可考虑此步骤。此方法中的公司是个宽泛的概念，是公司、企业和其他类型组织的简称。当然，个体等的碳足迹的计算也基于此方法进行。

面对全球气候变暖对人类生存和发展的严峻挑战，提出了低碳经济的发展模式。低碳经济指的是在发展中排放最少的温室气体，同时获得整个最大的产出。低碳能源是低碳经济的基本保证。在进行区域能源规划时，区域能源系统的温室气体排放量也直接关系到区域以及城市的碳排放问题，所以需要对区域能源系统的温室气体排放进行合理的评价。

区域能源系统的碳足迹指的是区域能源系统在运行过程中的温室气体排放量，用 CO_2 当量表示。区域能源系统碳足迹的计算方法，在大的原则上，遵循前面的方法。不过，相对于公司等的碳足迹计算来说，区域能源系统的碳足迹计算所考虑的问题以及意图应更加详细地体现出能源系统自身的特点。

10.1.2　区域能源系统碳足迹分析方法

1. 设定能源系统计算边界

选定了所要计算的系统，即设定了系统计算边界。以冰蓄冷区域供冷系统为例，制冷机房产生的冷冻水通过区域供冷管网输配至各单体建筑。若分析某单体建筑室内能源系统的碳足迹，则以该单体建筑室内能源系统为边界；若计算冰蓄冷系统的碳足迹，则以整个供冷管网系统为计算边界。通常，区域能源系统碳足迹计算只限于外网，室内系统不予考虑。

2. 确认计算边界内系统的温室气体排放源

在统计边界内系统的温室气体排放源之前，需先明确温室气体排放的分类。

温室气体排放包括直接排放与间接排放。直接排放是指计算边界内系统排放源的温室气体排放；间接排放是指为使系统运行购入的电力、热水或蒸汽产生的温室气体排放以及构成系统的设备、管道、构件等其他材料引起的温室气体排放。间接排放不直接在系统运行中发生，而是在其他地方或系统中发生。

按温室气体排放量控制的难易程度，温室气体排放可分为 3 个范围：范围 1：系统计算边界内的直接排放；范围 2：为使系统运行购入的电力、热水或蒸汽等能源产生的温室气体排放；范围 3：构成系统的设备、管道、构件等其他材料引起的温室气体排放，这部分指的是系统内所有组件从最原始的材料加工运输至成品、成品运输至当前系统所在地、报废以后材料回收等所有活动中的温室气体排放。范围 2 和范围 3 属于间接排放。购入电力输配系统的间接排放不计入 HVAC 系统，应计入电力公司。确认计算边界内系统的温室气体排放源从易到难进行。先确认直接排放（范围 1）源，再确认范围 2 的间接排放源，最后确认范围 3 的间接排放源。通常，范围 1 和范围 2 的温室气体排放量是必须计算的，范围 3 是可选择项，因为范围 3 的计算难度很大。

区域能源系统的范围 1 和范围 2 的温室气体排放列举如下。范围 1：锅炉、直燃机、燃气轮机等燃烧设备的直接排放；设备和管道接缝、冷藏和空调装置等泄漏引起的直接排放；范围 2：水泵、电动压缩式制冷机和房间空调器、电热水器等电动设备所用电力的间接排放。

当计算两个具有相关性的区域能源系统的碳足迹时，需要注意各系统所涉及的排放范围的区分。假定 A 系统为一个燃气轮机热电联产系统，多余的电力出售给 B 系统。A 系统的碳足迹由 A 系统的直接排放（范围 1）、系统运行所购燃气的间接排放（范围 2）、A 系统所有组成设备引起的间接排放组成。B 系统范围 2 的温室气体排放为从 A 系统中购入电力的间接排放。

明确各个范围的界定可避免不同系统的排放源的重复统计与计算，确保系统碳足迹分析的完整性。另外，互相比较的 HVAC 系统的碳足迹分析应遵循一致性的原则，即所比较的系统的碳足迹分析必须涵盖相同的范围。如将仅包括范围 1 和范围 2 的系统与 3 个范围都涵盖的系统的碳足迹进行比较是绝对不允许的。

3. 计算方法

根据燃料用量、用电量、热水量或蒸汽量与当地排放系数或标准排放系数得到各种温室气体的排放量，然后根据其全球变暖潜值 GWP 转化为 CO_2 当量，计算公式为：

$$CO_2 e_i = M_i \times GWP_i = G \times Ef_i \times GWP_i$$

式中 $CO_2 e_i$——某种温室气体的 CO_2 当量，t；

M_i——该温室气体的质量，t；

GWP_i——该温室气体的 GWP，以作用 100 年的 CO_2 的 GWP 为基准，计算出的各种温室气体作用 100 年的 GWP 值，京都议定书限制的 6 种温室气体的 GWP 值见表 10-1；

G——燃料用量、用电量、热水量或蒸汽量，t；

Ef_i——该温室气体排放系数，消耗单位燃料或生产单位产品的某种温室气体的排放量。

几种温室气体的 GWP 值   表 10-1

温室气体	GWP 值（100 年）	温室气体	GWP 值（100 年）
CO_2	1	HFC-134a	1430
CH_4	25	SF_6	22800
N_2O	298	PFCs	7390~10300
HFC-23	14800		

根据上式可计算出每种温室气体用 CO_2 当量表示的排放量。总的温室气体排放量为各种温室气体用 CO_2 当量表示的排放量的总和。当不需要区分各种温室气体的排放量，仅需得到总的温室气体排放量时，可用综合温室气体排放系数乘以消耗的总燃料或系统输出总能量即得到总的温室气体排放量。

10.1.3 碳足迹用于区域能源系统评价的意义

区域能源系统具有多种形式，如带有冰蓄冷的区域供冷系统、区域热电冷联供系统、能源总线系统、常规电动制冷区域供冷系统以及结合可再生能源技术的区域能源系统等。这些系统的温室气体排放量如何，从全球变暖的角度对环境影响程度如何，都需要有个合理的评价。这正是碳足迹这个指标所要实现的目标。

在区域能源规划阶段，通常会提出不同的区域能源系统方案。需要从不同的角度来评判系统的合理性，以做出最佳的决策。当对同一区域的不同能源系统方案的碳足迹进行比较时，由于区域能源的冷、热、电等能源需求相同，故可用温室气体排放量，即碳排量这个绝对指标来评价，单位为 kg CO_2。

当对不同区域间的能源系统进行碳足迹的比较时，用单位输出能量的碳排量这个相对指标来评价，单位为 kg CO_2/kWh。

对于运行中的区域能源系统，可通过仪表监测获得实际数据。可安装电表、流量计等监测实际用电量或燃料用量等，也可直接监测温室气体排放量。系统仪表监测要长期跟踪排放量，因为系统改造、维修都会影响到系统的温室气体排放量。

10.1.4 降低区域能源系统碳足迹的途径

对于需要电力驱动的区域能源系统而言，购入绿色电力是减少区域能源系统温室气体排放量的重要机会，完全依靠电力运行的区域能源系统尤其如此。绿色电力可由太阳能、地热能、掩埋气、风能、水力等可再生能源与清洁能源提供，绿色电力的温室气体排放系数远低于常规能源发电的温室气体排放系数。当然，购入电力类型取决于当地电力情况与用户意愿。

在购入电力来源相同的基础上，电力设备的能效等级会直接影响区域能源系统碳足迹的大小。比如，额定制冷量为 528kW 的水冷式冷水机组，1 级机组比 5 级机组每小时可节约用电 33.35kWh。若从排放系数为 0.778kg CO_2/kWh 的燃重油发电厂购入电力，则每小时可减少排放 25.95kg CO_2。

可再生能源技术如太阳能热水器、太阳能发电、地源热泵等融入区域能源系统，也可降低系统碳足迹。

温室气体直接排放量与燃烧设备是否高效以及系统运行维护水平有关。高效的燃烧设备燃料燃烧充分，温室气体排放量低，系统运行维护水平高，系统泄漏的可能性小，由泄漏引起的直接排放量随之减少。

计算区域能源系统的碳足迹时，若包括范围 3 的间接排放，则了解构成区域能源系统的设备、管件等的产业链，选择温室气体排放量低的产品，也是降低系统碳足迹的重要途径。比如，钢管和塑料管从原料开采、生产、使用和废品处置整个寿命周期过程的碳排量必然不同，管材的选择将直接影响系统碳足迹。

通过分析区域能源系统的碳足迹，可明确整个系统中各组成部分温室气体排放量的比例，从而可指导区域能源系统的减排改造。

10.2 区域能源系统的热力学评价

区域能源系统的热力学评价包括基于热力学第一定律的能源效率评价和基于热力学第二定律的㶲效率评价。

10.2.1 区域能源系统的能源效率评价

热力学第一定律是能量守恒及转换定律在热现象中的应用，反映的是能量的数量守恒关系。不能反映能量的质的差别，即不能区分机械能、电能、水能、风能等高级能量与热能等低级能量的差异。

通过能量的数量守恒分析，揭示出能量在数量上转换、传递、利用和损失的情况，列出能量平衡式，确定出区域能源系统的能源效率。能源效率是作为收益的输出能量与作为代价的投入能量的比值。区域能源系统的能源效率越高，表明在相同的输入能量下，可以输出更多的能量。

10.2.2 区域能源系统的㶲效率评价

㶲作为评价能量价值的物理量，从"量"与"质"的结合上评价了能量的"价值"。一般来讲，能的"量"与"质"是不统一的，而㶲代表了能量中"量"与"质"统一的部分。所谓㶲，指的是系统由一任意状态可逆变化到死态时，能最大限度转换为"可完全转换能量"的那部分能量。任何能量均由㶲与炻组成。

㶲分析起初主要用于热力系统。随着资源的短缺和能源的紧张，人们意识到有效用能的重要性。1970年，Reistad首次将此方法用于评估美国国家能源利用效率。后来芬兰、加拿大、巴西、英国、土耳其等多个国家用Reistad的㶲分析方法进行了国家能源利用评估。然而，最全面的分析是Ayres等人对1900~1998年之间美国能源利用效率的分析。目前，进行㶲分析的方法包括3种：Reistad方法、Wall方法、Scuibba方法。㶲分析作为一个有效的工具已成功应用于工业、交通等部门和行业，对于国家、行业能源规划、能源决策以及系统的优化设计起着重要指导作用。所以说，㶲分析方法根据分析对象的不同，采取的方法也有差异。

㶲分析是能量系统设计、优化和性能评估中的一个强有力的工具。通过㶲分析可明确不可逆性（㶲损失）的主要来源，最小化给定过程的熵产。㶲分析基于质量平衡，能量平衡结合热力学第二定律即能量中㶲的平衡关系，它可发现设计更加有效的热系统的可能性。㶲分析有助于确定真正损失的能量的大小、位置以及原因。通过分析系统中每个组成部分的㶲损失，可发现有改善潜力的组成部分以及整个系统优化的可能。

㶲分析是基于热力学第二定律和热力学第一定律而进行的。㶲效率指的是系统输出的作为收益的㶲与系统输入的作为代价的㶲的比值。

㶲效率与能量转换过程的可持续性以及其环境效应有很大相关性。当一个能量转换过程的㶲效率接近100%时，此过程对环境的影响接近零，因为㶲只是无任何损失地从一种形式转换为另一种形式。也就是说，此过程接近可逆过程，接近可持续。当㶲效率接近0%时，此过程偏离了可持续，因为含有㶲的燃料、蒸汽等被消耗但没有实现什么。此时，过程的环境效应明显增加。

区域能源系统的㶲效率是区域能源系统输出的作为收益的㶲与该系统输入的作为代价的㶲的比值。通常，计算区域能源系统的㶲效率时，需按照以下步骤进行：画出区域能源系统图；实际循环抽象为理想循环；确定各状态点参数；列出㶲平衡式；计算㶲效率。

10.2.3 区域能源系统的热力学评价案例

如图10-1所示，低压制冷剂蒸气1进入压缩机，压缩为高压制冷剂蒸气2，进入冷凝器定压向空气散热冷却冷凝为高压制冷剂液体3，流入毛细管绝热节流降压后变为低压制冷剂湿蒸气4，流入蒸发器，与地下换热器内的不冻液进行热量交换吸收热量，定压吸热气化变为低压制冷剂蒸汽，如此周而复始地循环工作。

首先将实际循环概括为不可逆循环。假设：循环是稳态、稳流运行的；忽略势能和动能，无化学反应或核反应；绝热压缩，绝

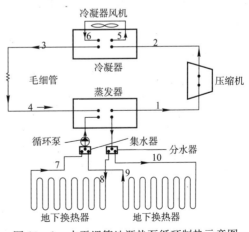

图10-1 水平埋管地源热泵循环制热示意图

热节流；压缩机定熵效率为 0.8；忽略连接各组件的管道的压降和传热，因为管道长度较短；压缩机机械效率和压缩机电动机效率分别是 0.7 和 0.72。这些数据通过实测数据得到；空气是定比热的理想气体，忽略空气含湿量；系统吸热为正，系统向外做功为正。

下面按通用㶲平衡方程式对每个组成部分进行具体分析，同时表达出每个组成部分的质量平衡和能量平衡方程式，因为㶲平衡表达式中的一些参数需要后两个方程式确定。为了便于理解，以下方程式均按通用方程式直接写出。

压缩机：

质量平衡 $\dot{m}_1 = \dot{m}_2 = \dot{m}_{\text{ref}}$

能量平衡 $\dot{m}_1 h_1 + W_{\text{comp}} = \dot{m}_2 h_{2\text{act}}$

㶲平衡 $E_{\text{x,i}} = \dot{m}_1 e_{\text{x,h1}} + W_{\text{comp}} = \dot{m}_1 [h_1 - h_0 - T_0(s_1 - s_0)] + W_{\text{comp}}$

$E_{\text{x,0}} = \dot{m}_2 e_{\text{x,h2act}} = \dot{m}_2 [h_{2\text{act}} - h_0 - T_0(s_{2\text{act}} - s_0)]$

所以，$E_{\text{x,d}} = \dot{m}_{\text{ref}} T_0 (s_1 - s_{2\text{act}})$

式中　$\dot{m}$——质量流率，kg/s；

h——比焓，kJ/kg；

E_{x}——㶲，kW；

s——比熵，kJ/(kg·K)；

$e_{\text{x,h1}}$——单位质量的焓㶲，kW/kg；

下标 act——实际出口的参数；

ref——制冷剂。可由压缩机的定熵效率求出。

$$y_{\text{comp}} = \frac{h_{2\text{s}} - h_1}{h_{2\text{act}} - h_1}$$

$$h_{2\text{act}} = h_1 + \frac{h_{2\text{s}} - h_1}{y_{\text{comp}}} = h_1 + \frac{h_{2\text{s}} - h_1}{0.8}$$

式中　$h_{2\text{s}}$——可逆循环时压缩机出口工质的焓。

冷凝器：

质量平衡 $\dot{m}_2 = \dot{m}_3 = \dot{m}_{\text{ref}}$；$\dot{m}_{\text{s}} = \dot{m}_6 = \dot{m}_{\text{air}}$

能量平衡 $\dot{m}_2 h_{2\text{act}} - Q_{\text{cond}} = \dot{m}_3 h_3$；$\dot{m}_6 h_6 + Q_{\text{cond}} = \dot{m}_{\text{s}} h_{\text{s}}$

㶲平衡 $E_{\text{x,i}} = \dot{m}_2 e_{\text{x,h2act}} + \dot{m}_6 e_{\text{x,h6}} = \dot{m}_2 [h_{2\text{act}} - h_0 - T_0(s_{2\text{act}-s_0})] + \dot{m}_6 [h_6 - h_0 - T_0(s_6 - s_0)]$

$E_{\text{x,0}} = \dot{m}_3 e_{\text{x,h3}} + \dot{m}_5 e_{\text{x,h5}} = \dot{m}_3 [h_3 - h_0 - T_0(s_3 - s_0)] + \dot{m}_5 [h_5 - h_0 - T_0(s_5 - s_0)]$

$E_{\text{x,d}} = \dot{m}_{\text{ref}} T_0 (s_3 - s_{2\text{act}}) + \dot{m}_{\text{air}} T_0 (s_5 - s_6)$

各项代入通用㶲平衡方程式，得冷凝器的㶲平衡为：

$\dot{m}_2 [h_{2\text{act}} - h_0 - T_0(s_{2\text{act}} - s_0)] + \dot{m}_6 [h_6 - h_0 - T_0(s_6 - s_0)] - \dot{m}_3 [h_3 - h_0 - T_0(s_3 - s_0)] - \dot{m}_5 [h_5 - h_0 - T_0(s_5 - s_0)] = \dot{m}_{\text{ref}} T_0 (s_3 - s_{2\text{act}}) + \dot{m}_{\text{air}} T_0 (s_5 - s_6)$

毛细管：

质量平衡 $\dot{m}_3 = \dot{m}_4 = \dot{m}_{\text{ref}}$

能量平衡 $\dot{m}_3 h_3 = \dot{m}_4 h_4$

㶲平衡 $E_{\text{x,i}} = \dot{m}_3 e_{\text{x,h3}} = \dot{m}_3 [h_3 - h_0 - T_0(s_3 - s_0)]$

$E_{\text{x,0}} = \dot{m}_4 e_{\text{x,h4}} = \dot{m}_4 [h_4 - h_0 - T_0(s_4 - s_0)]$

$$E_{\mathrm{x,d}} = \dot{m}_{\mathrm{ref}} T_0 (s_4 - s_3)$$

毛细管的㶲平衡方程式为：

$$\dot{m}_3 [h_3 - h_0 - T_0 (s_3 - s_0)] - \dot{m}_4 [h_4 - h_0 - T_0 (s_4 - s_0)] = \dot{m}_{\mathrm{ref}} T_0 (s_4 - s_3)$$

蒸发器（只分析地下换热器）：

质量平衡 $\dot{m}_4 = \dot{m}_1 = \dot{m}_{\mathrm{ref}}$

能量平衡 $\dot{m}_4 h_4 + Q_{\mathrm{evap}} = \dot{m}_1 h_1$；$Q_{\mathrm{evap}} = Q_{\mathrm{ghe}}$

㶲平衡 $E_{\mathrm{x,i}} = \dot{m}_4 e_{\mathrm{x,h4}} + \dot{m}_7 e_{\mathrm{x,h7}} = \dot{m}_4 [h_4 - h_0 - T_0 (s_4 - s_0)] + \dot{m}_7 [h_7 - h_0 - T_0 (s_7 - s_0)]$

$$E_{\mathrm{x,0}} = \dot{m}_1 e_{\mathrm{x,h1}} + \dot{m}_8 e_{\mathrm{x,h8}} = \dot{m}_1 [h_1 - h_0 - T_0 (s_1 - s_0)] + \dot{m}_8 [h_8 - h_0 - T_0 (s_8 - s_0)]$$

$$E_{\mathrm{x,d}} = \dot{m}_{\mathrm{ref}} T_0 (s_1 - s_4) + \dot{m}_{\mathrm{wa}} T_0 (s_8 - s_7)$$

蒸发器的㶲平衡方程式为：

$$\dot{m}_4 [h_4 - h_0 - T_0 (s_4 - s_0)] + \dot{m}_7 [h_7 - h_0 - T_0 (s_7 - s_0)] - \dot{m}_1 [h_1 - h_0 - T_0 (s_1 - s_0)]$$
$$- \dot{m}_8 [h_8 - h_0 - T_0 (s_8 - s_0)] = \dot{m}_{\mathrm{ref}} T_0 (s_1 - s_4) + \dot{m}_{\mathrm{wa}} T_0 (s_8 - s_7)$$

冷凝器风扇：

质量平衡 $\dot{m}_5 = \dot{m}_6 = \dot{m}_{\mathrm{air}}$

能量平衡 $\dot{m}_5 h_5 + Q_{\mathrm{cond}} = \dot{m}_6 h_6$

㶲平衡 $E_{\mathrm{x,i}} = \dot{m}_5 e_{\mathrm{x,h5}} + Q_{\mathrm{cond}} \left(1 - \dfrac{T_0}{T_{\mathrm{air}}}\right) = \dot{m}_5 [h_5 - h_0 - T_0 (s_5 - s_0)] + Q_{\mathrm{cond}} \left(1 - \dfrac{T_0}{T_{\mathrm{air}}}\right)$

$$E_{\mathrm{x,0}} = \dot{m}_6 e_{\mathrm{x,h6}} = \dot{m}_6 [h_6 - h_0 - T_0 (s_6 - s_0)]$$

$$E_{\mathrm{x,d}} = \dot{m}_{\mathrm{air}} T_0 (s_6 - s_5) + T_0 \dfrac{Q_{\mathrm{cond}}}{T_{\mathrm{air}}}$$

冷凝器风扇的㶲平衡方程式为：

$$\dot{m}_6 [h_5 - h_0 - T_0 (s_5 - s_0)] + Q_{\mathrm{cond}} \left(1 - \dfrac{T_0}{T_{\mathrm{air}}}\right) - \dot{m}_6 [h_6 - h_0 - T_0 (s_6 - s_0)] = \dot{m}_{\mathrm{air}} T_0 (s_6 - s_5) +$$

$$T_0 \dfrac{Q_{\mathrm{cond}}}{T_{\mathrm{air}}}$$

地下换热器：

质量平衡 $\dot{m}_7 = \dot{m}_8 = \dot{m}_{\mathrm{wa}}$

能量平衡 $\dot{m}_8 C_{\mathrm{p,wa}} T_8 - Q_{\mathrm{ghe}} = \dot{m}_7 C_{\mathrm{p,wa}} T_7$

㶲平衡 $E_{\mathrm{x,i}} = \dot{m}_8 e_{\mathrm{x,h8}} = \dot{m}_8 [h_8 - h_0 - T_0 (s_8 - s_0)]$

$$E_{\mathrm{x,0}} = \dot{m}_7 e_{\mathrm{x,h7}} + Q_{\mathrm{ghe}} \left(1 - \dfrac{T_0}{T_{\mathrm{ground}}}\right) = \dot{m}_5 [h_5 - h_0 - T_0 (s_5 - s_0)] + Q_{\mathrm{ghe}} \left(1 - \dfrac{T_0}{T_{\mathrm{ground}}}\right)$$

$$E_{\mathrm{x,d}} = \dot{m}_{\mathrm{wa}} T_0 (s_7 - s_8) + T_0 \dfrac{Q_{\mathrm{ghe}}}{T_{\mathrm{ground}}}$$

地下换热器的㶲平衡方程式为：

$$\dot{m}_8 [h_8 - h_0 - T_0 (s_8 - s_0)] - \dot{m}_5 [h_5 - h_0 - T_0 (s_5 - s_0)] + Q_{\mathrm{ghe}} \left(1 - \dfrac{T_0}{T_{\mathrm{ground}}}\right) = \dot{m}_{\mathrm{wa}} T_0 (s_7 - s_8)$$

$$+ T_0 \dfrac{Q_{\mathrm{ghe}}}{T_{\mathrm{ground}}}$$

该循环以制热为目的，系统的㶲效率为：

$$y_{ek} = \frac{\text{冷凝器的热量㶲}}{\text{压缩机输入的净功}} = \frac{Q_{cond}\left(1 - \dfrac{T_0}{T_{air}}\right)}{W_{comp}}$$

每个组成部分的㶲损失在前面已列出，用每部分的㶲损失除以冷凝器的热量㶲，可得到每部分的㶲损失所占比例，又称为㶲损率。通过比较各部分㶲损失率，可判定哪部分㶲损失最大，为系统优化提供依据。

10.3　区域能源系统的环境评价

在区域能源规划阶段，在满足区域冷、热、电等能源需求的同时，还必须考虑所采用的能源系统对环境的影响程度。通过环境评价，可正确选择最适合该区域的能源系统，从而可实现区域能源的可持续发展，降低温室气体、污染物排放量；可尽量利用区域内可获得的可再生能源资源，如太阳能、风能、地热能和生物质能等；可实现区域能源的可持续发展，优化能源结构，利用低碳区域的实现和环境的良性发展。

10.3.1　生命周期评价

生命周期评价起始于 20 世纪 60 年代，20 世纪 90 年代末在其他环境组织以及当时由于生命周期评价方法的不适当的应用的双重压力下，国际标准化组织才实现了生命周期评价方法的标准化，这就是 ISO 14000 系列。生命周期评价是对产品、系统相关的环境负荷进行量化评价的过程，可用于评价产品、服务或系统在整个生命周期中对环境的影响。它首先辨识和量化所使用的能源、材料和排放到环境中的污染物；其次评价这些使用的能源、材料和排放物对环境的影响；最后确定和评估改进环境性能的机会。图 10 - 2 为在生命周期评价中可能考虑到的生命周期阶段。

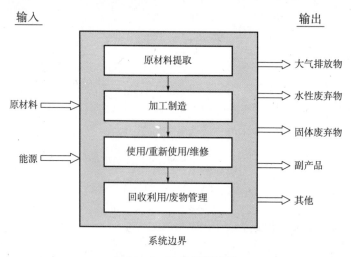

图 10 - 2　生命周期阶段

根据国际标准 ISO 14040，生命周期评价包括 4 个步骤：目标定义和范围界定；清单分析；生命周期影响评价；结果解释。ISO 14041 为目标定义和范围界定以及清单分析；

ISO 14042 为生命周期影响评价；ISO 14043 为结果解释。

在目标定义和范围界定部分，明确研究的意图，指定结果的潜在的应用，定义产品、服务或系统的功能单位。功能单位是产品、服务或系统的定量化的性能。

清单分析是在所确定的范围内对产品、服务或系统生命周期过程的输入（能源消耗与原材料需求量）、输出（污染物排放）进行数据量化和分析。在该步骤中需要收集大量的相关数据，如所有的材料、能源输入、能源输出及其他污染物输出等。以能源系统为例，清单分析包括构成系统的所有设备、组件从原材料获取、加工、运输至废弃处理整个生命过程中的数据量化。在比较具有相同功能的系统、产品等的环境性能以及找出其环境性能的瓶颈方面，生命周期评价是很有用的。

生命周期影响评价包括分类和特征化、归一化以及加权评估。分类是根据所有物质对环境的影响效果，对清单分析的结果数据进行归类。比如，引起全球变暖或酸化的物质要分成两类。具体来说，CO_2、CH_4、N_2O、HFCs、SF_6、PFCs 等物质归于全球变暖影响类型；而 SO_2、NO_x、NH_3 等物质归于酸化影响类型。常用的生命周期影响类型包括全球变暖、臭氧耗竭、酸化、富营养化、光化烟雾、陆生动物毒性、水生动物毒性、人类健康、资源耗竭、土地的利用、水的利用等。属于同一影响类型的不同物质所产生的环境影响效果不同，需要得出同一影响类型的所有物质的环境影响效果的总值，这就是特征化。如所有的温室气体利用其相应的 GWP 值作为转化因子乘以相应温室气体的清单数据，求和后可得出以 CO_2 当量值表示的全球变暖影响值。影响类型的特征化的关键是采用合适的转化因子。对于一些影响类型，如全球变暖和臭氧衰竭，转化因子是一致的。对于其他影响类型，如资源衰竭，转化因子在国际上还缺乏一致性。为了更好地理解某种环境效果的相对大小，需要对该环境类型总值进行归一化。加权评估是对不同的环境类型赋予权重，然后加权求和得出一个综合的表达产品或系统对环境影响的数值。权重的确定会直接影响最终结果。

结果解释是基于已定义的目标和界定的范围，综合考虑清单分析和影响评价的结果，从而提出改进建议和措施。

生命周期评价有助于选择对环境影响最小化的产品或过程，能避免环境问题在空间、寿命阶段等方面的转移。然而，进行生命周期评价，收集数据需要耗费大量的时间与精力，数据的准确程度直接影响到评价结果的可靠性。通常需要做一些假设。生命周期评价现已应用于能源系统的环境评价领域，如空调系统、太阳能热力发电系统、太阳能光电系统、蒸汽轮机发电系统、集中供热系统以及太阳能热水器和燃煤锅炉等能源系统的环境效益分析与评价。

鉴于生命周期评价方法在获取数据方面需要耗费大量的精力，如果将此方法用于区域能源系统的环境评价，工作量将非常大，且在有些数据获取困难的情况下，需要做很多假设，这样结果的准确性就不能保证。另外一方面，生命周期评价方法是静态的，即所得出的分析结果都是基于进行评价时的数据，而实际上，其中一些数据随着科技的发展也是变化的。所以，这种用当前数据来分析产品、系统或服务的整个生命过程中的环境负荷，与实际结果是存在差异的。差异的大小取决于科技发展而导致的数据变化的速度。比如，要对电制冷机组进行生命周期评价，输入的能源为电力，需要计算所消耗电力的温室气体排放量或者污染物排放量等，进行评价时的数据是当时所提供电力的数据。事实上，电力结构是不断变化的，有可能几年后完全采用绿色电力。再以德国为例，生产一个多晶太阳能光电系统的温室气体排放量为 100g CO_2/kW。假如考虑到未来能源生产的组合、较高的回收利用率以及模块效率、更长的产品寿命，那么其温室气体排放量可能会降低到 50g CO_2/kW。也就是说，当前用于环境评价的典型方法——生命周期评价方法本身就是在产品、系统等分析对象的整个生命过程中的输入能源来源不变、能源结构不变、技术保持在当前的水平等的前提下进行的。

10.3.2 单指标环境评价

全球 3 大环境问题为臭氧层破坏、全球变暖（温室效应）以及酸雨。臭氧层破坏主要是由 CFCs、HCFCs 等引起的，臭氧层破坏，增加了太阳对地球表面的紫外线辐射强度，使人的免疫系统受到破坏、抵抗力下降；也会导致世界农作物、鱼类减产；导致森林或树木坏死等一系列问题。全球变暖是由 CO_2、NO_2、CH_4、CFCs、HCFCs 等物质引起的。全球变暖会使地球的平均温度升高、海平面上升、土地沙漠化加速、危害地球生物生存、破坏生态平衡。酸雨是指 PH 小于 5.6 的天然降水和酸性气体以及颗粒物的沉降。酸雨形成的主要原因是由于煤炭、石油等化石燃料排放的 SO_x 和 NO_x 与空气中的水和氧气作用形成硫酸和硝酸。目前，酸雨最集中、面积最大的地区是欧洲、北美和中国。为加强 SO_2 及酸雨污染的防治工作，我国划分了"酸雨控制区"和"SO_2 控制区"。

区域能源系统形式多样，如冰蓄冷系统、变制冷剂流量系统、热电联产系统以及可再生能源系统等，对不同的区域能源系统进行环境评价，需要选择和考虑不同的指标。可从全球 3 大环境问题角度来确定环境评价指标。

10.3.2.1 全球变暖指标

在区域能源系统中，主要由锅炉、直燃机等通过化石燃料直接燃烧排放的 CO_2、电力空调间接排放的 CO_2，水泵、风机等消耗的电力间接排放的 CO_2 以及 CFCs、HCFCs 制冷剂泄漏引起。锅炉、直燃机、电力空调可利用厂家样本提供的设备运行时的污染物排放数据来计算。若厂家未提供相应数据，直燃机、电力空调可参照表 10-2 计算。制冷剂泄漏量可按照灌装量的 2% 估算。燃煤锅炉的 CO_2 排放因子为 2.662g CO_2/gce（认为每克标准煤中的含碳量为 0.726），其他燃料锅炉的 CO_2 排放因子可基于燃煤锅炉的 CO_2 排放因子结合热值得到。燃煤电力的 CO_2 排放因子约为 984.94g CO_2/kWh（按 2005 的供电煤耗计算）。制冷剂泄漏量基于 GWP 值转化为 CO_2 当量。针对具体的能源系统所涉及的设备，按照以上数据即可计算出系统的 CO_2 排放当量。

各制冷机单位制冷量的污染物排放量 表 10-2

空调类别	制冷机形式	CO_2 (g/kWh)	SO_x (g/kWh)	NO_x (g/kWh)
燃气空调	燃油型直燃机	312.1	1.169	0.338
	燃气型直燃机	248.5	0.29	0.317
电力空调	电动离心式冷水机	289.3	1.046	0.753
	电动螺杆式冷水机	320.8	1.16	0.835
	电动活塞式风冷热泵	439.9	1.59	1.145
	电动螺杆式风冷热泵	468.1	1.69	1.216
	电动涡旋式风冷热泵	435.1	1.57	1.133

10.3.2.2 臭氧衰竭指标

在区域能源系统中，引起臭氧层衰竭的物质主要由制冷机组或热泵中的 CFC_s、$HCFC_s$ 制冷剂泄漏引起。基于 ODP 值将这些物质转化为 CFC-11 排放当量。表 10-3 为一些制冷剂的 ODP 值。

制冷剂的 ODP 值　　　　　　　　　表 10-3

制冷剂	R11	R12	R22	R113	R114	R115	R123	R124	R141b
ODP	1.00	0.82	0.055	0.80	1.00	0.60	0.020	0.022	0.11
制冷剂	R142b	R143a	R152a	R245ca	R404A	R407C	R410A	R503	R504
ODP	0.065	0.00	0.00	0.00	0.00	0.00	0.00	0.60	0.31

根据区域能源系统的制冷剂的泄漏量，结合表 10-3 的数据，得到系统的 CFC-11 总排放当量。

10.3.2.3 酸雨指标

在区域能源系统中，锅炉、直燃机是形成 SO_x、NO_x 的直接燃烧设备；能源系统中水泵等消耗的电力间接排放的 SO_x、NO_x 也是引起酸雨的原因。表 10-2 已列出直燃机与电力空调单位冷量的 SO_x 与 NO_x 排放量。

锅炉的 SO_2、NO_x 可按照下列方法估算：

1. 燃煤 SO_2 排放量的估算

SO_2 排放量(t)＝2×0.8×耗煤量(t)×煤中的全硫分含量(%)×[1-脱硫效率(%)]

2. 燃油 SO_2 排放量的估算

SO_2 排放量(t)＝2×耗油量(t)×油中硫的含量(%)×[1-脱硫效率(%)]

3. 燃油/燃煤 NO_x 排放量的估算

NO_x 排放量(t)＝1.63×耗油量/耗煤量(t)×[燃料中氮的含量(%)×

燃料氮向燃料型 NO 的转化率(%)+0.000938]

我国电力工业的基本电源结构为火电、水电和核电，2006 年火电比例为 78% 左右。火力发电中每千瓦时供电所排放的污染物见表 10-4。

火力发电中每千瓦时供电所排放的污染物　　　　表 10-4

燃料 \ 排放物	SO_2（g/kWh）	NO_2（g/kWh）
燃煤	9.14	3.32
燃油	6.75	0.68
燃气	0	0.40

基于转化因子，将 NO_x 排放量转化为 SO_2 排放当量，SO_2、NO_x 的转化因子分别为 1 和 0.7，即酸雨指标用 SO_2 排放当量表示。

除以上这些环境评价指标外，有时还需要考虑噪声等指标。以上指标均为总量，为了便于比较不同区域能源系统的环境效应，可采用区域能源系统单位输出能源的环境评价指标。

10.4 绿色社区评价体系 LEED-ND

随着我国城市化进程的加快，区域开发成为近年来的焦点之一，合理的区域开发和能源规划，能达到经济、社会、生态 3 个最佳效益的统一，从而推进社会、经济、环境的可持续发展。美国等发达国家在区域开发中的经验和教训值得我们借鉴："美国梦"导致了城市蔓延，原有人际关系和社区关系解体，引起了大量占用土地、过分的能源浪费和环境破坏等问题。绿色社区评价体系 LEED-ND 的提出在很大程度上植根于对这些问题的反思。

10.4.1 LEED 体系简介

由美国绿色建筑委员会（United States Green Building Council，USGBC）建立并推行的能源与环境设计先导（Leadership in Energy & Environmental Design Building Rating System，LEED)，旨在当前能源紧缺、气候变暖的背景下推广整体建筑设计流程，用可以识别的认证来改变市场走向，促进绿色竞争和绿色供应。LEED 体系自建立以来，根据建筑的发展和绿色概念的更新、国际上环保和人文的发展，经历了 1998 年版本 LEED1.0、2000 版本 LEED2.0、2002 年版本 LEED2.1、2005 年版本 LEED2.2 等多次的修订和补充。2009 年启用的 LEED 2009 版本重新科学地分配了得分点，更加注重提高能效，减少碳排放，关注其他环境和健康问题和反映地方特性等，这些更新使 LEED 更好地应对各种环境和社会问题的迫切需要，满足了绿色建筑市场的需求。成为目前在世界各国的各类建筑环保评估、绿色建筑评估以及建筑可持续性评估标准中被认为是最完善、最有影响力的评估标准。

LEED 评价体系主要由以下几个评价标准构成：
（1）LEED-NC——"新建项目"分册；
（2）LEED-EB——"既有建筑"分册；
（3）LEED-CI——"商业建筑室内"分册；
（4）LEED-CS——"建筑主体与外壳"分册；
（5）LEED for school——"学校项目"分册；
（6）LEED-Home——"住宅"分册；
（7）LEED for retail——"商店"分册；
（8）LEED for healthcare——"保健建筑"分册；
（9）LEED-ND——"社区规划"分册。

10.4.2 绿色社区评价体系 LEED-ND

在 LEED 体系中，绿色社区评价体系分册（LEED for Neighborhood Development，LEED-ND）是由美国绿色建筑委员会（Green Building Council）、美国新城市主义协会（Congress for the New Urbanism）以及保护自然资源委员会（Natural Resources Defense Council）联合推出的面向社区规划的可持续发展评估体系，主要由精明选址与联系、社区模式与设计、绿色基础设施与建筑、创新与设计和区域优先政策 5 大部分组成，整合了精明增长、新城市主义和绿色建筑等三大绿色社区发展原则。LEED-ND 绿色社区评价体系分册更注重建筑在与社区环境融为一体的过程中的设计和建造，鼓励利用现有的城市区域、减少土地消耗、减少对汽车的依赖、提倡步行、改善空气品质、减少污染和雨水的流失等，使社区与其周边更大的区域联系起来。LEED-ND 为规划设计和决策过程建立了一个指导方针，通过标签效应激励和促进更好的选址、设计以及住宅建筑、商用建筑和综合建筑的规划及建造。LEED-ND 编制历程如表 10-5 所示。

LEED-ND 编制历程 表 10-5

时　　间	事　　件
2003 年	标准编制合作伙伴关系形成
2004 年	标准编制核心委员会成立
2005 年 5 月	公共健康指数报告草案发布
2005 年 9 月	LEED-ND 评估体系草案开始向社会公众征求意见
2005 年秋～2006 年秋	根据公众反馈意见修订评估体系草案
2007 年	LEED-ND 进入项目试验期，进行示范、试验性项目实践
2008 年	LEED-ND 评估体系再修订
2009 年底	LEED-ND 评估体系正式发布实施

LEED-ND 既适用于新建社区，也适用于既有社区。所指的社区既可以是多个社区，也可以是一个社区甚至社区的一部分。LEED-ND 没有对于认证项目占地面积的具体要求，但是核心委员会通过调查研究提供了一个合理的界限供参考：即至少包含两栋可居住建筑，最大用地面积 320 英亩（1.3km²）。超过 320 英亩的项目，某些得分操作较困难，建议将其拆分进行认证。

类似于 LEED 其他分册，LEED-ND 评价体系采用分级打分的方法强化重要指标的作用。如为了鼓励可持续发展的精明选址，将其评分分为 10 个等级，最高等级为 10 分；为了促进可再生能源的利用，将其评分分为 3 个等级，最高分为 3 分。LEED-ND 的条款由少数的前提条件即"必要项"和多数的"得分项"构成，区域项目只有全部满足"必要项"，才有可能获得认证，而各"得分项"并非强制标准，每项得分仅有助于增加总累积分。总分达到一定分值方可通过认证。若分值更高，可依次获得入门级、银级、金级和铂金级认证。

LEED-ND 在以下一些内容的要求中体现了区域能源规划的重要性：

（1）建筑节能：在 LEED-ND 第三部分"绿色建筑及基础设施"的条款里，前提条件和得分点中都涉及了建筑节能的相关要求。条款规定：项目中 90% 的建筑区域中，新建建筑的平均节能率应比 ANSI/ASHRAE/IESNA Standard 90.1-2007[①] 中要求高 10%，既有改造建筑在 ANSI/ASHRAE/IESNA Standard 90.1-2007 基础上提高 5%，具体得分点见表 10-6。

---

① Standard 90.1-2007《除低层住宅建筑物（包括附加物 B、C、D、E、F、G、I 和 M）外新型建筑物的能量有效性设计》是美国采暖、制冷及空气调节工程师协会参与编制并确立的一系列建筑节能设计的要求，针对于除低层住宅的建筑物。LEED 体系中设计节能条款的分数确定多是参照 Standard 90.1-2007 的附录 G。

LEED-ND 在 Standard 90.1-2007 基础上的提高节能率要求   表 10-6

得 分	新建建筑	既有建筑
必须满足	10%	5%
1 分	18%	14%
2 分	26%	22%

　　具体计算节能率时，可建立对比模型。首先，根据项目的外观和 Standard 90.1-2007 建立基准能耗模型；其次，在考虑了节能措施的基础上建立推荐能耗模型，将两个模型的能耗进行比较，进一步换算成费用，推荐能耗模型相对于基准能耗模型的全年能源费用节省率即为直接参考数据，进行评分。

　　根据 LEED-ND Reference Guide，有 4 个基本策略在提高节能率时值得借鉴，即：降低需求侧负荷、增加免费能源量、提高设备效率和能量回收。

　　1) 降低需求侧负荷：优化建筑外形和朝向，通过围护结构和灯光设备等的改进，降低室内负荷，尤其是削减室内峰值负荷；

　　2) 增加免费能源量：包括利用自然采光、自然通风等措施；因地制宜地采用太阳能、风能等可再生能源，使其尽可能多的满足室内热舒适和能量供给的要求；

　　3) 提高设备效率：这里主要指提高空调系统的效率，从而降低能源消耗；

　　4) 能量回收：应用能量回收再生系统。

　　(2) 可再生能源利用：LEED-ND 为了鼓励利用可再生能源，降低化石能源带来的环境和经济的负面影响，将可再生能源应用一项设置为 3 分。节能降耗和发展可再生能源是降低碳排放的重要途径。但是二者在能源供需上的功能和作用是有区别的。前者解决的是需求侧能源消费的减量化；而后者是在供应侧增加能源供应量以满足需求。在温室气体的减排上，前者是间接减排，后者则因使用低碳能源而实现直接减排。LEED-ND 可再生能源比例要求如表 10-7 所示。

LEED-ND 可再生能源比例要求   表 10-7

可再生能源占总能源费用百分比	得分
5%	1 分
12.5%	2 分
20%	3 分

　　可再生能源包括太阳能、风能、地热、生物质能等，合格的可再生能源系统包括：

　　1) 电力系统：在现场建立以发电为目的的光伏系统及利用风能、氢能、波浪能、潮汐能和生物质能的发电系统；

　　2) 地热能系统：在现场建立地热能系统，该系统利用深层地下水或蒸汽资源用来发电或供热，作为建筑物的一次能源；

　　3) 太阳热能系统：在现场建立主动式太阳热能系统，该系统由太阳能集热器、热输送机械（如热泵、风机）和热能储存系统（如蓄热水箱、太阳能与蓄热水箱组成的热虹吸热水器等）。

　　远离社区的地源热泵系统、可再生能源系统和其他绿色电力是不符合上述要求的。合格的生物质能包括未经处理的废木材,如木屑和木材加工废弃物、农业秸秆或垃圾、动物粪便或其他有机垃圾和填埋气。而未经处理的城市生活垃圾、除木屑以外的林业生物质废弃物、刷过油漆的木材、塑料、家具塑料贴面以及经过化学防腐剂处理的木材等物质燃烧所产生的电力不能作为合格的可再生能源。如果可再生能源系统中有超过1‰的木质燃料经防腐剂处理,则这个系统就是不合格的。

(3)区域供冷供热系统:区域供冷供热系统(DHC)是指对一定区域的建筑物群,由一个或多个能源站集中制取冷冻水,通过区域管网提供给终端用户,实现用户对供冷供热需求的系统。从环保的角度来说,区域供冷系统减轻了各建筑物单独设置空调系统时所带来的噪声污染和城市中心区的"热岛效应",同时可以规模化地利用可再生能源,以减少因使用电力或化石燃料带来的污染和温室气体排放;从节能的角度来说,区域供冷供热系统由于采用性能系数较高的大型机组,与传统的空调设备和空调系统相比,可降低能耗。

区域供冷供热技术中最大的问题是输送能耗较大,LEED-ND中要求区域供冷供热系统的输送能耗小于总能耗的2.5%。

(4)基础设施能耗:公共照明如交通信号灯、街灯等系统是区域能耗的组成部分,LEED-ND要求这些设施的年能耗量要比估算得到的能耗基准线再节省15%。交通信号灯应采用LED技术。

(5)减少热岛效应:使其对社区微气候、人居环境及野生动物栖息地的影响最小化。

(6)垃圾管理:减少污水引起的污染并鼓励水资源循环使用。将建筑垃圾中的可循环利用资源回收进行再制造;将可重复使用材料实现再利用。

(7)减少光污染:减少夜晚人为的亮如白昼的现象,增加夜晚星空的可视性,通过降低眩光来提升夜间能见度,以减少社区开发对夜间环境的影响。

10.4.3 LEED-ND 案例简介

在我国,正式获得LEED-ND(pilot)金奖的有北京奥运村和武汉天地项目。

奥运村位于北京中轴龙脉顶端的奥林匹克公园核心区,与国家体育场(鸟巢)、国家游泳中心(水立方)、国家体育馆等奥运中心场馆咫尺相望。奥运村全面贯彻"绿色、科技、人文"三大奥运理念,应用再生水源热泵系统、集中式太阳能热水系统、景观花房生态污水处理系统等数十项领先国际的建筑技术创造出了超越时代的中国当代宜居典范。

根据LEED for Neighborhood Development Pilot评分标准,北京奥运村获得了60分。奥运村项目主要应用了以下措施以实现节能减排的目的:

(1)再生水源热泵系统。总投资约为9725万元的目前我国最大规模的再生水源热泵系统,提取清河污水处理厂中再生水的低品位热能,实现为奥运村约40万 m^2 的建筑制冷供热。根据测算,系统的制冷效率(COP)达到3.67。

(2)太阳能热水工程。奥运村建成6000m^2 的太阳能光热系统,能满足附近2000户居民的生活热水需求。

(3)太阳能照明系统。奥运村安装了太阳能路灯、庭院灯、草坪灯、光导管、LED建筑景观照明等绿色照明技术。

(4)太阳墙及热电联产系统。奥运村运动员服务中心应用了被动式太阳墙采暖通风系统和太阳能热电联产系统。在建筑物外墙的南立面及屋顶安装约100m^2 的太阳墙板,通过吸收太阳辐射转化成热能以达到建筑采暖的目的。同时，通过与太阳能电池板的结合，形成一个光电光热联产系统。

在该项目评分表中，建筑节能项获得了满分 3 分，而可再生能源项和区域供冷供热项均未得到分数。这一现象同样存在于很多获得 LEED-ND 认证的其他项目。说明可再生能源的开发利用以及区域级别的能源规划，仍有较大的发掘潜力。

目前我国出台的绿色建筑评价标准和技术导则更多的是关注单体建筑的建设要求，还未能从社区整体规划层面综合考虑能源、环境、人文、基础设施各方面的协调发展。我国的建筑节能措施，也在很大程度上局限于单体建筑，在区域规划过程中很少考虑节能，也没有将建筑的供热、供冷和供热水作为规划的一部分，建筑节能措施往往是在规划和建筑设计基本成型之后的点缀。由于不能实现集成化应用，可再生能源在建筑中的使用效益很差。在成片开发的区域中，能源结构单一、建筑负荷被高估，造成能源供应系统高峰不足、低谷有余。LEED-ND 提供了很好的启示：要重视区域开发中的建筑能源规划，以节能和可再生能源利用作为替代资源和虚拟能源，在区域规划阶段对建成环境的能源进行综合资源规划，从"源头"开始节能。

附：LEED-ND 2009 条款明细

精明的选址以及与周边的联系			27 分
必要项	1	精明选址	必须满足
必要项	2	考虑濒临灭绝的物种和生态群落	必须满足
必要项	3	湿地和水体保护	必须满足
必要项	4	农业用地的保护	必须满足
必要项	5	避免漫滩	必须满足
得分项	1	首要的选址	10 分
得分项	2	褐地的恢复	2 分
得分项	3	减少对汽车的依赖	7 分
得分项	4	自行车网络构建	1 分
得分项	5	居住地和工作地的接近程度	3 分
得分项	6	斜坡的保护	1 分
得分项	7	基于动植物栖息地和湿地保护的场地设计	1 分
得分项	8	动植物栖息地和湿地的恢复	1 分
得分项	9	动植物栖息地和湿地的维护管理	1 分
社区的形式和设计			44 分
必须项	1	步行街	必须满足
必要项	2	紧凑型的开发	必须满足
必要项	3	联通的、开放的社区	必须满足
得分项	1	步行街	12 分
得分项	2	紧凑型开发	6 分
得分项	3	用途的多样性	4 分

得分项	4	含不同收入阶层	7分
得分项	5	停车所占面积的减少	1分
得分项	6	街道网络	2分
得分项	7	运输工具	1分
得分项	8	交通需求侧的管理	2分
得分项	9	去公共区域的方便程度	1分
得分项	10	去娱乐设施的方便程度	1分
得分项	11	景观可进入性和普及性设计	1分
得分项	12	社区参与	2分
得分项	13	当地食物生产	1分
得分项	14	林荫道设计	2分
得分项	15	临近学校	1分

绿色建筑和技术			**29分**
必要项	1	通过认证的绿色建筑	必须满足
必要项	2	节约能源	必须满足
必要项	3	节约用水	必须满足
必要项	4	建造过程中污染的防治	必须满足
得分项	1	通过认证的绿色建筑	5分
得分项	2	建筑节能	2分
得分项	3	建筑节水	1分
得分项	4	节水景观	1分
得分项	5	现存建筑的再利用	1分
得分项	6	历史建筑的保护和适当利用	1分
得分项	7	建设过程中对现场最轻微的破坏和扰乱	1分
得分项	8	雨水管理	4分
得分项	9	热岛效应的减少	1分
得分项	10	朝向方位	1分
得分项	11	现场可再生能源的资源量	3分
得分项	12	区域供冷供热	2分
得分项	13	基础设施的能效	1分
得分项	14	废水的管理	2分
得分项	15	基础设施中一些物质的再循环利用	1分
得分项	16	建筑固体废弃物管理	1分
得分项	17	光污染减少	1分

创新及设计程序			**6分**
得分项	1	设计创新	5分
得分项	2	LEED专业认证	1分

社区优先			**4分**

得分项	1	社区优先	4分
总分			**110分**

认证级别：

通过认证	40~49分
银奖	50~59分
金奖	60~79分
铂金奖	80分以上

参考文献

[1] http://www.nytimes.com/2008/02/17/magazine/17wwln-safire-t.html.

[2] http://www.carbontrust.co.uk/solutions/CarbonFootprinting/what_is_a_carbon_footprint.htm.

[3] 龙惟定，白玮，梁浩等. 低碳城市的能源系统. 暖通空调，2009，39（8）：79-84.

[4] 樊瑛，龙惟定. HVAC系统的碳足迹分析及环境评价指标. 暖通空调，2009.

[5] 2007 IPCC Fourth Assessment Report：the physical science basis.

[6] 朱明善. 能量系统的㶲分析. 北京：清华大学出版社，1985.

[7] Zafer Utlua, Arif Hepbasli. A review and assessment of the energy utilization efficiency in the Turkish industrial sector using energy and exergy analysis method. Renewable and Sustainable Energy Reviews. 2007，11（7）：1438-1459.

[8] Mehmet Kanoglua, Ibrahim Dincerb, Marc A. Rosen. Understanding energy and exergy efficiencies for improved energy management in power plants. Energy Policy，2007，35（7）：3967-3978.

[9] Hikmet Esen, Mustafa Inalli, Mehmet Esen, Kazim Pihtili. Energy and exergy analysis of a ground-coupled heat pump system with two horizontal ground heat exchangers. Building and Environment，2007，42（10）：3606-3615.

[10] 郭廷忠. 环境影响评价学. 北京：科学出版社，2007.

[11] SETAC—Society of Environmental Toxicology and Chemistry. http://www.setac.org/.

[12] Life cycle assessment：principles and practice. Scientific application International Corporation，2006.

[13] Katarina Heikkila. Environmental evaluation of an air-conditioning system supplied by cooling energy from a bore-hole based heat pump system. Building and Environment，2008，43：51-61.

[14] Martin Pehnt. Dynamic life cycle assessment of renewable energy technologies. Renewable Energy，2006，31：55-71.

[15] 黄海耀. LCA法比较太阳能热水器和燃煤锅炉系统的环境效益［硕士学位论文］. 天津：天津大学，2004.

[16] 鞠美庭，张裕芬，李洪远. 能源规划环境影响评价. 北京：化学工业出版社，2006.

[17] 周邦宁. 燃气空调. 北京：中国建筑工业出版社，2005.

[18]《制冷剂编号方法和安全性分类》GB/T 7778—2001.

[19] 方品贤等. "八五"环境统计手册. 成都：四川科学技术出版社，1992.

[20] Dynamic life cycle assessment of renewable energy technologies. Martin Pehnt. Renewable energy，2006，31：55-71.

第 11 章　区域建筑能源系统的工程实施

11.1　区域能源系统的工程问题

区域能源系统的实施具有工程量大、建设周期长、与规划关系密切、存在较多调整和变动可能性等特点。因此，区域能源系统的实施是落实规划理念和设计思路非常重要的环节，需要认真对待。区域能源系统的实施需要精心安排施工规划与施工组织设计及各类应对预案，做好规划设计、行政主管、设备供应、电力土建、用户接口等方面的协调协商，有针对性地将各类问题解决在萌芽状态，做到系统建设整体的有序协调推进。

11.1.1　能源站的选址

能源站是区域供冷供热系统的核心系统，它不仅起着生产供冷供热所需的冷、热介质的作用，还承担着通过管网系统及时有效地将供冷、供热介质输送给末端用户，满足用户的生产生活需求。

能源站的选址应根据区域建筑群的功能分布和使用特点确定，因此建立能源站时尽量遵循以下原则：

（1）能源站应靠近主要负荷区域。这不仅能够保证生产上的要求，而且可以缩短管网节约投资，并有利于投产后的运行、维护和管理。

（2）当地有天然的冷热源或已具有现成的冷热源（热电厂）可以利用且经济合理时，宜就近建立能源站，利用热电厂的蒸汽制冷制热。

（3）能源站应避免布置在乙炔站、锅炉房、氢氧站、燃气站、堆煤场、易于散发灰尘和有害气体站房的近处及其下风向。

（4）当能源站用电负荷较大时，还应尽量将站房设在电源建筑附近。

（5）新建的能源站站房布置应考虑远景规划，以满足后期区域发展需要。

（6）对于大型能源站，宜为单独建筑。应靠近用冷建筑物或靠近几个用冷建筑物的中心地带。

11.1.2　能源站的土建工程

（1）能源站土建设计的各项参数均应能够满足能源系统的工艺要求，土建专业设计人员应与相关专业的设计人员共同商定能源站站房的规模方位与建筑形式、结构、柱网、跨度、高度、门窗位置及尺寸等，确保满足工艺需求。

（2）能源站站房需根据设计项目的具体情况，采用就地取材的非易燃建筑材料，设计要符合国家现行的有关通风及防火等规范。

（3）能源站站房屋架下弦的标高应根据能源站主要设备的型号确定，并考虑安装和检修时便于起吊设备，一般情况下站房高度应高于 4m 为宜。

（4）可以将主机间与辅助设备间用隔墙分开以利于监控，但必须设有联通的出入口。而中、小型站房则可将制冷主机与辅助设备安装在同一站房内。如有条件应单设一间操作人员的监控值班室。

（5）能源站站房的变电闸盒配电间应紧靠主机间以利于操作。

（6）能源站的地面通常做成水泥压光或水磨石地面以利于排水和耐用。

（7）能源站站房内装修标准应与生产工艺厂房相适应。

（8）当采用无毒的制冷剂时，为了便于管理，能源站门可以直接通向生产厂房、通风机室或空调室；而采用有毒制冷剂时，能源站向外开启的门不允许直接通向生产厂房和通风机室。

（9）能源站站房必须有良好的天然采光，其窗孔透光面积和站房地面的比例不宜小于 1∶6。

11.1.3 输配管网施工要点及原则

（1）输配管网的布置原则：输配管网应以尽量减少管网长度为目标，因此在合理的供冷站选址基础上，输配管网的主干管要尽量穿越冷负荷较集中的区域，尽量沿市政道路边缘敷设，避免在主要道路中间或路面下敷设，个别距离较远的建筑或有特殊使用要求的建筑不宜规划接入区域供冷系统。

（2）输配管网的布置类型：输配管网分环状管网和枝状管网两类，具体采用何种管网布置方案，应配合用户的发展、建设、投入使用的计划，也应配合区域供冷系统的建设计划。

区域供冷范围及规模较大的项目，管网类型应比较不同方案的水泵线形及运行模式后确定。采用环状管网方案，主要优点是初投资较少，投资风险小，而且建设资金的投入与实际用冷量可以有较好的配合，可提高系统的可靠性。可根据区域供冷负荷的变化，选择系统按枝状管网或环状管网运行。其缺点是管网的投资略有增加，管网输送水泵的选型较复杂，水泵数量有所增加。在实际项目中，采用枝状管网设计较多，主要是因为设计、运行简单方便。在技术上环状管网优于枝状管网，而在经济性上枝状管网优于环状管网。实际工作中需要按照实际情况和需求分析确定，也可以将两种管网形式结合来设计，将主要干管或主要负荷用户连成环网，次要的一些管道及楼房街区采用枝状管道，这样既可提高输配介质的可靠性，保持压低的稳定，又能节约投资。

（3）输配管网的敷设形式：区域能源系统的输配管网一般采用直埋保温管道进行敷设，其优点是占地面积小、工程造价低、施工周期短；主要的缺点是维护、检修不方便。因此，需要做好保温管道的焊接质量和防水外层，避免焊渣带来的管道问题和保护层透水后引起的保温不良。

（4）避免输配管网的水力失调：水力失调主要有两种形式，即静态水力失调和动态水力失调。静态水力失调是由于设计、施工、设备材料等原因导致的系统管道特性阻力数比与设计要求管道特性阻力数比值不一致，从而使系统各用户的实际流量与设计要求流量不一致。静态水力失调是稳态的、根本性的，是系统本身所固有的，是当前我国暖通空调水系统中水力失调的重要因素。动态水力失调是由于用户阀门开度变化引起水流量改变，其他用户的流量也随之发生改变，偏离设计要求流量，从而导致的水力失调。

基于水力失调的危害性，必须对管网水力平衡进行调试。水力平衡调试即在循环水管路、管路上所有的阀门配件等均已经安装完毕、所有用户点的给回水管道均接通的前提下，按照设计的要求，运用各种调节措施和调节手段，使管网中的水流以接近原设计要求的状态运行，保证系统内部各用户用水量和供水水压的要求均能得到满足。

水力平衡调节的前期工作主要包括制作调试大纲并对管道、阀门和仪表进行检查。调试大纲内容体现了管网系统基本技术信息，主要包括系统调试技术参数表和水量平衡图。管网系统调试参数主要是对管网系统用户的冷冻水、冷却水管道各主要自动阀门、手动阀门、计量仪表、膨胀水箱等设置的具体情况。水量平衡图主要体现相应的冷冻水和冷却水系统的工艺流程以及各用户的用水量及供回水的压力要求。水量平衡图应按不同的系统分别绘制，每个系统的水量平衡图内应包括该系统内的所有用户。

管网的水力平衡调试过程中必须遵守先主管后支管、先大用户后小用户、先粗调后精调的调试原则。在调试过程中，全部用户管网支管上的阀门均处于开启的状态，首先调节冷冻水、冷却水系统供水、回水总管上的阀门，并密切关注循环水总管上流量、压力的变化情况。调试过程应先粗调后精调，直到供回水管的压力与设定值相差不大时，才可对循环水管的水压进行调节。在调节过程中，应遵循先对大用户调节后对小用户调节的原则。调试工作结束后，应对所有调试数据进行整理，特别是各调节阀门的开启度及相应的压力表、流量计等显示的数值加以记录。

（5）在管网的直埋敷设方式中均有保温或不保温两种方式；无保温直埋方式，在干燥、多雨、炎热等多种气候的地区均有成功的大型区域供冷的工程实例，例如美国芝加哥中心区、奥斯丁市的区域供冷系统，马来西亚吉隆坡双塔区域供冷系统。无保温直埋敷设的温升计算与土壤特性、埋深、地下水位、当地气候因素等有关，设计时应根据具体地区的具体情况分析确定。

（6）管网流量匹配：管网设计中水力计算的流量与管网上的用户类型及使用特性有关，确定计算流量时，要确定此管段的同时使用系数，在计算流量时应确定各支路的同时使用系数及流量，再逐步确定支管和主干管的流量，主干管的流量应与供冷站的流量进行配合。

（7）管网的补偿问题：冷水管网由于其温差较小，由于温差引起的伸缩变化较小，可采用无补偿直埋敷设。但由于管网中需设置多种阀门，为防止阀门与管道连接处由于冷缩而产生的变形、便于维护、防止泄露，一般在阀门法兰两端设可伸缩或变形的管件，较大的阀门（DN350 以上）应做支架。

（8）管网的检修与冲洗：管网的设计中应考虑各种意外产生的管网的破坏，同时应方便维修，并且尽量减少损失和对用户的影响，在规划及设计中应结合地势及周围市政设施，设补水、排水点。在设计中一般应考虑以下几处设置检查井：支管设阀门及维修井、结合用户入口装置设阀门检修井、主干管段一般可隔 200m 左右设阀门及检修井、结合地势或坡向设放气井、泄水井等。

11.1.4 能源站内主要设备的安装调试

设备的安装与调试是能源站最重要的内容之一。在区域供冷供热系统中按照冷量大小较为广泛采用的有螺杆冷水机组与离心冷水机组，当然也有可能采用各类热泵和天然气锅炉。限于篇幅在此仅介绍能源站内主要设备安装调试的程序和原则。

能源站内主要设备的安装调试过程如下：

（1）核对图纸，确定能源站内的主要设备数量与类型；

（2）核对图纸，现场确定能源站内的设备尺寸高度及接管和检修要求；

（3）核对图纸，现场确定蓄能装置接口分集水器等的位置及尺寸；

（4）检查设备基础的定位及预埋管件位置是否正确；

（5）开始设备安装，确保设备安装的方位正确，中心线位于基础正中；

（6）调整好设备高度后安装地角螺栓，在机组找平高度后固定好螺栓；

（7）所有设备安装完成后与图纸进行核对各接管与阀门连接是否正确；

（8）对设备进行气密性试验、充注润滑油和制冷剂并进行机组试车；

（9）对设备进行联调并确认能达到设计要求的参数。

在能源站的主要设备安装过程中，应该注意以下几点：

（1）能源站中的设备众多、专业跨度大、技术集成度高，是技术性、组织性很强的一项工作，安装需要配置技术负责人，配备暖通、电气、自控等方面的专业人员，在设备合同签订后即开展技术交底和现场勘查，并配合设计院深化，为顺利的现场安装调试打下基础。

（2）安装人员对于现场要熟悉，要参与前期机房布置、机组基础设置、电缆走向安排、系统布线指导等工作，并能全面消化设计。

（3）设备开机调试时，由技术人员负责对业主操作人员进行现场操作培训，并使之能达到完全了解、掌握设备的操作、运行和维护技能。

（4）单机试车时需要注意不同设备及负载试车方法及考核原则也不一样，应根据厂家技术文件进行，有条件的可卸开负载，单独电机试运转，电机正常后可带入负载，并逐渐加载直到满负荷为止。

（5）要尤其注意关键设备的正确安装和调试。压缩机是能源站的核心设备，大型的能源站制冷较多采用离心式制冷机组，其工艺复杂、精密度高，在安装过程当中要注意对其压缩机、齿轮、叶轮和轴承做好保护，对其润滑系统和能源调节装置要调试达到最佳状态，对需要机房通风散热的压缩机电气要确保通风孔畅通。

（6）蒸发器与冷凝器等关键地点的监测参数要齐全准确，制冷剂流量分配恰当，为调试完毕后设备的正常运行打下稳定的基础。

（7）主要设备振动和噪声达到设计要求，采用橡胶减振垫等措施控制机房噪声，机房内绝热保温材料应一致有效，以控制冷热量的散失并保持室内温度。

（8）自控系统与主要设备配合顺畅，确保系统各设备运行在适宜范围内。

11.1.5 电气工程施工方法及技术措施

电气施工流程和要点：

（1）在安装调试中注意次序，先设备安装，后辅助设备安装，最后电气设备安装。在互有影响时应遵循先主要管线、次工艺管线，再次为电气管线的原则。

（2）如果有矛盾应本着以小让大，以容易更改让不易改动的原则。在电气施工内部，还应根据施工进展和设备到货情况安排各阶段施工的重点。

（3）配电柜的电气安装是根据开关柜到货情况而定的，安装周期短，但对调试和电缆敷设是有意义的，因此尽量安排早些使配电柜安装到位。

（4）电机及设备接线，应在设备安装到位，水、风管接入后，方对设备进行接线。在管口和电机设备入口处做好密封。

（5）电缆集中多使用桥架或电缆沟，分散配出的电缆及支线应使用钢管保护，汇线桥架安装应美观、整齐，不影响电缆敷设，电缆走向弯曲适宜，内部无尖角，吊点支架排列合理，整体路径接地良好。明敷管线要求外观整齐，横平竖直，弯曲半径相同，排列间距相同。暗敷管线路径短、弯曲少、避免死弯。

（6）电机电器接线前，核对设计容量、说明书及接线方式，保护方式及相关联锁。掌握动作原理和相互关联动作要求，可以通过手动模拟方式先行检查确认，检查电机电器本身的绝缘电阻，接地电阻检测必须符合设计要求。

（7）配电柜接受电源之前，所有安装调试工作应进行完毕，并检查柜内母线开关各处是否有遗漏的工具材料，临时短接或接地线是否拆除，原有接线是否已恢复，固定螺丝、连接螺丝、接线螺丝是否都已紧固。

（8）正式送电之前检查所有绝缘，并做过模拟送电动做试验，较小的供电保险容量投入空载母线，母线电压正常。正式送电时，所有馈出开关均置分闸位置。

（9）双路电源供电系统，应仔细核查母线的相序和相位，备用电源投入和断电切换相关操作程序符合设计要求和常规。

（10）授电时与上级变电所应有通信设施，并有一定的电气灭火器材，双方均应做好准备协调统一，以防误送、错送造成事故。

11.1.6 工程安全管理

在区域能源系统建设过程中，用电设备多、功率大、时间长，需要格外注意安全管理。因此，在项目建设管理过程当中，既要做到技术无偏差，又要做到安全无事故，需要有详尽的工程管理制度来保障，主要需要做好以下几方面的工作：

（1）施工安全总体上按《建筑安装工程安全技术规程》和《高层建设施工安全防范规定》等要求执行。建立安全生产管理体系，建立定期的安全活动制度，做好详细记录。班组每天进行班前、班后的安全检查，及时消除安全隐患，定期举行安全讲评活动，根据施工实际提出安全措施，定期举行安全生产大检查，及时解决安全生产上存在的各种问题。

（2）必须持续对进场职工进行安全生产教育，贯彻"谁施工、谁负责"的原则。下达生产计划的同时必须书面下达安全生产措施。重大设备的运输、吊装工作必须先编写安全生产方案，报批后方可实施，同时要使作业人员人人明白，严格遵守，严禁擅自修改方案和违章操作。

（3）高空作业人员必须身体健康，休息良好方可登高作业。各专业人员（尤其是特殊工种）需持证上岗。严禁无证人员动用电、气焊及电气等设备。

（4）现场设置专职安全人员，每天跟班巡回检查，施工现场临时用电应统一布置，并设专职电工负责管理。正确使用各种电动工具，并有可靠的接地保护。接驳电源由专职电工进行。严禁擅自拉设和乱接插头。

（5）每个施工点配备一定数量的灭火器，由专业安全员统一管理和检查。现场组建兼职消防队员，并对全部安装人员进行消防知识讲授。安全员每天收工后必须认真检查动火部位，并彻底消除隐患。

（6）施工现场不得随便吸烟，工地设置吸烟室，在吸烟室外吸烟要处罚。主要通道要保持畅通，彻底消除隐患。易燃易爆物品要单独存放，动火场地周围严禁存在易燃易爆物品，动火作业要随身携带灭火器或水桶，以防万一。

11.1.7 工程质量管理

工程质量需要依靠现场管理来确保，因此需要设置工程质量管理体系。

（1）项目管理单位应牵头成立完善的施工现场质量保证体系，严格按图纸和计划进行施工，严守工艺操作规程。施工中的合理化建议，按技术管理程序上报，未经技术部门和主管部门审核同意，不得擅自变更和修改方案，严禁违章作业。

（2）现场班组应该严格按规定的安装工艺及施工程序施工，严格执行规定的规程、规范，精心组织施工计划，消灭通病，努力争创优质工程。

（3）施工主管应按分项工程向技术员交代施工要求和要点，质检员对工序质量实施监督，检查施工人员做好工序各环节质量控制，以保证系统整体质量。

（4）主管定期组织工程质量检查，质监和技术管理部门组织有关人员不定期对工程施工质量进行监督检查。

（5）工程材料、设备必须满足设计要求并达到质量合格，且具有合格证。不合格的材料、设备不得发送现场，现场材料人员负责对进场材料、设备检查验收。

（6）现场施工及作业人员必须认真接受业主及各级质监人员的监督，及时整改质量问题。要加强质量意识教育，定期组织现场施工班组开展以"工期、质量、安全"为课题的小组活动，确保工程质量。

11.1.8 工程竣工验收

工程竣工验收要完成系统的调试及资料的归档和运管人员的到位。

（1）能源站施工项目竣工验收的交工主体应是承包人，验收主体应是发包人，竣工验收的施工项目必须具备规定的交付竣工验收条件。

（2）项目经理应全面负责工程交付竣工验收前的各项准备工作，建立竣工收尾小组，编制项目竣工收尾计划并限期完成。项目经理和技术负责人应对竣工收尾计划执行情况进行检查，重要部位要做好检查记录。项目经理部应在完成施工项目竣工收尾计划后，向企业报告，提交有关部门进行验收。实行分包的项目，分包人应按质量验收标准的规定检验工程质量，并将验收结论及资料交承包人汇总。承包人应在验收合格的基础上向发包人发出预约竣工验收的通知书，说明拟交工项目的情况，商定有关竣工验收事宜。

（3）竣工验收阶段管理应按下列程序依次进行：1）竣工验收准备；2）编制竣工验收计划；3）组织现场验收；4）进行竣工结算；5）移交竣工资料；6）办理交工手续。

（4）竣工验收应依据下列文件：1）批准的设计文件、施工图纸及说明书；2）双方签订的施工合同；3）设备技术说明书；4）设计变更通知书；5）施工验收规范及质量验收标准，以及建设过程当中的工程日志记录。

（5）竣工验收应符合下列要求：1）设计文件和合同约定的各项施工内容已经施工完毕；2）有完整并经核定的工程竣工资料，符合验收规定；3）有勘察、设计、施工、监理等单位签署确认的工程质量合格文件；4）有工程使用的主要建筑材料、构配件和设备进场的证明及试验报告；5）区域能源系统能够达到系统设计要求，并经过调试运行稳定。

（6）承包人应按竣工验收条件的规定，认真整理工程竣工资料。企业应建立健全竣工资料管理制度，实行科学收集，定向移交，统一归口，便于存取和检索。竣工资料的内容应包括：工程施工技术资料、工程资料、工程检验评定资料、竣工图，规定的其他应交资料。交付竣工验收的施工项目必须有与竣工资料目录相符的分类档案。

11.2　区域能源系统的融资和收费模式

11.2.1　现代能源服务企业的融资模式

企业在运营和发展阶段，常常会出现资金紧缺的情况，此时企业就会通过融资手段从社会各个方面筹集资金，保证自己的持续健康发展。融资是指企业从自身生产经营现状及资金运用情况出发，根据企业未来经营与发展策略的需要，通过一定的渠道和方式，利用内部积累或向企业的投资者及债权人筹集生产经营所需资金的一种经济活动。企业通过融资手段筹措生存和发展所必需的资金，以保证自己生产经营活动的必要条件，保障企业的生存和发展。

能源服务企业需要进行能源站建设时，可以采用自有资本，但是一般情况还需要融资来解决扩大产能的问题。能源服务公司的建设资金来源包括客户的自有资本、节能服务公司的自有资本、专项基金（如政府贴息的节能专项贷款或电力部门的能源需求侧管理基金）、设备供应商允许的分期支付，当这些费用不足于建设区域能源系统时，就需要通过各种方式的融资来完成资金的筹措。

在发达的市场经济国家中，企业的融资模式主要有两种类型：一是以美国为代表的证券市场占主导地位的保持距离型融资模式，银行、企业关系相对不密切；企业融资日益游离于银行体系，银行对企业的约束主要是依靠退出机制而不是对企业经营活动的直接监督；二是以日本为代表的关系型融资模式，在这种融资模式中，银企关系密切，企业通常与一家银行有着长期稳定的交易关系，从那里获得资金救助和业务指导，银行通过对企业产权的适度集中而对企业的经营活动实施有效的直接控制。

11.2.1.1　保持距离型融资模式

保持距离型融资模式——在自由主义的市场经济国家，具有发达的资本市场和高度竞争的商业银行体系，这使企业可以同时利用直接融资与间接融资两条渠道。由于企业自由资金的比率较高、商业银行间的高度竞争、发达的直接融资体系、禁止商业银行持有企业的股票以及银行活动本身受到严格监督，所以企业与银行间保持一种松散的商业型融资关系，即"保持距离型的融资"。在保持距离型的融资模式下，证券市场是企业获得外部长期资金的主渠道。企业主要通过发行债券和股票的方式从资本市场上筹措资金。从股权控制的角度看，企业十分分散的股权结构对治理结构具有重大影响：对经营者的约束主要来自市场。这些市场包括股票市场、商品市场和经理市场等，其中股票市场具有很重要的作用：一是股东"用脚投票"的约束。由于股票市场具有充分的流动性和方便交易性，当股东普遍对企业的经营状况不满意或对现任管理者不信任时，就会在股票市场上大量抛售股票，这就是所谓的"用脚投票"。它会引起该企业股票价格下跌，导致企业面临一系列的困难和危机。二是股票市场"接管"的风险。股票市场运作方便灵活促进了企业并购，特别是杠杆收购和敌意收购的兴起与发展，一旦企业经营不善，就存在被接管的可能，经营者就可能被撤换。市场对企业经营者形成强有力的外部监督制约机制。企业治理结构能够形成较为完整的权力制衡机制，外部治理结构与内部治理结构彼此独立存在且相互制衡，所有权、控制权、经营权的分布与配置有着较为稳固和规范的制度安排。

11.2.1.2　关系型融资模式

关系型融资模式——在具有政府干预色彩的经济体制下，要建立一种不同于保持距离型融资模式的企业融资模式，以满足不平衡发展战略对资金的非均衡配置和达到对大企业给予特殊扶植的目的。关系型融资模式即主要商业银行直接或间接地受到政府的严格控制；长期人为执行低利率政策；政府影响贷款规模和方向，重点支持优先发展部门和企业；资本市场不发达，银行贷款是企业融资的主要方式。在这种金融体制压抑下就会形成主银行制度。主银行制度包括互相补充的3个部分：银行和企业订立关系型契约、银行之间形成特殊关系以及金融监管当局采取一套特别的管制措施，如市场介入管制、金融约束、存款提保及对民间融资的限制等。与此相对的是，企业在证券融资中，形成了独特的法人相互持股的股权结构。企业通过这种持股方式集结起来，容易形成"企业集团"，有助于建立长期稳定的交易关系，也有利于加强经营者对企业的自主控制。

11.2.2　能源服务企业的融资渠道

企业在融资过程中吸纳外界资金的方式主要有债务融资和股权融资。一般来说，如果预期收益较高，能够承担较高的融资成本，而且经营风险较大，企业倾向于选择股权融资；而对于传统企业，经营风险比较小，预期收益也较小的，一般选择融资成本较小的债务融资方式进行融资。

1. 债务融资

债务融资的类型主要包括：银行信贷、债券融资、融资租赁。债务融资可分为直接融资和间接融资两种模式。债券融资与股权融资都属于直接融资，而信贷融资则属于间接融资。在直接融资中，需要资金的部门直接到市场上融资，借贷双方存在直接的对应关系。而在间接融资中，借贷活动必须通过银行等金融中介机构进行，由银行向社会吸收存款，再贷放给需要资金的部门。

2. 银行信贷

银行信贷是银行将自己筹集的资金暂时借给企事业单位使用，在约定时间内收回并收取一定利息的经济活动，是企业最重要的一项债务资金来源，其一般特点是金额较大、期限长、债权人是专业性的贷款机构。在大多数情况下，银行都是债权人参与公司治理的主要代表，有能力对企业进行干涉和对债券资产进行保护。但银行信贷在控制代理成本方面存在缺陷，表现为不能及时对企业实际价值的变动做出反应，必须经常面对借款人发生将银行借款挪作他用或改变投资方向，以及其他转移、隐匿企业资产的行为，由于银行不能对债务人的债券资产及时准确地做出价值评估，因此难以有效控制风险。

根据可以贷款银行的不同，可以分为国家政策性银行、商业银行和其他非银行金融机构。国家政策性银行一般贷款期限较长，配合国家产业政策的实施，采取多种优惠政策，同时服务对象十分明确，有可能对较大型的节能项目给予支持。如国家开发银行主要负责对国家政策性项目配置资金并发放政策贷款，对于具有一定政策性的节能项目会给予资金贷款。国有商业银行的资产都比较大，只有融资金额较大的节能项目，或若干同类节能项目捆绑后，才有融资的可能；城市商业银行，由于地域限制严格，只有对本地的融资规模较小，风险较低的节能项目，才有可能获得融资；股份制商业银行资产适中，资产负债率低，观念较新，有较强的竞争意识，并在全国各地都有一定的网点，也可以作为节能项目的融资来源。其他非银行金融机构，如租赁公司、证券公司等，由于可能存在较多不良资产，虽也可获得融资，但难度较大。

3. 债券融资

债券融资是企业依照法定程序发行，约定在一定期限内还本付息的债券。企业债券的发行主体是股份公司，但也可以是非股份公司的企业发行债券。企业债券融资拓宽了企业筹资渠道、增强了企业融资主动性、分散了金融体系风险。债券融资的资金使用期限长、成本低、实用性强。企业债券通常存在一个广泛交易、充分流动性的市场，投资者可以随时出售转让，债权人与股东之间的冲突被分散化，债券的代理成本相应降低。债券交易市场的价格反映债权价值的变化，也反映企业整体债权价值和企业价值的变化。企业债券使债权人及时发现债券价值的变动，在发生不利变动时迅速采取行动来降低损失。

对能源服务公司而言，债券融资是较为理想的一种融资方式，债券融资的引入，能在资本市场上拓展能源服务公司的资金来源。但是发行债券进行融资需要满足债券融资的法律规定，包括注册资本金的数额、最近几年的盈利状况等。

4. 融资租赁

融资租赁又称设备租赁，出租人根据承租人的要求和选择，出资从供货人处购得设备，并出租给承租人使用，承租人则分期向出租人支付租金，补偿出租方所支付的设备价款、利息和一定的利润。在租赁期内租赁物件的所有权属于出租人所有，承租人拥有租赁物件的使用权。租期期满，租金支付完毕并且承租人根据融资租赁合同的规定履行完全部义务后，对租赁物的归属按照合同条款确定。

融资租赁具有融资与融物相结合的特点，出现问题时租赁公司可以回收、处理租赁物，因而在办理融资时对企业资信和担保的要求不高，所以非常适合中小企业融资。此外，融资租赁属于表外融资，不体现在企业财务报表的负债项目中，不影响企业的资信状况。这对需要多渠道融资的中小企业而言是非常有利的。

由于在债务清偿前，债权人始终拥有租赁品在法律上的所有权，对企业可能的资产转移或隐匿行为都能产生较强的约束。因此，融资租赁的代理成本比债券融资要低得多。租赁降低了对用款人信用的过度依赖，解决了贷款中不可以解决的问题，使得融资租赁成为中小企业融资的重要渠道。

融资租赁可以减少区域能源服务企业的固定资产投入成本，减少债权人投资的风险，已成为国际上广泛采用融资方式。目前实物租赁作为一种新型经营业态已被国家肯定，但目前，由于大部分的设备厂商对节能项目缺乏全面了解，仍然希望通过第三方担保或实物抵押等方式来减小风险；有时设备厂商也愿意本身作为节能项目的参与者，将设备作为投入，占有该项目收益的一定比例，并在项目结束时得到合理回报。

租赁又分两种形式：一为运营租赁，二为资本租赁。运营租赁中，设备的所有权归出租人所有，承租人所付租金可免税。在资本租赁中，承租人享有设备所有权，但只有利息部分是免于税赋的。资本租赁事实上是相当于购买设备的分期付款。运营租赁适合项目结束后，设备所有权归可还给出租人的项目；资本租赁适合于项目结束后设备所有权归于业主，如冷水机组等不可能在项目结束后从系统中拆除的设备。

5. 股权融资

股权融资是指资金不通过金融中介机构，借助股票这一载体直接从资金盈余部门流向资金短缺部门，资金供给者作为所有者享有对企业控制权的融资方式。这种控制权是一种综合权利，如参加股东大会、投票表决、参与公司重大决策、收取股息、分享红利等。股权融资也称所有权融资，是企业创办或增资扩股时通常采取的融资方式。股权融资是企业的初始产权，是企业承担民事责任和自主经营、自负盈亏的基础，同时也是投资者对企业进行控制和取得利润分配的基础。

股权融资的特点是：（1）长期性。股权融资筹措的资金具有永久性，无到期日，不需归还；（2）不可逆性。企业采用股权融资勿需还本，投资人欲收回本金，需借助于流通市场；（3）无负担性。股权融资没有固定的股利负担，股利的支付与否和支付多少视公司的经营需要而定。

股权融资的优点是：（1）股权融资能够使投资者享有对被投资单位的控制权。投资者通过加大股权投资比例可以将自己的发展策略得以实施。相比之下债权融资则没有这样的优势。（2）股权融资通过发行股票的方式募集资金，而股票的价格能够在一定程度上反映公司的价值。作为一种向市场发送信号的方式，能够让投资者看好公司的发展进而增加融资额。（3）股权融资是债权融资的基础，没有股权融资则很难或不可能实现债权融资。因为银行贷款需要资产抵押。在公司宣布破产时，也不至让贷款机构血本无归。

股权融资的缺点是：（1）股权融资的融资成本较高。发行股票，需要的融资费用以及投资者所要求的回报率提升了股权融资的成本。为了将融资成本调到合适的程度，需要控制股权融资比率，实现加权融资成本最低。（2）股权投资者可能对公司施加不恰当干预，阻碍公司的正常发展。（3）股权融资没有税收盾牌的作用，为了达到最佳资本结构，对各种融资方式的组合显得很重要。（4）若公司有股权融资偏好时，会产生诸如财富再分配效应，对老股东利益的侵害。同时股权融资容易形成资金体内循环，违背了从证券市场融资的初衷。

由于只有股份有限公司才能发行股票，因此，节能服务公司在未达到一定规模时，只能通过债券融资和内部股权融资的方式，实现资金的筹措。

6. 其他融资方式

（1）专项基金融资。目前国际市场有很多投资基金如清洁技术资金、新能源基金等可以用于支持能源系统的建设，高效型的能源系统与基于可再生能源应用的系统，目的在于鼓励节能，降低峰值用电，提高电网的可靠性。国内一些地方政府也开始设立此类基金，如环保基金等，都可以为节能项目提供融资。

（2）项目融资。项目融资是为一个特定经济实体所安排的融资，其贷款人在最初考虑安排贷款时，将满足于使用该经济实体的现金流量和收益作为偿还贷款的资金来源，并且将满足于使用该经济实体的资产作为贷款的安全保障。项目融资一般规模大，涉及的经济利益主体较多。对于普通的节能项目不宜采用。但对于资金需求大、项目建设周期长，其收益可以有较为乐观的预期时较为适合。

这种融资方式一般适用于具有法人地位的项目公司，项目融资具有以下优势：1）实现融资的无追索或有限追索，实现了资金的灵活融通；2）由项目公司负责项目的融资与建设，实现在资产负债表外融资，不会恶化其资产负债状况，减小了未来的融资成本；3）享受税收优惠的好处，项目融资允许高水平的负债结构，由于在很多国家新企业可以享受资本支出的税收优惠和一定的免税期，因此相当于资本成本的降低；4）实现多方位的融资，项目融资具有融资渠道多方位性的重要特点，除了向商业银行、世界银行申请贷款外，还可以要求外国政府、国际组织、与工程项目有关的第三方当事人参与融资，以满足工程所需的巨额资金，这样可以拓展合同能源管理实施节能项目的资金来源。

（3）碳融资。碳融资是基于清洁发展机制 CDM（Clean Development Mechanism）的碳市场的融资机制。《京都议定书》约定了 3 种减排机制：清洁发展机制（Clean Development Mechanism，CDM）、联合履行（Joint Implementation，JI）、排放交易（Emissions Trade，ET）。这 3 种都允许联合国气候变化框架公约缔约方国与国之间，进行减排单位的转让或获得，但具体的规则与作用有所不同，后两者是发达国家之间的减排合作，CDM 是发达国家与发展中国家之间的减排合作。《京都议定书》所规定的基于市场原则的清洁发展机制为发达国家和发展中国家实现"双赢"提供了现实的可能性，为发展中国家利用发达国家的资金和技术实现 CO_2 减排提供了机遇。清洁发展机制简单来说就是允许发达国家从发展中国家以资金和技术转让的方式购买减排指标，保证其购买指标的成本远远小于超额排放的成本。

CDM 项目是针对环境友好项目的投资，项目的温室气体排放量低于目标国采用现有技术的常规商业投资项目。遵照具体的方法学规定和核证程序，根据基准线排放和 CDM 项目排放之差得到的核证减排量，以 CO_2 当量计算，可以在碳排放交易系统的规定下进行交易，由此为该 CDM 项目带来额外的资金收益。但同时 CDM 所设计的 CO_2 减排额是一种虚拟商品，其开发程序和交易规则十分严格，销售合同涉及境外客户，合同期限很长，因此必须是专业机构执行节能项目的碳交易，要完成项目的设计、合格性审定/注册、监测、核实/核证和颁发等诸多环节才能真正拿到收益。随着大批金融机构的进入，碳交易已从减排项目变成标准的金融产品，本质上是一种期货，交易的是信用额度。节能市场上的碳融资，就是指节能改造的业主通过向买家出售碳信用，获得节能改造的投资。

11.2.3 能源服务企业融资选择

1. 两种融资方式的对比

能源服务公司通过融资完成区域能源项目的建设，并通过获得的回报来偿还融资成本，由于建设周期长、费用高，希望能够获得数额巨大、还款期长、利率较低的融资方式，因此能源服务企业需要在各类融资方式中选择最适宜自身规模和需求的融资方式，以保障长期的资金流稳定，同时降低融资成本控制风险。

如前所述，虽然融资方式众多，但是主要的可以分为债务融资与股权融资两类。债务融资是公司追加资金的需要，它属于公司的负债，不是资本金，需要还本付息，其支付的利息进入财务费用，可以在税前扣除；股权融资则是股份公司创立和增加资本的需要，筹措的资金列入公司资本，不需要还本付息，股东的收益来自于税后盈利的分配，也就是股利。发行债券的经济主体很多，中央政府、地方政府、金融机构、公司企业等一般都可以发行债券，但能发行股票的经济主体只有股份有限公司。表 11-1 做了债券融资与股权融资两种方式的比较。

债券融资与股权融资的比较 表 11-1

债 券 融 资	股 权 融 资
短期性：筹集的资金具有使用上的时间性，需到期偿还	长期性：筹措的资金具有永久性，无到期日，不需归还
可逆性：企业负有到期还本付息的义务	不可逆性：企业勿需还本，投资人欲收回本金，需借助于流通市场
负担性：企业需支付债务利息，从而形成企业的固定负担	无负担性：无固定股利负担，股利的支付与否和支付多少视公司的经营需要而定
流通性：可在流通市场自由转让	流通性：可在流通市场自由转让

2. 能源服务公司的融资障碍

在区域能源服务公司建立初建期尚未建立商业信誉，没有良好的经营业绩作为支撑，且区域能源项目开发周期长，短期获利能力差，负债率高，因此较难获得商业贷款。在我国目前还没有普遍建立起完善的贷款抵押或担保的机制，融资过程中还存在诸多障碍，其中包括如下几点：

（1）银行的信贷机制。由于银行信贷通常以资产抵押值为贷款依据，贷款额为抵押资产价值的70%～80%，而节能项目中抵押价值往往很低，因此必须通过其他形势的担保才能获得来自金融机构的贷款。区域能源项目的收益来自于节能效益，而节能效益是一个长期的积累过程，这个特性决定了项目的投资回收期时间较长，通常为5～8年。而我国银行的贷款期限通常不超过5年，而且银行内部缺乏专业的评估节能项目的风险和收益的能力，不能确认贷款的可回收性。对于银行来讲，区域能源项目的收益无法准确预估测评贷款风险较大，因此不愿意给予贷款。

（2）缺乏第三方担保机制。根据中国的《民法通则》、《商业银行法》、《贷款通则》、《合同法》、《担保法》等相关法律法规的规定，商业银行的贷款业务在央行严格的监控之下，按照规定的存贷比和风险控制的相关规则，必须要求担保，以控制贷款风险。担保的种类可以是不动产抵押、质押、第三方担保。目前，由于区域能源系统在我国还是较新的概念，其业务性质也尚未被充分为人们所认识，在银行缺少信用记录，抵押或质押值又太低，较难通过设备租赁和银行信贷的方式实现融资。因此，债权人通常希望在融资中通过第三方担保，来减少目中债权人的风险。

（3）缺乏诚信。我国的社会市场环境普遍较为急功近利，对于规划的落实和合同的执行性较低，在我国的市场环境中企业的运作有时不是很规范，无法预估和评判其提交材料的可靠性，这为贷款的风险评估带来了极大的隐患。

3. 能源服务公司的融资方式选择

区域能源服务企业融资方式的选择，在具体的项目中需要根据项目的规模、需要的现金流大小和发生的时间节点制定资金需求分析，结合各种可以利用的融资方式、可以获得的融资数额和成本分析，科学合理地制定融资方案。在一个较大的区域能源项目中，最优的融资方式不一定是单一的贷款和股权融资，更有可能是某几种融资方式的组合。而对于区域能源服务公司，如果将区域能源系统作为长期发展的一项事业，则需要打通至少一种融资渠道，能够与一些金融机构形成长期的互惠互利关系较为理想，可以支持公司的长期发展。

11.2.4　融资风险控制

企业在运用各种手段融资，解决自身资金链紧缺的同时，也要承担融资过程而带来的一系列的风险，因而应采用相关手段回避或控制风险，主要可能发生的几类风险有如下几种：

1. 不可控制风险

经济、政治、地震或暴动等，这类事件的变化是不可控制的。这类因素引发的项目风险对于项目各方都存在。规避这类风险，项目各方都应认真判断、预测经济、政治的发展态势，选择合适的融资方式和贷款方案以降低风险。同时，充分了解节能领域方面的政策和法律法规，不可控制风险只能尽最大程度来规避。

2. 技术风险

区域能源系统建设规模大周期长、设备多、设计方案环节多，如果设计、施工过程当中控制不力、技术上有缺陷，将造成项目的失败。此外，技术风险还体现在技术的先进与否、先进的技术是否成熟、成熟的技术是否在法律上侵犯他人权益等，都是产生技术风险的重要原因。技术风险还包括供货厂商破产、运输、安装、施工过程中的风险等。

3. 金融风险

因融资具有金融属性，金融还本付息的风险贯穿于整个区域能源系统还款之前。由于我国的建设经常滞后于规划，带来了区域能源服务公司实际收益远低于预期和迟于预期，这将使得区域能源系统不能按期还本付息，如果资金链断裂，则区域能源公司将难以按期偿还贷款。

4. 市场风险

由于区域规划的调整和接入面积的减少，或者计量收费导致的使用率下降都将造成区域能源系统投资大、收益少的不利局面，这将使得区域能源系统面临销售低于预期的不良市场情况从而降低收益，造成市场风险。

5. 风险控制

所谓风险控制是指风险管理者采取各种措施和方法，消灭或减少风险事件发生的各种可能性，或者减少风险事件发生时造成的损失。风险控制主要有风险回避、损失控制、风险转移和风险保留 4 种方式。

风险回避是投资主体有意识地放弃风险行为，完全避免特定的损失风险。简单的风险回避是一种最消极的风险处理办法，因为投资者在放弃风险行为的同时，往往也放弃了潜在的目标收益。

风险控制是制订计划和采取措施降低损失的可能性或者是减少实际损失。控制包括事前、事中和事后 3 个阶段。事前控制的目的主要是为了降低损失的概率，事中和事后的控制主要是为了减少实际发生的损失。

风险转移是指通过契约将让渡人的风险转移给受让人承担的行为。通过风险转移有时可大大降低经济主体的风险程度。风险转移的主要形式是合同和保险。

风险保留即风险承担，也就是说如果损失发生，经济主体将以当时可利用的任何资金进行支付。风险保留包括无计划自留、有计划自我保险。无计划自留指风险损失发生后从收入中支付，即不是在损失前做出资金安排。当经济主体没有意识到风险并认为损失不会发生时，或将意识到的与风险有关的最大可能损失显著低估时，就会采用无计划保留方式承担风险。一般来说，无资金保留应当谨慎使用，因为如果实际总损失远远大于预计损失，将引起资金周转困难。有计划自我保险指可能的损失发生前，通过做出各种资金安排以确保损失出现后能及时获得资金，以补偿损失。有计划的自我保险主要通过建立风险预留基金的方式来实现。

11.2.5 区域能源系统的收费方式

区域能源系统是按照商业化模式来运作的市场化行为，因此制定和完善区域供热供冷系统的收费标准和收费体系是平衡业主使用和维持系统运转的重要环节。区域供冷供热系统的运行成本包括固定成本和变动成本两部分，固定成本即初投资费用，在通常情况下，还应包括土地使用费用、机房与辅助房建设费用、运行管理费和系统维保维修更换等费用，变动成本主要包括能耗费用。

在区域供热供冷系统中，"冷量"作为商品，以何种出售价格以及出售方式提供给用户，能够回收成本获得收益是能源服务企业关心的问题，如何能够体现公平、合理的原则，同时在他们可接受的范围内，是用户关心的首要问题。

（1）以面积定费用

面积分摊法即是简单地以使用面积来摊分系统用能的费用。该种方式在系统设计和施工中未采用任何计量工具，计算方法简单，但容易造成用户的恶意用冷，不利于节能运行。同时，这种方法未考虑由于工作场所性质不同和工作时间的不同而造成的使用冷量的差异，但是实施简单方便，因此在某些情况下仍有使用。

（2）以使用时间来定费用

该方法与上一种方法相比，侧重点有所不同。此方法主要是通过采样器来读取末端设备的空调使用时间或者冷水机组启闭的时间。该种计量方法准确地计算了各建筑物的空调系统制冷的时间，考虑了时间分布情况，但是没有考虑建筑物冷负荷的变化情况，不能反映实际的用冷量。应该指出的是，该方法也有一定优势，由于是根据末端启闭时间来计量冷量，则能够制止用户的恶意用冷。

（3）以冷量定费用

即通过一定装置（通常为装置在冷冻水或冷却水进回水侧的温度传感器和流量传感器）来记录用户端的实际用冷量，以此为依据来向用户收取费用。一个准确的计量装置能够做到使管理者、用户都"心里有数"，能够自觉地进行用能控制，也能够更好地进行末端的管理工作。

该方法是目前研究最多也得到普遍运用的一种方法，相对于前几种方法，计量方法相对较完善，但由于计量设备较复杂，增加了计量系统设备的初投资，系统维护较复杂（包括水、电、模拟、数字测量仪）等，同时如进回水温差较小时，误差较大。但是从长远看，该方法较前几种方法考虑问题较全面，通过计量可以定量地把握建筑物能源消耗的变化，检验节能措施的效果，将能量消耗与用户利益挂钩，优势还是非常大的。同时，公共建筑群的使用特征和住宅群的使用特征不同，公共建筑群在日常使用情况中要保证建筑物内部的舒适性，除了节假日以及正常关闭时间，不会出现大面积的为了节省而停用中央空调的现象。因此，中央设备在低负荷率下运行时间可大致进行估算，从而在制定单价时，可以避免设备长期在低负荷率下运行，造成供冷单价上涨的现象。

11.2.6 区域能源系统的一种定价思路

区域供冷系统的定价是长期以来较难解决的一个难点问题，定价过高会导致用户对用能超支的担心，从而降低系统负荷，进一步导致系统损耗上升和单位冷热量成本上升，使得系统陷入使用率不断降低和成本不断上升的恶性循环。而区域供冷系统要真正实现商业化运行，又需要通过商品化的收费回收前期设备配电甚至土建的巨大投资，希望在定价上获得理想的回报，以尽快回收资金以减轻融资的利息压力并逐步回收成本，其中的能源投资方与用户方的利益平衡点到目前尚没有研究和形成理论体系。

通常，区域供冷系统的前期是要亏损运营的，前几年其收费扣除运行成本是不够其支付建设费用的融资利息的，但随着负荷率提高和成本降低，现金流量也会由负得正，并实现积累。对投资者来说，最佳的方案应该是能够尽快地回笼资金，但是对用户来说，"商品"以何种出售价格以及出售方式提供给他们，能够体现公平合理的原则，同时在他们可接受的范围内，才是用户端所关心的首要问题。区域供冷系统的定价并不是单方面的事，而应该兼顾用户能源投资方的利益，只有用户最终接受和喜爱使用这一系统，才能正常运行并发挥更优效益。

本节提出一种用户方和能源投资方均可以接受的区域供冷系统定价方式，该方式能够满足用户与能源投资方的利益平衡，同时定价方式中具有各类修正系数要能从理论上反应公式中每个部分可能发生的成本变化影响。在本研究中根据对区域供冷系统用户的调研，其对定价的最低要求为：区域供冷系统的单位冷热量价格应该与能提供相同服务的常规空调系统价格相当。而能源投资方对定价的最低要求为：能够回收前期投资并保证项目正常运行。同时，更重要的是区域供冷系统的定价要能体现商业化供冷的资源配置优势，利用市场的机制来提高效率和配置能源。因此，在确定价格时还必须确定合理的价格调整机制，在短期收益分配与长期效率激励之间做优化和平衡。本节的研究即是希望找出能够至少同时满足用户与能源投资方最低要求的定价方式，然后在此基础上共同分享区域供冷系统可能带来的收益。

本节的分析基于以下的基本设定：区域供冷单位冷热量最高价格的上限值为常规冷水空调系统的当量价格。当然，由于在定价时项目的建设可能尚未开始，能够提供相同服务的常规空调系统是虚拟的，从而难以测试其能耗。因此，可以选择调研当地类似建筑功能的实际能耗情况来代替，虽然仍有一定误差，但是使用情况和建筑情况相同的条件下，多样本的数据已经是能够体现当地气候特征和常规空调系统使用习惯的较为客观准确的方法了。

区域供冷系统需要回收的成本主要包括 3 部分：固定成本、浮动成本和利润税费。其中固定成本是指项目的初投资，在通常情况下还应包括土地使用费、机房与辅助用房建设费等在寿命周期内单位冷热量上的分摊；浮动成本即是单位冷热量分摊的水电费等日常运行费用；利润和税率是根据实际情况来计算合理利润及应交税费。

一般来说，区域供冷系统由于建设刚完成后几年内负荷很难达到较高比例，因此其成本可能要高于按照当地常规空调系统方式确定的价格。即便如此，运营商也很可能在前几年内有所亏损，但在随后如果负荷率上升、分摊成本降低，将可逐步收回利润。因此，在决定价格计算公式的时候还要同时考虑约定的期限长短，必须在收益与分配效率之间做一个权衡，从而决定是考虑短期还是长期的合约期限。如果价格是在长期内进行控制的，那么能源投资方为了保持长期收益，将有动力去减少成本。但是在最后的一段期限内，价格将明显高于公司成本，从而导致低效与分配问题。而且如果价格控制操之过急，公司的持续发展将受到威胁。如果价格控制的时间比较短，管理者能确保价格与公司成本持平，保障了分配效率与持续发展。总之，提高效率的动机将随着期限的缩短而减小。

11.2.7 区域能源系统的一种定价公式的导出

1. 固定成本基准的导出

固定成本是即使不使用空调也需要进行分摊的成本，包括系统的初投资、运管维护等费用，它不随是否用冷而变化，即使不生产冷量，用户也必须要进行支付。单位面积的年度固定费用可按照下式来计算：

$$C_B = \frac{(C_m + C_d + C_{add} + P\frac{i(1+i)^T}{(1+i)^T - 1})}{\sum A_i} \tag{11-1}$$

式中 C_B——年固定费用，元/（年·m²）；

A_i——建筑物建筑面积，m²；

$\sum A_i$——区域建筑物总面积，m²；

C_m——年维护管理费，元；

C_d——设备折旧费，元；

C_{add}——其余附加收费，元；

T——设备使用年限，a；

P——区域系统初投资，元；

i——年利率。

从而，单位装机容量固定成本应为：

$$FC_{B,t} = \sum A_i \cdot C_B / Q_{cap,t} \tag{11-2}$$

式中 $Q_{cap,t}$——t 年区域供冷的总装机容量，kW。

还可以得到单位供冷供热量的固定成本：

$$FC = \left(1 + \frac{CPI_t}{100}\right) FC_{B,t-1} \times \frac{Q_{cap,t}}{Q_{l,t}}$$

式中 $Q_{l,t}$——t 年区域供冷范围内所有用户的总冷负荷，kWh；

CPI——消费价格指数，其取值可采用当地统计部门每个月公布的数据。

固定成本中的投资成本是折旧费用与资产回收的总和。折旧费用是根据设备寿命将资产总值划分到每一年。计算折旧费用的方法有直线法、递减法、递增法等。直线折旧是比较常用的方法,即资产被平均分配到整个使用寿命中。

2. 变动成本的导出

为了确定电力与用水的成本基准,可以对 CCS 样本楼冷冻水生产的水电消耗进行测量并做统计平均,结合该测量数据与水电价格计算出第一年 CCS 电力与用水的成本基准,以后每年的成本设置修正指标对其进行修正。在修正指标的设定上,由于第 t 年电力价格变化对运营收入的影响等于前一年的定价乘以 t 年电价变化的百分比。同理,第 t 年水价变化对运营收入的影响等于前一年的价格乘以 t 年供水价格的变化百分比。

$$C_{BE,t} = (1 + EI_t/100)C_{BE,t-1}$$

式中 $C_{BE,t}$——t 年 CCS 冷冻水的电力成本价格基准,/kWh;

   EI_t——t 与 $t-1$ 年电价的百分比变化量。

$$C_{BW,t} = (1 + WI_t/100)C_{BW,t-1}$$

式中 $C_{BW,t}$——t 年 CCS 冷冻水的用水成本价格基准,元/kWh;

   WI_t——t 与 $t-1$ 年商业楼群供水价格的百分比变化量。

$$VC_{BO,t} = (1 + OI_t/100)VC_{BO,t-1}$$

式中 $VC_{BO,t}$——t 年 CCS 冷冻水的其他成本价格基准,元/kWh;

   OI_t——t 与 $t-1$ 年水电外其他消费价格的百分比变化量。

3. 区域供冷节能效益的分享

区域供冷系统如设计合理、运营良好,年度实际总成本与净累计损失之和低于预计总成本基准,则可以获得比预期更多的节能收益,其节能效益应该由用户与节能服务公司分享,但是分享的比例要合理确定。在系统实际运行中,如果运营商希望不断地从系统高效运行和管理优势中获得利润,因此他们也会主动地将资金投入到提高系统运行效率上去,因此将节省成本给运营商有助于他们投入更多的资金,这样他们就会尽力地将成本降至最低。但是运营商要将效率收入(节省成本)分摊一部分给用户,真正从价格上体现成本节省。分配比率的设定会影响运营商主动减少成本的动力。如果分配给用户的盈余太少,那么用户所支付的金额就大于能保证运行、再投资与其他商业推进的基本收费;如果太多,则刺激运营商提高效率收入的动力就减少了,甚至会影响到成本回收与效率投资。这个平衡点应该怎样确定需要仔细判断。

设 FS_t 为 t 年的总效益,S_t 为分摊给用户的经济效益值,则有:

$$FS_t = \{[(FC_{B,t-1} \cdot Q_{cap,t-1}) + (C_{BE,t-1} + C_{BW,t-1} + VC_{BO,t-1}) \cdot Q_{l,t-1}] -$$
$$(\sum FC_{D,t-1} + \sum VC_{D,t-1}) - L_{t-2}\} \cdot \phi/Q_{l,t}$$

当 $FS_t \geqslant 0$ 时,$S_t = FS_t$;当 $FS_t \leqslant 0$ 时,$S_t = 0$。

式中 $\sum FC_{D,t-1}$——$t-1$ 年 DCS 总的固定运行成本,包括运营商对区域供冷投资的资金回收;

   $\sum VC_{D,t-1}$——$t-1$ 年 DCS 总的可变运行成本;

   ϕ——DCS 用户与运营商之间经济效益收入的分配比率。

$$L_{t-2} = L_{t-3} + (\sum FC_{D,t-2} + \sum VC_{D,t-2}) - (M_{t-2} \cdot Q_{l,t-2})$$

图 11-1 和图 11-2 根据效率与激励之间的假设关系进行了敏感性预测。从中可见,区域供冷的节省效益分配存在唯一的平衡点。这是由于给能源服务商分配的节省效益越

多，其越可以投入更多的资金去提高能效和加强运管，以获得更高的收益，即其盈余收入与分配比例的关系基本是线性的。但是从用户角度来分析，所获得的分配比例过低或过高都不能带来盈余的增长，因为用户的最终节省效益分配是分配比例与分配总量的乘积，分配比例过低自然会降低用户享受到的节省效益数量，分配分配比例过高则会降低能源服务商对提高能效的动力，从而降低分配基数。只有在用户与能源服务商分配比例基本相当的情况下，可以使用户的分配收益达到最大，即用户享受区域供冷服务所需要花费的成本达到最低。

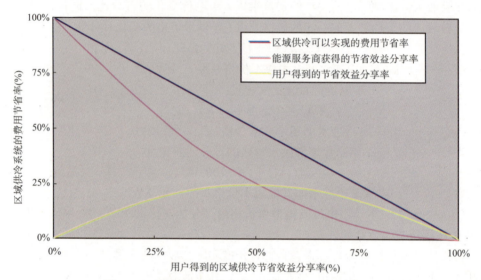

图 11-1 节省效益分享率对区域供冷费用节省的影响

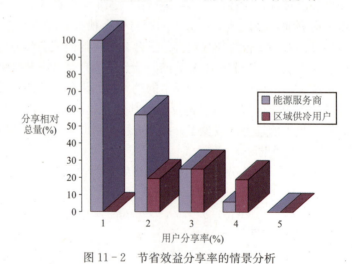

图 11-2 节省效益分享率的情景分析

4. DCS 定价公式的导出

定义区域供冷系统投运后的任意一年 t 的预期收入公式为 M_t，根据以上几节的分析，则可根据 CCS 的调研情况为 DCS 确定价格。

$$M_t=[(1+CPI_t/100)FC_{B,t-1} \cdot Q_{cap,t}/Q_{l,t}]+[(1+EI_t/100)C_{BE,t-1}]+$$
$$[(1+WI_t/100)C_{BW,t-1}]+[(1+OI_t/100)VC_{BO,t-1}]-S_t+K_t \qquad (11-3)$$

式中 M_t——t 年每 kWh 的最大收入值，元/kWh；

K_t——t 年不足或多余收入的修正值，元/kWh。

$$K_t = [(M_{t-1} \cdot Q_{l,t-1} - R_{t-1})/Q_{l,t}] \times (1 + I_t/100)$$

式中 M_{t-1}——$t-1$ 年每 kWh 冷量的销售定价，元/kWh；

$Q_{l,t}$——t 年区域供冷范围内所有用户的总用冷累计负荷，kWh；

R_{t-1}——$t-1$ 年区域供冷的实际收入；

I_t——t 年的利率。

按照上述方法给区域供冷系统定价的方式，在理论上可以做到每年度的运行费用相同。但理论计算的定价在实际收费过程中可能因为各种原因造成偏差，如果在实际操作过程当中费用收取不完全，则会造成当年收入少于预期，在商业化过程当中，此部分费用应当作为亏空记入下一年的成本增加以保证能源服务企业的正常运营。同理，如果总收费高于预期，在此部分费用应当记入盈余在下一年度返还给消费者，以平衡合理的市场价格并恢复消费者对于区域供冷的信心。

11.2.8 居住建筑区域能源系统定价算例分析

以下按照 1000 户居民的 10 万 m^2 的居住建筑分别采用分体空调、VRV 和区域供冷技术作为实例验证以上公式，一些常用参数的设定值如表 11-2 所示。

居住建筑空调系统案例的参数设定　　　　　表 11-2

$\sum A_i$	$Q_{CAP,t}$	$Q_{l,t}$	CPI
100000m^2	5400kW	4500000kWh	8%

从表 11-3 以及图 11-3 和图 11-4 中可以看出，居住建筑区域供冷的单位冷量固定成本和单位冷量成本高于 VRV，也高于分体空调。从计算得到的图 11-3 中可以看出，三种供冷形式居住建筑的单位冷量固定成本差别巨大，从 0.511 元/kWh 到 2.2 元/kWh 变化范围较大。这是由于居住建筑的单位装机容量年度累计负荷较少造成的，也就是说装机容量的年度平均利用小时数较小，造成的固定成本分摊过高，使得住宅建筑中的固定成本占到总成本主要部分，区域供冷增加的投资难以体现出较好的经济价值来，这也是许多住宅区域供冷系统的运行难以为继的原因所在。另外，由于住宅区域供冷系统的部分负荷时段较多，输配管网上造成了较多的损耗，虽然区域供冷高能效主机占有优势，但其系统季节能效难以提高。说明在以使用率低、分散度高为特点的居住建筑负荷特性和使用条件下，建筑空调系统更适宜采用分体空调，而不适宜采用高度集中的区域供冷。

居住建筑空调系统案例计算表　　　　　表 11-3

系统类型	分体空调	VRV	区域供冷
系统季节平均能效	2.8	3.0	3.2
初投资	1600 万元	2800 万元	3600 元
设备平均年限	8 年	12 年	16 年
年度维修管理费用	30 万元	40 万元	80 万元

系统类型	分体空调	VRV	区域供冷
固定成本	425.9 元/kWh	506.2 元/kWh	564.8 元/kWh
单位冷量固定成本	0.511 元/kWh	0.607 元/kWh	0.678 元/kWh
单位冷量成本	0.862 元/kWh	0.937 元/kWh	0.989 元/kWh
增加利润后的定价	0.862 元/kWh	0.937 元/kWh	1.137 元/kWh

注：电力价格按照单一电价 0.9 元/kWh 计算，利润率按照 15% 计算。

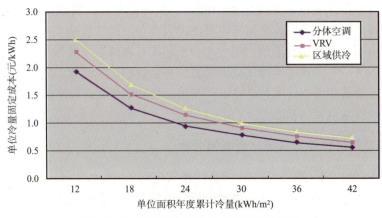

图 11-3　居住建筑单位冷量固定成本变化

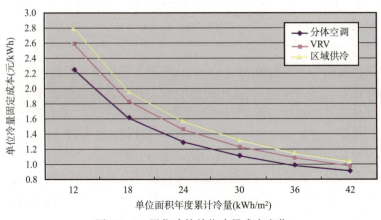

图 11-4　居住建筑单位冷量成本变化

11.2.9　公共建筑区域能源系统定价算例分析

设置 50 栋 1 万 m² 办公建筑组成的 50 万 m² 项目分别采用 VRV、集中供冷和区域供冷技术作为实例验证以上公式，一些常用参数的设定值如表 11-4 所示。

公共建筑空调系统案例的参数设定　　　　　　　　　表 11-4

$\sum A_i$	$Q_{CAP,t}$	$Q_{l,t}$	CPI
500000m²	55000kW	40000MWh	8%

对比表 11-3、图 11-3、图 11-4 以及表 11-5、图 11-5、图 11-6 可以看出，总体而言办公建筑的冷量成本低于住宅建筑，这主要是由于单位冷量固定成本更低、系统运行更稳定、效率更高。从表 11-5 中可以看出，公共建筑的单位面积负荷大于住宅，因此分摊到装机容量上的固定成本要低于住宅。公共建筑三种供冷形式的单位冷量固定成本随累计负荷的变化趋势十分明显，集中供冷高于区域供冷，而区域供冷则高于 VRV。这是由于区域供冷需要建设独立的机房，增加供配电设施，初投资费用最高。但区域供冷的运行管理和维护费用相对集中供冷有较大节省，因而其固定成本分摊后在三种供冷形式中是居中的。

公共建筑空调系统案例计算表

表 11-5

系统类型	VRV	集中供冷	区域供冷
系统季节平均能效	3.0	4.2	3.5
初投资	14000 万元	11500 万元	24000 万元
设备平均年限	12 年	16 年	18 年
年度维修管理费用	100 万元	1120 万元	180 万元
固定成本	230.3 元/kW	334.3 元/kW	275.2 元/kW
单位冷量固定成本	0.317 元/kWh	0.459 元/kWh	0.323 元/kWh
单位冷量成本	0.647 元/kWh	0.703 元/kWh	0.610 元/kWh
增加利润后的定价	0.862 元/kWh	0.937 元/kWh	0.702 元/kWh

注：1. 根据大型区域供冷建设的实际情况，区域供冷系统的初投资中考虑了单独的室外输配管网以及机房的土建和变配电费用，而 VRV 与集中供冷系统中无此费用。
　　2. 电力价格按照单一电价 0.9 元/kWh 计算，利润率按照 15％ 计算。

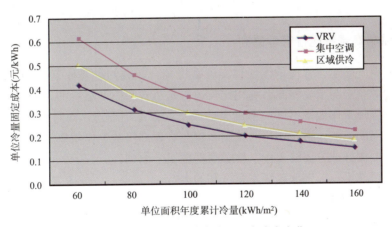

图 11-5　公共建筑单位冷量固定成本变化

在三种供冷形式中，区域供冷系统由于受到输配管网的影响，尤其是在部分负荷时输配损耗的比例较高，区域供冷系统的季节平均能效在三种供冷形式中也是居中的，这就最终导致了区域供冷系统的单位冷量成本随累计负荷变化在三种供冷形式中稳定的居于中间位置。而集中供冷系统虽然初投资最低，但是由于分散的机房数量众多，每年所需要的维

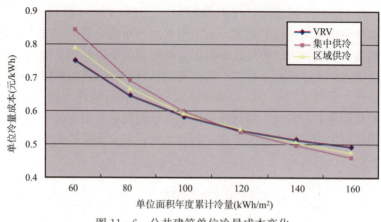

图 11-6　公共建筑单位冷量成本变化

护管理花费巨大，造成其单位冷量的固定成本反倒是三种供冷形式中最为昂贵的一种形式，虽然其运行的效率也最高，但是最终的单位冷量成本在大多数情况下还是较高的，只有在年度累计负荷超过 120kWh 的较高负荷时，固定成本在总成本中的比例下降明显，变动成本成为总成本的主导因素。集中供冷系统效率更高的优势明显显现使得集中供冷系统的运行费用在三种系统中最为低廉。而 VRV 系统作为分散程度最高的供冷系统，没有任何室内外的集中输配管网，虽然能效最低，但是在中小规模的办公建筑中因为无需值班人员，使其运管费用低廉，在累计负荷少于 120kWh 的情况下是单位冷量成本最低，这也是最近几年 VRV 系统在中小规模的办公楼得到迅速发展的原因之一。

11.3　区域能源系统的运行管理

11.3.1　区域能源系统运行管理原则

区域能源系统的运行管理是体现和实现系统综合效益的重要环节，运管做得好不好，决定了区域能源系统与常规能源系统相比较运行是节省的还是浪费的，所以是必须要引起重视的。运行管理工作做得不好，不仅会造成空调效果不理想，而且会出现空调能耗大、设备故障多等问题，从而影响用户的使用和物业管理部门的工作效率、经济效益，甚至影响企业形象。要做好这方面的工作，就必须把握以下原则：

（1）安全可靠第一，确保系统安全可靠的运行；
（2）系统生产的冷热量要满足用户的需求；
（3）当末端用户的负荷需求量变化时，系统应能够及时快速的调节；
（4）注重系统调试，做好运行初期的调试，熟悉系统性能特性；
（5）从细节入手持续改进系统能效降低成本；
（6）准备突发事件应急处理预案，确保系统稳定可靠地提供服务。

11.3.2　区域能源系统的运行管理内容

系统运行管理者和操作人员应熟悉空调系统在运行操作过程中的各项内容和步骤，必须做到认真操作，正确运行遇事冷静，恰当处理，其主要内容如下：

（1）空调系统在正常工作情况下启动程序。运行中的巡检内容，运行中各有关参数的记录、停车程序以及运行调节方式的选择，运行设备的切换，启动、运行、停车中应注意的事项等。

（2）空调系统在启动、运行、停车中的安全保障措施。

（3）空调系统在运行中紧急情况的处理。如运行中突然停电、停水（包括冷冻水和加热水）、停气（包括加热和加湿供汽）的紧急处理；设备突发故障（包括系统中蒸汽加热器或管路漏汽、空气冷却器的漏水、风机电机的突然停车、调节机构的失灵等）的处理。

（4）意外事故的处理。如由于蒸汽加湿系统中调节执行机构故障或管路破裂、穿孔等而造成空调房间内过湿的处理，蒸汽减压系统的故障等处理。

（5）机房内突发情况如火灾停电等事故时的迅速正确应对，保护设备安全。

（6）输配管网的巡视检查与用能单位的能耗统计计量。

11.3.3 区域能源系统日常操作

1. 系统启动前的准备工作

启动前的准备工作包括对空调系统中所有设备的检查，如风机、空气加热器、空气冷却器、喷水泵、循环水泵、冷却塔风机、循环冷却塔、柜式空调器中制冷机组等，使其处于待运转状态；控制系统中的传感器、变送器、调节阀、调节执行机构、报警系统应灵敏可靠；系统中所有的水路、汽路、风路中的各种调节阀、启闭阀均处于正确位置；集中供热、供冷系统的供热、供冷参数符合要求；供电电压正常、电气控制系统应通过模拟试验证明灵敏、可靠。

2. 系统的正常启动

对于较大的能源站，在启动时应采用就地、空负荷顺序启动方式、尽量避免遥控启动和带负荷启动及多台同时启动方式，防止由于启动瞬间启动电流过大、供电网电压降过大以及控制电路或主电路中熔断器烧断。对于采用遥控和就地启动两种调节方式的系统，强调就地启动主要是为了防止在启动过程中可能造成的设备事故（如传动带的脱落或断开、风机振动过大、制冷机组的排气压力过高或吸气压力过低或过高、油压过低所造成的其他问题）不能被及时发现。对于空调机房，设备比较分散，如果在确认不会出现其他问题时，也可以考虑采用遥控的启动方式。

3. 系统的日常维护

一个集中空调系统能否正常运转，并保证供热供冷的质量，主要取决于工程设计质量、施工安装质量、设备制造质量和运行管理质量4个方面的质量因素，任何一个方面的质量达不到要求都会影响系统的正常运行和空调质量。从运行管理者的角度来看，前三个因素是先天性的，如果它们都符合相应的规范要求，就为运行管理打下了良好的基础；但也可能它们都存在或部分存在一些问题和缺陷，这就有可能会给运行管理带来很多的麻烦。不管面对的是何种情况，集中空调系统的管理都要做好运行操作、维护保养、计划检修、事故处理、更新改造、技术培训、技术资料管理等工作，而运行管理则主要是做好运行操作、维护保养、事故处理和技术资料管理等工作。只有全面了解运行管理的基本内容，才能深入研究和掌握各个管理环节的规律，以促进运行管理工作，全面提高运行管理质量。

11.3.4 区域能源系统日常巡视

区域能源系统在正常运行中，应定期进行巡视检查，巡视检查内容如下：

（1）制冷设备正常运行情况，包括制冷机、冷水泵、循环冷却泵、冷却塔、油泵等主要设备的运行情况。

（2）制冷系统中主要设备参数情况，包括压力（压缩式制冷中的蒸发压力、冷凝压力、油泵压力、冷却水压力、冷水输送泵压力）、冷却水温度、冷水温度等。动力设备的运行情况，包括风机、水泵、电动机的振动、润滑、传动、负荷电流、转速、声音等，尤其要核对供水温度压力是否满足要求。

（3）电气自控设备运行情况，包括电气保护装置是否安全可靠，动作是否灵活，控制系统中各有关调节器、执行机构是否正常运行。

（4）定期巡查系统输配管网有无跑冒滴漏，阀门井内是否有泄漏，管网是否有破损造成的冷热量浪费。

（5）定期巡查与用户的接口是否运行正常，冷热量计量装置运行是否正常，换热器两侧的压差是否正常以判断其是否有堵塞现象。

（6）定期巡查空调冷冻水系统是否发生小温差大流量的不利运行工况，制冷设备是否运行在较低负荷率的不利效率点，水系统变频器是否工作正常。

11.3.5 区域能源系统的事故处理

（1）由于供电系统发生故障或设备、控制系统的故障停车。由于这些情况往往是突然发生的，因而不能按正常停车程序处理，必须按紧急停车处理。

（2）由于供电系统故障停车。空调系统在运行中，如果突然发生停电，必须迅速切断冷、热源的供应之后则应断开电源开关并迅速告知电力部门检修及主管领导，同时开启备用电源利用蓄能装置临时供能。待恢复供电后再按正常停车顺序处理，并检查系统中有关设备及控制系统，确定无异常后方可启动运行。

（3）设备故障的停车。空调系统在运行中，如果发生设备故障则应迅速按照故障停车程序停止该台设备运行，并按照启动顺序启动其他设备，以维持系统运行，同时对该台设备报修。

（4）机房内发生火灾事故的处理。机房内如果发出火灾报警信号，运行值班人员必须保持清醒的头脑，迅速判断发生火情的部位，立即停止有关设备的运行，同时向有关单位报警，采取相应措施，积极扑灭火灾。为防止事故的扩大，在扑火灭火同时应对系统进行全面的停机处理。

11.3.6 区域能源系统的维护保养

区域能源系统应定期对各类设备巡检发现的问题和故障进行日常维护，同时根据系统和设备特点，对空调系统的设备设施、管道系统等进行定期维护保养。以保证空调系统能够长期运行、延长设备使用寿命、节省能耗、降低运行费用。

空调设备的节能维护保养主要是对冷水机组、冷却塔、水泵机组等主要部件进行节能维修保养,以提高空调系统的运行效率。

1. 冷水机组节能维护保养

对于设有冷却塔的水冷式制冷机中的冷凝器、蒸发器,每半年由制冷空调的维修组进行一次清洁养护。清洗时,先配制 10%的盐酸溶液(1kg 盐酸溶液里加 0.5kg 缓蚀剂)或用现在市场上使用的一种电子高效清洗剂,杀菌清洗、剥离水垢一次完成,并对铜铁无腐蚀。制冷空调维修组每年对压缩机进行一次检测和维护保养。对压缩机的气密性、润滑油以及电机的工作情况进行检查。

2. 冷却塔的节能维护保养

冷却塔每年开始使用前半个月内,制冷空调维修组对冷却塔进行一次全面维护保养。清除冷却塔内的杂物,检查、调整冷却塔风机皮带的松紧。每个月对冷却塔进行一次清洗和维护保养,清洗和维护保养的内容:每周检查一次电机风扇转动是否灵活,风叶螺栓是否紧固,转动是否有振动;对于使用皮带减速装置的电机,每半月检查一次皮带转动时的松紧状况,调节松紧度或进行损坏更换;检查皮带是否开裂或磨损严重,视情况进行更换;每个月停机检查一次齿轮减速箱中的油位,达不到油标规定位置要及时加油;每半月检查一次补水浮球阀动作是否可靠,否则应修复。

冷却塔停机期间维护保养措施:冬季冷却塔停止使用期间避免可能发生的冰冻现象,应将集水盘(槽)和管道中的水全部放光,以免冻坏设备和管道;严寒和寒冷地区,应采取措施避免因积雪而使风机叶片变形;皮带减速装置的皮带,在停机期间取下保存。

3. 水泵的节能维护保养

(1)日常维护保养。及时处理日常巡检中发现的水泵运行问题,如水泵的振动和噪声太大等问题;当水泵各个轴承运转不灵活时,应及时添加润滑油;检查轴封的情况,如有松懈或损坏,应及时压紧或更换。

(2)定期维护保养。使用润滑油润滑的轴承每年清洗、换油一次;采用润滑脂润滑的轴承,在水泵使用期间,每工作 2000h 换油一次;每年对水泵进行一次解体的清洗和检查、清洗泵体和轴承,清除水垢,检查水泵的各个部件。

(3)停机时保养。水泵停用期间,环境低于 0℃时,要将泵内的水全部放干净,以免水的冻胀作用胀裂泵体。

4. 水系统的节能维护保养

水系统的节能维护保养包括区域能源机房内的冷冻水、冷却水和凝结水管系统以及室外输配管网管道和阀门的维护保养。

(1)日常维护保养。及时修补水系统破损和脱落的绝热层、表面防潮层及保护层,更换胀裂、开胶的绝热层或防潮层接缝的胶带;及时封堵、修理和更换漏水的设备、管道、阀门及附件;及时疏通堵塞的凝结水管道;及时检修动作不灵敏的自动动作阀门和清理自动排气阀门的堵塞。

(2)定期维护保养。空调维修组每半年对冷冻(热)水管道、冷却水管、凝结水管系统管道和阀门进行一次维护保养;每三个月清洗一次水泵入口处的水过滤器的过滤网,有破损要更换;空调维修工每半年对中央空调水系统所有阀门进行一次维护保养;进行润滑、封堵、修理、更换。

5. 风系统的节能维护保养

风系统的节能维护保养包括风系统管道和阀门的维护保养。每三个月修补一次风系统破损和脱落的绝热层、表面防潮层及保护层，更换胀裂、开胶的绝热层或防潮层接缝的胶带；每三个月对送回风口进行一次清洁和紧固，每两个月清洗一次带过滤网的风口的过滤网；每三个月对风系统的风阀进行一次维护保养，检查各类风阀的灵活性、稳固性和开启准确性，进行必要的润滑和封堵；及时更换动作不正常或控制失灵的温控开关。

6. 区域能源测控系统的节能维护保养

及时监测区域能源系统的控制系统运行是否正常稳定和准确，定期校正检查压力表、流量计、温度计、冷（热）量表、电表、燃料计量表（燃气表、油表）等计量仪表，缺少的应及时增设；每半年对控制柜内外进行一次清洗，并紧固所有接线螺钉；每年校准一次检测器件（温度计、压力表、传感器等）和指示仪表，达不到要求的更换；每年清洗一次各种电气部件（如交流接触器、热继电器、自动空气开关、中间继电器等）。

参考文献

[1] 龙惟定. 建筑节能管理的重要环节——区域建筑能源规划. 暖通空调，2007.

[2] 刘晨晖. 电力系统负荷预报理论与方法. 哈尔滨：哈尔滨工业大学出版社，1987.

[3] R. 科多尼，朴熙天，K. V 拉曼尼著. 综合能源规划手册. 吕应中译. 北京：能源出版社，1989.

[4] 龙惟定，马素珍，白玮. 我国住宅建筑节能潜力分析——除供暖外的住宅建筑能耗. 暖通空调，2007（5）.

[5] 龙惟定. 试论建筑节能的科学发展观. 建筑科学，2007（2）.

[6] 日本地域冷暖房协会.《地域冷暖房技术手册》（改订新版）. 东京：社团法人日本地域冷暖房协会，2002.

[7] 龙惟定.《建筑·能源·环境》. 北京：中国建筑工业出版社，2003.

[8] 马宏权. 合同能源管理运管手册. 南京丰盛新能源企业标准，2009.

[9] 王伟军. 中央空调系统的运行策略研究. 制冷与空调，2006，2：23-25.

第12章 上海世博园区建筑能源规划：回顾与反思

上海世博会的举办，不仅带来了各国在可持续发展和低碳经济方面的先进理念和实践，同时也标志着我国在2010～2030年快速城市化阶段，城市建设进入类似世博园这样的成片成规模开发阶段。我国几乎所有城市都有上百万乃至上千万平方米建筑面积的开发项目。世博园的开发建设，无疑能起到引领作用。

回顾从2005年到2010年的5年时间里，笔者参与了世博园供冷供热能源规划的多项研究课题。世博园能源系统在当时的技术条件和认知水平下，有很多亮点，也有很多不足，更有很多遗憾。这其中有决策机制上的原因，也有我们对这类大规模园区能源规划的认识还需要进一步深化的原因。趁着世博一片大"热"的时候，冷静地对能源规划的过程做一些回顾和思考，可以对今后大规模园区建设提供借鉴和参考。

12.1 上海世博园能源系统

上海世博会规划园区面积为 $5.28km^2$，规划控制面积 $6.68km^2$，其中保留 $1.4km^2$ 的既有建筑。世博园围栏面积 $3.28km^2$，其中浦东 $2.43km^2$，浦西 $0.85km^2$，总建筑面积约 185万 km^2。世博会后，此地将建成未来上海的贸易中心和文化中心。

世博园区分布在黄浦江两岸（见图12-1）。世博园的新建永久性场馆，即世博轴、世博中心、文化中心、中国馆和主题馆（一轴四馆），主要集中在浦东的B片区；而世博保留的历史建筑和工业建筑再利用主要集中在浦西（主要是始建于1867年的中国民族制造业的发祥地江南制造总局，即现江南造船厂）。

世博会举办期间（2010年5月1日～10月31日）正值上海的炎夏。预计世博参观人数将达7000万，也就是说，每天有40～60万的参观者进入世博园的各个建筑。因此，世博园区新增的近200万 m^2 建筑面积的供冷能耗，是对上海能源需求和温室气体排放的挑战，如何选择既节能又能满足世博特殊需求的供冷供热能源，是需要在园区规划中和建筑设计之前就深思熟虑的。但遗憾的是建筑能源规划一直游离在总体规划之外，也一直没有得到应有的地位。

上海世博会与爱知世博会有所不同，爱知世博会后，所有场馆全部拆除；而上海世博会后，一部分永久建筑如"一轴四馆"等将予以保留而且功能不变；另一部分永久建筑如工业建筑和历史建筑，世博会后不会拆除但功能不明。而国外场馆和企业场馆是临时场馆，世博会后是要拆除的，土地将重新利用。但在土地批租之前，这些临时场馆还有可能保留一段时间，其功能是展馆还是商场餐饮尚不清楚。对于"一轴四馆"，要考虑世博会后的运行需要，特别是冬季供热；但对于其他建筑，因为功能不明，难以确定其供热负荷。这就给建筑能源规划带来很大的困难。

从2005年开始，研究者便对世博园区围栏区内的建筑群作了空调动态负荷预测，主

图例 展馆
- 主题馆
- 中国馆
- 外国馆（自建馆和租赁馆）
- 外国馆（联合馆）
- 国际组织馆
- 企业馆
- 世博会博物馆
- 城市最佳实践区展馆

公共中心
- 综艺大厅
- 世博中心
- 演艺中心

中国2010年上海世博会规划区控制性详细规划（第三版）
REGULATORY PLAN OF THE WORLD EXPO 2010 SHANGHAI CHINA

场馆布局图 **05**

图12-1　上海世博场馆分布
（资料来源：上海世博会官方网站）

要完成了 4 个方面的负荷预测：

（1）逐时空调动态负荷；

（2）空调负荷率的时间分布；

（3）月累计空调负荷；

（4）设计日逐时负荷。

世博园区建筑的空调负荷主要有两大特点，即建筑形式和围护结构的多样性和非常大的内部得热。因此，在负荷预测中，针对临时展馆用了基于模块化概念的模块分类简化方法，并确定模块模拟的边界条件，即建筑因子和内部得热因子。建筑因子主要有：建筑面积、围护结构、建筑朝向、建筑层高、窗墙比和建筑外形 6 个因素。内部得热因子主要有：气象参数、室内设计参数、人流量、照明负荷、设备负荷、空气渗透和新风量等因素。其中人流量（人员负荷）的影响因素十分复杂，如节假日、季节、气候因素等。模拟中设置了黄金周、工作日、双休日和学生暑假 4 种情景。根据 4 种情景模式下入场人数和出场人数的设定，结合世博期间每天的客流量，可以得到世博园区 184d、4416h 的逐时人流量分布。

最后，确定了 3 大负荷敏感度因子——天气变化因子、人流量变化因子和新风供给方式变化因子，采用 2004 年和 2005 年实际气象年的气象参数和世博园区内可能出现的 4 种人流量模式以及不同的新风供给方式对负荷变化情景进行了分析。研究涉及的展馆建筑共计 163 栋，建筑面积共计 86.3 万 m^2。

研究中还分析了整个世博园区的空调负荷率分布（即空调负荷的时间频率）情况。分析世博会期间 184d 开馆时段内的负荷，发现空调冷负荷率在 75%～100% 范围内的时间频率仅占 18% 左右，展馆运行期间大部分时间处于部分负荷状态。空调冷负荷率在 50%～75% 范围内的空调冷负荷时间频率占 33% 左右，空调冷负荷率在 25%～50% 范围内的空调冷负荷时间频率占 40% 左右。图 12-2 为世博核心区冷负荷率的时间分布预测。

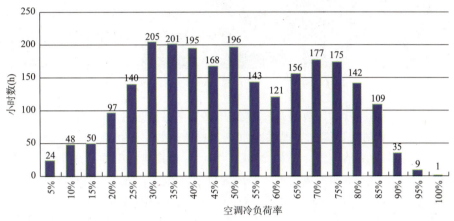

图 12-2　世博核心区（B 片区）冷负荷率的时间分布

预测世博园区各片区建筑群在世博期间总的空调冷量为 196033MWh，其中月总冷量以 7 月最高，8 月其次，其余各月的月总冷量仅为最高月总冷量的 40%～70% 左右。

12.2　供热供冷能源方案研究

为了满足世博园区巨大的空调冷量需求，必须找到高效、节能、低碳和可行的规模化供冷方式。从 2005 年开始，提出过三个能源方案。

12.2.1　南市电厂天然气联合循环（NGCC）热电联产方案

位于世博园区的原上海南市电厂，始建于 1897 年。当年清政府在上海十六铺老太平码头创建了供 30 盏路灯照明的南市电灯厂，后于 1918 年成立上海华商电力股份有限公司。1955 年，电厂转为国营，更名为南市发电厂。南市发电厂的百年历史浓缩了上海整个城市的变迁（见图 12-3）。在 2006 年拆迁之前，南市发电厂是一家热电联产电厂，有两台抽汽冷凝机组、1 台背压式机组及 1 台凝汽式机组，配有 4 台燃煤锅炉，发电能力为 16MW，最大供热能力为 350t/h。因此，在世博园规划之初，计划将南市发电厂改造成 30MW 级的 NGCC 电厂，在发电的同时，通过蒸汽管网向园区供应蒸汽，末端采用蒸汽吸收式制冷机的热力制冷方式供冷。

NGCC 是指利用天然气燃烧产生的 1000～1400℃ 高温烟气通过燃气轮机做功发电，排出的 500～600℃ 的烟气在余热锅炉中产生约 450℃、5MPa 的蒸汽，用来推动蒸汽轮机做功发电，燃气—蒸汽的结合便形成了天然气联合循环发电。其本质上就是利用天然气发电的余热再次发电，即"电—电联产、利用余热"。在目前技术条件下，NGCC 是燃用矿

图 12-3　1897 年（左）和 2005 年（右）的南市电厂

物燃料发电效率最高的技术，有报道称其最高热效率可接近 60%（普通燃煤电厂在 35% 左右），如果再加上利用其蒸汽实现供冷供热，总体热效率还可以进一步提升。由于天然气相对煤而言是一种清洁能源，所以 NGCC 的 CO_2 和其他污染物排放都很低，完全可以满足世博园区的能源需求和环境要求，并成为世博会的一个亮点。当时计划南市发电厂成为世博能源中心（见图 12-4），兼具展示功能，供专业访问者参观。

图 12-4　规划中的世博能源中心

但是由于以下几个原因，该方案最终没有实施：

（1）2006 年初，我国遭遇严重的天然气荒，为保证首都供气，全国许多地区采取限气措施，上海也不例外。这样，使得 2010 年的基本供气前景变得扑朔迷离。

（2）天然气价格一直是敏感问题，当时所有天然气电厂都处于亏损状态，多数仅作为调峰之用，无法预测 2010 年及以后的气价。

（3）世博园区跨黄浦江两岸，南市发电厂位于浦西南浦大桥桥堍、世博园区的东北端，而热负荷中心是在浦东，即永久场馆集中的 B 片区，蒸汽管道穿越黄浦江存在一定的经济和技术问题。

（4）高压力天然气进入园区存在一定安全隐患。

最终，南市发电厂旧有燃煤机组被拆除，厂房被改造成为城市未来馆，并保留了一个能源展示馆。为保证原来南市发电厂热用户的需求，不得不另建锅炉房。从技术上说，是在原南市发电厂热电联产基础上的倒退。很遗憾，世博园与国际最先进的能源技术失之交臂。不过南市发电厂原有的抽取黄浦江水冷却的泵站在江水源热泵集中供冷供热中继续发挥着作用。

12.2.2 分布式能源方案

上海世博能源系统规划得到国际上很多专家的帮助和支持。其中日本早稻田大学尾岛俊雄教授的研究团队与同济大学合作，提出了图 12-5 中的"1+2"分布式能源站方案，即浦西地区 1 个能源站，浦东地区 2 个能源站，又根据能源的来源提出 3 种方案：

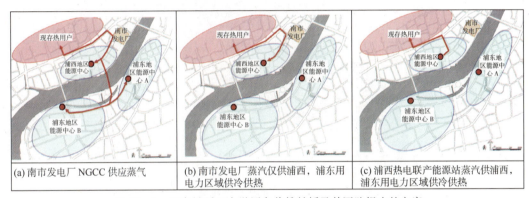

图 12-5　日本早稻田大学尾岛俊雄教授及其团队提出的方案

（1）基于南市发电厂热电联供，设 3 个能源站，利用南市发电厂蒸汽和吸收式制冷，分别建立 3 个区域供冷系统，利用黄浦江水作为冷却水。

（2）浦西 1 个能源站利用南市发电厂蒸汽和吸收式制冷；浦东 2 个能源站利用电力制冷，蒸汽管道不过江。理论上浦东的制冷电力来自于南市 NGCC 电厂，可以有高达 3.0 的一次能源利用率。利用黄浦江水作为冷却水。

（3）浦西 1 个热电冷联产能源站，除为浦西场馆供冷外，还为原南市发电厂的热用户供热。浦东 2 个能源站，利用电力制冷，利用黄浦江水作为冷却水。

尾岛教授参与和主持过日本大阪世博会和爱知世博会的能源规划，有先进的理念和成功的经验。在南市发电厂确定被拆除的情况下，在尾岛教授方案的基础上，根据"位置相近、负荷相近、规模相近、功能相近"的原则，笔者的研究团队研究了"两岸 5 站"方案的可行性。表 12-1 和图 12-6 为 5 个分布式能源站的设置方案。

5 个分布式能源站的设置　　　　　　　　　　　　　　　表 12-1

	负责区域	能源站性质	能源站方式
能源站 1	B 片区	永久	供冷却水，热电冷联供
能源站 2	中国馆、国际组织馆	永久	热电冷联供
	其他	临时	供冷却水

	负责区域	能源站性质	能源站方式
能源站 3	城市最佳实践区	永久	热电冷联供
	部分企业馆	临时	供空调冷却水
能源站 4	C 片区	半永久	大型水源热泵＋蓄冷装置
能源站 5	E 片区	临时	供空调冷却水

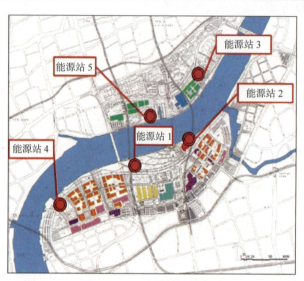

图 12-6 5 个能源站的布置

该方案有以下几个特点：

（1）利用黄浦江水作为冷却源。

（2）永久场馆采用热电冷联供系统。

（3）临时场馆仅提供来自黄浦江水的冷却水，场馆自用水源冷水机组供冷。成为准"能源总线"系统，也便于世博会后拆除。

（4）整个世博园区内无冷却塔，减缓热岛效应。

（5）由于取代南市发电厂向黄浦江排热，对水环境的影响大大降低。

（6）既保证世博期间包括临时场馆在内的所有场馆的供冷，又兼顾世博后永久场馆的供冷和供热。

由于在园区最初的规划中没有将与分布式能源有关的基础设施考虑在内，加之浦西工厂动迁的推迟，因此，如果要实施分布式能源方案，就要敷设天然气管道、冷却水管道，乃至供冷管道，需要对原有规划中管道、共同沟等基础设施进行调整，而世博园区的建设工期已经不允许作比较大的调整，加之天然气的供应同样需要落实。最终，分布式能源方案也未能实施。

12.2.3 江水源和地源热泵的应用

完全依靠天然气的 NGCC 热电联产方案和部分依靠天然气的分布式能源方案未能在世博园区实施，剩下的只能是高效利用电力的供冷技术。最简单的电力供冷就是单栋建筑的集中空调方案乃至分室（空间）的个别空调（例如分体式空调和多联机）。这种供冷方式的最大问题是在整个园区形成热量的多点排放。根据国外的研究，这种多点排放可以造成园区热岛效应，使园区空气温度比周边高 5℃；同时会造成巨大的电力负荷，测算高峰负荷将达到 53MW，会给上海供电带来很大压力，并造成对电网的冲击。

世博园区地处黄浦江两岸，可以充分利用黄浦江水的资源优势，做好"水"文章。利用江水来为建筑物进行冷却的技术应用历史悠久，早在 1878 年巴黎世界博览会（Exposi-tion Universally de Paris 1878）上，巴黎人就以五月广场为中心，充分利用了塞纳河的供水之便，用 4 座水泵抽取塞纳河水，经过 23km 长的管道将水输送到博览会的每个角落。他们利用水力作为升降梯的动力，设置喷泉，还将塞纳河水引入工业宫的地板下面来降低室内温度。法国人的水流控制技术大大造福了参观者，成为博览会上的一大亮点。在美国纽约、加拿大多伦多、法国巴黎、瑞典斯德哥尔摩以及瑞士日内瓦等地也都有地表水源热泵的应用实例。在与上海气候相近的日本九州、东京和大阪等地区，以及空调需求比上海更大的中国香港，已建成的利用河川水或海水作为热泵冷热源（香港仅作冷源）的工程实例有数十项，其中许多项目运行已经超过 30 年。

上海早在 20 世纪 90 年代浦东开发陆家嘴金融区建设中，就提出了利用黄浦江水实现区域供冷供热的设想，后来在外滩历史建筑置换中，也提出了利用黄浦江水为这些老建筑提供空调冷热源的方案。范存养教授、徐吉浣教授等老一辈专家为此做过大量研究工作。但由于种种原因，这些计划都未能实施。而在世博园建设期间，地处北外滩的上海国际客运中心和地处上海十六铺的黄浦江旅游中心分别采用了江水源热泵并投入调试应用。

江水源热泵的能源利用效率要高于传统的空调冷热源系统，这是由于以下几点：

（1）夏季江水源热泵的冷却效率较高。黄浦江水温度最不利情况为 30～32℃，大多数情况低于 26℃，比传统的冷却塔水温低 6～8℃，冷却温度每降低 1℃，机组效率约可提高 1.5%，因此江水源热泵机组制冷效率和能源利用效率均高于传统冷却塔冷却的冷水机组。

（2）冬季大型水源热泵机组制热效率和能源利用效率均远高于空气源热泵，更比单纯燃烧的天然气锅炉能源效率要高。

（3）大型江水源热泵系统可以方便地利用热回收技术全年提供生活热水。

（4）江水源热泵可以实现过渡季节的免费供冷。在负荷不高的过渡季节，大型江水源热泵的取水管道可以直接获得 10℃左右的冷水，完全可以直接用于内区供冷，同时经内区供冷使用后温度升高的江水还可再进入热泵机组制热，以提高热泵机组制热的能力和效率。

最终确定的世博园区能源利用方案如下：

（1）永久场馆的夏季供冷系统优化集成了江水源热泵、水（冰）蓄冷技术和地源热泵技术，冬季供热则集成了江水源热泵为主和天然气锅炉为辅的技术组合，浦东一侧采用集中泵站取水、各建筑独立设置冷热源的方式；浦西一侧由于建筑体量小，采用原南市电厂的冷却水泵站集中取水、集中设置冷热源、辅以大温差供能和高效输配系统，形成区域供冷供热系统。在运行中按效率优先原则控制，最大程度地利用可再生能源满足建筑冷热需求。

（2）临时场馆本拟采用移动式电动离心式制冷机供冷，但与几家制造厂商谈判无果，主要症结在于设备租赁价格。而长沙远大空调有限公司是上海世博会的 13 家全球合作伙伴之一，再加上自 2008 年开始上海的天然气已经不再紧张，因此世博临时场馆最终采用了该公司的直燃型溴化锂吸收式制冷机，建立临时机房。因为直燃型溴化锂吸收式制冷机是一种热力制冷方式，燃用天然气，所以相对于用以煤为主的火力发电电力的电力驱动制冷机具有减碳作用。

12.3 江水源热泵的应用研究

12.3.1 黄浦江水温预测

由于种种原因，得到黄浦江水水温的实测值极为困难。即便有实测值，也只反映局部江面和个别时段（例如某一年）的情况，从空间分布和时间延续两方面的数据量都不足以用作预测外推。因此，研究中参考了黄浦江入海口处引水船海洋站 1959 年 9 月到 2001 年 10 月的月平均表面水温，对比历年上海气温资料，推导出气温与水温之间的回归关系（见图 12-7），相关系数为 0.983：

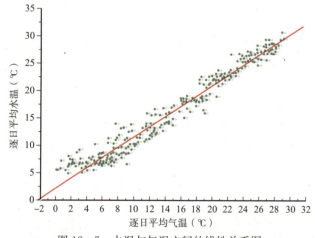

图 12-7 水温与气温之间的线性关系图

$$Y = 2.19951 + 0.9289X$$

然后参考 2005 年上海市逐时气温资料，得出黄浦江浦东世博区域的全年水温数据（见图 12-8）。

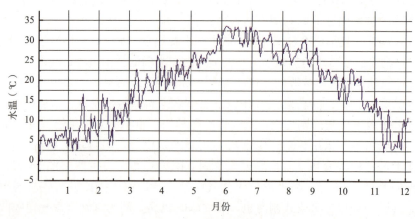

图 12-8 预测黄浦江水温值

统计其中夏季阶段 6 月 4 日到 9 月 26 水温数据，得到水温的分布（出现频率），如图 12-9 所示。将预测水温平均值与 1959～1993 年黄浦公园以及 2003 年淞浦大桥实测的各月平均水温进行对比，发现预测水温与实测资料的变化趋势和变化规律吻合较好，说明预测结果可靠。

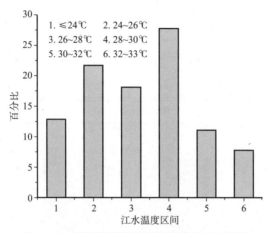

图 12-9　预测世博期间黄浦江水温出现频率

以水温 25℃时的制冷机负荷为 1.0，从图 12-10 可以看出，水温超过 30℃时，负荷增加得很快，水温 34℃时，负荷增加近 30%，此时需要加大水量或采用辅助冷却塔。

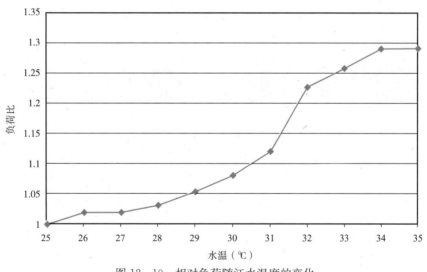

图 12-10　相对负荷随江水温度的变化

12.3.2　江水源热泵供冷的技术经济分析

以世博核心区（B 区）为例，选取 3 种应用黄浦江水的供冷方案作技术经济比较。

（1）方案一，黄浦江水通过板式换热器与制冷机冷凝器中的冷却水换热，冷却水循环使用。主机选用大型三级压缩离心式冷水机组，通过机组外水管侧阀门切换来实现制冷、供热工况的转换，实现区域供冷。

（2）方案二，黄浦江水与换热器换热后，将冷却水输送到各建筑物，各建筑物设独立冷水机组。该种方式又可称为 CWD（Condenser Water Distribution）方式，或"能源总线（Energy Bus）"方式。这一方案又可分成末端配置离心式制冷机或末端配置螺杆式制冷机。

（3）方案三，区域冷热电联产方案。即微型燃气轮机＋吸收式机组，冷源集中，江水冷却。

图 12－11 为 3 种方案的能耗比较，图 12－12 为 3 种方案的㶲效率比较。

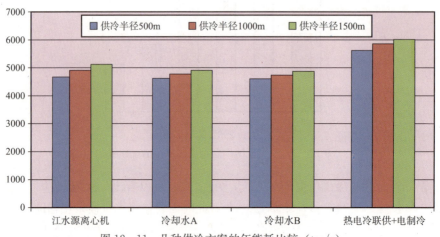

图 12－11　几种供冷方案的年能耗比较（tce/a）

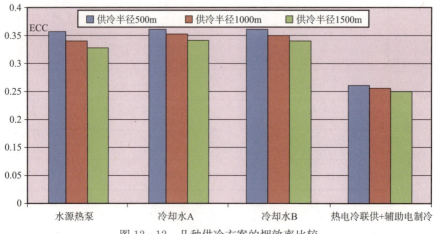

图 12－12　几种供冷方案的㶲效率比较

综合技术和经济评价，方案二采用冷却水 CWD，末端配置螺杆机是最佳的方案；其次是方案二末端采用离心机；再次是方案一（大型离心机组），最后才是方案三（分布式能源）。方案三不理想的原因在于，由于我国的电力政策中，分布式小型热电联产的电力只能并网不能上网，所以在系统配置时只能以电定热，而电力负荷与冷负荷是不可能相互匹配的，在供热（供冷）需求大于可供量时，只能用辅助电力热泵来补充。将辅助电制冷系统的能耗考虑在内，就使得系统的综合能效比下降。

12.3.3 区域供冷最佳供冷半径研究

因为区域供冷输送温度一般不能低于4℃，因此其输送温差较小，相应的输送冷水量就较大（与区域供热相比）。使得区域供冷系统的能效主要损失在输送系统中，输送距离越长，能效越低。为了解决这一问题，笔者对区域供冷最佳供冷半径问题进行了研究。

笔者将区域供冷系统在不同供冷半径下的理论单位冷量能耗与变制冷剂流量多联式空调系统的能耗进行比较，得出合理的当量供冷半径，当区域供冷系统的供冷半径落在此范围内，其单位冷量能耗等于或低于变制冷剂流量多联式空调系统。

将区域供冷系统简化成如下的两种系统形式：

（1）第一种区域供冷系统。制冷站位于末端负荷的中心，可以直接从机房引出支管以满足不同位置的负荷需求。这种系统形式的特点是末端负荷分布比较均匀，负荷密度大。

（2）第二种区域供冷系统。由于地理环境或其他客观因素的制约，使得制冷站只能布置在负荷末端，需要经过较长的距离才把冷水输送到负荷中心，然后再通过各支管供给末端用户。

表12-2为第一种区域供冷系统与变制冷剂流量多联机空调系统的能耗比较。

第一种区域供冷系统与变制冷剂流量多联机空调系统（VRF）的能耗比较　　表12-2

VRF空调系统当量配管长度（m）	≤8	50.00	100.00
冷量修正系数	1.00	0.95	0.90
VRF空调系统单位冷量能耗系数（kWe/kW）	0.228	0.240	0.253
相应区域供冷系统当量供冷半径（m）	382	657	962

表12-2中第四行表明，相当于VRF配管长度的区域供冷的当量半径。如供冷半径为962m的区域供冷能效，相当于配管长度为100m的VRF能效。可见，第一种区域供冷最理想的供冷半径在400m以下，最大供冷半径不宜超过1000m。

第二种区域供冷系统，可以建立一个矩阵表格，如表12-3所示。

第二种区域供冷系统的单位冷量能耗（kWe/kW）　　表12-3

干管长度（m）		100	200	300	400	500	600	700	800	900	1000	1100	1200
支管长度（m）	100	0.2168	0.2191	0.2215	0.2239	0.2262	0.2286	0.231	0.2333	0.2357	0.2381	0.2404	0.2428
	200	0.2215	0.2239	0.2263	0.2286	0.231	0.2334	0.2357	0.2381	0.2405	0.2429	0.2452	0.2531
	300	0.2263	0.2287	0.231	0.2334	0.2358	0.2381	0.2405	0.2429	0.2453	0.2476	0.2532	0.2542
	400	0.231	0.2334	0.2358	0.2382	0.2405	0.2429	0.2453	0.2477	0.2501	0.2542	0.2548	0.2572
	500	0.2358	0.2382	0.2406	0.243	0.2453	0.2477	0.2501	0.2525	0.2549	0.2572	0.2596	0.262
	600	0.2397	0.242	0.2444	0.2468	0.2492	0.2516	0.2539	0.2563	0.2587	0.2611	0.2635	0.2658
	700	0.2443	0.2467	0.2491	0.2514	0.2538	0.2562	0.2586	0.261	0.2634	0.2657	0.2681	0.2705
	800	0.2489	0.2513	0.2537	0.2561	0.2585	0.2609	0.2633	0.2656	0.268	0.2704	0.2728	0.2752
	900	0.2536	0.256	0.2584	0.2608	0.2632	0.2656	0.2679	0.2703	0.2727	0.2751	0.2775	0.2799
	1000	0.2583	0.2607	0.2631	0.2655	0.2678	0.2702	0.2726	0.275	0.2774	0.2798	0.2822	0.2846

表中黄色、绿色和灰色区域分别对应于与变制冷剂流量多联机的当量配管长度 8m、50m 和 100m。这也意味着在颜色区域外的冷水输送管长过长，使得区域供冷系统能效低于变制冷剂流量多联机。实际上变制冷剂流量多联机的冷媒配管达到 100m 已属不合理。因此，区域供冷系统的供冷半径达到 800m，支管 200m 应该是能耗控制的极限。浦西能源中心的供冷系统最终根据这个原则设计。

12.3.4 大型地表水地源热泵应用对黄浦江的环境影响研究

世博园区地表水地源热泵的冷却水排放必然会对黄浦江水环境带来一定的影响，尽管它所带来的温升效应远远不及以前黄浦江沿岸六大电厂排热的影响，但不论程度轻重，都要积极地采取有效措施，以保护黄浦江生态。

研究团队对世博园 B 片区地表水地源热泵排水口附近水体作了速度场和温度场模拟。计算域内影响范围最广的是 0.3℃温升。虽然在涨落潮交替江水流速很小的情况下 1℃温升将影响到 7m 水深，但是由于在一天中涨、落潮交替的时间短，因此影响宽度（与江面宽度 400m 相比）并不大，1℃温升只在排放口附近影响了水体。对于黄浦江水生环境留有足够的自然水温通道。这些影响均在相关国家标准规定的范围之内。

12.3.5 江水源热泵系统的运行模式研究

以世博中心为对象，研究团队对江水源热泵系统的运行及其与其他系统（例如冰蓄冷系统）的相互关系做了研究，主要研究结果是：

（1）江水源热泵的取水量应该按照冬季需求进行设置，以减少取水管道建造费用。在夏季，可以由江水源热泵承担基载负荷，利用冰蓄冷调峰。夏季夜间由于空气湿球温度的下降，江水温度也有 3～5℃的下降，这对冰蓄冷系统的运行是有利的，可以提高夜间蓄冰时的机组效率约 5%。

（2）冬季黄浦江水温度较低，完全依靠江水源热泵供热有一定风险，也可能导致江水取水管管径过大，增加成本。因此提出由江水源热泵承担基础负荷，辅助天然气锅炉承担调峰负荷的冬季运行方案。在约 70% 时间段内不用开启燃气锅炉。

为保证在江水温度过低时的供热品质，研究了江水源热泵串联运行以提高水温的方案（见图 12-13）。冬季大部分时间内用两台热泵机组运行即可满足热负荷需求，第三台热泵机组可以作为串联机组，以提高出水温度。经计算，串联系统包括水泵在内的系统能效比可以达到 2.64，在技术上是可行的。但此时江水源热泵的供热成本为 0.341 元/kWh，相当于天然气价格为 3.0 元/m³ 时的天然气锅炉供热成本。另外，图 12-13 中两台机组并联，再串联第三台机组，设计中循环水量平衡有一定难度；而如果一对一串联，则系统能效比会下降到 1.79。因此，最终没有采用此方案。

（3）针对利用黄浦江水作冷却水的蓄冰式供冷系统的运行作了技术经济分析。根据全日冷负荷曲线及上海地区分时电价，制定的运行模式为：晚间低谷电价时段，制冰主机制冰蓄冷；平时电价时段，由制冰主机满负荷运行，不足部分由融冰供冷满足负荷需求；而在高峰电价时段，优先融冰供冷。分析表明，冰蓄冷结合水源热泵系统与常规水源热泵系统的主机能耗差别不大，冰蓄冷主机能耗高 11.4%。蓄冰工况下尽管蒸发温度降低，但夜间黄浦江冷却水温度较低，致使主机 COP 值下降并不明显。而冰蓄冷结合水源热泵系统

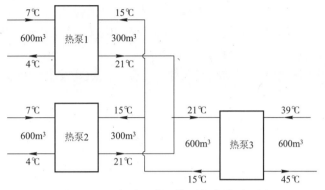

图 12-13 冬季江水源热泵的串联原理图

与常规水源热泵系统的系统总能耗差别较大，前者高 25.9%。这是由于蓄冰系统采用二次泵系统，一次乙二醇泵的功率也有较大幅度增加。但从系统运行费用分析可知，冰蓄冷结合水源热泵系统与常规水源热泵系统差别很大，前者低 29.8%。制定优化的蓄冰工况运行策略是降低系统运行费用的一个重要因素。

12.3.6 世博园江水源热泵和地源热泵的规模化应用

江水源热泵和地源热泵主要用于世博永久场馆，充分发挥了世博园依江临水的区位优势（见表 12-4）。

2010 年上海世博会江水源热泵系统及其服务范围总览　　　　　表 12-4

建筑名称	能源系统形式	供冷供热面积（万 m²）	主要设计单位
世博轴	江水源热泵＋桩基地源热泵	24.8	华东建筑设计研究院
世博中心	江水源热泵＋冰/水蓄冷	14	华东建筑设计研究院
世博演艺中心	江水源热泵＋冰蓄冷	8	华东建筑设计研究院
浦西新能源中心	江水源热泵区域供冷供热	15	同济大学建筑设计研究院
合计		61.8	

12.4 世博园能源系统节能减排效果

（1）采用江水源热泵、地源热泵和冰蓄冷技术后，世博期间预计节约电力约 390 万 kWh，减少 CO_2 排放约 3360t。

需要指出的是，由于还没有公认的建筑碳排放的基准线，此处采用了"规划方案下的清洁发展机制（PCDM）"的方法论，即在某一规划方案下，通过添加不限数量的相关 CDM 规划活动，与没有此规划方案活动时相比所产生额外的温室气体减排或增加温室气体汇的效益。数据只能作参考，而能不能达到预期的节能量和减排量，要看运行和监测的结果。

（2）在大规模园区开发中，突显建筑能源规划的重要性。能源规划中，要从技术、经济、环境甚至社会等多视角分析，坚持科学发展观。方案决策中，要充分发扬民主，听取各方意见，反复进行科学论证，克服长官意志和拍脑袋的做法。尤其是在近来全国"低碳城市"热的大环境下，区域能源规划应成为低碳城市建设不可或缺的程序。在这一点上，世博园能源系统的经验和教训值得借鉴。

（3）集成应用可再生能源和未利用能源，是今后区域开发中的必然选项。而一个好的能源系统，一定要经过对可再生能源和未利用能源资源量的充分评估，通过情景分析方法对负荷做预测，并对各种主要影响因素进行敏感性分析。而在系统选择中，必须在能效率、㶲效率和经济性方面做多角度的权衡，同时把降低输送能耗作为降低系统能耗最主要的措施。这是今后需要很好研究的课题。

参考文献

[1] 瞿燕．上海世博园区空调动态负荷预测与研究［学位论文］．上海：同济大学，2007．

[2] 世博科技专项研究报告（科技部、上海市科委，课题编号：05dz05807，2005BA908B07），城市清洁能源高效利用技术及系统的研究与示范，第3子课题 世博园区分布式供能系统及区域供冷供热技术的研究．同济大学，2008．

[3] Long Weiding, Liu Bing. Water source heat pump: an option of the DHC plan in Shanghai Central Business District//Proceedings of International Symposium on Heating, Ventilation and Air Conditioning. Beijing, 1995.

[4] 尾岛俊雄等，2010年上海世博园能源系统规划的研究．暖通空调，2005，35（5）．

[5] 张文宇．上海世博园大型地表水源热泵对黄浦江水环境的影响分析［学位论文］．上海：同济大学，2007．

[6] 吴筠．上海世博园区域供冷冷源方案的技术经济分析与研究［学位论文］．上海：同济大学，2007．

[7] 张思柱．上海世博园区域供冷空调系统的能耗与经济性研究［学位论文］．上海：同济大学，2007．

[8] 薛志峰，刘晓华等．一种评价能源利用方式的新方法．太阳能学报，2006，4．

[9] 邓波．上海世博园区域供冷系统采用大型地表水源热泵的配置与运行优化研究［学位论文］．上海：同济大学，2008．

[10] 张文宇，龙惟定．地表水源热泵以黄浦江水作为冷热源的可行性分析．暖通空调，2008，38（3）．

[11] 冯小平．上海世博园区域供冷系统管网优化设计研究［学位论文］．上海：同济大学，2007．

[12] 范存养，龙惟定．从日本世博会的冷热源方式对2010年上海世博会供能方式的初探．制冷技术，2003（3）．

[13] 世博科技专项研究报告（科技部，项目编号：2006BAK13B04），世博中心智能化生态建筑技术集成研究，子课题1，公共活动中心绿色生态建筑适用技术的整合研究．同济大学，2009．

[14] http://expo.fltacn.com/.